清洁能源
工程技术原理与应用

潘霄◎著

清华大学出版社
北 京

内 容 简 介

本书系统总结了清洁能源工程技术的前沿理论和研究成果，分析了在清洁能源工程实践中取得成功的案例，针对清洁能源在电力领域的工程技术问题提出了相应的解决方案。

全书共 11 章，主要内容包括绪论、清洁能源工程技术基本理论、清洁能源规划工程技术原理与应用、清洁能源发电工程技术原理与应用、清洁能源市场化运营工程原理与应用、清洁能源电网工程技术原理与应用、清洁能源储能工程技术原理与应用、清洁能源北方供热工程技术原理与应用、清洁能源消纳工程技术原理与应用、电力物联网工程技术原理与应用以及绿色能源低碳工程技术原理与应用。

读者通过本书不仅可以学习清洁能源工程的技术理论和基础知识，也可以掌握清洁能源和绿色能源低碳工程组织、管理和技术实现的方法。

本书可作为高等院校、能源电力行业的教材，也可作为企事业单位领导及从事清洁能源工程的负责人、管理人员以及工程相关技术人员的参考用书。

图书在版编目(CIP)数据

清洁能源工程技术原理与应用 / 潘霄著 . —北京：清华大学出版社，2021.12（2022.7重印）

ISBN 978-7-302-59593-9

Ⅰ . ①清… Ⅱ . ①潘… Ⅲ . ①无污染能源－研究 Ⅳ . ① X382

中国版本图书馆 CIP 数据核字 (2021) 第 237097 号

责任编辑： 杨如林
封面设计： 杨玉兰
责任校对： 徐俊伟
责任印制： 朱雨萌

出版发行： 清华大学出版社
        网 址： http://www.tup.com.cn，http://www.wqbook.com
        地 址： 北京清华大学学研大厦 A 座   **邮 编：** 100084
        社 总 机： 010- 83470000   **邮 购：** 010- 62786544
        投稿与读者服务： 010-62776969，c-service@tup.tsinghua.edu.cn
        质 量 反 馈： 010-62772015，zhiliang@tup.tsinghua.edu.cn
印 装 者： 三河市君旺印务有限公司
经 销： 全国新华书店
开 本： 188mm×260mm   **印 张：** 22   **字 数：** 509 千字
版 次： 2021 年 12 月第 1 版   **印 次：** 2022 年 7 月第 2 次印刷
定 价： 79.00 元

产品编号：086791-01

编委会名单

主　任：欧阳强　刘　剑
副主任：张明理　赵奇志　王　勇　南　哲　张　琦

编　委：

前言

　　能源是人类社会赖以生存和发展的重要物质基础。纵观人类社会发展的历史，人类文明的每一次重大进步都伴随着能源的改进和更替。能源的开发利用极大地推进了世界经济和人类社会的发展。在过去的 100 多年里，发达国家先后完成了工业化，消耗了地球上大量的自然资源，特别是能源资源。当前，一些发展中国家正在步入工业化阶段，能源消费增加是经济社会发展的客观必然。

　　全球气候变化是人类社会共同面临的巨大挑战。2015 年 12 月 12 日《巴黎协定》在巴黎气候变化大会上通过，并于 2016 年 4 月 22 日在纽约签署。该协定为 2020 年后全球应对气候变化行动做出了安排。《巴黎协定》的主要目标是将全球平均气温上升幅度控制在工业化前水平以上低于 2℃，并努力将气温升幅限制在 1.5℃以内。在《巴黎协定》的框架之下，中国提出了有雄心、有力度的国家自主贡献的四大目标：第一，到 2030 年中国单位生产总值的二氧化碳排放比 2005 年下降 60%～65%；第二，到 2030 年非化石能源占能源消费总量的比重要提升到 20% 左右；第三，到 2030 年左右，中国的二氧化碳排放要达到峰值，并且争取尽早达到峰值；第四，增加森林蓄积量和增加碳汇，到 2030 年中国的森林蓄积量要比 2005 年增加 45 亿立方米。2020 年 9 月 22 日，习近平主席在第七十五届联合国大会一般性辩论上宣布，中国将提高国家自主贡献力度，采取更加有力的政策和措施，力争于 2030 年前二氧化碳排放达到峰值，努力争取 2060 年前实现碳中和。

　　能源是经济社会发展的动力和运行的血液，同时也是大气污染治理的重点领域。随着近年来我国对能源需求的不断增长和环境保护的日益加强，特别是雾霾等环保问题的不断来袭，清洁能源的推广应用已成必然趋势。能源供应和安全事关我国现代化建设全局。当前，世界政治、经济格局深刻调整，能源供求关系深刻变化。我国能源资源约束日益加剧，生态环境问题突出，调整结构、提高能效和保障能源安全的压力进一步加大，清洁能源发展面临一系列新问题和新挑战。同时，我国可再生能源、非常规油气和深海油气资源的开发潜力很大，能源科技创新取得新突破，能源国际合作不断深化，能源发展面临着难得的机遇。

　　清洁能源工程技术是十分复杂的系统工程，包括国家能源安全和能源战略、人类生存的环境要求、国家鼓励清洁能源发展的政策和策略、国家经济政策与市场化运行、清洁能源的合理开发利用、利用清洁能源技术处理过的化石能源（如洁净煤、洁净油）等，其涉及领域广，工程技术复杂。因此，清洁能源的开发利用日益受到许多国家的重视，尤其是能源短缺的国家，这是任何国家发展过程中必须面对的课题。

　　辽宁省能源发展研究中心是辽宁省发展和改革委员会批准，依托国网辽宁省电力有限公司经济技术研究院设立的省级能源智库和创新平台，主要开展能源生产消费革命战略、电力及可再生能源规划和消纳以及能源经济和价格政策等方面的研究，并为能源建设项目提供前期咨询、评价和评审等服务。同时，依托国网辽宁省能源与电力规划实验室，重点开展能源经济和电力发展理论及相关专题研究，综合能源服务和能源"互联网＋"等新技术和新业态的研究；分析宏观经济和能源供需形势，开展电力供求平衡和新能源消纳空间预测，为制定能源战略规划和政策提供技术支撑。本书是作者组织国网辽宁省电力有限公司科技创新中心攻关团队及国网辽宁省能源与电力规划实验室的工程技术人员，结合辽宁省、国家电网公司及辽宁省电力有限公司清洁能源发展战略及电力规划重点科研和重大工程，在深入开展清洁能源工程技术理论研究和吸收成功的工程实践经验的基础上，全面分析国内外清洁能源的应用现状与发展趋势以及我国清洁能源电力发展特点的基础上编写而成的。

　　全书共分 11 章，主要内容包括：第 1 章 绪论；第 2 章 清洁能源工程技术基本理论；第 3 章 清洁能源规划工程技术原理与应用；第 4 章 清洁能源发电工程技术原理与应用；第 5 章 清洁能源市场化运营工程原理与应用；第 6 章 清洁能源电网工程技术原理与应用；第 7 章 清洁能源储能工程技术原理与应用；第 8 章 清洁能源北方供热工程技术原理与应用；第 9 章 清洁能源消纳工程技术原理与应用；第 10 章 电力物联网工程技术原理与应用；第 11 章 绿色能源低碳工程技术原理与应用以及在清洁能源工程技术实践中成功的案例。本书的突出特点是系统总结了前沿的清洁能源工程技术理论和研究成果，分析了清洁能源工程实践取得的成功案例，针对清洁能源电力领域的工程技术问题提出了相应的解决方案。本书是阐述清洁能源工程技术原理与应用的工具书，读者通过本书既可以学到清洁能源工程技术理论和基础知识，也可以掌握清洁能源工程组织、管理和技术实现的方法。本书既可作为高等院校、能源电力等行业的教材，也可作为企事业单位领导及从事清洁能源工程相关工作的负责人、管理人员、工程技术人员的参考用书。

　　本书在编写过程中得到了很多领导、专家与工作人员的帮助，在此衷心感谢国网能源研究院，国网经济技术研究院，国网辽宁省电力有限公司科技互联网部、发展策划部，哈尔滨工业大学，大连理工大学，东北大学，沈阳工业大学的领导和专家给予的指导与帮助；衷心感谢国网辽宁省电力有限公司经济技术研究院和战略发展研究中心（科技创新中心、电价政策研究中心）以及辽宁省能源发展研究中心、国网辽宁省电力有限公司科技创新中心攻关团队、辽宁省能源与电力规划实验室的领导和同事们对本书的出版提供的大力支持；衷心感谢辽宁省电力有限公司享受国务院特殊津贴专家、辽宁省优秀专家、教授级高级工程师潘明惠博士的指导和帮助。由于时间仓促，作者水平有限，书中难免存在错误或不妥之处，敬请读者批评与指正。

潘　霄
2021 年 8 月于沈阳

目录

第1章　绪论

1.1 背景与意义

全球气候变化是人类社会面临的共同挑战。人们在焚烧化石燃料（如石油、煤炭等），或砍伐森林并将其焚烧时会产生大量的二氧化碳等温室气体，温室气体对来自太阳辐射的可见光具有高度透过性，而对地球发射出来的长波辐射具有高度吸收性，能强烈吸收地面辐射中的红外线，导致地球温度上升，产生温室效应。温室效应不断积累会导致地气系统吸收与发射的能量不平衡，会使能量不断在地气系统中累积，从而导致温度上升，造成全球气候变暖。全球变暖会使全球降水量重新分配、冰川和冻土消融、海平面上升，不仅危害自然生态系统的平衡，还威胁人类的生存。另一方面，由于陆地温室气体排放造成大陆气温升高与海洋温差变小，进而使空气流动减慢，雾霾无法短时间吹散，造成很多城市雾霾天气增多，影响人类健康。汽车限行、暂停生产等措施只有短期和局部效果，并不能从根本上改变气候变暖和雾霾污染等问题。

2015年12月12日在巴黎气候变化大会上通过《巴黎协定》，于2016年4月22日在纽约签署。该协定为2020年后全球应对气候变化行动做出了安排。《巴黎协定》的主要目标是将本世纪全球平均气温上升幅度控制在2℃以内，并将全球气温上升控制在工业化前水平之上1.5℃以内。在《巴黎协定》框架下，中国提出了有雄心、有力度的国家自主贡献的四大目标：第一，到2030年中国单位生产总值的二氧化碳排放比2005年下降60%～65%；第二，到2030年非化石能源占能源消费总量的比重要提升到20%左右；第三，到2030年左右，中国的二氧化碳排放要达到峰值，并且争取尽早达到峰值；第四，增加森林蓄积量和增加碳汇，到2030年中国的森林蓄积量要比2005年增加45亿立方米。2020年9月22日，习近平主席在第七十五届联合国大会一般性辩论上宣布，中国将提高国家自主贡献力度，采取更加有力的政策和措施，力争于2030年前二氧化碳排放达到峰值，努力争取2060年前实现碳中和。

能源是现代化的基础和动力。能源供应和安全事关我国现代化建设全局。当前，世界政治、经济格局深刻调整，能源供求关系深刻变化。我国能源资源约束日益加剧，生态环境问题突出，调整结构、提高能效和保障能源安全的压力进一步加大，能源发展面临一系列新问题新挑战。同时，我国可再生能源、非常规油气和深海油气资源开发潜力很大，能源科技创新取得新突破，能源国际合作不断深化，清洁能源发展面临难得的机遇。为此我国确立了能源发展坚持"节约、清洁、安全"的战略方针，加快构建清洁、高效、安全、可持续的现代能源体系。

1. 走新时代能源高质量发展之路

新时代的中国能源发展，积极适应国内国际形势的新发展和新要求，坚定不移走高质量发展新道路，更好服务经济社会发展，更好服务美丽中国、健康中国建设，更好推动建设清洁美丽世界。

1）能源安全新战略

新时代的中国能源发展，贯彻"四个革命、一个合作"能源安全新战略。

（1）推动能源消费革命，抑制不合理能源消费。坚持节能优先方针，完善能源消费总量管理，强化能耗强度控制，把节能贯穿于经济社会发展全过程和各领域。坚定调整产业结构，高度重视城镇化节能，推动形成绿色低碳交通运输体系。在全社会倡导勤俭节约的消费观，培育节约能源和使用绿色能源的生产生活方式，加快形成能源节约型社会。

（2）推动能源供给革命，建立多元供应体系。坚持绿色发展导向，大力推进化石能源清洁高效利用，优先发展可再生能源，安全有序发展核电，加快提升非化石能源在能源供应中的比重。大力提升油气勘探开发力度，推动油气增储上产。推进煤电油气产供储销体系建设，完善能源输送网络和储存设施，健全能源储运和调峰应急体系，不断提升能源供应的质量和安全保障能力。

（3）推动能源技术革命，带动产业升级。深入实施创新驱动发展战略，构建绿色能源技术创新体系，全面提升能源科技和装备水平。加强能源领域基础研究以及共性技术、颠覆性技术创新，强化原始创新和集成创新。着力推动数字化、大数据、人工智能技术与能源清洁高效开发利用技术的融合创新，大力发展智慧能源技术，把能源技术及其关联产业培育成带动产业升级的新增长点。

（4）推动能源体制革命，打通能源发展快车道。坚定不移推进能源领域市场化改革，还原能源商品属性，形成统一开放、竞争有序的能源市场。推进能源价格改革，形成主要由市场决定能源价格的机制。健全能源法治体系，创新能源科学管理模式，推进"放、管、服"改革，加强规划和政策引导，健全行业监管体系。

（5）全方位加强国际合作，实现开放条件下能源安全。坚持互利共赢、平等互惠原则，全面扩大开放，积极融入世界。推动共建"一带一路"能源绿色可持续发展，促进能源基础设施互联互通。积极参与全球能源治理，加强能源领域国际交流合作，畅通能源国际贸易、促进能源投资便利化，共同构建能源国际合作新格局，维护全球能源市场稳定和共同安全。

2）新时代能源政策理念

（1）坚持以人民为中心。牢固树立能源发展为了人民、依靠人民、服务人民的理念，把保障和改善民生用能、贫困人口用能作为能源发展的优先目标，加强能源民生基础设施和公共服务能力建设，提高能源普遍服务水平。把推动能源发展和脱贫攻坚有机结合，实施能源扶贫工程，发挥能源基础设施和能源供应服务在扶贫中的基础性作用。

（2）坚持清洁低碳导向。树立人与自然和谐共生理念，把清洁低碳作为能源发展的主导方向，推动能源绿色生产和消费，优化能源生产布局和消费结构，加快提高清洁能源和非化石能源消费比重，大幅降低二氧化碳排放强度和污染物排放水平，加快能源绿色低碳转型，建设美丽中国。

（3）坚持创新核心地位。把提升能源科技水平作为能源转型发展的突破口，加快能源科技自主创新步伐，加强国家能源战略科技力量，发挥企业技术创新主体作用，推进产学研深度融合，推动能源技术从引进跟随向自主创新转变，形成能源科技创新上下游联动的一体化创新和全产业链协同技术发展模式。

（4）坚持以改革促发展。充分发挥市场在资源配置中的决定性作用，更好发挥政府作用，深入推进能源行业竞争性环节市场化改革，发挥市场机制作用，建设高标准能源市场体系。加强能源发展战略和规划的导向作用，健全能源法治体系和全行业监管体系，进一步完善支持能源绿色低碳转型的财税金融体制，释放能源发展活力，为能源高质量发展提供支撑。

（5）坚持推动构建人类命运共同体。面对日趋严峻的全球气候变化形势，树立人类命运共同体意识，深化全球能源治理合作，加快推动以清洁低碳为导向的新一轮能源变革，共同促进全球能源可持续发展，共建清洁美丽世界。

2. 重点实施能源发展四大战略

（1）节约优先战略。把节约优先贯穿于经济社会及能源发展的全过程，集约高效地开发能源，科学合理地使用能源，大力提高能源使用效率，加快调整和优化经济结构，推进重点领域和关键环节节能，合理控制能源消费总量，以较少的能源消费支撑经济社会较快发展。

（2）立足国内战略。坚持立足国内，将国内供应作为保障能源安全的主渠道，牢牢掌握能源安全主动权。发挥国内资源、技术、装备和人才优势，加强国内能源资源的勘探开发，完善能源替代和储备应急体系，着力增强能源供应能力。加强国际合作，提高优质能源保障水平，加快推进油气战略进口通道建设，在开放格局中维护能源安全。

（3）绿色低碳战略。着力优化能源结构，把发展清洁低碳能源作为调整能源结构的主攻方向。坚持发展非化石能源与化石能源高效清洁利用并举，逐步降低煤炭消费比重，提高天然气消费比重，大幅增加风电、太阳能、地热能等可再生能源和核电消费比重，形成与我国国情相适应、科学合理的能源消费结构，大幅减少能源消费排放，促进生态文明建设。

（4）创新驱动战略。深化能源体制改革，加快重点领域和关键环节改革步伐，完善能源科学发展体制机制，充分发挥市场在能源资源配置中的决定性作用。树立科技决定能源未来、科技创造未来能源的理念，坚持追赶与跨越并重，加强能源科技创新体系建设，依托重大工程推进科技自主创新，建设能源科技强国，能源科技总体接近世界先进水平。

应对全球气候变化是人类社会发展面临的重大挑战，已成为各国政府、能源行业以及科技工作者关注的焦点问题。展望2050年，世界经济持续增长，以中国为代表的发展中国家成为全球经济增长的主要引擎。在建设"一带一路"全球发展新机遇、新时代中国发展新征程、印度等新兴经济体崛起等因素带动下，全球能源需求将保持增长。能源生产技术变革带动生产成本显著下降，能源消费技术变革加快能源利用效率提升，能源市场的全球化进程将有力推动基础设施互联互通、资源技术合作共享。积极履行自主贡献承诺、携手应对全球气候变化，成为世界各国的普遍认同和能源行业的一致行动。

为实现2℃温升控制目标，在需求规模上"减量"和在能源结构中"去碳"是应对气候变化的全球共识。高需求情景下，伴随全球经济社会发展，能源需求持续较快增长，能源供应加快向可再生能源转型以实现2℃温升控制目标。自主减排情景下，各国兑现自主减排贡献承诺、实现可再生能源发展目标，能源利用效率有所提升，能源需求平稳增长，能源转型相对较慢，难以实现二氧化碳减排目标。高能效情景下，各国高度重视能效管理，能源利用效率大幅提高，能源需求缓慢增长，能源低碳转型加快，可实现二氧化碳减排目标。

全球经济持续增长，人口接近百亿，增量主要来自亚太。2050 年全球 GDP 总量有望达到 228 万亿美元，较 2015 年增长 2 倍，其中亚太贡献了全球增量的 62%。2050 年全球人口预计可达 96 亿，较 2015 年增长 31%，其中非洲、亚太分别增长 98%、22%，分别贡献全球增长的 51%、39%。

全球一次能源需求平稳增长、增速放缓。在自主减排情景下，全球一次能源需求从 2015 年的 206 亿吨标准煤增至 2050 年的 260 亿吨标准煤，增长了 26%，年均增长 0.7%；前 15 年增加 35 亿吨左右，年均增速为 1.0%，后 20 年仅增加约 20 亿吨，年均增速降至 0.4%。高需求、高能效情景下，2050 年全球一次能源需求分别增至 290 亿吨、260 亿吨标准煤。

亚太地区是全球能源需求增长的中心。自主减排情景下，2050 年亚太地区能源需求增至 125 亿吨标准煤，对全球增量的贡献达 2/3；非洲约贡献增量的 19%；北美和欧洲能源需求分别下降 11%、8%。2035 年之前，中国能源需求保持较快增长，2035 年之后增速明显放缓；印度受工业化进程影响，能源需求加速增长，2035 年后取代中国成为全球能源需求增长的主要动力。

化石能源相继达到峰值，2030 年前后非化石能源实现存量替代。在自主减排情景下，全球煤炭需求将于 2025 年后脱离峰值平台期进入下行通道，2050 年在全球一次能源需求中的比重仅约 16%；石油需求受电动汽车、轨道交通、电气化铁路快速发展等影响，于 2030 年前后达峰，在全球一次能源需求中的比重由 2015 年的 30% 降至 2050 年的 20%；天然气需求在 2035 年前持续增长，之后平缓下降；2030 年前后，非化石能源由增量替代转为存量替代，2050 年占一次能源需求的比重达 49%。

伴随能源效率提高、电能替代加快，终端能源需求增速逐步下降，全球终端能源需求将在 2040 年前后进入峰值平台区。在自主减排情景下，全球终端能源需求由 2015 年的 135 亿吨标准煤增至 2050 年的 156 亿吨标准煤，年均增长 0.4%；前 15 年年均增长 0.8%，后 20 年年均增长 0.1%。高需求、高能效情景下，2050 年全球终端能源需求分别为 168 亿吨、143 亿吨标准煤。

工业和交通占终端能源需求的比重略有提升。在自主减排情景下，工业部门能源需求增长 21%，占终端能源需求的比重由 27.8% 提高到 29.2%；交通部门能源需求增长 20%，占比由 28.5% 提高至 29.6%；商业部门能源需求增长 12%，占比由 11.9% 降至 11.6%；居民消费能源需求增长 12%，占比由 23.4% 降至 22.8%。

2045 年前后电能超越石油成为终端第一大能源。在自主减排情景下，终端煤炭需求持续萎缩，石油需求 2035 年后持续下降，两者合计占终端能源需求的比重由 2015 年的 1/2 降至 2050 年的 1/3；天然气在 2035 年前平稳增长，占终端能源需求的比重维持在 15% 左右，之后有所下降；电力需求增速远高于其他能源品种，占终端能源需求的比重由 2015 年的 19% 提高到 2050 年的 39.8%，2045 年前后超越石油成为终端第一大能源主体。

全球电力需求保持较快增长。在自主减排情景下，全球电力需求由2015年的22万亿千瓦·时增至2050年的57万亿千瓦·时，增长约1.6倍，年均增长2.8%。高需求、高能效情景下，2050年全球电力需求分别增至73万亿千瓦·时、65万亿千瓦·时。

全球电力需求增长约2/3来自亚太地区和非洲。在自主减排情景下，亚太地区用电量由9.7万亿千瓦·时增至27.9万亿千瓦·时，贡献全球增量的52%，2050年占全球的比重达49%；非洲电力需求由0.7万亿千瓦·时增至6.0万亿千瓦·时，贡献全球增量的15%，年均增长6.2%，是全球电力需求增长最快的地区；北美、欧洲用电量分别从4.9万亿千瓦·时、4.9万亿千瓦·时增至8.1万亿千瓦·时、7.8万亿千瓦·时，年均增速分别为1.4%、1.3%。

工业用电占比大幅下降，交通用电增长速度最快。在自主减排情景下，工业用电需求增长1.3倍，占终端电力需求的比重大幅下降，由2015年的43%降至2050年的34%；交通用电需求增长31倍，增量主要来自电动汽车、电气化铁路和城市轨道交通，占终端电力需求的比重由1.5%增至17%；居民、商业及其他的电气化水平持续上升，电力需求分别增长1.7倍、1.4倍，2050年合计占终端电力需求的比重为49%。

发电装机容量大幅增加，尤其是2030年以后增长显著。在自主减排情景下，全球发电装机由63亿千瓦增至216亿千瓦，增长约2.4倍，年均增长3.6%，2030年后发电装机增速明显加快。高需求、高能效情景下，全球发电装机分别增至302亿千瓦、261亿千瓦。

非水可再生发电逐步替代化石能源发电成为主力电源。在自主减排情景下，煤电装机规模在2030年前保持缓慢增长，2030年后平缓下降，逐步转变为具有深度调节能力的容量支撑电源；燃气发电在电力清洁转型中发挥重要支撑作用，2050年占发电总装机的11%；水电受资源开发条件所限，增长近一半，2050年达18亿千瓦；核电装机2050年增至7.5亿千瓦，增长近一倍；非水可再生能源发电装机由7.4亿千瓦增至148亿千瓦，2050年占全球发电总装机的比重达到68%。高需求、高能效情景下，2050年非水可再生能源发电装机分别达241亿千瓦、204亿千瓦。

2040年前后全球发电量增量全部由非水可再生能源提供。在自主减排情景下，全球发电量由2015年的24万亿千瓦·时增至2050年的62万亿千瓦·时，年均增长2.7%。其中，化石能源发电量占比由67%降至31%，非水可再生能源发电量占比由6.3%提升至53%，2040年前后全球发电量增量全部由非水可再生能源发电提供。

全球二氧化碳排放总量于2030年前后达峰，2050年较峰值下降约25%。在自主减排情景下，全球化石能源消费产生的二氧化碳排放在2030年前平稳增长；2030年前后达峰，约366亿吨；2050年降至274亿吨左右，较峰值下降约25%。展望期内累积排放远超2℃温升控制目标所允许"碳预算"，经测算得知自主减排机制仅可实现2℃温升控制目标所需减排量的1/3～1/2，表明在目前政策框架下要实现2℃温升控制目标还需付出更大努力。

提升能效是降低能源转型成本的最经济手段。能源效率的提升，既可在消费侧减少需求，又可在供给侧减少投资，是降低能源转型成本的最经济手段。电力转型将在能源转型中发挥决定性作用。由于90%以上的非化石能源需要转化为电力来使用，因此以电为中心、以电网为平台，构建新一代能源系统是全球能源转型的必然选择。在消费侧加大电能对化石能源的替代，在供给侧加大风电、太阳能发电等新能源的开发规模，对于构建清洁低碳、安全高效的全球能源体系至关重要。

中国有望引领全球能源转型。中国不仅是经济大国、能源电力消费大国，也是清洁能源生产和消费大国，中国能源转型直接影响全球能源转型。习近平总书记2014年提出能源领域"四个革命、一个合作"的战略思想，在2017年"一带一路"高峰论坛上强调，"要抓住新一轮能源结构调整和能源技术变革趋势，建设全球能源互联网，实现绿色低碳发展。"中国共产党第十九次全国代表大会（以下简称十九大）报告指出，坚持和平发展道路，推动构建人类命运共同体。国家电网有限公司（以下简称国网公司）积极推动全球能源互联网建设，为全球能源转型提供重要支撑。中国能源革命的成功实践将为广大发展中国家能源发展和转型提供中国经验和中国智慧。特朗普政府上台后，美国宣布退出《巴黎协定》，给全球应对气候变化增加了巨大的不确定性；中国政府坚定不移推动气候治理、继续履行大国责任担当，将在全球应对气候变化中发挥重要作用。

1.2　国内外清洁能源工程技术发展趋势

1.2.1　国际清洁能源工程技术发展趋势

受能效提高、替代能源发展、石油需求增速提高等多种因素的影响，世界主要国家纷纷调整本国与能源相关的政策。欧佩克主要产油国协同发力减产保价，改善市场供需；其他资源国加大资源开放力度，提升本国资源竞争能力。资源国税收政策以降低能源企业税收负担为主，并启动相关税制改革。美国退出《巴黎协定》为清洁能源的发展蒙上阴影，同时多国相继提出禁售燃油车计划，低碳是大势所趋，以可再生能源为代表的新一轮清洁能源转型浪潮势不可挡。

1. 化石能源开发相关政策

2017年，资源国调整化石能源开发力度，欧佩克主要产油国和俄罗斯等国减产与美国增产角力，"欧佩克+"产油国携手成为稳定市场的重要力量。特朗普政府放松管制，为美国能源工业松绑，降低对煤炭、油气产业的约束，加快传统能源行业的振兴。卡塔尔和伊朗相继宣布加大地处两国之间的世界最大天然气田的开发。英国、阿根廷出台发展战略和鼓励计划力促非常规油气资源开发。哈萨克斯坦等国亦通过立法等途径改善矿产资源开发环境，以增加对国内外资本的吸引力。

1）"欧佩克+"产油国协同发力，减产保价

2017年以来，国际原油市场状况明显改善。欧佩克与俄罗斯等非欧佩克产油国联手实现减产协同效应，"欧佩克+"产油国将原油产量在2016年10月产量基础上减少了180万桶/日（1桶合158.9873升），促进原油市场向平衡方向发展。

2017年5月25日，在第一百七十二届欧佩克会议上，"欧佩克+"产油国决定将6月底到期的减产协议延长9个月至2018年3月，减产幅度保持180万桶/日不变，减产总量接近全球日供应量的2%，但此次大会没有达成加大减产力度或扩大减产范围的决定，市场情绪有所失望。与此同时，欧佩克成员国中获得减产豁免的尼日利亚和利比亚原油产量增长，再加上美国石油产量复苏，业界曾一度质疑减产协议的执行效果，导致国际油价承压较大。从2017年1月—6月，布伦特原油价格从55美元/桶降至45美元/桶。

11月30日，欧佩克召开第一百七十三届大会，决定将减产决议延长至2018年底，短期市场最大不确定性基本落地，2017年底布伦特原油价格达到65美元/桶。

从2016年11月"欧佩克+"产油国联合减产，到2017年6月联合延长减产，再到2017年11月决定将减产协议延长至2018年底，主要产油国的减产共识、较高的执行率是2017年稳定市场的重要力量之一。2018年1月，监督协议遵守情况的联合技术委员会评估认为2017年"欧佩克+"产油国减产协议执行率为107%，但各国的执行情况并不相同。

其中沙特原油减产的绝对量最大，超额完成协议规定的减产任务，并在一定时期内抵消了伊拉克、厄瓜多尔和加蓬等国超出产量配额的部分原油产量。利比亚和尼日利亚2017年受到减产豁免，产量增加，但根据协议，其2018年产量被限制在2017年水平。减产协议的非欧佩克国家中，俄罗斯原油产量小幅下降。俄方表示，2017年俄罗斯减产协议执行率超过100%。哈萨克斯坦国内有大型油田投产，导致其原油产量有所增加。但总体而言，"欧佩克+"产油国延长至2018年底的减产协议对原油市场产生了积极的影响。

在此过程中，尽管欧佩克主要产油国和俄罗斯等国石油产量有所下降，但受益于油价回升，这些国家的石油收入均有所增长，即减产提价符合产油国经济利益。由于沙特阿美IPO在即，沙特更是格外关注原油价格水平。2018年，"欧佩克+"产油国联合减产政策实施效果对于调整市场供需格局、稳定石油价格显得格外重要。

2）美国放松管制，激发化石能源生产

2017年1月，特朗普政府发布了"美国第一能源计划"，制定了其执政时期的能源发展重点，进一步推动美国的页岩油气革命，增加全球石油和天然气供应。2017年3月，特朗普签发《关于促进能源独立和经济增长的总统行政命令》，几乎完全颠覆了奥巴马执政时期制定并执行的美国能源政策，此举在未来较长一段时期内将对美国能源行业产生深刻影响。

在煤炭方面，特朗普上任后就取消了已生效并执行一年多的联邦土地新开煤矿禁令。美国联邦政府拥有的5.7亿多英亩（1英亩合4046.856平方米）土地被租赁给企业开采煤矿，产量占全美煤炭总产量的约40%。奥巴马政府认为租赁方案价格过低，损害了纳税人的利益，并在事实上补贴了煤炭企业，因此于2016年宣布暂停联邦政府与企业订立新的煤炭开采租赁合约。特朗普上任伊始即命令美国内政部立即解除该项禁令，并准备启动新规。特朗普的行动很快取得成效，据美国能源信息署数据，2017年1—12月美国煤炭产量约为7.15亿吨，同比增加5733.7万吨，增幅达7.9%。

在油气方面，除了扩大自身石油产量外，特朗普政府还继续鼓励扩大从加拿大、墨西哥等美洲国家的石油进口量，进一步降低对中东地区石油的依赖。此外，特朗普政府还在

2017年底通过的税改法案里增加了一条看似与税改无关的条款：开放位于阿拉斯加州的北极国家野生动物保护区（ANWR）用于石油开采。据媒体报道，保护区内蕴藏着50亿～150亿桶石油，许多石油公司对此趋之若鹜。但由于该区域较偏远的位置以及较高的开采成本，油气钻探不太可能突然启动。无论如何，这仍旧释放了美国放松管制、继续激发美国国内原油开采热情的信号。在"欧佩克＋"减产协议延续的背景下，美国的增产会对全球油气市场的供需动态平衡产生较大影响。

3）卡塔尔、伊朗扩大世界最大天然气田产量

2017年4月，卡塔尔宣布已取消之前自行实施的针对开发全球最大天然气田的禁令，主要原因是预期行业竞争将加剧。2005年，卡塔尔宣布暂停北方气田开发，以便留出时间研究产量迅速增加对天然气藏的影响。该海上气田是世界上已知的最大天然气田，地处伊朗和卡塔尔之间，为卡塔尔和伊朗共同拥有，卡塔尔部分称之为北方气田，而伊朗称作南帕尔斯气田。卡塔尔几乎全部的天然气产量及大约60%的出口创收都来自该气田。未来北方气田南段的开发将带来约20亿立方英尺/日（1立方英尺合0.0283168立方米）的产能，将该气田产量提升约10%。无独有偶，伊朗石油部长也于2017年3月底宣布扩大南帕尔斯气田产量，并与法国道达尔签署了开发南帕尔斯气田二期项目的初步协议。

当前，液化天然气市场涌现大量新供应，主要来自美国和澳大利亚。卡塔尔2017年可能将头号液化天然气出口国的位置让给澳大利亚，后者的新产能已经投产。此外，俄罗斯方面也表示，其目标是成为全球最大的液化天然气生产国。卡塔尔此次移除禁令，一方面能巩固卡塔尔作为全球最大液化天然气出口国的地位，另一方面表明该国对全球天然气需求看涨。天然气价格在短期内将继续承压，但未来5～6年供大于求的状况将有所改变。业界认为，卡塔尔此刻的决定和开发时间表是适合时宜的，暂时还没有国家能挑战卡塔尔液化天然气大国的地位。

4）英国、阿根廷力促页岩气开采

（1）英国支持北海页岩气开采。2017年6月，英国石油和天然气管理局公布了北海地区南部海域低渗透储层天然气资源开发战略，战略中提出将通过以下措施实现北海南部气田最大程度开发：在短期和中期内与计划开发该区域的油气公司建立联合协作机制，支持低渗透储层天然气开采技术的研发与应用，确保开采企业间就低渗透储层天然气开采经验进行充分交流、共享信息资源，协调设备供应环节以实现共享和成本优化，吸引更多有意向的投资商参与开发。

多年以来，北海区域因开发日久，在世界油气领域的地位几经沉浮，甚至被预言将很快消失。如今，受益于开发成本的下降，北海区域的油气产量再次抬头，页岩技术的发展使得此前一度被忽视的低渗透储层再次回归开发商的视野。包括挪威国油、BP、壳牌、道达尔等在内的一众欧洲大型油气公司近期都相继表示不会退出北海区域的油气开发。如果英国支持页岩气开采的政策得以成功实施，将给北海区域油气产业带来新的希望。

（2）阿根廷鼓励页岩气开采。2017年3月，阿根廷能源矿业部出台开采非常规天然气的投资鼓励计划，计划中确定了页岩气田承包商出售天然气的最低价格。同年11月，能源矿业部对投资鼓励计划进行调整，增加了享受天然气最低售价的承包商名单，以提高开发阿根廷境内非常规天然气资源的投资吸引力。根据调整后的投资鼓励计划，刚进入工业开发阶段（产量大于或等于50万立方米/日）或已处于工业开发阶段并决定增加产量的页岩气田承包项目将享受最低售价。2018年天然气最低售价为7.5美元/百万Btu（英热单位，1Btu合1055.06焦），2019年和2020年最低售价分别为7美元/百万Btu和6.5美元/百万Btu，到2021年，最低售价将降至6美元/百万Btu。

如果阿根廷国内天然气平均售价低于投资鼓励计划中规定的最低售价，计划中所涉及的企业将每月获得相应的补贴。

据美国能源信息署公布的数据，阿根廷境内技术可开采页岩气资源量为22.7万亿立方米，仅次于美国和中国，排名世界第三。资源开发需要大量投资，吸引投资和经验丰富的开采商前往的重要条件取决于阿根廷的能源政策。由于阿根廷之前的保护主义政策，国外大型油气公司并不热衷于同阿根廷的能源领域进行贸易往来。此次政府出台的措施旨在提高开采这些页岩资源的投资吸引力，也是恢复阿根廷天然气产量水平、降低其天然气进口依存度的重要之举。

5）哈萨克斯坦改善矿产资源开发环境

2017年12月，哈萨克斯坦通过《矿产和矿产资源利用法》。为了提高哈萨克斯坦境内矿产资源的投资吸引力，新法案主要进行了以下调整：根据澳大利亚模式，办理许可证时执行"先到先得"原则，简化矿产开采权的审批；应用国际通用的国际矿产储量报告委员会评估方式；为方便企业获得地质数据和资料提供更便捷的渠道。法案旨在增加哈萨克斯坦矿产资源开发领域的透明度和可预测性，并在借鉴国际最先进经验的前提下，进一步简化有关资源开采协议的批准程序，提高矿产资源开发竞争力。该法案将于2018年6月29日起生效。

哈萨克斯坦投资和发展部部长杰恩斯·哈斯姆别克指出，法案将进一步完善土地资源相关的法律基础，促进该领域工作同国际标准接轨，改善投资环境，吸引外商投资。在启动全面地质勘探调查工作的前提下，哈萨克斯坦至少还可再发现15个世界级的矿藏。

2. 能源相关行业税收政策

调整税收是国家调节能源行业的主要政策手段之一。国家通过税制改革、税收优惠和税费减免等具体的政策措施，可以扶持某些地区、能源企业和具体能源品种的发展，促进能源行业的调整和社会经济的协调发展。

在当前全球经济增长乏力、能源企业生产成本居高不下的情况下，美国、沙特等资源大国陆续采取减税，尤其是降低能源企业所得税作为应对措施。高度依赖石油出口的海湾地区国家纷纷以增值税方式实现政府财政收入的多样性，摆脱对石油出口的过度依赖。经历了几年停滞的拉美地区国家凭借油气行业回暖契机，推出优惠关税等激励政策，以鼓励深水油气资源开发。特别值得一提的是，俄罗斯政府通过了讨论长达十年之久的开采碳氢化合物所得附加税征收方案，向征税制度的完善迈出关键一步，为解决油气行业的发展难题提供了有益的探索。

1) 美国大规模减税利好国内油气行业

2017年12月，美国总统特朗普签署《减税与就业法案》。根据该法案，美国从2018年起实施减税1.4万亿美元。这是美国30年来最大规模的一次税改，旨在通过低税率减少美国跨国企业在美国以外投资，吸引其他跨国企业到美投资，并刺激国内经济以实现就业增加和GDP增长。其中最引人关注的核心内容是企业所得税税率从35%降低至21%，同时将境外所得改为属地原则。

对于美国能源行业而言，减税方案对石油天然气等传统能源企业无疑是重大利好，税改涉及的企业所得税、利息税收抵扣、替代性最低减税额等内容将对能源企业的生产运营产生实质性影响。美国能源企业目前的实际税率较高，因此获得的税改降幅也较大。埃克森美孚、雪佛龙等美国油气巨头企业的境外利润占比极高，因此也是海外利润汇回税下调的最大受益方之一。短期来看，公司税大幅降低有助于上市油气企业实现每股收益增长，将对油气企业的股价形成利好态势。长期来看，企业税率下调减轻了油气企业税负负担，将提升美国油气企业在国际市场上的竞争力，降低美国国内对原油进口的需求，并加速美国油气产品出口的步伐，对欧佩克、俄罗斯等产油国的市场份额造成冲击。

2) 俄罗斯石油税制改革迈出关键一步

2017年11月，俄罗斯联邦政府通过了讨论已久的开采碳氢化合物所得附加税征收方案，同月，俄联邦税法修订法案（关于征收开采碳氢化合物所得附加税的内容）提交至俄国家杜马。此次税法法案之前，俄罗斯曾大幅调整出口关税和矿产开采税的费率，但并未解决国内油气行业所面临的一些重要问题，如油田出油率下降，非常规油气资源或地质复杂区新油田开发积极性不高等。此外，在现行的矿产开采税制度下，国家作为市场行情风险的主要承担者，因油价下跌承受了巨大的负担。随着越来越多复杂、昂贵的油田开发成为必然，在国库余额变化的大背景下，这项税制改革最终开启。

开采碳氢化合物所得附加税是对开发自然资源所获净收入征收的一种资源租赁税。此次税制改革引进了这种针对财务成果进行课税的办法，目的是要形成透明的、非歧视的征税制度，结束在大量不同优惠政策下税收征管制度规定碎片化的现状，同时保障国家财政收入。俄罗斯新征税制度的原则与欧洲国家的税制很相似，但由于各地区原油产量差异较大，目前俄罗斯还很难采用统一的征税方案，所以，当前不可避免地要保留矿产开采税。但即便如此，此次的税法修订法案依然可以称之为俄税制改革向前迈进的重要和必要一步。

俄罗斯能源部部长诺瓦克援引数据称，西西伯利亚地区的35个试点项目启用开采碳氢化合物所得附加税后有望使总产量提升1亿吨。前期预算收入的减少将在随后几年得以弥补，到2035年预算收入将增加1万亿卢布。

3) 中东国家出台优惠税率、开征增值税

（1）沙特降低石油企业所得税税率。2017年3月，沙特颁布法令，宣布将根据石油企业在沙特的投资规模，下调其所适用的所得税税率。此前，石油企业的所得税税率统一为85%。此次调整后，石油企业投资额大于1000亿美元的，所得税税率为50%；投资额介于

800亿～1000亿美元的，所得税率为65%；投资额介于600亿～800亿美元的，所得税率为75%；投资额低于600亿美元的，所得税率仍为85%。该法令回溯自2017年1月1日起生效。

在沙特各类税费飞涨的情况下，沙特政府特别针对油气企业出台的优惠税收政策一方面可以吸引外国投资，另一方面是为沙特阿美IPO做准备。首先，沙特石油投资合作使用产品分成合同，在原所得税率下，外国投资者分得利润中的85%都要缴纳企业所得税，大量利润都被沙特政府收回。高昂的税负降低了外国企业投资合作的积极性，减弱了沙特吸引外国投资的竞争性优势。通过减轻企业税负来吸引外国投资，可以更加有效地利用外资的资金和技术优势发展本国石油行业。

其次，沙特阿美上市最大困境之一就是高税率。据悉，沙特阿美平均每年利润高达1800亿美元，但因高额税负，市场对其估值并不看好。根据最新税率，沙特阿美需要缴纳的所得税由此前的85%大幅下降至50%。节约巨额税收成本后，沙特阿美的净利润、现金流和股息红利将显著提升，每桶原油收益能与其他国际大型石油公司比肩。减税将带动沙特阿美市值上涨，增加对投资者的吸引力，并为沙特融得更多资金。至于税率下调造成的税收损失将通过稳定的股息红利和主权财富基金的投资所得弥补，因而对沙特政府总体影响有限。

（2）沙特、阿联酋开征增值税。自2018年1月1日起，沙特、阿联酋开始征收税率为5%的增值税，以增加政府财政收入，减少国际油价长期低位带来的负面影响。沙特政府预计，增值税开征的第一年，将带来至少100亿美元的额外收入。据阿联酋《海湾新闻报》报道，实施增值税制度后，阿联酋政府每年将增加120亿迪拉姆（约合32.4亿美元）的财政收入。

长期以来，沙特、阿联酋、卡塔尔等海湾国家对多数行业和企业免税，个人也无须缴纳个人所得税，因此吸引了大量外企投资，同时成为全球知名的购物天堂。不过近几年来，全球油价长期低迷，严重依赖油气出口的海湾国家收入锐减。为了摆脱财政困境，实施经济多元化，海合会六国决定从2018年起开征增值税，除沙特、阿联酋以外，巴林、科威特、阿曼和卡塔尔四国将从年底开始实施。一直以来，国际货币基金组织等机构都呼吁海湾国家将其收入来源从石油储备中分散开来。增值税是帮助海湾国家减少对石油收入依赖的长期税制改革的一部分，是一种让政府实现收入多样化的举措。

4）拉美国家减税激励油气上游发展

2017年12月，巴西国会批准延长油气勘探开发商品进口税收激励政策执行期限，将暂停征收进口税的期限延长至2040年。根据从2009年开始实施的优惠关税制度（REPETRO），巴西对油气企业用于油气藏勘查和开采的商品暂停征收联邦进出口关税。这项优惠制度将于2019年到期。巴西油气公司协会称，即将到期的优惠关税制度对于变数非常大的勘探开发合同来说非常重要。在即将举行的若干油气区块招标前，延长优惠关税制度对石油企业来说无疑是一个福音。2017年8月，巴西还颁布了一项特别的税收制度来支持石油和天然气行业的本地供应商。此外，墨西哥、阿根廷也纷纷推出税收优惠，以激励油气上游的勘探开采活动。

虽然经历了几年的停滞，但凭借国际油价的企稳回升和油气行业的复苏回暖，拉美国家正在尝试为本国资源重新赢得运营商的投资。阿根廷、巴西、墨西哥和乌拉圭将于2018年开始进行深水区块许可证招标，阿根廷和巴西也将进行大规模的地震勘测。在此背景下，适度有效的税收政策有助于拉美地区油气行业的发展，尤其是深水油气资源的勘探开采。

3.清洁能源发展调整政策

清洁能源发展方式受政策引导的影响较大，也是政策补贴的主要对象，同时，清洁能源行业离不开市场自主发展规律。从全球范围来看，清洁能源发展方式是各国政府调整能源结构的主攻方向，受到政府各种能源政策的引导和调整。

目前已有多国提出燃油车禁售计划。英国2017年公布的《清洁增长战略》是其落实2032年碳预算目标、实现脱碳计划的重要里程碑。同年意大利出台新能源战略，明确未来要完成欧盟的减排和可再生能源发展目标，同时逐步减少直至不再使用煤炭。具体到可再生能源领域，德国已生效的修订版《可再生能源法》规定采用招投标模式来确定对可再生电力的补贴。西班牙政府2017年举行的可再生能源拍卖中，风电投资者已经有能力通过竞标的低价确保获得稳定收益。在可再生能源发展较为成熟的国家，政府逐步取消优惠政策后将可再生能源的发展交给市场。

然而，美国退出《巴黎协定》为清洁能源的发展蒙上阴影。特朗普此举意在为美国能源工业松绑，降低"气候行动计划"对煤炭、油气产业的约束，加快传统能源行业的振兴。但同时，美国主要州和地方政府对《巴黎协议》的态度与其迥异，美国许多地方政府和企业都表示仍会继续低碳行动，支持清洁能源发展。

1）美国退出《巴黎协定》

2017年6月1日，美国总统特朗普宣布退出《巴黎协定》。特朗普表示，该协议是对美国的不公平待遇，对于美国经济形势和就业率而言将带来诸多负面影响，美国将开始协商新的条款，可能重新加入《巴黎协定》，甚至缔结新的气候协定，但条件是，必须"对美国公平"。特朗普抨击了《巴黎协定》对发达国家每年筹资1000亿美元支援发展中国家的要求，表示《巴黎协定》通过绿色气候基金将财富转移到了其他国家。而为了将美国的经济增速提升至3%～4%，美国需要一切形式的能源。

特朗普的退出声明引发国际舆论哗然。从国际层面上看，美国联邦政府今后至少四年内在全球气候治理中不会有实质性的作为，这在一定程度上会改变全球应对气候变化的框架与进程。但从历史上看，美国当年退出《京都议定书》后，仍然在低碳道路上前行，人均二氧化碳排放量水平处于下降通道,这一趋势不会因为某些政策的调整而终止。就现实而言，虽然特朗普通过退出《巴黎协定》降低对传统能源行业的约束，但美国的环保法案增加了煤炭的使用成本，加上美国主要州和地方政府仍将采取措施推动温室气体排放进一步降低，这些因素都对特朗普政策形成牵制。毕竟，低碳是大势所趋，以可再生能源为代表的新一轮清洁能源转型浪潮势不可挡。

2）多国表示将禁售燃油车

2017年7月以来，英法相继提出禁售燃油车计划。法国能源部长尼古拉斯·霍洛表示，作为履行《巴黎协定》承诺的一部分，法国计划从2040年开始，全面停止出售汽油车和柴油车，同时将通过经济手段激励法国民众使用新能源车辆。英国政府宣布将于2040年起全面禁售汽油和柴油汽车，届时市场上只允许电动汽车等新能源环保车辆销售。英国政府称，空气污染是公共卫生的最大威胁，禁止销售燃油车将有助于解决空气污染问题。再加上2016年荷兰劳工党公开提案要求从2025年开始禁止在荷兰本国销售传统的汽油和柴油汽车，以及挪威四个主要政党一致同意从2025年起禁止燃油汽车销售，如今已有多个欧洲国家提出10～20年内停售燃油车的计划。

欧洲之外，其他国家也在行动。印度能源部门对外表示，到2030年将实现车辆电动化，全面停止以石油燃料为动力的车辆销售。

全球至少有8个国家已为电动汽车制定了销售目标，其中包括奥地利、丹麦、爱尔兰、日本、荷兰、葡萄牙、韩国和西班牙。在美国，加利福尼亚州也可能到2030年停止销售燃油车。美国虽然还没有一项联邦政策，但至少也有8个州已设定了相关目标。

电动汽车发展之初曾遇到制造成本高昂、续航能力不如人意及相关配套设施匮乏等诸多问题，但随着气候治理的迫切需要和能源领域的深度调整，再加之各国政府的政策激励和电动汽车能源供给系统的日益改进，电动汽车产业在全球范围内迅猛发展。国际能源署数据显示，2016年全球电动汽车销量创历史新高，达75.3万辆，同比增长37.6%。全球电动汽车保有量升至200万辆，同比增长59.5%。

3）英国公布清洁增长战略

2017年10月，英国商业、能源和工业战略部发布《清洁增长战略》，以落实2032年碳预算目标并为2030年前英国低碳经济发展描绘蓝图。战略确定了英国气候和生态政策的主要方向，并包含一系列影响能源领域的重点政策行动。根据该战略，英国将通过发展绿色金融、提高能效、发展低碳交通、淘汰煤电等近50项措施来落实国内第五个碳预算目标（2028—2032年），即到2032年比1990年水平减排57%。通过战略的实施，2032年英国一次能源消耗量将在此前预测基础上（未采取清洁增长政策行动的情况下）减少13%，其中减少量主要来自化石能源。

英国是全球最早意识到并采取行动应对气候变化威胁的首批国家之一，并在继续发挥重要的领导作用。《清洁增长战略》是英国在确保经济增长的同时实现脱碳工作的一个重要里程碑，今后还将不断开发适应环境变化的新方法，并在2017—2018年启动一系列的政府磋商。英国政府表示通过进一步的政策措施、技术进步，此战略可以实现第四个和第五个碳预算控制目标，但也有分析指出此战略仍需要更多的量化措施，才能确保减排目标的落实。

4）德国修订可再生能源法

2017年1月，德国《可再生能源法》（2017）修订案正式生效。法案中相当一部分新规具有重大实际意义。其中，最重要的新规是将可再生能源补贴国家定价制度转换为公开竞争的招投标程序，以确定对风能、太阳能和生物质能发电的补贴额度。同时，新规对免予招投标程序的各种例外情况做出规定。这些规定对于市场份额小、不愿参与招投标程序的小企业意义重大。但水力和地热发电机组依然不适用新招投标程序。此外，新法案还为租户用电模式和本地用电模式等分布式电力供应商提供了机会。

德国政府拟通过可再生能源法的修订更好地实现可再生能源发展目标，同时降低电力成本。德国政府提出，2025年可再生能源发电量需占总发电量的40%～45%；2035年目标进一步提高到55%～60%。德国将维持2022年全面废核的目标，以及2020年碳排放量较1990年减少40%的减排承诺。考虑到可再生能源发电电价补贴政策造成电力用户终端用电电价大幅攀升等现实问题，在实现高比例可再生能源发展的同时，控制电力成本、促进可再生能源的经济可持续发展是德国可再生能源政策调整的重要原则。

5）意大利出台新能源战略

2017年5月，意大利新的国家能源战略草案公布，随后启动公众意见征集工作，同年11月，意大利经济发展部和环境部决议通过该能源战略。意大利此次新国家能源战略是对2013年国家能源战略的修改和完善，旨在通过降低能源价格提高国家经济竞争力，保障可持续发展，提高能源安全。

新能源战略明确了三大目标：降低能源成本，实现欧盟气候与能源战略目标，以及提高国家能源安全。在可再生能源领域，能源战略目标包括：可再生能源发电比例从2015年的17.5%增至2030年的55%，可再生能源供热从19.2%增至30%，交通运输行业可再生能源利用率从6.4%增至21%。通过发展可再生能源和提高能效，意大利国家能源进口依存度将由2015年的76%降至2030年的54%。

根据欧盟目标，2030年意大利将较2005年减少33%的温室气体排放，将可再生能源的消费比例提高到27%。意大利环境部长表示，意大利的能源发展思路非常清晰，即完成欧盟目标，大力提高能源使用效率，同时逐步减少直至结束煤炭的使用。意政府初步预测可于2025—2030年彻底消除煤炭使用，但成本将达23亿～27亿欧元。

6）西班牙可再生能源拍卖

2017年3月，西班牙颁布第359/2017号皇家法令，确定了可再生能源生产商获取补贴的竞拍规范程序。2017年，西班牙政府举行了两次大型可再生能源项目的拍卖，共分配了约8吉瓦的容量，其中第一次拍卖中99%份额分配给了风能，第二次拍卖中太阳能分配到了约3.9吉瓦。

在可再生能源领域，西班牙一直是世界领先的国家之一。21世纪伊始，西班牙政府为改变本国能源结构、促进开发和利用可再生能源，推出了大量刺激和扶持可再生能源产业发展的政策。然而，由于电价补贴额度过高，政府财政吃紧，西班牙回溯性地削减了固定上网电价补贴，导致其国内可再生能源市场没落。在可再生能源发电价格下降等多种因素的影响下，西班牙可再生能源市场逐渐恢复生机。西班牙政府2017年5月举行的可再生能源项目竞标结果显示，风电报价低至4.3欧分/千瓦·时，创造欧洲陆上风电最低价格。风电投资者不再为获取政府补贴而来，而是通过竞标的低价确保获得稳定的固定收入，为可再生能源在西班牙的恢复发展找到了新路。

1.2.2 我国清洁能源工程技术发展趋势

我国可再生能源展望以"十九大"的战略思想为指导，深入落实"十三五"规划发展纲要，以建设"清洁低碳、安全高效"的现代化能源体系为目标，展示了我国能源系统从化石能源向可再生能源转型的可行路径和必要步骤。

1. 清洁能源发展趋势

1）化石能源将于2020年达峰

我国化石能源消费总量将在2020年达峰，2035年之前稳步下降。煤炭在发电和工业部门的能源消费比例持续缩减。工业与交通部门的电气化水平显著上升，减缓了我国对油品进口的依赖。由于未来可再生能源经济性全面赶超化石能源，我国并不需要将天然气作为煤与可再生能源之间的过渡性能源。

2）2020年后光伏与风电增长迅速

随着发电经济性的提高，未来10年中国将迎来光伏与风电大规模建设高峰。新增光伏装机容量约80～160吉瓦/年，新增风电装机约70～140吉瓦/年。到2050年，风能和太阳能将成为我国能源系统的绝对主力。

3）终端部门能效提升与再电气化

终端部门的综合用能效率提高与工业和交通领域的再电气化进程，进一步加深了能源消费侧革命，并促进了能源供给侧结构性改革。

2. 推动清洁能源发展的主要措施

1）严格推行减煤措施

包括禁止新建燃煤发电厂；加快加强工业再电气化，深入推行清洁供暖，大幅提高终端用能电气化水平；实施有效的碳价政策；引导资源型省份逐步摆脱煤炭依赖，并助其实现能源与经济的转型升级。

2）为可再生能源创造公平有序的竞争环境

健全政府部门间协调配合机制，出台综合、全面、协调的财政政策，推行规范完善的电力市场，为可再生能源参与市场竞争移除障碍。

3）生态文明建设体制改革

党的十九大将生态文明建设提升到新的高度，将其作为2050年奋斗目标之一。这一目标的实现需要各方强有力的制度保障：电力体制改革需确保现有市场主体作为主力军推进可再生能源；各级电网公司需制订计划确保完全消纳波动性电源；地方政府需进一步提高参与能源转型管理的积极性和主动性，更好地发挥政府的主导和监管作用。

3. 2050年美丽中国的能源系统

1）面向2050年能源转型的两种情景

为了更好地理解从现在到2035年间能源转型动态，首先需要清晰2050年能源系统的预期前景，有两种可能的能源发展情景。既定政策情景以完全实现"十三五"规划和十九大报告中的相关能源目标为预期，展现了坚决执行现有政策时的能源发展预测；低于 2℃ 情景则更进一步，以达到《巴黎协议》的碳约束为蓝图远景，回溯倒逼所需的能源发展路径。通过对两种情景结果进行比较分析，很容易识别出现有政策与实现《巴黎协议》的差距，同时也方便设计加速弥合差距的目标方案和政策措施。

2）能源消费总量下降，能源效率提高

在低于 2℃ 情景中，未来中国终端能源需求的变化主要有三大驱动因素：产业经济结构调整、能效水平的大幅提升、工业与交通领域的电能替代。2050 年的终端能源需求较如今略低，化石能源消费大幅缩减，电力消费显著上升。

终端部门间能源消费的发展历程各异。作为国民经济主体和能源消耗最大的部门，工业在 2050 年的能源需求将大幅下降；交通与建筑部门的能源需求略微提高。

3）可再生能源成为一次能源主体

低于 2℃ 情景中，预测 2050 年中国一次能源需求比 2017 年大幅降低。可再生能源将成为一次能源消费中的主体能源，煤炭在能源结构中降至从属地位。较之风电与光电，天然气能源价格较高，因此在长期能源系统中所占分量较低。风能（44%）和太阳能（27%）将主导 2050 年可再生能源的供应，届时非化石能源的总体比例将达到 70%。

4）能源系统的核心将从燃煤过渡到电力

在低于 2℃ 情景中，终端部门的电气化率将从 2017 年的 24% 提至 2050 年的 53%，2050 年全社会电力生产量较 2017 年将翻倍。可再生能源取代煤炭成为供电主力。

4. 能源转型与可再生能源发展目标

1）煤炭与石油的消费锐减

在低于 2℃ 情景中，煤炭消费在 2020 年以后将急速下降，与之相伴的是可再生能源的大规模开发。由于电动汽车的大范围推广，尽管未来汽车保有量继续增加，石油消费还是保持下降。

2）光伏与风电在 21 世纪第二个十年得到大规模开发

未来可再生能源供能主要集中在电力部门。太阳能与风能将主导电力供应。

3）既定政策情景发展略慢

与低于 2℃ 情景相比，既定政策情景中可再生能源的开发程度略低，煤炭和石油的"去化"过程也相对缓慢。由于现有的优先发展天然气的政策导向，天然气在既定政策情景将扮演更为重要的角色。

4）更高的可再生能源目标是可行的

情景分析结果表明，制定比"十三五"规划中更高的可再生能源装机计划和非化石能源发展近中期目标是可行的。

5. 2035 年后应遵循的开发策略

1）清洁的能源系统

一个清洁的能源系统，其对环境的负面影响将减至最小。到 2050 年，在两种情景中，除氨外大部分大气污染物的排放水平都将显著减少，氨的排放主要来自于农业部门中化肥的使用，低于2℃情景中空气治理效果将在更早期显现。

大部分空气污染物浓度在低于2℃情景中下降程度更快。由于低于2℃情景推行了更为激进的去煤化与去油化政策，黑碳、有机碳、氮氧化物、一氧化碳以及非甲烷挥发性有机物的含量在2035年将得到显著控制。

电力部门用水得到大幅改善。水资源短缺造成严重的生态问题并威胁着国家安全，缓解用水压力也是能源发展战略的重要考量。在CREO的两种情景中，由于发电侧技术的进步与升级，电力部门用水强度得到大幅改善，能源部门总体用水需求下降，其中低于2℃情景中的用水量更低。在低于2℃情景中用水量从2020年开始下降，在既定政策情景中则要等到2030年。

2）低碳的能源系统

低碳是未来能源系统的必然选择。由人类活动引起的气候变化对社会可持续发展产生了深刻的影响，人类面临着重大生态环境和发展方式的挑战。能源行业集中了中国的碳源大户，对温室气体贡献率最大，其减排路径设计与生态文明和可持续能源系统的建设目标密切相关。

低于2℃情景就中国对《巴黎协定》中温控目标的预期贡献，设计了2050年中国碳排放总量目标，并将基年与目标年的排放差距平滑摊到中间各年，制定了2017—2050年逐年排放约束。在未来，受益于再电气化的深入，工业将成为最大的减排部门；尽管电力与热力需求翻倍，但由于能源技术升级，发电与供热部门的整体排放将大幅降低。

在既定政策情景中的二氧化碳减排路径速度较慢，减排量较弱，不足以实现上述的约束目标。与低于2℃情景相比，既定政策情景中特别是发电部门的排放量更高。多元化能源供应体系减少了对进口的依赖，2050年的能源供应格局将由煤炭为主向多元化转变，在低于2℃情景中，2050年的化石能源比例降至30%，在既定政策情景中则是45%。

能源进口比例大幅缩减，其中低于2℃情景中天然气与石油的能源进口比例更少，而既定政策情景中两者的对外依存度相对较高，仍面临进口挑战。

3）安全高效的能源体系

（1）能源效率大幅提高。在低于2℃情景中，2050年的国内生产总值（GDP）将达到2017年的4倍，而一次能源消费量却将降至2017的80%，能源消费强度下降明显。两种情景中，能源效率的提升都将减缓终端用能部门的能源需求量增长。能效提升将扭转工业供应链中的用能惯性，大幅优化能源结构；也将缓解建筑与交通领域的用能增长压力，进一步平坦化2017—2050年终端能源需求的上升趋势。在供应侧，由于从火力发电转向可再生能源发电，能源转化损失将从高能耗降至接近零，能源系统综合效率得到大幅提升。

（2）电力价格下降。随着可再生能源技术成本快速下降、不经济的资产逐渐退出市场，未来的电力成本有可能降至比现在更低的水平。两种情景都预测了比现在更低的2050年供电成本。由于对二氧化碳排放提出了更严格的要求，在低于2℃情景中向可再生能源系统的转型也更快。总体看来，未来电力的燃料成本更低，但是基础投资和系统投资费用将增加。

（3）就业机会以及对GDP的影响。首先，可再生能源产业的快速发展将对宏观经济起到积极促进作用。2025—2035年，可再生能源产业规模的快速扩大将推动与其相关部门直接或间接的就业需求，新增就业机会将远多于传统能源行业如火电厂的失业人数。

其次，可再生能源产业的发展促进产业经济结构调整。由于可再生能源产业链涵盖多个行业，如电子元件、信息和通信、计算机、技术服务等，其发展壮大将带动一系列具有高附加值的行业，满足可持续发展的要求。

第三，可再生能源技术成本下降将提高能源产业的运营效率，为一系列能源相关的高附加值服务创造发展空间，如基于基础能源服务的能源数据处理、分布式能源、能源生产和消费、储能和电动汽车充电等。

4）采取的行动

减煤减油措施，进行煤炭消费减量替代是中国能源转型的重中之重，建议从现在起采取以下措施：

（1）将煤炭减量作为首要任务严格执行，严格执行煤炭减量化的政治目标和任务，以避免未来投资搁浅，同时削减煤炭行业的既得利益，打破原有利益格局。

（2）停止新建煤电厂，尽快颁布禁令，禁止新建煤电厂。据分析表明，长期内已经不需要投资新建煤电厂，否则新进投资面临未来利润率低，无法回收投资的风险；但若煤电厂愿意以较低的利润率进入市场，则现有的电厂又将面临使用时间减少，继续弃风弃光限电的风险。

（3）通过产业结构调整和再电气化控制工业煤炭消费，通过去产能去库存，减少高耗能产品对煤炭的需求；加大钢铁行业的电气化程度，推广绿色水泥生产工艺，进一步减少煤炭消费。

（4）通过交通领域的全面电动化，减少燃油消费，在运输部门加大电动汽车的部署力度，逐步降低对石油的依赖。

（5）短期内实行较高的碳排放成本，确保减排效果，实现低碳能源体系需要对能源部门实行严格的碳排放限额。有效的碳定价机制可以将碳排放成本纳入到电力成本之中，确保可再生能源与化石能源的公平竞争，但是目前我国碳交易试点的市场碳价还不够高，不足以支撑以后的减排目标，因此至少在短期内需要进一步出台碳税以及碳交易底价政策。同时，除了电力部门以外，还需要其他行业如工业领域推行碳市场。

5）重点部署可再生能源

分析结果显示，"十四五"和"十五五"期间的风电与光伏将得到规模化开发利用，其开发力度较之"十三五"大幅提高。一方面规模化发展推动了可再生能源成本快速下降，显著提升其市场竞争能力，但同时可再生能源依然处于产业发展脆弱期，需要外力助其移除发展障碍，以财政手段鼓励各方参与开发可再生能源。

在明令禁止新建煤电厂之后，需要释放明确的政策信号进一步推广可再生能源。确保电力部门改革中的关键参与方作为主力推进可再生能源的开发利用，大型发电企业应顺势调整其未来发展战略，电网公司需要制定新时代下的输电方案，地方政府应该发挥更积极的作用，进一步促进从煤炭向可再生能源的转型。电力改革方案的落实，可以提供适当的市场激励，对各个利益相关方参与公平博弈至关重要。

消除分布式发电以及风电的行政障碍，优化项目审批手续，鼓励在负荷中心附近进行可再生能源开发。这一步需要各个部委间、中央和地方政府间的强力配合，为可再生能源进一步发展消除障碍。海上风电的申报和审批程序也同样需要各个部门之间的进一步配合和优化。

逐步取消可再生能源补贴，避免过度投资，进行可再生能源经济激励制度改革，逐步取消可再生能源补贴，健全其经济激励手段，这有助于开发商进行项目规划和实施，进一步降低投资者的潜在风险。采取竞价上网政策有助于进一步降低成本；严格执行可再生能源配额制度将使关键参与者在部署中发挥更重要的作用，并进一步降低上网电价。

1.3 我国清洁能源工程技术发展面临的挑战

1.3.1 清洁能源工程技术发展面临的形势

1. 全球清洁能源发展前景与挑战

根据能源发展预测的基准情景，到2040年，全球一次能源消费量有望在2016年基础上提高25%～35%。相比前些年间的能源预测，2018年多数能源预测都上调了未来的能源需求数据。能源需求增长主要将来自于亚洲发展中国家的贡献。在亚洲发展中国家中，一次能源消费方面最具增长前景的首先是中国，其次是印度。在展望期内，中国的一次能源年均增速预计在1%之内，当然这一预测值不及最近10年4%的增长速度。有越来越多的预测认为，2040年前印度的能源需求增长量有望超越中国。此外，东南亚、中东和非洲地区广大发展中国家的能源需求也将出现增长。而发达国家2040年前能源需求预计将维持在目前的水平。

2016～2040年间，全球石油需求将增长11%～17%。同时，相比2017年预测数据，各机构本年度预测的基准情景都上调了未来石油的需求数据（上调0.1%～2.5%）。其中，BP在其基准情景中认为全球石油需求将在2030年见顶，达到49亿吨石油当量，随后将逐年下降，到2040年降至48亿吨石油当量。而其他几家机构的能源预测中，除IEO-2018外，都认为全球石油需求将持续上涨，到2040年达到49亿～50亿吨石油当量，并且需求增速将在2025年后放缓。石油需求增速放缓首先是因为燃料经济性提高延缓交通领域燃料需求增长，根据国际能源署的数据，到2040年，随着燃料经济性标准的提升，全球石油潜在需求将减少900万桶/日，其次，电动汽车的推广普及也是一个重要原因，综合各家预测，到2040年，全球电动汽车数量将达到3亿辆左右，石油潜在需求为此将减少300万桶/日。同时，从长期来看，石油化工、汽车运输、航空和海上运输是石油需求增长的主要引擎。和此前的预测一样，在展望期内，预计美国（2025年之前）和欧佩克（2025年之后）将引领全球石油市场的供给增长。

2016～2040年间，全球天然气需求将增长40%～55%，并且在2025～2030年间，天然气在全球能源结构中的占比将超越煤炭，届时天然气将成为仅次于石油的全球第二大能源。天然气需求增长的主要动力是电力和工业部门。亚洲、中东和非洲地区发展中国家的天然气需求增速最大，尤其是中、印两国。到2040年，中国和印度的天然气消费量大概率都将超过欧盟。全球天然气市场增加的供给主要来自美国、中东和非洲地区国家、俄罗斯、中国。同时，中国还将大幅增加天然气的进口量。来自国际能源署的预测数据显示，到2040年，中国的天然气进口量将增至目前的3.5倍。

展望期内，全球煤炭需求将降低1%～7%。但是考虑到印度和东南亚国家大力推广应用煤炭，到2040年全球煤炭消费仍然有望维持在现有水平。

可再生能源方面，各大机构在各自的能源预测基准情景中都调整增大了可再生能源在能源结构中的占比。除水能和传统应用的生物质能以外，全球可再生能源占比预计将提高7%～13%，到2040年，可再生能源消费将增加4～5倍。可再生能源是实现电力需求增长的主要贡献力量。在国际能源署能源展望的基准情景中，2017～2040年间，全球电力需求将增长60%，届时电力在终端能源消费中的占比将达到四分之一。随着电力生产的大幅增长，人人享有电力和消除电力贫困的问题将部分得以解决。尽管全球电气化的空间还很巨大，但根据国际能源署能源展望的基准情景，煤炭作为燃料在能源结构中占比也会很高，这将无益于电力部门减少温室气体排放量。相比之下，在国际能源署能源展望的可持续发展情景（Sustainable Development）中，如果向电力领域增加30%的资金投入，减排等问题在很大程度上将得以解决，但与此同时，终端电力用户不可避免地将面临电价的上涨。

2. 我国清洁能源发展前景与挑战

2019年4月29日，英国石油公司在北京举行《BP2035世界能源展望》报告发布会。报告预测，到2035年，中国的能源产量增加47%，消费量增加60%，使中国成为世界上最大净进口国。中国能源产量在消费中的比重将从当前的85%降至77%，中国将在2030年前后超过美国，成为世界上最大的石油消费国，在21世纪20年代超过俄罗斯第二大天然气消费国，在全球能源需求中的比重将从22%升至2035年的26%，而增长将贡献世界净增量的36%。中国的能源结构将继续演变，煤炭的主导地位将从当前的68%降至51%，天然气的比重将翻倍至12%，石油的比重仍将保持18%不变。中国的二氧化碳排放增长37%，到2035年将占世界总量的30%，人均排放在展望期结束时超过经济合作与发展组织。到2035年，中国经济增长220%，而能源强度下降50%，与1990～2010年期间的降幅（-52%）相近。

石油进口依存度从2013年的60%（600万桶/日）升至2035年的75%（1300万桶/日）高于美国2005年的峰值。天然气依存度从略低于30%（40亿立方英尺/日）升至超过40%（240亿立方英尺/日）。

运输行业的能源消费增长98%。石油仍然是主导性燃料，但市场份额下降，从90%降至2035年的83%。天然气的份额从5%升至11%。

电力行业的能源消费增长81%，虽然煤炭仍然是主导性燃料类型，但其市场份额从当前的77%降至2035年的58%，而可再生能源（从3%升至13%）和核电（从2%升至11%）的份额提高。

工业仍将是所有领域中最大的最终能源消费主体，但是其消费增速最为缓慢（+41%），导致其消费需求比重从51%下降至45%。

1.3.2 我国能源电力转型发展展望与挑战

1. 目的与意义

党的十九大提出了建设清洁低碳、安全高效的能源体系目标，我国能源发展战略方向已然明朗，能源革命正在加速推进。能源发展战略路径选择和前瞻性政策部署尤为重要，关系到能源体系建设目标的实现。在构建绿色低碳全球能源治理格局、推动中国经济转向高质量发展阶段、积极落实碳减排承诺和建设美丽中国的大背景下，面对能源发展新动向、技术新进步、消费新模式、产业新业态等不确定因素，电力在构建清洁低碳、安全高效能源体系中的地位和作用，我国未来电气化分阶段演进趋势，需要以新格局、新方法来论证回答。采取定性与定量相结合的方式，深入分析和展望电力及能源系统前景，对于能源行业践行创新、协调、绿色、开放、共享新发展理念，支撑全面建设社会主义现代化国家具有重要意义。

以新时代能源革命的战略思想为引领，立足于能源中长期发展方向、发展方式、发展动力，贯彻新发展理念，在能源领域强化绿色发展，将电气化水平列入衡量社会主义现代化的重要指标，努力推动电气化发展战略上升为国家战略。以深化能源领域供给侧结构性改革为主线，坚持规划先行，切实保障能源发展和电力发展规划的权威性，加大对各专业、各地区规划之间的协调力度，发挥好电力系统在能源转型中的核心作用，发挥好电网在电力系统中的枢纽平台作用。坚持全面深化能源领域改革，逐步破除影响能源由高速发展向高质量发展的体制机制弊端，尽快建立完善辅助服务市场、新能源消纳全国统一市场、碳交易市场等机制，有效激发各类市场主体活力，全面发挥市场在资源配置中的决定性作用。以创新作为引领能源行业转型发展的第一动力，布局新一代电力系统等国家重大技术研发计划，建立以能源企业为主体、市场为导向、产学研深度融合的绿色技术创新体系，持续加大科技成果转化应用力度。

2. 我国能源转型发展展望

一是能源需求增速放缓，总量将较快进入平台期。中国终端能源需求即将进入增长饱和阶段，2035～2040年前后达到峰值后缓慢下降。一次能源需求2020～2025年进入增长饱和阶段，约在2030年后进入平台期，总量稳定在56亿～58亿吨标准煤，其中化石能源需求在2025年前后达到峰值41亿～43亿吨标准煤。如果按照电热当量法计算可再生能源发电量，则一次能源需求将在2030～2035年达到峰值，峰值降至47亿～50亿吨标准煤。

二是能源利用效率持续提升，人均用能水平维持低位。在经济结构调整、用能技术进步和终端能源消费结构改善等因素共同作用下，能源利用效率持续提高。随着节能技术的逐步推广应用，我国基于用能技术的节能潜力释放趋缓，基于用能结构升级的节能潜力贡献持续提升。2030年和2050年单位GDP能耗分别降至2015年水平的50%～53%和24%～27%左右。人均能源需求缓慢增长，2040年以后基本稳定在4.0吨～4.2吨标准煤。

三是能源需求增长动力转换，用能部门结构朝着均衡方向变化。工业用能需求在2025年前达到峰值后稳步下降，交通和建筑部门用能持续增长，能源需求增长动力从工业部门转移到建筑和交通部门，工业、建筑、交通部门的终端用能占比从目前的6-2-1格局演变成4-3-3格局。钢铁、建材、化工、有色金属等高耗能行业占工业用能比重由65%逐步降至2050年的47%左右。

四是能源结构加速优化升级，清洁化水平显著提升。煤炭终端需求逐步被替代，2030年在终端能源消费中占比将降至20%左右，2050年降至10%以下。天然气消费快速增长，油品增长相对缓慢，2050年油气占终端能源消费的比重提升至40%上下。电能在终端能源消费结构中的比重持续上升，在2030年前超过煤炭成为最主要的终端用能品种。一次能源结构持续朝着清洁低碳方向调整，非化石能源在2035～2040年前后成为第一大能源品种，2050年占一次能源需求总量的比重达到46%～58%。

五是煤炭需求已进入下降通道，清洁高效利用势在必行。煤炭需求已进入下降通道，峰值出现在2013年，峰值消费量28亿吨标准煤。常规转型情景下，煤炭需求在经历峰值平台期后较快下降，2030年降至24.4亿吨标准煤，2050年降至10.0亿吨标准煤。电气化加速情景下，煤炭需求下降速度更快，2030年需求降至22.6亿吨标准煤，2050年降至7.2亿吨标准煤。随着煤炭清洁高效利用步伐加快，终端散煤利用逐步转为发电供热集中利用，终端煤炭需求和污染物排放将大幅下降。

六是油气需求增长平稳，能源安全整体可控。石油需求在2030～2035年达峰，峰值为6.7亿～7.0亿吨，2040年以后出现较明显下降，2050年需求降至5.5亿～6.6亿吨。石油对外依存度在2035年前后达峰，峰值约70%。天然气需求持续增长，常规转型情景下，2050年需求增至8900亿立方米；电气化加速情景下，天然气需求在2040年左右达峰，峰值约7000亿立方米，2050年需求降至6500亿立方米左右。天然气对外依存度在2040～2045年前后达峰，峰值约50%～60%。从一次能源自给率来看，能源自给能力整体保持在80%上下，电气化加速情景下的能源安全水平明显提高。

七是电气化水平持续提升，电能成为能源供应和消费主体。电能在终端能源消费结构中占比持续提升，2030年提高至30%左右，2050年增至35%～46%。建筑部门是电气化水平和提升潜力最高的部门，电气化水平从2015年的29%提高到2050年的46%～66%。工业部门电气化水平从2015年的23%提高到2050年的42%～49%。随着终端电气化水平的提高，发电能源占一次能源的比重也持续上升，常规转型情景下在2035年超过50%，电气化加速情景下在2025年即超过50%，并在2050年达到69%左右。

八是能源燃烧碳排放提前达峰，碳强度下降目标超额实现。能源燃烧二氧化碳排放即将进入平台期，2020～2025年达到峰值，峰值水平约为101亿～105亿吨，应对气候变化进入新阶段。2020年、2030年碳排放强度比2005年下降50%以上、70%以上，均可超额实现自主减排目标。2050年碳排放强度将比2005年下降90%以上，使我国在GDP总量增长超过10倍的情况下，二氧化碳排放总量与2005年水平大致相当甚至更低。我国从碳排放快速增长阶段进入稳定增长阶段，为碳排放总量控制和排放权交易等应对气候变化措施提供了更加成熟的客观条件。

3. 我国电力转型发展展望

一是电力需求仍有较大增长空间。电力需求总量持续增长，增速逐步放缓，2035年左右进入增长饱和阶段，饱和时点相比于能源需求延后10～15年，2050年电力需求将在当前水平基础上翻番，达到12.3万亿～14.4万亿千瓦·时，人均电力消费达到8800～10300千瓦·时。工业部门用电占比逐步下降，2050年仍是最主要的电力消费部门；建筑部门用电占比快速提高；交通部门由于用电量基数太小，尽管电量增长明显，但在全部用电量中占比仍然较低。

二是电源装机容量保持持续增长。2050年之前电源装机将保持快速、持续增长，常规转型情景与电气化加速情景下，2030年装机容量分别达到28.7亿千瓦、36.3亿千瓦，2050年装机容量分别达到44.3亿千瓦、57.5亿千瓦。增量部分以清洁能源为主，电源结构逐步优化。两情景下，2030年清洁电源装机容量分别达到15.4亿千瓦、21.7亿千瓦，2050年分别达到35.1亿千瓦、46.9亿千瓦。

三是电源发展呈现"风光领跑、多源协调"态势。陆上风电、光伏发电将是发展速度最快的电源，2030年、2050年两者总装机容量占比有望超过30%、50%。气电受成本因素制约，增长空间有限，2030年、2050年的优化装机容量将分别达到1.8亿千瓦左右、3.7亿千瓦左右。核电发展受到站址与建设速度等因素影响，预计2030年、2050年的装机容量将分别达到1.2亿千瓦左右、2.2亿千瓦左右。水电可开发潜力已相对有限，预计2030年、2050年装机容量将分别达到4.6亿千瓦左右、5.4亿千瓦左右。煤电将逐步转变为具有深度调节能力的容量支撑电源，2030年、2050年装机容量预计将达12亿千瓦左右、7亿千瓦左右。除风电、光伏发电外各类电源虽然装机容量增长有限，但都将在电力系统中发挥重要作用，在波动性电源大规模发展的情况下保障电力系统的电力电量平衡与调峰灵活性，各类电源呈现协调发展态势。

四是电源布局继续向西北等地区倾斜。近期受消纳形势与补贴政策等多重因素影响，电源布局当以东中部负荷中心与西部北部资源富集区并重。但长期来看，电源装机向资源条件更好的西部、北部倾斜是全国一盘棋下更为科学的能源转型方案。其中，煤电装机布局将以华北、西北地区为主，华东等受端地区由于煤电机组密度大、环境减排形势严峻，煤电退出趋势明显；气电装机近中期以东中部为主，政策支持的热电联产与园区分布式三联供机组具备发展潜力，远期气价更具竞争力的西北地区增长潜力更大；风电布局仍将以"三北"地区为主，近期东中部分散式风电迎来发展机遇期，但随着弃风问题缓解，在优质资源区开发风电是更具经济性的优化方案；光伏发电宜集中式与分布式并重，东中部分布式光伏近中期具备较大增长空间，但受限于可用屋顶面积与光照资源条件，分布式光伏难以满足负荷中心的用电需求，更无法作为我国大力发展清洁能源的主体部分，在优质资源区集中式开发仍将贡献重要份额。

五是电网大范围配置清洁能源能力增强。全国互联电网将在新一代电力系统中发挥更加重要的作用。一方面,我国能源资源与负荷需求逆向分布的国情决定了全国范围优化配置资源的客观需求。另一方面,高比例新能源电力系统对灵活性提出更高要求,跨区互联电网通过采用更加灵活优化的运行方式,在全国范围内实现电力供需动态平衡,将有力促进高比例新能源消纳利用。电力系统整体规划结果表明,2030年、2050年我国跨区输电通道优化容量分别达到3亿、5亿千瓦左右,"西电东送"规模呈逐步扩大趋势,并且将以输送清洁能源为主。电网作为大范围、高效率配置能源资源的基础平台,重要性将愈加凸显。

六是需求侧资源与储能将成为未来电力系统中的重要资源。能效电厂有助于挖掘需求侧节能潜力,是推进能源消费革命的重要抓手,预计2050年规模将达约4.5亿千瓦。需求响应作为一种高效的灵活性资源,对未来高比例新能源电力系统的优化运行至关重要,在常规转型情景与电气化加速情景下,2050年分别达到2.1亿千瓦、3.7亿千瓦。当前对需求响应的认识多局限于削峰填谷、缓解峰荷时段电力供需紧张形势,未来其价值将更多体现在促进新能源消纳与系统优化运行。储能同样是未来电力系统不可或缺的组成部分,将作为新一代电力系统中重要的灵活性资源,为系统电力平衡、调峰调频、新能源消纳等做出重要贡献。随着储能成本逐步下降,我国储能装机容量将持续增长,特别是在2030年之后储能将进入快速发展期,2050年将达3亿千瓦以上。

七是电力系统实现源-网-荷-储协调运行。新一代电力系统中,各类电源、电网、需求侧资源与储能将存在更多协调互动,以灵活高效的方式共同推动电力系统优化运行,有力促进新能源消纳。随着新能源渗透率不断提高,气电、水电、光热等灵活性电源将发挥重要调峰作用,煤电也将更多承担调峰任务,仅部分高参数大容量煤电机组继续承担基荷。跨区输电线路的运行方式将更加灵活,有效支撑清洁能源在更大范围实现充分消纳。需求响应与储能等新兴灵活性资源的运行方式随风光电出力优化调整,支撑系统优化运行。

八是电力系统成本将呈现先升后降趋势。当前至2030年,电力需求保持较快增长,且新能源发电等新技术仍处于发展期,电力系统总成本持续上升。2030—2050年,电力需求增长逐渐趋于饱和,新能源发电等技术日益成熟,系统成本进入下降期,此阶段能源发展的低碳性目标与经济性目标逐渐重合。相比于电力系统总成本,度电平均成本的达峰时间更早,预计2050年度电成本约为当前水平的一半左右。

九是电力行业碳排放强度将大幅降低。随着清洁能源发电量占比逐渐提升,电力行业碳排放总量在2025年前后出现峰值,峰值水平约为42亿吨。2050年排放量降至14亿吨,占全国碳排放的比重降至30%以下。单位电量碳排放强度方面,常规转型情景与电气化加速情景下2030年分别降至400克/千瓦·时、363克/千瓦·时左右,2050年分别降至114克/千瓦·时、96克/千瓦·时左右,低于当前水平的五分之一。

4.我国能源电力转型面临的关键挑战

1)多元利益格局下的体制束缚问题能否得到顺利解决

不同省份间、源、网、荷、储不同环节间、不同能源系统间的体制机制障碍如果长期无法得到破除,将阻碍我国能源转型路径的实现。

2）市场在能源资源配置中如何发挥决定性作用

各类资源高效参与系统运行、清洁能源跨省跨区灵活配置等，要求电力市场建设在辅助服务、跨省跨区交易规则等方面实现突破并进入成熟阶段。

3）电力系统源-网-荷-储协调运行能否充分实现

这将决定电力发展展望中涉及的各类要素在未来运行时能否高效发挥预期作用，以及电力系统能否成功应对高比例新能源间歇性特征所带来的挑战。

4）持续推进节能、电能替代的政策支持力度能否保持

这需要从制造业转型升级、科学规划城乡建设和交通布局等源头，合理控制工业、建筑和交通等行业化石能源消费，鼓励终端电能消费水平提高。

5）电力系统关键技术能否获得突破并实现商业化运行

建成清洁低碳、安全高效的能源体系，尤其是建设高比例新能源电力系统，需要充分研究新一代电力系统的机理特性与运行控制关键技术。

6）煤电合理作用能否充分发挥

鉴于我国国情，煤电的调峰、备用等价值对我国能源结构优化有重要意义，在推进煤电灵活性改造的同时，亟需建立合理的市场机制促进我国煤电完成角色转变。

7）新能源、储能等成本能否实现下降预期

具有全寿命周期内的经济竞争力是新能源、储能设备实现大规模发展应用的必要条件，相关技术进步、产业政策引导支持尤显重要，需把握好政策扶持与市场倒逼的关系。

8）大电网能否具备有力支撑能源转型的能力

随着新能源渗透率不断提高，仍有必要大规模建设发展跨区互联电网，增强大电网安全稳定运行能力，国家需要从长计议，及时制定相关支持政策。

9）碳排放成本能否充分发挥转型倒逼作用

碳排放成本对非化石能源占比有较大影响，如果采用市场机制实现环境外部成本内部化，则需要加强碳市场建设，依靠碳减排政策促进能源结构优化。

10）如何实现新能源与电力系统高效融合发展

在未来高比例新能源接入背景下，需要正确把握新能源发电边际成本与系统成本的关系，综合考虑新能源最大化消纳利用与电力系统整体效率效益和安全稳定水平，促成两者有机统一。

1.3.3 清洁能源工程技术主要研究方向

1.能源政策

可再生能源发展普遍存在市场开拓困难和电能质量不高两大问题。对此，没有强有力的政策支持是难以取得成效的。

1）国外新能源政策

通过对美国、德国、日本、英国等发达国家新能源财税政策的分析，其成功经验共同

体现为:

首先,各国发展新能源时都制定了明确的发展目标。如日本提出到2030年将太阳能和风能发电等新能源技术扶植成商业产值达3万亿日元的支柱产业之一,英国要求到2020年可再生能源占能源产出的比重达到20%,这些国家相应实施的财税政策都是以这些目标为依据而制定的。

其次,各国都制定了明确的财税支持政策,包括直接补贴、税收优惠、低息贷款等。以税收优惠政策为例,以美国为代表的西方发达国家通过法律手段将新能源税收政策予以规范化、制度化,在法律条文中对相关税收优惠政策做出了详细的规定,从而使新能源税收激励措施具有明确性和可行性。上述国家的税收政策贯穿新能源发展需要经历的"前生产—生产—市场化—消费"四大阶段,形成了覆盖新能源发展全阶段的税收政策体系。

再次,各国的财税支持政策涉及新能源各个领域,但都能结合各国的实际状况和中长期发展规划选择某些重点领域加大扶持力度。例如,21世纪以来的十多年里,美国对于氢燃料电池、生物质能、太阳能以及核能的投入比例很大,相反,对于风能、潮汐能、低热能的投入略显逊色。

然而,清洁能源的巨额财政补贴不仅催生了行业发展过热、产能过剩等负面效应,而且对欧洲各国财政造成了巨大压力,欧债危机爆发更使财政雪上加霜。与此同时,新能源发电成本不断下降客观上也为削减财政补贴创造了条件。为此,从2011年开始,欧洲多个国家对新能源补贴机制作了调整,陆续推出了一系列削减或停止新能源上网电价补贴的政策。

财税政策机制调整对产业影响立竿见影,市场迅速由热转冷,行业明显降温,从过去的高速增长期进入了平稳发展期。

2)国内新能源政策

为了推动新能源发展,我国各级政府都积极利用财税手段鼓励新能源消费来带动新能源发展,总体上来说,主要是运用财政政策与税收政策对新能源的生产与消费各环节进行补贴。

但这也存在一些问题:

财政补贴。首先财政补贴主要针对企业技术研发以及投入生产等上游环节,而对新能源下游企业或下游产品消费的财政补贴较少,不利于上下游企业及消费之间的相互衔接。其次财政补贴政策还没形成适当的退出机制。随着新能源市场接受程度的不断提高,财政补贴激励机制要顺应新能源生产与消费发展进程适时退出。

税收手段。当前税收手段的运用过于简单化,对促进新能源发展的调控功能较弱。这主要体现在两方面:一是优惠政策集中于生产环节,而相对忽略了对消费环节的激励;二是政策侧重鼓励新能源发展,而对抑制传统能源消费的调控力度欠缺。

经验和启示在于:清洁能源的扶持政策必须要有,但是要动态调整。如德国在2004年、2008年曾两次修订《可再生能源法》,明确提出要在考虑规模效应、技术进步等因素的影响后,逐年减少对可再生能源新建项目的上网电价补贴,促进可再生能源市场竞争能力的提高。

产业不能依赖国外市场。如德国光伏政策调整后,2011年1—5月的装机量约为1.08吉瓦，比上年同期下滑37.4%。需求降温马上波及我国相关产业。2012年，我国光伏产品对欧盟市场出口下跌幅度超过全部市场下跌幅度约12个百分点。我国新能源产业过高的外向度，不利于保障产业安全，一旦国际市场稍有风吹草动，将对国内相关产业产生较大冲击。

补贴重点应向技术研发环节倾斜。我国财政补贴鼓励的通常不是技术研发，而是传统的制造业。在这种情况下，补贴越多反而越容易加剧产能过剩。工业社会以来，任何一项新技术的兴起和推广，都绝非财政补贴的结果。补贴本身并没有问题，但往哪里补、怎么补值得商榷。

2. 消纳问题

1）电源结构

电源结构和清洁能源的消纳密切相关。

以丹麦为例，其风电装机容量比例、发电量比重以及各项人均指标均遥遥领先，但丹麦风电主要采用靠近负荷中心的分散式发展模式，全国风电总装机容量不到500万千瓦，不仅可以在整个北欧市场消纳，而且还可以在德国市场消纳部分风电，风电送出及消纳矛盾不突出。

丹麦不仅国内调节能力强的燃气发电比重很高，更重要的是挪威水电（98%装机容量为水电）为丹麦风电调峰、消纳提供了坚强的保证，充足的调峰能力为丹麦消纳风电提供了强有力的保证。

而在我国，新能源集中的"三北"地区电源结构都是以火电为主，火电装机占比达到81%（东北、华北、西北火电装机占比分别为77%、91%、65%），且多为供热机组，既没有快速跟踪负荷的天然气发电，又缺少可以灵活调峰调频的抽水蓄能电站；特别是到冬季，主要是供热机组在发电，调峰能力更差。相比而言，西班牙燃油燃气及抽水蓄能等灵活调节电源比例高达34%，是风电的1.7倍；美国灵活调节电源比例达到47%，是风电的13倍。

因此，很多发达国家的电源结构情况，和我国差异较大。

但要求是明确的，电源结构与调峰能力是电网消纳大规模清洁能源的刚性基础。重视电源结构，即煤、水、油、核、新能源的比重，形成与负荷特性相适应的电源结构，并具备必须的调峰能力，才能保证电网安全稳定运行。

在目前的电源结构条件下，火电的调峰潜力是需要大力挖掘的。

比如丹麦的市场机制，就驱使火电机组具有灵活的深度调峰能力。丹麦所有的火电机组（包括燃煤和燃气机组，纯凝机组和热电机组）均具备灵活的深度调峰能力（热电联产机组利用储热装置调峰）。在电力市场开启前，丹麦火电机组一般只能调到35%，市场启动后，特别是风电规模增加后，火电机组纷纷改造，增加深度调整能力，一方面在风电出力高时，可以将火电的出力降到最低，避免低电价带来的经济损失；另一方面，深度调峰能力可以从备用市场和实时平衡市场中获得回报。

我国其实也在效仿国外，2015年2月，为落实国家可再生能源全额消纳政策，山西能源监管办大力推进风火市场化交易。2015年2月，山西省正式启动风火深度调峰交易，并于23日首次实施交易电力2万千瓦，交易电量4万千瓦·时，交易价格350元/兆瓦时。

2）电网建设

欧盟比较重视跨国互联电网的整体规划，表明大电网的统一规划是需要的，可再生能源的大规模发展和消纳必须依赖跨国电网输送和更大范围电源结构的互补加以解决。

近些年，欧洲海上风电和分布式新能源发电大行其道，并网成本、电力安全等原因也在倒逼国际互联性电网的建设。其中，英国/爱尔兰、西班牙/葡萄牙、意大利和波罗的海三国这四个区域可以说是欧洲的"电力半岛"。英国和爱尔兰附近有欧洲最好的海上风电资源，但与欧洲主网互联又最弱。

欧洲超级电网SuperGrid连接北海沿岸的德国、法国、比利时、荷兰、丹麦、瑞典和英国等七个国家，英国的海上风力发电场、德国的太阳能光伏电站（含大型和分布式）、比利时和丹麦的波浪能发电站将与挪威的水力发电站连成一片，有望彻底解决变幻莫测的天气所导致的新能源发电不稳定性和发电成本过高等问题。

比如在丹麦周围的北海刮起大风时，可以把电力传输到欧洲大陆最南端的西班牙。而当丹麦没风或者挪威没水时，太阳能可从西班牙的阳光海岸输送过来，令各种资源得以充分利用，协作共赢。没有强大的国际间互联，整个电力系统将会变得昂贵而低效，甚至不安全。

我国清洁能源资源富集区通常属于经济欠发达地区，电网建设规划落后于国家清洁能源发展规划，电网规模仅能够满足当地经济社会发展需要，在早期规划中未考虑到大规模清洁能源的并网输送需求。随着风电、光伏等清洁能源快速发展，问题逐渐暴露。

即便对于已有规划大规模清洁能源并网需求的地区，电网建设还需要考虑清洁能源随机性和间歇性带来的安全风险，综合考虑安排调峰电源，加之核准程序复杂，影响大，建设工程周期长，普遍滞后于清洁能源发展，导致大量清洁能源电力输出受阻。

所以，在当前电力相对过剩的情况下，要解决清洁能源消纳问题，做好电力规划很关键。实现清洁能源的合理、有序、优化开发，这也是"十三五"规划需要解决的问题。

3）配额制

可再生能源配额制被业界视为解决消纳问题的重要手段，基本思路是：国家对发电企业、电网企业、地方政府三大主体提出约束性的可再生能源电力配额要求。即，强制要求发电企业承担可再生能源发电义务，强制要求电网公司承担购电义务，强制要求电力消费者使用可再生能源电力。

3.商业模式

从商业模式来看，发达国家光伏产业重心已经从制造向应用转变，新的商业模式正在酝酿，行业超额利润将聚集到应用端。

商业模式最核心的是融资和渠道，而这种模式取得成功的前提是政策。从商业模式的角度来看，融资和渠道会成为未来竞争的焦点，盈利模式的创新包括像光伏电站建设的上游投资及下游运营拓展。这些模式的创新可能在某些环节大幅度提升盈利水平，从而对整个行业的竞争格局产生影响。

典型的例子就是SolarCity的异军突起。SolarCity商业模式创新之处在于跳出了在制造环节参与竞争的红海市场，而加入到传统能源竞争的蓝海市场。

SolarCity通过将屋顶光伏发电系统租赁给用户（一般为物业所有人）收取租金或者和用户签订售电协议收取电费，在这种模式下加利福尼亚州用户支付的单位电费低于从电网购电平均成本的15%，光伏发电具备了与传统能源竞争的价格优势。

SolarCity的第一种模式：光伏发电系统的销售以及相关的建设、咨询、管理等，即向光伏系统制造商购买光伏系统，然后转售给用户（个人或者企业）并提供安装等周边服务，通过周边服务的附加值将产品提价并从用户手里赚取差价。这一类业务模式类似于"万科模式"，追求的是"货如轮转"。

SolarCity的第二种模式：光伏系统的租赁，通过与终端用户签订能源采购合约（PPA）收取租赁费以及与投资方共同享受政府的返现、税收补贴等。这种方式之所以可行，是因为用户只需要承担较少的租赁费（大多数租赁合同签约时间为20年）而不是一次性巨额购买费，从而降低了用户的使用门槛，推动了光伏系统安装的普及。这类业务模式类似于"万达模式"。

我国显然存在分布式光伏领域的投融资难题，主要是由于商业模式单一，对长期贷款过于依赖。SolarCity让我们看到，资本只追捧被市场认可的商业模式，即适合中国市场的"SolarCity"模式。

第2章　清洁能源工程技术基本理论

能源与清洁能源基本概念、能源电力绿色发展基础知识、清洁能源工程技术基本原理是本章介绍的主要内容。

2.1 能源与清洁能源基本概念

能源的基本定义、化石能源基本概念、清洁能源基本概念是本节介绍的主要内容。

2.1.1 能源的基本定义

能源（Energy Source）是国民经济的重要物质基础，未来国家命运取决于能源的掌控。能源的开发和有效利用程度以及人均消费量是生产技术和生活水平的重要标志。

1.能源的定义

能源的定义约有20种。《大英百科全书》的定义是：能源是一个包括所有燃料、流水、阳光和风的术语，人类用适当的转换手段便可让它为自己提供所需的能量。《日本大百科全书》的定义是：在各种生产活动中，我们利用热能、机械能、光能、电能等来做功，可利用来作为这些能量源泉的自然界中的各种载体，称为能源。我国的《能源百科全书》的定义是：能源是可以直接或经转换提供人类所需的光、热、动力等任一形式能量的载能体资源。在《中华人民共和国节约能源法》中所称能源，是指煤炭、石油、天然气、生物质能和电力、热力以及其他直接或者通过加工、转换而取得有用能的各种资源。可见，能源是一种呈多种形式的，且可以相互转换的能量的源泉。确切而简单地说，能源是自然界中能为人类提供某种形式能量的物质资源，如矿物质能源、核物理能源、大气环流能源、地理性能源等。

能源亦称能量资源或能源资源。包括煤炭、原油、天然气、煤层气、水能、核能、风能、太阳能、地热能、生物质能等一次能源和电力、热力、成品油等二次能源，以及其他新能源和可再生能源。

2.一次能源与二次能源

一次能源，也称天然能源，是指从自然界取得未经改变或转变而直接利用的能源，如原煤、原油、天然气、水能、风能、太阳能、海洋能、潮汐能、地热能、天然铀矿、生物质能和海洋温差能等。一次能源可以进一步分为可再生能源和非再生能源两大类。可再生能源包括太阳能、水力、风力、生物质能、波浪能、潮汐能、海洋温差能等。它们在自然界可以循环再生。而非再生能源包括：煤炭、原油、天然气、油页岩、核能等，它们是不能再生的。

二次能源，也称"次级能源"或"人工能源"，是由一次能源直接或间接加工转换而成的其他种类和形式的能源以及人工制造的能源，又称人工能源。二次能源包括洗精煤、煤气、焦炭、人造石油、人造天然气、水煤浆、油煤混合燃料、汽油、煤油、柴油、重油、电能、蒸汽、热水、沼气、余热、火药、酒精、氢、激光、甲醇、丙烷等。

在生产过程中排出的余能，如高温烟气、高温物料热，排放的可燃气和有压流体等，亦属二次能源。一次能源无论经过几次转换所得到的另一种能源，统称二次能源。

二次能源又可以分为"过程性能源"和"含能体能源"。电能就是应用最广的过程性能源，而汽油和柴油是目前应用最广的含能体能源。二次能源亦可解释为自一次能源中，所再被使用的能源，例如将煤燃烧使水逐步加热产生蒸气能推动气轮发电机，所产生的电能即可称为二次能源。或者电能被利用后，经由电风扇，再转化成风能，这时风能亦可称为二次能源。二次能源与一次能源间必定有一定程度的损耗。

二次能源的产生不可避免地要伴随着加工转换的损失，但是它们比一次能源的利用更为有效，更为清洁，更为方便。因此，人们在日常生产和生活中经常利用的能源多数是二次能源。电能是二次能源中用途最广、使用最方便、最清洁的一种，它对国民经济的发展和人民生活水平的提高起着特殊的作用。

电能是能量的一种形式，电能的获得是由各种形式的能量转化而来的，而这些能量的转化过程是由各种各样的发电厂和各种各样的电池完成的。电源是提供电能的装置，其实质都是把其他形式的能转化为电能。发电类型有：把机械能转化为电能的风力发电、水力发电；把化学能转化为电能的火力发电；把太阳能转化为电能的太阳能发电；把原子能转化为电能的原子能发电。电池类型有：把化学能转化为电能的干电池、铅蓄电池、手机电池；把光能转化为电能的硅光电池；把太阳能转化为电能的太阳能电池。

用电器在工作时把电能转化为其他形式的能。电灯把电能转化为热力学能、光能；电风扇、无轨电车、吸尘器、洗衣机等把电能转化为动能；电视机、计算机把电能主要转化为光能和声能；热水器、电饭锅把电能转化为热力学能等。

3. 常规能源与新能源

常规能源也叫传统能源（conventional energy）是指已经大规模生产和广泛利用的能源。如煤炭、石油、天然气等都属一次性非再生的常规能源。而水电则属于再生能源，如葛洲坝水电站和三峡水电站，只要长江水不干涸，发电也就不会停止。煤和石油天然气则不然，它们在地壳中是经千百万年形成的，这些能源短期内不可能再生，因而人们对此有危机感是很自然的。

目前在中国，可以形成产业的新能源主要包括水能（主要指小型水电站）、风能、生物质能、太阳能、地热能等，是可循环利用的清洁能源。新能源产业的发展既是整个能源供应系统的有效补充手段，也是环境治理和生态保护的重要措施，是满足人类社会可持续发展需要的最终能源选择。常规能源燃烧时产生的浮尘也是一种污染。常规能源的大量消耗所带来的环境污染既损害人体健康，又影响动植物的生长，破坏经济资源，损坏建筑物及文物古迹，严重时可改变大气的性质，使生态受到破坏。

新能源（NE）又称非常规能源，是指以新技术和新材料为基础，使传统的可再生能源得到现代化的开发和利用，用取之不尽、周而复始的可再生能源取代资源有限、对环境有污染的化石能源，重点开发太阳能、风能、生物质能、潮汐能、地热能、氢能和核能等。随着技术的进步和可持续发展观念的树立，过去一直被视作垃圾的工业与生活有机废弃物被重新认识，作为一种能源资源化利用的物质而受到深入的研究和开发利用，因此，废弃物的资源化利用也可看作是新能源技术的一种形式。

常规能源与新能源的划分是相对的。以核裂变能为例，20世纪50年代初开始把它用来生产电力和作为动力使用时，被认为是一种新能源，到80年代世界上不少国家已把它列为常规能源。太阳能和风能被利用的历史比核裂变能要早许多世纪，由于还需要通过系统研究和开发才能提高利用效率，扩大使用范围，所以还是把它们列入新能源。

2.1.2 化石能源基本概念

化石能源主要是指煤炭、石油、天然气等由远古生物质经过亿万年演化形成的不可再生资源。第一次工业革命以来，化石能源支持了近代工业发展。目前，全球化石能源消费呈现总量增加、结构优化、远距离配置规模扩大的发展趋势，煤炭、石油和天然气等化石能源超过全球一次能源消费总量的80%。

1.煤炭

煤炭，简称煤，是远古植物遗骸，埋在地层下，在地壳隔绝空气的压力和温度条件下作用，产生的碳化化石矿物，主要被人类开采用作燃料。煤炭对于现代化工业来说，无论是重工业，还是轻工业；无论是能源工业、冶金工业、化学工业、机械工业，还是轻纺工业、食品工业、交通运输业，都发挥着重要的作用，各种工业部门都在一定程度上要消耗一定量的煤炭，因此有人称煤炭是工业的"真正的粮食"。是18世纪以来人类使用的主要能源之一。

煤炭作为燃料使用至今已经有三千多年的历史，是人类最早实现大规模开发利用的化石能源。11世纪后期，煤炭开始成为建筑材料和冶金业的燃料。18世纪80年代，瓦特改良型蒸汽机的发明使得煤炭开始被大规模开发和利用，推动了第一次工业革命，建立了以机械化为特征的近代工业，纺织、钢铁、机械、铁路等行业实现大发展，使人类社会进入蒸汽时代。18世纪末，煤炭成为世界主导能源，随后比重有所下降，直到20世纪中叶，煤炭在世界能源结构中都占据主导地位。近年来，虽然煤炭比重有所下降，但世界煤炭开发利用规模始终保持增长态势。2018年，全球煤炭消费量为37.72亿吨油当量，比上年上涨1.4%。其中，中国占世界煤炭总消费量的50.5%，比上年上升4.1个百分点；韩国超俄罗斯成为全球第五大煤炭消费国。消费量排名前十的国家是中国、印度、美国、日本、韩国、俄罗斯、南非、德国、印度尼西亚和波兰。

2. 石油

石油又称原油，是一种黏稠的、深褐色（有时有点绿色的）液体。地壳上层部分地区有石油储存。它由不同的碳氢化合物混合组成，其主要组成成分是烷烃，此外石油中还含硫、氧、氮、磷、钒等元素。石油主要被用来生产燃油，比如汽油，燃油是组成世界上最重要的一次能源之一。石油也是许多化学工业产品如化肥、杀虫剂和塑料等的原料。

石油是支撑现代工业体系的主导能源。19世纪，人类开始开发和利用石油。1859年世界第一口油井在美国宾夕法尼亚州投入使用，美国因此成为早期主要的石油生产国和消费国之一，随后苏联也开始了油井采油，现代石油工业开始逐步建立。随着内燃机的广泛应用，对燃料油的需求猛增，一些国家开始大量的开采和提炼石油，石油产量迅速增长。20世纪20年代以后，石油开始广泛应用；40年代以后，主要发达国家的能源消费重心逐步从煤炭转向石油；60年代，石油在能源消费结构中的比重超过煤炭，成为世界主导能源；90年代，石油已经占全球一次能源消费总量的40%以上。可以说，20世纪中叶以后，世界能源发展进入了石油时代。石油行业的发展、电力的发明与应用推动了第二次工业革命，交通、化工、电力以及汽车、电器等行业实现了大发展。2018年，美国石油消费为2049万桶/天，中国为1302万桶/天，印度为477万桶/天，三国合计为3828万桶/天，占世界石油消费总量9924万桶/天的38.57%，比2017年的比重增加了0.5个百分点。

3. 天然气

天然气是指自然界中天然存在的一切气体，包括大气圈、水圈和岩石圈中各种自然过程形成的气体（包括油田气、气田气、泥火山气、煤层气和生物生成气等）。而人们长期以来通用的"天然气"的定义，是从能量角度出发的狭义定义，是指天然蕴藏于地层中的烃类和非烃类气体的混合物。在石油地质学中，通常指油田气和气田气。其组成以烃类为主，并含有非烃类气体。

天然气蕴藏在地下多孔隙岩层中，包括油田气、气田气、煤层气、泥火山气和生物生成气等，也有少量出于煤层。它是优质燃料和化工原料。天然气主要用途是作燃料，可制造炭黑、化学药品和液化石油气，由天然气生产的丙烷、丁烷是现代工业的重要原料。天然气主要由气态低分子烃和非烃类气体混合组成。2018年，全球天然气消费约3.86万亿立方米，增速为5.3%，是过去五年平均水平2.3%的2.3倍。美国天然气消费量为8208亿立方米，位居世界第一。发电用天然气是同比增速最大的用气板块。我国2018年发电用气量为615亿立方米（占比22%），增幅达23.4%，工业和城市燃气用气量分别为911亿立方米（占比33%）、990亿立方米（占比35.8%），增幅各为20%和16.2%。

天然气是相对清洁的化石能源。1821年美国宾夕法尼亚州最早开始实现天然气商业应用。随后，世界各地发现了大量天然气田，但受到气体管道运输安全制约，天然气工业发展严重滞后于石油工业。1945—1970年，各国加大了油气勘探开发投入，世界天然气产量大幅度上升，其中苏联、美国和荷兰天然气发展最快。近年来，天然气在全球一次能源消费结构中的比重不断上升，与石油、煤炭比重的差距逐年缩小。我国今年天然气生产也步入快速发展阶段，产量增长较快。

4.非常规油气

全球非常规油气资源储量丰富，但分布不均衡。非常规油气主要包括重油、油砂、页岩油等。其中，重油主要分布在南美、中亚、俄罗斯和中东等地区；油砂主要分布在北美、非洲和中亚、俄罗斯等地区；全球页岩油技术可开发量为471亿吨，主要分布在俄罗斯、美国。非常规天然气包括可燃冰、页岩气、煤层气、致密砂岩气（深盆气）、浅层生物气、水溶气、无机成因气等。可燃冰又称天然气水合物，具有储量丰富、能量密度大、燃烧利用污染排放少等优点，通常分布在海洋大陆架外的陆坡、深海、深湖及永久冻土带。

中国具有丰富的非常规天然气资源。中国已先后在南海、东海及青藏高原冻土带发现可燃冰，仅南海北部的可燃冰储量已相当于陆上石油储量的一半。陆上可燃冰远景储量在500亿吨标准煤以上。陆地页岩气地质资源潜力为134万亿立方米，可采资源潜力为25万亿立方米（不含青藏地区），主要分布在南方海相页岩地区及东北松辽、内蒙古鄂尔多斯、新疆吐哈和准噶尔等陆相沉积盆地。

2.1.3 清洁能源基本概念

清洁能源，即绿色能源，是指不排放污染物、能够直接用于生产生活的能源，它包括核能和可再生能源。可再生能源是指原材料可以再生的能源，如水能、风能、太阳能、核能、生物质能（如沼气）、地热能（包括地源和水源）、氢能和海洋能等。可再生能源不存在能源耗竭的可能。

随着清洁能源开发技术的突破，经济性大幅度提升，以清洁能源替代化石能源将成为全球能源发展的必然趋势。全球水能资源超过100亿千瓦，陆地风能资源超过1万亿千瓦，太阳能资源超过100万亿千瓦，可开发总量远远超过人类全部的能源需求。

1.水能

水能是一种可再生能源，是清洁能源，是指水体的动能、势能和压力能等能量资源。广义的水能资源包括河流水能、潮汐能、波浪能、海流能等能量资源；狭义的水能资源指河流的水能资源，是常规能源，一次能源。水不仅可以直接被人类利用，它还是能量的载体。太阳能驱动地球上的水循环，使之持续进行。地表水的流动是重要的一环，在落差大、流量大的地区，水能资源丰富。随着矿物燃料的日渐减少，水能是非常重要且前景广阔的替代资源。目前世界上水力发电还处于起步阶段。河流、潮汐、波浪以及涌浪等水运动均可以用来发电。

水能是目前技术最成熟、经济性最高、已开发规模最大的清洁能源。全球水能资源理论蕴藏量约为39万亿千瓦·时/年，主要分布在亚洲、南美洲、北美洲等地区，其中亚洲理论蕴藏量约为18万亿千瓦·时/年，占世界总量的46%；南美洲8万亿千瓦·时/年，占世界总量的21%；北美洲6万亿千瓦·时/年，占世界总量的15%；水能资源理论蕴藏量居于前五位的国家分别是中国、巴西、印度、俄罗斯、印度尼西亚。

中国是世界上水能资源最为丰富的国家。理论蕴藏量在 1 万亿千瓦及以上的河流有 3800 多条，理论年发电量约为 6.08 万亿千瓦·时 / 年，技术可开发装机容量达到 5.7 亿千瓦，年发电量约为 2.47 万亿千瓦·时 / 年，主要集中在长江、雅鲁藏布江、黄河三大流域，分别占全国技术可开发装机容量的 47%、13% 和 7%。2018 年中国水电装机总容量将达到 3.66 亿千瓦，未来五年年均复合增长率约为 4.65%，2022 年中国水电装机总容量将达到 4.39 亿千瓦。

2. 风能

风能（wind energy）是地球表面大量空气流动所产生的动能。由于地面各处受太阳辐射后气温变化不同和空气中水蒸气的含量不同，因而引起各地气压的差异，在水平方向上高压空气向低压空气地区流动，即形成风。风能资源决定于风能密度和可利用的风能年累积小时数。风能密度是单位迎风面积可获得的风的功率，与风速的三次方和空气密度成正比关系。

风力发电是风能最主要的利用形式。20 世纪 90 年代以来，世界风电技术不断取得突破，开发成本快速下降，风电是全球增长速度最快的清洁能源之一，已经成为仅次于水电、核电的第三大清洁能源发电品种。近年来，风电开发成本已经逐步接近传统能源发电成本，开发规模迅速增长，已经与核电基本相当。尽管当前风电在全球发电量中的比重仅为 3%，但越来越多的国家已经将风电纳入国家能源发展战略，并制定了发展规划。未来，随着风电技术经济性和市场竞争力的不断提升，风电将成为全球重要的能源品种之一。2012 年 6 月，中国超过美国成为世界第一风电装机大国。2018 年，全国新增风电并网容量 20.33 吉瓦，到 2018 年累计风电上网容量达到 1.84 亿千瓦；2018 年平均利用小时数为 2103 小时，同比增加 153 小时；2018 年平均弃风率 7% 左右，同比下降 5.3%。

3. 太阳能

太阳能（solar energy），是指太阳的热辐射能，主要表现就是常说的太阳光，在现代一般用作发电或者为热水器提供能源。自地球上生命诞生以来，就主要以太阳提供的热辐射能生存，而自古人类也懂得以阳光晒干物件，并作为制作食物的方法，如制盐和晒咸鱼等。在化石燃料日趋减少的情况下，太阳能已成为人类使用能源的重要组成部分，并不断得到发展。太阳能的利用有光热转换和光电转换两种方式，太阳能发电是一种新兴的可再生能源。广义上的太阳能也包括地球上的风能、化学能、水能等。

太阳能来自太阳辐射，是世界上资源量最大，分布最为广泛的清洁能源。太阳能发电是太阳能开发利用的最主要形式。21 世纪以来，全球太阳能发电呈现快速发展势头，超过风电成为增长速度最快的清洁能源发电品种。按照发电原理，太阳能发电主要包括光伏发电和光热发电两种方式。地球上除了核能、潮汐能和地热能等，其他能源都直接或间接来自太阳能。从能量角度看，太阳一年辐射地球表面的能量约合 116 万亿吨标准煤，超过全球化石能源资源储量。2018 年，全球太阳能光伏发电装机容量首次突破 100 吉瓦，累计运行能力超过 500 吉瓦。更具体地说，年装机容量达到 102.4 吉瓦，比 2017 年增长 4%。欧洲的年装机容量增长 21%，达到 11.3 吉瓦，这主要得益于欧盟具有约束力的 2020 年国家目标。按照欧洲光伏产业协会（SolarPower Europe）的中期设想，2019 年欧洲太阳能发电需求将跃升 80% 以上，达到20.4吉瓦,2020年将新增约24.1吉瓦。2018年有11个国家安装了超过1吉瓦的太阳能光伏,该行业机构预计,到2019年这一数字将增至16个。2018年我国太阳能光伏发电装机并网风电1.8亿千瓦、并网太阳能发电1.7亿千瓦。

4. 核能

核能或称原子能,是指通过核反应从原子核释放的能量,核能可通过三种核反应之一释放:核裂变,较重的原子核分裂释放结合能;核聚变,较轻的原子核聚合在一起释放结合能;核衰变,原子核自发衰变过程中释放能量。

核能虽然属于清洁能源,但消耗铀燃料,不是可再生能源,投资较高,而且几乎所有的国家,包括技术和管理最先进的国家,都不能保证核电站的绝对安全。前苏联的切尔诺贝利事故、美国的三里岛事故和日本的福岛核事故影响都非常大。核电站尤其是战争或恐怖主义袭击的主要目标,遭到袭击后可能会产生严重的后果。所以目前发达国家都在缓建核电站,德国准备逐渐关闭目前所有的核电站,以可再生能源代替,但可再生能源的成本比其他能源要高。

据初步估计,全球核燃料资源相当于全部化石能源的10倍,已经探明铀资源主要集中在澳大利亚、哈萨克斯坦、俄罗斯、加拿大、尼日尔、纳米比亚、南非、巴西、美国、中国等国家。2017年全球共有30个国家有核电运营,在运装机容量达到392吉瓦,较2016年增加2吉瓦。根据国际原子能机构统计,2017年全球核电装机容量为3 9172 000兆瓦。其中全球前十大国家的总装机容量共计33 240 000兆瓦,分别是美国99 952兆瓦、法国63 130兆瓦、日本39 752兆瓦、中国35 807兆瓦、俄罗斯26 168兆瓦、韩国22 494兆瓦、加拿大13 554兆瓦、乌克兰13 107兆瓦、德国9515兆瓦、英国8918兆瓦。

核电占世界总装机容量比重持续下降。20世纪70—80年代连续发生在美国三里岛、苏联切尔诺贝利核泄漏事故,导致全球核电进入了缓慢发展的低谷期。2011年,日本福岛核泄漏事故发生后,核电安全成为全球关注的热点,各国对在运核电站安全性进行了全面的检查和评估。瑞士、德国、意大利等国先后放弃发展核电。美国、法国、英国、俄罗斯等许多国家表示将在高标准下继续发展核电。截至2018年底,全世界32个国家或地区,共有438台核电机组在运行,总装机容量约为4.7亿千瓦,主要分布在美国、法国、日本等发达国家,截至2018年12月31日,我国投入商业运行的核电机组共44台,装机容量达到44 645.16兆瓦。其中,7台核电机组在2018年投入商业运行,装机容量为8838.00兆瓦。

5. 生物质能

生物质能是蕴藏在生物质中的能量,是绿色植物通过叶绿素将太阳能转化为化学能而贮存在生物质内部的能量。煤、石油和天然气等化石能源也是由生物质能转变而来的。在各种可再生能源中,生物质能是独特的,是一种可再生的碳源,可转化成常规的固态、液态和气态燃料,为人类提供基本燃料。生物质能作为能源利用农林业的副产品及其加工残余物,也包括人畜粪便和有机废弃物。生物质能是可再生能源,通常包括以下几类:一是木材及森林工业废弃物;二是农业废弃物;三是水生植物;四是油料植物;五是城市和工业有机废弃物;

六是动物粪便。我国生物质能储量丰富，70%的储量在广大农村，应用也主要是在农村地区。目前已经有相当多的地区正在推广和示范沼气技术，该技术简单成熟，推广范围在逐步扩大。

在世界能耗中，生物质能约占14%，在不发达地区占60%以上。全世界约25亿人生活能源的90%以上采用生物质能。生物质能的优点是燃烧容易，污染少，灰分较低；缺点是热值及热效率低，体积大且不易运输。直接燃烧生物质的热效率仅为10%～30%。目前世界各国正逐步采用如下方法利用生物质能：

（1）化学转换法，获得木炭、焦油和可燃气体等品位高的能源产品。该方法又按其热加工的方法不同，分为高温干馏、热解、生物质液化等方法。

（2）生物化学转换法，主要指生物质在微生物的发酵作用下，生成沼气、酒精等能源产品。

（3）利用油料植物所产生的生物油。

（4）把生物质压制成成型燃料（如块型、棒型燃料），以便集中利用和提高热效率。

6.地热能

地热能是由地壳抽取的天然热能，这种能量来自地球内部的熔岩，并以热力形式存在，是引致火山爆发及地震的能量。地球内部的温度高达700℃，而在80～100千米的深度，温度会降至摄氏650℃～1200℃。透过地下水的流动和熔岩涌至离地面1～5千米的地壳，热力得以被转送至较接近地面的地方。高温的熔岩将附近的地下水加热，这些加热了的水最终会渗出地面。运用地热能最简单和最合乎成本效益的方法，就是直接取用这些热源，并抽取其能量。地热能是可再生资源。

- 200℃～400℃可直接发电及综合利用；
- 150℃～200℃可用于双循环发电、制冷、工业干燥、工业热加工；
- 100℃～150℃可用于双循环发电、供暖、制冷、工业干燥、脱水加工、回收盐类、罐头食品；
- 50℃～100℃可用于供暖、温室、家庭用热水、工业干燥；
- 20℃～50℃可用于沐浴、水产养殖、饲养牲畜、土壤加温、脱水加工。

现在许多国家为了提高地热利用率，而采用梯级开发和综合利用的办法，如热电联产联供，热电冷三联产，先供暖后养殖等。

7.氢能

氢能是一种二次能源，它是通过一定的方法利用其他能源制取的，而不像煤、石油、天然气可以直接开采，目前几乎完全依靠化石燃料制取得到，如果能回收利用工程废氢，每年大约可以回收1亿立方米，这个数字相当可观。

所有气体中，氢气的导热性最好，比大多数气体的导热系数高出10倍，因此在能源工业中氢是极好的传热载体。

氢是自然界存在最普遍的元素，据估计它构成了宇宙质量的75%，除空气中含有氢气外，它主要以化合物的形态储存于水中，而水是地球上最广泛的物质。据推算，如把海水中的氢全部提取出来，它所产生的总热量比地球上所有化石燃料放出的热量还大9000倍。

除核燃料外氢的发热值是所有化石燃料、化工燃料和生物燃料中最高的，为142.351千焦/千克，是汽油发热值的3倍。

氢燃烧性能好，点燃快，与空气混合时有广泛的可燃范围，而且燃点高，燃烧速度快。

氢本身无毒，与其他燃料相比氢燃烧时最清洁，除生成水和少量氮化氢外不会产生诸如一氧化碳、二氧化碳、碳氢化合物、铅化物和粉尘颗粒等对环境有害的污染物质，少量的氮化氢经过适当处理也不会污染环境，而且燃烧生成的水还可继续制氢，反复循环使用。

8.海洋能

海洋能是指海洋表面波浪所具有的动能和势能，依附于海水的可再生能源，主要包括潮汐能、海流能、温差能、盐差能等。海洋中有丰富的波浪能，波浪能是指波浪能具有能量密度高，分布面广等优点。它是一种最易于直接利用、取之不竭的可再生清洁能源。尤其是在能源消耗较大的冬季，可以利用的波浪能能量也最大。

21世纪是海洋的世纪，人类从大海中利用资源已成为必然趋势。海浪总是周而复始，昼夜不停地拍打着海岸，其中所蕴藏的波浪能是一种取之不尽的可再生能源，有效利用巨大的海洋波浪能资源是人类几百年来的梦想。波浪能的基本元素是指海洋表面波浪所具有的动能和势能。波浪的能量与波高的平方、波浪的运动周期以及迎波面的宽度成正比。地球表面有超过70%以上面积是海洋，广大的海洋面积在吸收太阳辐射之后，可以说是世界最大的太阳能收集器，温暖的地表海水，造成与深海海水之间的温差；风吹过海洋时产生风波，这种风波在宽广的海面上，风能以自然储存于水中的方式进行能量转移，因此波浪能可以说是太阳能的另一种浓缩形态。同时，波浪能是海洋能源中能量最不稳定的一种能源。波浪能是由风把能量传递给海洋而产生的，它实质上是吸收了风能而形成的，它的能量传递速率和风速有关。

2.2 能源电力绿色发展基础知识

能源电力重点关注绿色发展、绿色发展是经济社会发展的必然选择、绿色经济与绿色能源、区块链在能源电力行业应用分析是本节介绍的主要内容。

2.2.1 能源电力重点关注绿色发展

当前，世界能源消费重心东移、生产重心西移，发展呈现供需宽松化、格局多极化、结构低碳化、系统智能化、竞争复杂化的趋势。我国能源行业呈现消费增速明显回落、结构双重更替加快、发展动力加快转换、系统形态深刻变化、合作迈向更高水平等特点。

1.我国能源发展面临的主要问题

1）传统能源结构性过剩

煤炭产能严重过剩，大幅超过消费需求，供求关系严重失衡。

发电机组利用小时数创1978年以来最低水平，2017年火电利用小时数4329小时，部分地区不足3000小时，今年预计降至4000小时以下。全国原油加工产能利用率不足70%。

2）可再生能源发展瓶颈

我国风电、光伏、水电装机均居世界第一，但部分地区弃风、弃光、弃水问题严重。电力系统灵活调节电源比例偏低，调峰能力严重不足。东中部电力负荷中心发展分布式可再生能源的激励机制尚未形成。可再生能源发展主要集中在西北部，但依赖大规模外送，需大量配套煤电调峰，经济性较差，还有可能对提高非化石能源消费比重形成"负效应"。天然气消费市场亟待开拓，"十三五"期间约有800亿立方米天然气需开拓新的消费市场。

3）能源清洁替代任务艰巨

每年散烧煤消费量约7～8亿吨，煤炭占终端能源消费量20%以上，远高于世界平均水平。"煤改气""煤改电"非一日之功，成本高；"劣质煤改清洁煤"也面临很多难题。清洁油品利用率不高。

4）能源系统整体效率较低

能源系统调节性能较差，设备利用率较低。电、热、冷、气能源品种分散供应，梯级利用程度低。主要能耗水平与国际差距较大。

5）跨省区能源资源配置矛盾凸显

新常态下，主要能源消费地区需求增长减弱，市场空间萎缩，接受外来能源的积极性普遍降低。能源送受地区之间利益矛盾加剧，清洁能源在全国范围内优化配置受阻，部分跨省区能源输送通道面临低效运行的风险。

6）适应能源转型变革的体制机制有待完善

面对上述问题，我国能源政策将更加注重发展质量，调整存量、做优增量，积极化解过剩产能；更加注重结构调整，加快双重更替，推进能源绿色低碳发展；更加注重系统优化，创新模式，构建高效智能能源系统；更加注重市场规律，强化市场自主调节，积极变革能源供需模式；更加注重经济效益，遵循产业发展规律，增强能源及相关产业竞争力；更加注重机制创新，充分发挥价格调节作用，促进市场公平竞争。

2.信息化与工业化深度融合的着力点

能源绿色发展需要数字技术支持以及信息化和工业化的融合，而集成、能力、数据、云管端和生态系统是实现信息化和工业化深度融合的5个着力点。

（1）集成是重点，它不仅是德国工业4.0的关键词，也是长期以来中国推动两化融合的关键词。

（2）能力是主线，在两化融合过程中，企业需要构建新型能力体系和六大类能力，即研发创新类能力、生产管控类能力、供应链管理类能力、财务管控类能力、经营管控类能力和用户服务类能力，从而让用户更好地参与企业创新的全流程，让企业产品和服务更加符合用户需求。

（3）数据是灵魂，依靠数据的自动流动解决日益复杂的制造系统的不确定性，进行定制化生产，从而实现智能制造，满足和服务客户的需求。

（4）云端是新基础，加快构筑自动控制与感知、工业云、智能服务平台、工业互联网等4个制造新基础，这既是加强工业2.0、工业3.0"补课"的现实需要，也是实现工业4.0的客观要求。

（5）生态系统是制高点，未来产业的竞争将是生态系统的竞争，构建新的产业生态系统至关重要。

3. 中国能源电力行业发展趋势

2020年前我国电力需求仍将处于中速增长，按照国民经济"十三五"规划目标，预计2020年全社会用电量将达到7万亿千瓦·时，"十三五"年均增长4.8%左右。下一步煤电发展要审慎、高效、清洁发展煤电，严控煤电建设进度、优化煤电建设时序；大力推行洁净煤发电技术；西部和北部地区主要布局建设大容量、空冷、超临界燃煤机组，东中部受端地区适量布局建设负荷支撑的大容量超临界燃煤机组；要按国家环保标准和要求，科学安排现有燃煤机组节能减排改造。

（1）控制电源发展节奏，保证各类电源建立有序发展。严控煤电新开工建设；坚持集中与分布式相结合的原则发展新能源；审慎出台非水可再生能源发电配额考核制。

（2）统筹电力改革与行业发展、经营，合理把控节奏，避免行业风险聚集。统筹协调电力体制改革、国企改革、国有资产监督管理体制改革等各项改革与行业发展和经营，完善相关调控政策。进一步规范电力市场化改革秩序，创造公平、公开、竞争有序的电力市场环境，真正发挥市场资源配置的作用。

（3）坚持输出与就地消纳并重，加快建立辅助服务市场，着力解决"弃水""弃风""弃光"问题。扩大可再生能源在更大范围内平衡消纳能力；加快建立辅助服务市场，提高系统综合调峰能力；推广实行峰谷分时电价、完善阶梯电价制度。

（4）切实采取有效措施，降低电力企业经营负担。加强资金支持，为燃煤机组环保改造及运行创造良好环境；规范政策的制定和执行，环保制度改革应以改善环境质量为导向，加强顶层设计，统筹各行业和全社会减排；及时足额发放可再生能源补贴等。

4. 创新电力体制，发展清洁电能

近年来，中国清洁电能发展取得积极进展，全国及电力氮氧化物排放量持续下降，我国已成为水电超级大国，风电、光伏装机增长迅速，上网电量持续上升，可再生能源发电装机已跃居世界第一，但我国能源结构仍与世界能源结构存在巨大差异，能源结构亟待改善，要突破清洁电能发展的瓶颈制约。

（1）改变基于资源禀赋的战略选择，在煤炭总量控制，碳配额及其交易，煤炭综合清洁利用，产业优化与节能机制等方面实施政策导向。

（2）加快技术、体制及网络建设，加快风电、太阳能发电、储能技术与能力的发展，同步发展远距离输电网和分布式智能局网，重构配售电网体制，积极消纳零散、波动的风电、光伏发电及小水电等。实施结构性改革推动水电建设。

（3）调整水电、火电关系与产业政策，明确水能区域分布与能源战略选择，建立跨区域水电输送体制，加快分布式小水电网络建设，实施政府绿色补贴政策引导。

（4）在清洁电能发展与公共政策导向方面，市场导向的竞争机制是清洁电能持续发展的生命线；技术创新与制度创新的相互推动是清洁电能产业成长的双轮和动力；普遍服务成本及其分担方式的科学设定是清洁电能产业健康成长的基础条件；财税政策支持、公共政策引导、投资模式创新是清洁电能产业发展的助推器；资本市场及其投资模式创新是清洁电能产业发展的要素配置基础；产业拓展、价值创造及其认可形式创新是清洁电产业做大做强的持久保障。

5.加快提高终端用能中电能比例

从加快推进电源结构调整、加快提升煤电机组清洁化高效化水平、加快由能源生产为主向能源生产和服务并重转型、加重科技创新和开放交流合作五个方面，为建设绿色、低碳、清洁社会做出应有的贡献。

（1）加快实施终端电能替代，提高电能在终端能源消费中的比例。

（2）推动可再生能源支持政策的有效落实，促进清洁能源可持续发展。

（3）关注电力高新技术研发与应用，搭建交流平台，共享研发成果，实现互利共赢。

（4）加快发展可再生能源及火电转型。

推进低碳、清洁、大规模开发可再生能源已成为世界各国的共识，全球已经有164个国家制定了可再生能源发展目标，145个国家颁布了可再生能源支持政策。2017年，煤炭在全球能源消费中的占比降至29.2%，这是自2005年以来的最低纪录；而可再生能源在全球发电量中的占比已经达到了6.7%，同比增长了2130亿千瓦·时，增速达到15.2%，创历史新高，几乎占了全球发电量的全部增量，德国和中国分别以23.5%、20.9%的增速成为全球可再生能源发电增速最快的两个国家。

2.2.2 绿色发展是经济社会发展的必然选择

1.我国经济社会绿色发展的必然性

绿色发展是以效率、和谐、持续为目标的经济增长和社会发展方式。我们每一个人、每一个家庭、每一个单位、每一家公司、每一个政府部门都应该身体力行，节能减排，推动低碳经济。"绿色发展"主要从节能减排及污染物治理的角度测度科技创新对绿色发展的作用，具体内容包括"万元地区生产总值水耗""万元地区生产总值能耗""城市污水处理率"以及"生活垃圾无害化处理率"等。

从内涵看，绿色发展是在传统发展基础上的一种模式创新，是建立在生态环境容量和资源承载力的约束条件下，将环境保护作为实现可持续发展重要支柱的一种新型发展模式。具体来说包括以下几个要点：一是要将环境资源作为社会经济发展的内在要素；二是要把实现经济、社会和环境的可持续发展作为绿色发展的目标；三是要把经济活动过程和结果的"绿色化""生态化"作为绿色发展的主要内容和途径。

在制定"十三五"规划期间，气候变化就已经成为我们必须考虑的最大的限制因素和国内外制约条件。因此节能减排与应对气候变化就成为国家核心发展目标和核心发展政策之一，这既是巨大的挑战，又是巨大的机遇，并且还是重要的创新。未来发展规划的创新性定位就应该是"绿色发展规划"。

绿色发展的核心是使经济增长和二氧化碳排放开始"脱钩"。根据对过去几个五年规划的系统分析，可以看出改革开放以来五年规划中经济指标比例的一个显著变化。在1981—1985年的"六五"时期，也就是刚刚改革开放的时候，当时的五年计划中经济指标占了60%以上，非经济指标仅占不到40%。但是到了"十一五"规划时期，经济指标的比例已经下降到了21%，非经济指标包括节能减排等所占比重大幅度提高，达到了将近80%。在"十二五"时期，非经济指标包括节能减排等所占比重大幅度提高，达到了将近90%。进一步缩小经济指标，并且强化和增加绿色发展指标，形成有助于激励和促进绿色发展的政绩考核体系。

2. 我国资源环境约束的紧迫性

当前，我国正处在工业化、城市化高速发展的阶段。这一过程需要消耗大量的资源、能源；只有人均收入达到一万美元左右，人均能源消耗和污染排放增速才会放缓，最后保持稳定或略有下降。我国资源总量虽然比较丰富，但人均资源占有量低，水资源、耕地人均拥有量仅分别为世界平均水平的28%、43%，石油、天然气人均储量不到世界平均水平的10%。同时，工业废水、废气和固体废弃物排放量保持较高的增长，给生态环境造成很大压力。主要江河湖泊水质恶化；水土流失、荒漠化严重；大规模矿产资源开采造成土地沉陷，水位下降，植被破坏等，由环境问题造成的损害群众健康问题时有发生。以节能环保产业为例，从国际经验看，日本在20世纪70年代，节能环保投资约占全社会固定资产投资的33%左右，不仅有助于解决经济起飞阶段的资源环境问题，而且有效拉动了经济增长。我国节能环保产业市场广阔，2008年总产值即达1.55万亿元，就业人数达3700多万人。据保守估计，未来三年，节能环保产业总产值可以翻一番。

加快经济发展方式转变是提高国际竞争力的必然要求。当前，世界主要国家纷纷把新能源、新材料、生物医药、节能环保作为新一轮产业发展的重点，抢占未来经济发展制高点。与传统产业相比，我国在若干新技术领域与发达国家的差距较小。如新能源，我国初步形成规模较大、体系相对完善的新能源产业，加上广阔的市场前景，可望形成与发达国家相比具有成本优势、与发展中国家相比具有技术优势的独特竞争力。大力发展绿色经济，可以推动产业结构优化升级，形成新的经济增长点，在国际经济技术竞争中赢得主动。

我国高度重视应对气候变化问题，制定并实施了应对气候变化国家方案，并承诺到2020年，单位GDP二氧化碳排放比2005年下降40%～45%，非化石能源占一次能源消费的比重达到15%左右。要实现这一目标，必须大力调整经济结构和能源结构，加快发展战略性新兴产业和现代服务业，使经济发展由主要依靠增加物质资源消耗向主要依靠科技进步、劳动者素质提高、管理创新转变，使经济变"绿"。

3.节约资源和保护环境发展趋势

随着中国城镇化的快速发展，每年新建约20亿平方米的建筑。在城镇大概有7～8亿平方米，建筑终端能耗将近社会总能耗的30%，成为世界上消耗自然资源最多的国家。国家在"十三五"节能减排综合性工作方案中制定并提出绿色建筑行动方案，从规划、法规、技术、标准、设计等方面全面推进建筑节能。

绿色设计是绿色制造可持续发展的源头，因为设计往往决定了产品全寿命周期的资源消耗和污染排放。产品从设计制造、包装运输、使用直至废物处理的整个生命周期中，充分采用全生命周期绿色设计，将使资源消耗和有害排放物、废弃物最少，对环境的影响最小，资源利用率最高。

绿色的核心就是节约资源和保护环境，这是中国的基本国策，也是我们创新绿色设计必须遵循的原则。在城乡规划和绿色建筑设计当中，必须坚持节约资源和保护环境的基本国策。中国绿色建筑的发展，目前还是以政府主导为主。建筑业应当大力推进绿色建筑的发展，必须创新绿色建筑发展模式。我国建筑业在设计创新、技术创新、管理创新、制度创新方面仍有发展空间和潜力。

4.保护环境重点举措

未来，环境保护部门将继续坚持走科学发展和生态文明的道路，以促进经济发展方式加速转变为核心，按照以人为本、全面协调、可持续的要求，培育壮大绿色经济，着力从五个方面推动绿色发展：

（1）促进经济发展方式加速转变，积极培育以低碳排放为特征的新的经济增长点，关注调整改造传统产业和发展新能源、节能环保等新兴产业，注重推动生产、流通、分配、消费和建设等环节的节能增效，加强保护生态环境。

（2）建立和完善有利于绿色发展的体制机制，积极研究绿色投资政策，促进重点产业的绿色化生产，从再生产全过程制定环境经济政策，推动资源性产品的价格改革，建立相应的统计、跟踪和评价机制，科学预测绿色发展趋势，为更好地制定绿色发展相关政策提供有效支持。

（3）加快建立绿色技术创新体系。促进绿色发展，绿色技术是支撑。环保部门将对绿色技术发展给予一定的资金和政策扶持，促进绿色生产技术开发示范，进一步加快环境友好型技术的产业化进程，为推动绿色发展提供相应的技术支撑。

（4）牢固树立生态文明理念，大力倡导绿色消费，把节约文化、环境道德纳入社会运行的公序良俗，把资源承载能力、生态环境容量作为经济活动的重要条件，引导公众自觉选择节约环保、低碳排放的消费模式。

（5）加强国际合作交流，创新合作方式，加强科学研究，促进产学研结合，增强企业自主创新能力，积极学习借鉴国际先进理念，充分利用已有实践成果，积极宣传相关经验做法，促进有助于绿色增长的环保技术转让，共同研发新的绿色技术。

2.2.3 绿色经济与绿色能源

1.绿色经济

绿色经济是以市场为导向、以传统产业经济为基础、以经济与环境的和谐为目的而发展起来的一种新的经济形式，是产业经济为适应人类环保与健康需要而产生并表现出来的一种发展状态。Jacobs 与 Postel 等人在 1990 年提出的绿色经济学中倡议在传统经济学三种生产基本要素：劳动、土地及人造资本之外，必须再加入一项社会组织资本（social and organization capital，SOC）。

绿色经济特别提出的社会组织资本（SOC），指的是地方小区，商业团体、工会乃至国家的法律、政治组织，到国际的环保条约（如海洋法、蒙特娄公约）等。他们认为，这些社会组织不只是单纯的个人的总和而已。无论哪一种层级的组织，都会衍生出其个别的习惯、规范、情操、传统、程序、记忆与文化，从而培养出相异的效率、活力、动机及创造力，投身于人类福祉的创造。

绿色经济指能够遵循"开发需求、降低成本、加大动力、协调一致、宏观有控"等五项准则，并且得以可持续发展的经济。"绿色经济"既是指具体的一个微观单位经济，又是指一个国家的国民经济，甚至是全球范围的经济。只有大力发展绿色经济，才能有效突破资源环境瓶颈制约，在经济社会长远发展中占据主动和有利位置，伴随着对传统工业化和城市化模式所存在问题的不断质疑，绿色理念的提出已经有五十多年。这是人类对自身生产、生活方式的反省。

1962 年，美国人卡逊发表了《寂静的春天》，对传统工业文明造成的环境破坏作了反思，引起各界对环境保护的重视。1972 年，罗马俱乐部发表了《增长的极限》，对西方工业化国家高消耗、高污染的增长模式的可持续性提出了严重质疑。1987 年，世界环境和发展委员会发表《我们共同的未来》，强调通过新资源的开发和有效利用，提高现有资源的利用效率，同时降低污染排放；1989 年，英国环境经济学家皮尔斯等人在《绿色经济蓝图》中首次提出了绿色经济的概念，强调通过对资源环境产品和服务进行适当的估价，实现经济发展和环境保护的统一，从而实现可持续发展。

2.绿色能源

绿色能源也称清洁能源，是环境保护和良好生态系统的象征和代名词。它可分为狭义和广义两种概念。狭义的绿色能源是指可再生能源，如水能、生物质能、太阳能、风能、地热能和海洋能。这些能源消耗之后可以恢复补充，很少产生污染。广义的绿色能源则包括在能源的生产及消费过程中，选用对生态环境低污染或无污染的能源，如天然气、清洁煤和核能等。全球已有大约 230 万人从事可转换能源工作，其中一半人从事生物燃料工作。包括阻止温室气体排放，把石油和天然气方面的补助转移到新能源，如风电、太阳能和地热。

"绿色"能源有两层含义：一是利用现代技术开发干净、无污染的新能源，如太阳能、风能、潮汐能等；二是化害为利，同改善环境相结合，充分利用城市垃圾、淤泥等废物中所蕴藏的能源。与此同时，大量普及自动化控制技术和设备来提高能源利用率。1987年以来，工业化国家利用太阳能、水力、风力和植物能源获得的电力相当于900万吨标准煤的能量，而且这种增幅在本世纪内将以平均每年15%～19%的速度增长。1981—1991年工业化国家仅在风力和太阳能两种发电设备方面的成交额就达120亿美元，其中，美国、德国、日本、瑞典和荷兰等国家进展最快。

绿色能源，不仅取之不尽，而且间接价值也十分可观。据专家推算，每利用相当于1吨标准煤的可再生资源，可以节约原生资源120吨，少产生垃圾废水10吨，增加产值约3000元人民币，产生利润500元。利用可再生资源进行生产不仅可以节约资源，遏制废弃物泛滥，而且比利用原生资源进行生产消耗更低、污染物排放更少。此外，如果绿色能源产业能够得到健康快速地发展，可以带动大批相关产业的发展，并为城市创造大量就业岗位。美国的实践表明，用可再生能源发电比传统发电方式的劳动密集程度要高。美国全球观察研究所的报告说，生产10亿千瓦·时的电能，如果是火力发电站或核电站，需要100～116个工人，而太阳能发电站则可以提供248个工作岗位，风电场可以提供542个工作岗位。

3.绿色电力

绿色电力是利用特定的发电设备，如风机、太阳能光伏电池等，将风能、太阳能等可再生能源转化成电能，通过这种方式产生的电力因其发电过程中不产生或很少产生对环境有害的排放物（如一氧化氮、二氧化氮；温室气体二氧化碳；造成酸雨的二氧化硫等），且不需消耗化石燃料，节省了有限的资源储备，相对于常规的火力发电（通过燃烧煤、石油、天然气等化石燃料的方式来获得电力），来自可再生能源的电力更有利于环境保护和可持续发展，因此被称为绿色电力。

我国是世界上最大的温室气体排放国，常规电力生产使用煤、石油、天然气发电，是温室气体的主要排放源之一，并且燃烧煤还会大量排放二氧化硫等有害气体。国际上对于绿色电力的发展也越来越重视，风力发电和太阳能光伏发电已经在全球范围内得到了广泛的应用。电力是一种清洁的能源，但燃煤发电对环境的破坏是很大的。绿色电力实际上为消费者提供了一个选择对环境有益的绿色能源消费的机会，同时也间接支持了可再生能源的发展。选择使用绿色电力的行为更是对可持续发展理念的身体力行。大力提倡使用绿色能源，有效控制新建燃煤电场，是根治环境的明智选择。

电力是推动国民经济发展的重要产业，电力行业是绿色发展的基础，电力的绿色发展是建设美丽中国的前提和保障。为支撑未来中国绿色经济体系，实现能源资源更优化配置，必须建设以绿色电力为特征的现代电力系统，即以特高压为骨干网架、各级电网相协调、各种电源相配套、电力供应方与电力使用方高度互动的智能化系统。为此，国家相关部门频繁出台了有关电力企业节能降耗的新标准、新举措，促使电力企业加快节能降耗的步伐，实现低碳绿色发展，标志着电力行业进入了一个节能降耗的新阶段。

4.绿色电网

"3C"是指将计算机、通信、控制等现代信息技术与传统电力技术有效结合，提升电网安全稳定、经济运行、客户服务和节能水平，实现电网发展向"智能、高效、可靠、绿色"的转变。实现变电站实时自动控制、在线分析决策、状态检修、智能巡检等高级应用。

3C绿色电网具有远距离、大容量、交直流混合并联运行的特点，是国内结构最复杂、科技含量最高的电网。在设计3C绿色电网战略时，就将保障电网安全运行，减少大面积停电发生作为战略实现的总体目标之一，强调在电网建设和运营中节水、节能、节地、节材和环境保护。由于区域电力资源和负荷分布极不均衡，因此，只有通过大容量、远距离输电，才能达到有限资源的最佳利用。利用电网远距离、大容量、超高压输电，交直流混合运行，而保障交直流电网安全稳定运行，减少大面积停电发生是电网中长期所面临的主要挑战，也是建设3C绿色电网的总体目标之一。

2.2.4 区块链在能源电力行业应用分析

在新一轮产业革命与技术革命的推动下，区块链等数字新技术日新月异，对能源电力行业来说，数字革命与能源革命融合催生新业态机遇与挑战，行业低碳化、数字化、去中心化转型加速。

1.区块链与电力有较好的技术适配性

区块链是分布式数据存储、点对点传输、共识机制、加密算法等计算机技术的新型应用模式，是分布式账本的一种具体实现形式。通过构建自组织网络、分布式数据存储，记录时间有序、不可篡改的加密账本，并利用分布式共识机制，实现多方记账、共同公证，支持信息的点对点传输。随着技术不断升级与迭代，区块链已经步入3.0时代，核心架构逐渐趋于成熟，行业生态链已经初步成形。

对电力行业来说，区块链存在较好的技术适配性和业务可延展性。生产力方面，区块链去中心化特性可有效解决高比例可再生能源系统运行带来的系列安全性问题；点对点特征可助力分散式与分布式发电的运行、消纳和交易；智能合约等技术提升电网管理和系统运行水平，提高对储能、电动汽车等灵活调节资源品质等；分布式数据存储和防篡改性特性将覆盖电力大数据确权、交易等各环节，促进数据资产的保护与开发。

生产关系方面，融合云计算未来发电厂可成为分布式与边缘计算中心，提供算力输出；与电力行业工业互联网相伴相生，其授信机制是信任桥梁；开放性、防篡改特性提升能源供应链、安全和交易管理的智慧化智能化水平；去中心化与组织裂变将持续重塑行业组织变革等。

2030年前碳达峰、2060年碳中和，倒逼能源电力转型。一方面，传统集中的业务开发模式难以适应分散式、分布式、多层次的能源发展需要；另一方面，行业企业界面逐步模糊，难以满足监管方和能源用户对能源供应安全和分布式能源接入的旺盛需求。区块链的特性和优势可以帮助能源企业在安全的基础上创新性地解决以上问题并促进能源价值链重塑。

2.区块链促进能源电力重塑场景分析

展望能源电力发展未来，可以从原生场景、衍生场景、创新场景描绘区块链重塑能源电力产业链价值链的新机遇。

1）原生场景

原生场景的应用是利用区块链自身的特性实现的区块链原始价值。按照构建复杂度增加和交付时间递增，可分为货币、认证服务、智能合约、去中心化自治组织四个演进阶段，分别对应转账支付、身份确权、契约公证、物流医疗等应用。原生场景中的应用与能源行业特点关联性不大，却仍然可以作为能源行业的底层应用。

智能合约。区块链技术的分布式系统可以被用来创建、确认、转移不同类型的资产及合约，智能合约便是重要应用之一。传统合约的基础是相互信任，或者经由第三方进行授信。而基于区块链的智能合约自带了信任机制，不仅可由代码进行定义，也可由代码自动执行，排除了人为干预因素。

价值转移。数字资产的价值已经被广泛认可，但受到安全机制不完善、信用体系不健全等因素限制而无法实现安全地转移、交换和共享。而区块链的出现改进了这些主要缺陷，使得价值在互联网中的转移更加安全便捷。随着区块链技术的发展和完善、应用构建的复杂性增加，区块链的原生场景应用也将从简单认证服务等向去中心化自治组织演进。

2）衍生场景

在能源需求增速下降、环保约束日益严苛、全球经济缓慢增长的态势下，能源企业传统业务运营模式和公司治理方式都受到前所未有的挑战。而当区块链技术与能源行业传统业务和传统治理框架相结合时，可衍生出更加丰富的应用，帮助能源企业创造新收入并降低运营成本。

风险管控。区块链内置的安全和共识基础，可以提升企业风险管控和资本管理的能力。例如降低内部信息泄露和篡改等风险，减少对外交易风险、内部管理费用和第三方介入成本，提高业务和风险的处理效率。

智能服务。区块链开放且安全的特性以及智能合约的应用可以帮助能源企业提升现有业务的智能化程度，开发更多智能化增值服务。例如能源企业可以结合智能电表、智能燃气表等 IoT 设备管理用户能源使用和付费；或提供更安全的电池存储管理、电动车充电等增值服务；也可以将智能合约应用到能源批发领域以降低交易风险和管理成本。

供应链。区块链提供了更加安全和可信的交易解决方案，能够帮助能源企业降低贸易参与方的核验成本，降低交易复杂性和交易成本，促进多方的快速交易，有效提升供应链的效率。同时区块链平台在链接了商品所有权和转移关系的同时，还有效链接了间接发生关联的上下游企业，使能源企业供应链生态系统更加完善。

资产管理。在数字资产管理方面，区块链的优势在于后续流通环节可以不依赖于发行方系统，数字资产将在保证知识产权的基础上，由集中控制变成分布的、社会化传播和交易，促进提升数字资产流通效率。

3）创新场景

随着能源互联网逐渐成熟，多种能源流、信息流、资金流的融合将令能源企业面临愈发复杂的情况：由业务模式创新带来的复杂流程和管理，由参与方的多样化带来的复杂利益分配。随之而来的是能源企业面临更多风险和管控挑战，而这些挑战的根源是原有的信息安全和信用体系难以支持能源互联网的创新发展。区块链技术可以帮助能源互联网实现可信计量、高效协同、分布式平等决策、随时随地的自动化交易等新功能、新模式。

共享经济。 能源企业可以利用区块链解决共享经济中面临的如何建立安全高效的授信机制问题，以分享共享经济红利。例如能源企业可以租赁分布式发电设备、家庭储能设备、电动汽车甚至是企业的备品备件。

分布式能源。 区块链分布式的网状结构恰与分布式可再生能源的市场化结构吻合。区块链技术可以用来同步电网服务的实时价格与实时相量控制系统，以平衡微电网运行、分布式发电系统接入和批发市场运作。此外，可再生能源发电的结算与支付可以不再依靠传统电力企业的参与，大量个人或企业能源产消合一者可以直接进行能源交易。

能源金融。 能源互联网时代的能源和电力不再仅仅具有商品属性，还将增加金融属性。区块链可以记录电力来源，使得每一度的清洁能源发电、煤电和油气发电都可以被记录和跟踪，而不同一次能源的发电成本和实时电价也都可以被记录和跟踪。这样，电力可成为一种价值存储的载体。而能源企业在深度应用区块链后也将为自身的资本运作和融资渠道开拓更多机遇。例如能源企业通过基于区块链的共享经济盘活了资产，通过区块链技术进行资产管理降低了运营成本，通过匹配发电组件ID标识和经济账户实现售电收入自动抵消运营成本，催生能源领域供应链金融的发展和完善，去中心化的能源产品票据贴现和资金结算等。

能源数字资产。 在能源领域的数字资产属于非原生数字资产。它是对能源产品、服务和数据进行资产数字化形成。可以数字资产化的能源产品及服务包括：电能销售、电费套餐、购电合约、售电合约、各种能源（电、热、冷、燃气）、发电权转让、配额、绿证、碳交易、偏差考核、履约保函、脱敏能源及相关数据等。

能源、服务的资产数字化对于智慧能源体系和数字金融体系的建设具有重要意义。传统资产在静态情况下存在权属管理困难的现象，在流通过程中存在沟通成本高、安全性差、信息不对称等问题。资产的数字化将有助于解决传统资产管理面临的一系列问题。

区块链通过增信、增效、多维度验证三个方面可以极大地提高数字资产流动性。并且能源行业可以通过能源资产数字化，形成特有的能源数字资产生态圈。

3.结论及展望

区块链作为"新基建"重要的新技术基础设施，其分布式数据存储、点对点传输、共识机制、加密算法等技术特点，成为多学科交叉、多技术融合、多场景应用的新科学、新技术和新模式的基础;而分布式去中心化、区块链创造信任、信息不可篡改、易编程可扩展、数字资产应用等，则成为区块链技术应用的价值实现形式。当前，区块链技术与大数据、云计算、人工智能、物联网等融合，在能源与电力行业正处在研发和应用"奇点"，集成创新和融合应用充满想象力。特此建议关注：

一是区块链技术将极大改变能源生产、交易、消费模式，能源交易主体可以点对点实现能源产品生产、交易、能源基础设施共享，未来将能够延伸到微电网、能源交易与结算、能源金融、碳排放及V2G（电动汽车入网）等互联场景。

二是利用区块链技术可以追踪可再生能源发电，满足市场监管需求。更远一些，区块链将引领生产关系的变革，缘于数字资产需要新的产权制度来界定边界，以及市场边界逐渐模糊，企业和用户相融相生。

三是能源企业要紧紧抓住区块链等新兴技术研发和产业孵化，乃至产业引领的"窗口期"，通过数字技术和能源消费环节的深度融合，为消费者提供偏好灵活性更高、经济性更好的能源服务。

2.3　清洁能源工程技术基本原理

能源电力规划工程系统动力学原理、清洁能源工程技术相关理论、新发展格局下的我国绿色电力发展研究、加快以新能源为主体的新型电力系统战略研究是本节介绍的主要内容。

2.3.1　能源电力规划工程系统动力学原理

能源电力是人类社会和经济发展的重要物质基础。能源电力规划逐渐成为当今各国重视的国家战略规划，对国家经济社会发展产生越来越重大的影响。因此，在借鉴社会发展系统动力学原理的基础上，结合长期能源电力规划、计划、项目实施成功与失败的实践经验，应用信息化、网络化、智能化技术促进能源电力规划现代化，并提出了能源电力规划工程系统动力学原理模型，如图 2.1 所示。

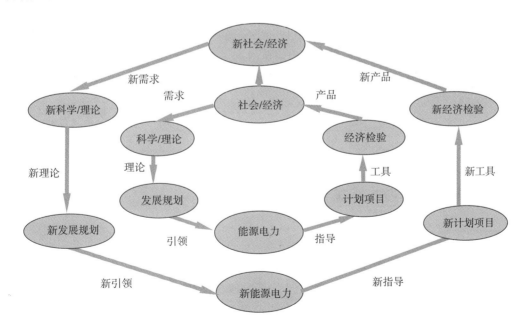

图 2.1　能源电力规划工程系统付出了体魄原理模型

能源电力规划工程系统动力学的出发点和落脚点，是人类生存和社会经济发展运动的起点——"社会/经济环境"，它的本性是不断提出更高的"发展需求"，永远不会停留在一个水平上。正是这种社会进步和经济发展对能源电力规划工程的原动"需求"，成为推动的能源电力规划工程的永恒原动力。

在图2.1中可以看到，面对社会进步和经济发展对能源电力规划工程的原动"需求"，有以下几个方面的表现：一是提供相关的科学/理论成果来响应。科学/理论可以在原理上启示社会成员，包括能源电力行业，怎样才能满足社会对能源电力规划工程的需求。

二是国家组织编制国民经济和社会发展五年规划及能源电力发展五年规划，阐明国家战略意图，明确政府工作重点，引导市场主体行为、市场监管、社会管理和公共服务，推动能源生产和消费革命，推动能源创新发展，使能源电力规划工程为全体社会成员提供先进的"社会生产工具"，通过能源电力规划工程扩展社会成员的社会生产能力。

三是地方政府依据国家制定的国民经济和社会发展五年规划，结合国民经济和社会发展及能源电力资源的分布情况，组织编制地方国民经济和社会发展五年规划及能源电力发展五年规划，能源电力行业的各成员组织编制能源电力五年滚动计划和项目资金计划，向能源电力行业的各成员单位下达滚动计划和项目资金计划，通过能源电力规划工程的实施，提供相应的"社会生产工具"来扩展社会成员的社会生产能力，提高社会成员实现社会需求的基本能力。各成员单位利用项目资金开展能源电力规划工程的社会生产活动，来提高能源电力行业的"社会生产力"。社会成员之间相互结成一定的社会生产关系，这种社会生产力与社会生产关系的结合，就构成了相应的社会经济运转系统。

四是这样构成的"社会经济运转系统"，在新经济检验中就可以生产一定数量、质量和品种的"物质产品和精神产品"，来满足社会生存与经济发展的实际"需求"，从而完成一个互动过程，使社会需求得到满足，即社会进步和经济发展对能源电力规划工程的原动"需求"。

但是，由于人类社会和经济发展的社会需求（包括能源电力）的原动性和永动性，原有的社会需求（包括能源电力发展对规划工程的需求）满足了，新的人类社会和经济发展的社会需求（包括能源电力规划工程需求）又随之产生。于是，又必须开始一个新的、水平更高的互动过程。这种螺旋式前进的能源电力发展过程永远不会终结，从而形成了人类社会和经济发展的勃勃生机与无限前景。

2.3.2 清洁能源工程技术相关理论

1. 需解决的关键问题及相关理论

1）清洁能源集群的多维度、多层级划分方法

在对清洁能源电网规划相关问题研究时，需要考虑能源本身分布的多样性、复杂性、不确定性，所以采用基于现代深层数据挖掘和模糊聚类方法对清洁能源进行多维度、多层级划分。将地理或电气上相互接近或形成互补关系的若干分布式发电单元，以及该区域内的部分储能、负荷及其他控制装置构成"分布式发电集群"，整体接入配电系统并对电网呈现出

类似于传统发电机的友好调控特性，以实现分布式发电的灵活并网控制。采用自治—协同的分布式发电分层分级调控方法，建立分布式发电集群自治控制、区域集群间互补协调控制、输配电网协同调度三层级调控体系，实现源、网、荷、储的协同优化，解决分布式发电的消纳问题。

2）多元化大规模储能优化配置技术及接入方式选择

目前储能方式按储能原理的不同大体分为三类：机械储能、电磁储能和电化学储能。不同储能方式的充/放电特性、功率/容量密度、反应时间和硬件成本不同。为了响应清洁能源电网要求，根据负荷的需求、经济指标、系统的特性以及技术性能的不同，要求储能装置既能响应系统的动态变化，也能满足负荷调节（调峰）及作为紧急电源的需求。为满足上述技术需求，可将储能系统分为集中式和分布式两种。

集中式储能是指将不同类型的储能元件通过不同的变换器拓扑结构连接到同一直流母线上，并通过DC/AC变流器接于交流母线，DC/AC变流器即可作为不同储能装置向电力系统输出能量的公共通道。集中式储能可通过共同的DC/AC接入电网，接入成本和运行管理成本更低，储能的协调控制也更加简单，仅通过单元层的控制就能完成，不需要修改上层的能量管理策略。

分布式储能根据不同应用场合的需求，将不同性能的储能装置安放在不同的位置，可分别通过DC/AC直接接入电网，也可通过风电光伏并网变流器的直流母线接入配电网，此外，还可以分别组成直流子微网，再通过能量管理系统来进行协调控制。分布式储能有着灵活接入、方便后期扩容、减小网损、更好的响应特性等特点，但是增加了接入和管理的成本，控制策略也更加复杂，需要控制系统中央控制的能量管理系统来进行协调。

在选择接入方式时，应研究清洁能源电网的基本要求，合理地选择储能系统的类型及配置容量、优化储能布局，来使其更好地适应系统动态变化。

3）电解水制氢、电解水制氢合成甲烷、电制热供热和电制热储热等能源转换效率研究

电解水制氢，是理想的大规模制氢技术。电解水制氢过程实际上是一种能量转换过程，即将一次能源转换为能源载体氢能的过程。因此电解水制氢系统组成主要由一次能源系统和电解池系统组成。制氢系统工作原理为：一次能源系统输出电能至电解池系统，在电能作用下，将水电解生成氢气和氧气，总制氢效率高达55%。

电解水制氢合成甲烷，是对电能的很好转移，对清洁能源发电过程中多余的电能进行了时间和空间的转移，其转换效率要小于直接用电解水制氢。

电制热供热和电制热储热是将电能转换成热能直接供暖或存储，合理地消耗电能。目前，在全国按规定必须实施供暖的省、市，已有90%以上出台了鼓励支持电采暖的优惠政策，如对居民电采暖实行普通民用电价、峰谷分时电价等。此外，有些省、市还对居民采暖给予不同形式的补贴。电价优惠政策为电采暖的大面积应用开辟了广阔的市场空间。其转换效率研究需要进一步加强。

对比电解水制氢、电解水制氢合成甲烷、电制热供热和电制热储热等能源转换的效率，可为电能的合理、高效转移提供理论依据。

4）多利益主体和综合效益均衡下清洁能源电网集群协同优化规划设计

清洁能源电网集群规划的特点是不确定因素多，规划方案的合理性难以被精确评判。为了让清洁能源电网集群规划切实指导电网建设，必须建立起科学的电网规划方案评估体系，采用确定性环境灵敏度分析的评判方法，考虑多利益主体和综合效益均衡，提出将概率统计理论融入灵敏度分析，考虑不同规划方案的灵敏度差异，同时计算不同灵敏度的发生可能。基于概率灵敏度分析的清洁能源电网集群规划方案的评判是合理的、科学的。

5）基于多元化大规模储能控制技术的源网荷储协调优化规划设计

为了最大程度地发挥储能技术的性能，需将具有快速响应特性的储能系统和具有大容量储能特性的储能系统联合使用、协调规划，使得源网荷储协调优化有完全消纳清洁能源发电的能力。根据储能系统的接入方式，采取多种类型储能协同优化，在多元化大规模储能系统的配置中充分考虑分布式发电与负荷的随机性、建设与运营的经济性以及不同储能方式之间的协调配合，结合多种储能的技术优势，最大程度地满足清洁能源电网的需要。在电源、电网、负荷、储能协调优化规划设计中需考虑合理配置多种储能技术，延长储能使用寿命，降低储能成本，使得规划更为合理。

2. 理论研究与主要方法

1）灰色系统理论

灰色系统理论经过20多年的发展，现在已经基本建立起自己的结构体系，该理论把部分观点和方法延伸到社会、经济等广义系统。灰色系统理论能更准确地描述社会经济系统的状态和行为。其主要内容包括以灰色代数系统，灰色方程、灰色矩阵等为基础的理论体系；以灰色序列生成为基础的方法体系；以灰色关联空间为依托的分析体系；以灰色模型（GM）为核心的模型体系；以系统分析、评估、建模、预测、决策、控制、优化为主体的技术体系；以"部分信息已知、部分信息未知""贫信息"为特点的事物作为研究对象。由于用户的用电需求预测受经济发展、经济结构、人口增长、电价、气温气候、科技技术发展、国家政策、居民收入水平等诸多因素的影响，其中一些因素是确定的，另一些因素是不确定的，故可以把它看作一个灰色系统，依据理论中的部分算法和分析手段为清洁能源电网规划关键技术研究提供依据。

2）神经网络理论

神经网络是一种运算模型，由大量的节点（或称"神经元"或"单元"）和节点间的连接构成。每个节点代表一种特定的输出函数，称为激励函数（activation function）。每两个节点间的连接代表一个通过该连接的加权值，称为权重（weight），这相当于人工神经网络的记忆。网络的输出则依网络的连接方式、权重值和激励函数的不同而不同。依据采用神经网络理论的学习方法、算法及迭代过程可为清洁能源电网规划关键技术研究提供依据。

3）蒙特卡罗方法

蒙特卡罗（Monte Carlo）方法，又称随机抽样或统计试验方法，属于计算数学的一个分支，它是在20世纪40年代中期为了适应当时原子能事业的发展而发展起来的。传统的经验方法由于不能逼近真实的物理过程，很难得到满意的结果，而蒙特卡罗理论方法由于能够真实地模拟实际物理过程，因而可以生成能较为真实的表征清洁能源电网源网荷储运行的多种物理场景。该理论方法为清洁能源电网规划关键技术研究提供依据。

4）马斯洛需求层次理论

马斯洛需求层次理论，亦称"基本需求层次理论"，是社会科学的理论之一，由美国科学家亚伯拉罕·马斯洛在1943年发表的论文《人类激励理论》中提出。马斯洛需求层次理论把需求分成生理需求、安全需求、情感和归属的需要、尊重的需要和自我实现的需要五类，依次由低到高排列。马斯洛需求层次理论作为社会科学的重要理论之一，对现代人力资源管理有着重要的指导意义。客户用电需求同人的需求一样，用户在满足了照明等基本用电需求之后，也会向更高层次发展。

5）大数据技术

大数据建模的常用技术，包括关联分析、分类预测、聚类分析、序列模式分析、回归分析、离群点分析等。其中，关联分析刻画现实世界各因素间的关联性；分类预测主要通过有指导的机器学习过程构建分类器，典型应用如电力客户分类，典型算法包括ID3、C4.5、SVM、CART、KNN、贝叶斯网络、神经网络等；聚类分析主要通过无指导的机器学习过程对未知的事物进行分群，典型应用如在不知道该如何对客户进行分类的情况下对电力客户进行初步划分，典型算法包括K-Means、BIRCH、Chameleon等；序列模式分析主要发现事件发生的时间序列模式；回归分析主要是对曲线的未来发展趋势进行预测；离群点分析主要是检测与样本空间中的典型样本存在较大差异的样本等。

3.研究的关键和难点

传统规划方法在高比例清洁能源发电集群并网规划设计问题上的计算具有规模小、优化目标单一、清洁能源发电和电网结构协同规划能力弱、应用模式和规划设计工具欠缺等技术难题，通过对经济参数、电力供需情况、电网设备和分布式电源设备参数、电网运行参数、用户数据、地理信息等几大类数据的深层挖掘，可实现负荷总量预测、高比例清洁能源发电集群划分、集群并网优化规划设计、电网结构优化规划设计、储能装置优化规划设计、多元电能质量治理装置优化配置。

清洁能源电网具有可再生能源接入装机容量及电量占比均很高、系统含有多类可再生能源、系统不确定性较高等特征，且其运行方式从电源跟踪负荷的单向模式变成源网荷储互动方式。高比例清洁能源接入后，传统电源被可再生能源替代，传统电力平衡方式已经无法实现对净负荷的包络，系统在局部时段出现了灵活性不足现象，需要充分挖掘其他灵活性资源的潜力。清洁能源电网的电力需求服从概率统计规律，在对清洁能源集群规划时，需要通过深层数据挖掘建立资源供给能力数学模型。清洁能源电网的源网荷储与时间和空间相关，模糊聚类方法能够准确描述和表示现实中的聚类问题，需要改进聚类算法初始值敏感性，提高算法全局寻优能力，解决全局寻优问题。需要将基本模糊聚类算法与现代智能优化算法结合，利用其独特的全局寻优特性解决模糊聚类算法在初始值和全局寻优方面的难题，将其很好的应用到清洁能源集群规划中。

多元化大规模储能优化配置技术需针对储能的使用策略及工作特点，根据不同储能方式的特点，研究多个储能单元间的协调控制技术，通过多个储能单元之间的实时通信，了解各自单元的电能信息，对协调控制器智能调节，实现清洁能源电网中不同工作模式下的切换。同时，多元化大规模储能系统的配置需考虑分布式发电与负荷的随机性、建设与运营的经济性以及不同储能方式之间的协调配合，结合多种储能的技术优势，最大程度地满足清洁能源电网的需要。

清洁能源电网中将电能转化为其他形式能源的转换效率的计算较为复杂，数学模型不统一，如何通过统一的数学模型整理出电解水制氢、电解水制氢合成甲烷、电制热供热和电制热储热的转换效率是难点。

考虑多利益主体和综合效益均衡的清洁能源电网集群规划的特点是不确定因素多，规划方案的合理性难以被精确评判。

2.3.3 新发展格局下的我国绿色电力发展研究

1.问题的提出

"十四五"规划是我国迈向现代化强国新征程承前启后的第一个五年规划。一方面，当今世界正在经历百年末有之大变局，新冠疫情仍在全球肆虐，新一轮能源革命及电力产业变革在全球竞争中的地位及作用更加显现；另一方面，我国能源电力发展面临的不确定性因素在不断叠加，资源约束性条件日益趋紧，惯性发展模式的可行在空间逐渐收窄，清洁能源发展需要克服的困难依然层出不穷。

剖析我国新时期电力发展遇到的难题，分析电力发展中长期存在和面临的问题，探讨当前电力行业关注的各种热点，从中摸索和总结出具有中国特色的电力发展客观规律，走一条符合世界电力发展潮流的电力发展之路，确实是值得大家认真思考和深入研究的重要课题。

2.正确处理绿色电力发展四大关系

1）我国社会经济发展与能源电力发展之间的关系

自新中国成立以来，我国曾长期处于缺电的环境，电力被称为经济发展的"先行官"，一直保持适度超前与优先的发展态势，在很大程度上扭转了电力供应短缺的局面，为支撑国民经济稳步健康发展做出了重要贡献。但随着我国经济发展进入新常态和新阶段，以前那种粗放型的电力发展模式已难以满足我国现阶段经济社会发展的客观要求，甚至带来负面作用，突出表现在电力供需不平衡的矛盾突出、资源浪费严重、电力供销大起大落、重化特征较为明显等等。如何在新发展格局下，更加辩证地处理好电力发展与国民经济间的关系，确保良性互动和相互促进，实现电力与国民经济之间更高质量、更加协调、更可持续的共同发展和共同进步，将是"十四五"电力高质量发展需要完成的重要历史使命。

2）我国生态环境保护与电力发展之间的关系

电力属于二次能源，在使用过程中电力本身不会对环境产生污染，是一种清洁高效的能源转换利用形式，特别是随着我国在电气化、电力替代进程不断加快，提高电力在终端能源消费中的比重，是我国高效利用能源资源、改善环境质量、提高生产效率的一项根本性举措。与此同时，电力工业是资源消耗大户，电能在生产、传输、分配等各个环节中需要消耗大量的煤炭、煤气、水力、核能等一次能源，需要占用土地、林地、草原等宝贵的生态自然资源，也产生大量二氧化碳等温室气体以及二氧化硫等环境污染物，并带来噪声和电磁辐射等污染，对自然生态和生活环境造成较大破坏。如何在新发展理念下，正确处理好电力工业发展与环境保护的辩证关系，加快建设资源节约型、环境友好型社会，将是"十四五"电力高质量发展面临的迫切任务。

3）我国能源供应安全与电力发展之间的关系

电能作为我国目前最普遍使用的能源，占终端能源消费比重在27%左右。新时代的电力发展更要全面贯彻习近平总书记提出的"四个革命、一个合作"的能源安全新战略思想，在能源战略安全的前提下切实谋划好电力发展，确保能源对外依存度不超过警戒线。据权威部门测算，如果到2060年实现碳中和目标，本土特征的非化石能源占比将会得到显著提升，我国能源的安全保障将由目前"资源为王"转变为"技术主导"，电力需求重心由生产用能转向生活和服务用能，电气化率和电能替代水平大幅提升，发电结构加速清洁低碳化。如何在能源安全新战略下，更好地把握能源供应安全与电力发展的辩证关系，打造多元化、有韧性、低碳化的电能供需体系，将是"十四五"电力高质量发展的首要课题。

4）化石能源电力与清洁能源发展之间的关系

我国目前仍是以化石能源为主导的电力结构体系，特别是煤电作为我国现阶段电力供应的主体电源，虽然装机规模已降至50%以下，但因其燃料储量丰富、稳定性强、经济性高，发电量占比超过70%，并担负着应急保障和调峰的重任，但也背负我国第一大碳排放行业的"原罪"。清洁能源虽然近年发展迅速（到2020年底按装机规模占比已超过50%），代表着我国电力未来发展的潮流和方向，但在未来相当长的时间内，仍无法独自支撑和保障我国电力需求和电力系统安全稳定运行的需要。随着我国节能减排力度和电力市场化改革步伐加快，客观造成了化石电源与清洁能源较为直接的面对面竞争，导致相互对立，"零和博弈"现象时有发生。如何在碳达峰、碳中和目标下，在发挥化石电源在电力托底保供中的"压舱石"作用的同时，不断提升清洁能源在电力消费中的占比，将是"十四五"电力高质量发展的关键路径。

3.绿色能源电力发展历史回顾

1）坚持用实践来检验电力体制改革的正确性

自20世纪80年代中叶，我国开始尝试放开电源市场，允许企业、外资进入发电领域，在一定程度上纾缓了当时电力紧张状况。2002年我国正式启动电力体制改革，按照"厂网分开、主辅分离"的思路，将原电力工业部（国家电力公司）分拆成"5+2+4"共11家电力集团，市场竞争格局凸现，电力工业得到飞速发展。2015年3月以中发9号文为标志，启动了新一轮电改，明确提出"三放开、一独立、三强化"的电改思路，构建"管住中间，放开两头"的体制架构,尤其是配售电侧的放开,确保了用户有更大选择权,使电力市场化改革迈出了关键一步,到2020年底,我国电力市场化交易量已达到全社会用电总量的近三分之一。"十四五"期间我国电力市场化改革将进一步提速,电力零售现货市场有可能接棒电力中长期直接交易,成为电力市场最为活跃的主体。总体来看,虽然电力改革过程中出现一些波折,但电力市场化改革之路还是很成功的。

2)电力改革与创新实践

2014年6月习近平总书记在中央财经领导小组第六次会议上明确提出了"四个革命、一个合作"的重大能源战略思想,这是推动我国新时期电力发展的根本指导思想。当前,我国电力发展正处于转型变革的关键时期,传统电力正遭遇发展的"瓶颈",新兴能源则面临着成长的"烦恼",电力工业处于"新""老"交替的重要"十字路口"。大时代呼唤大创造,大实践需要大理论,唯有以习近平总书记重大能源战略思想为指导,从电力消费、供应、技术、体制、合作等五大领域入手,"五管齐下",把保供安全作为电力发展的首要任务、把清洁低碳作为电力发展的主攻方向、把科技创新作为电力发展的第一动力、把国际合作作为电力发展的重要任务,才能从根本上破解我国电力发展中的难题、突围发展中的困境,找到打开通往成功的"钥匙"。

3)不断推动电力发展理论创新

"碳达峰、碳中和"不仅是我国向全球的庄严"承诺书",而且是践行绿色发展战略的"动员令",更是电力发展史上前所未有的伟大实践。电力行业正在经历着历史上最为广泛而深刻的转型变革,也正在进行着人类历史上最为宏大而独特的实践创新,绿色、低碳、高效、可再生将是我国未来电力发展的"主旋律"和时代潮流。伟大的变革实践一定会催生出伟大的理论创新,也为理论创新提供了强大的动力和广阔的空间。碳约束时代面临的挑战与机遇并存,经济增长、环境保护与能源电力转型相互制衡、相互影响、相互作用,需要在理论上大胆探索、勇于创新,正如习近平总书记所说的那样,"如果我们不识变、不应变、不求变,就可能陷入战略被动、错失发展机遇,甚至错过整整一个时代"。

4)制约电力发展的矛盾依然存在

突出表现在五大方面:一是满足人民日益增长的美好生活需要带来的多元化用电需求同不充分电力市场竞争、比较僵化的用电机制之间的矛盾依然存在;二是电力工业高排放、难循环的粗放型生产方式同控制温室气体排放、打造低碳无碳电力迫切需要的矛盾依旧突出;三是电力供给侧改革不到位引发的"结构性过剩"和电力需求侧增长放缓带来的"结构性不足"的矛盾仍很尖锐;四是新能源快速发展、新兴负荷不断增长和电网结构不合理、电网系统调节控制能力不足的矛盾有待解决;五是我国能源资源禀赋和电力消费需求逆向分布的矛盾难以真正改观。"十四五"是我国电力工业高质量发展的关键时期,也是打造适应新发展格局要求的"新电力体系"的起步阶段,必须从根本上解决电力工业长期面临的深层次矛盾和问题。

4.绿色能源电力发展展望

1)坚持能源电力发展的客观规律

电力作为现代经济发展的命脉,有其自身发展的客观规律:首先,电力属于二次能源,是由一次能源加工转换产生的,是二次能源中最可持续发展的能源;其次,电力难以大量储存,需要"即发即用",电力供应要围着需求转,不能本末倒置;再者,电力属于网络产业,具有一定的自然垄断性,不能完全搞自由市场竞争。当前,我国电力发展呈现一些新特征:新发展格局对电力规模和发展质量提出了新任务,建设节约型社会对电力功能定位和发展模式提出了新要求,环保的刚性约束对打造环境友好型电力提出了新课题,构建和谐社会对电力服务提出了新标准。因此,在构建面向建设现代化强国的新型电力体系过程中,在遵循电力自身发展规律的同时,自觉地同我国社会经济发展的总要求结合起来,实现电力发展与经济社会发展相统一、相协调、相促进。

2）坚持与时俱进发展绿色能源电力

面对百年未有之大变局,电力发展要紧跟时代潮流的脚步,坚守不走"先污染、后治理"的老路。防患于未然,加强环境保护,超前做好预案,健全污染物排放考核体系,建立有效的生态补偿机制。不走脱离实情的歪路。深刻认识到我国电力发展的复杂性,不仅资源禀赋分布和供需格局上存在南北的错位与东西的反差,而且"一煤独大"局面在较长时间内难以改观。不走改旗易帜的邪路。必须全面加强党的领导,因为我国电力行业一直由国有资本占据主导地位,几乎全部电网资产和绝大部分发电资产都属于国有,这是我国电力发展的制度优势。不走因循守旧的死路。如果沿袭粗放发展模式难以为继,抱残守缺只会更加被动,贯彻新发展理念需要新思维,唯有创新求变方能豁然开朗。

3）坚持科学发展绿色能源电力

经过70余年的发展,我国电力行业绝大部分装备和技术已实现国产化,有些领域甚至走在了世界前列,但火电领域的H级燃气轮机制造、超超临界燃煤发电设备耐高温高压的材料以及关键配件,新能源领域的风电主控系统、变流器装置以及光伏发电生产线设备,输配电领域的柔性直流输电系列设备的核心元件,大规模化学储能设备,电力专用芯片,电力领域常用设计软件、优化软件、仿真软件及控制系统软件等关键技术还掌握在国外人手里,需要在"十四五"期间加大科技攻关研究,真正填补相关技术和装备生产空白,既要达到重要电力装备生产国产化,又要确保关键技术自主化,实现电力产业基础高级化、产业链现代化。

4）坚持绿色转型走高质量发展之路

当前,我国能源结构仍以化石能源为主,煤电稳居我国第一大能源,占据我国电力总装机和全球煤电总装机的近一半,煤电的基础保障性作用在"十四五"期间仍难以替代。因此,我国电力转型升级必须注重"两条腿"并行:一方面继续推进煤电机组灵活性改造,加大超低排放的技改力度,加快高污染高排放煤电淘汰步伐,加强碳捕捉、封存与利用技术的研发攻关与产业化,借助"组合拳"实现煤电脱胎换骨的磨炼;另一方面要坚持可再生能源发展的长期战略目标不动摇,从政策、技术和商业模式上"三箭齐发",大幅降低新能源的度电成本和提升可靠性,加速存量化石能源的清洁替代和电能替代,实现新能源超长周期、超大规模发展目标,为碳达峰和碳中和贡献"中国智慧"和"中国方案"。

5）坚持联系的观点

在服务国内大循环的同时,也要构建更加开放的国内国际双循环。电力作为推动现代经济发展的"源动力",要围绕电力新发展格局构建新电力体系,打通阻碍发电、输电、配电、售电和用电的各类"堵点"与"痛点",更充分地发挥在拉动投资、促进消费、推动贸易等方面的突出作用,更好地满足人民群众美好生活的用电需求,为实现经济良性循环提供源源不断的动能。同时,要秉持开放合作的精神,积极服务"走出去"战略,围绕"一带一路"倡议,主动参与国际经济大循环中,全力构建全球能源互联网,打造更加包容电力市场,建设一个更加清洁美丽的世界。

2.3.4 加快以新能源为主体的新型电力系统战略研究

1.统一认识,实现我国"双碳"目标和构建以新能源为主体的新型电力系统

首先,从宏观要求来看,中国目前的碳排放占全世界的29%,碳减排的压力很大。同时,由于我国能源结构以煤炭为主,而发达国家则以碳排放相对较低的油气为主,所以我国减碳面临的挑战更大。

其次,减碳是一个综合性的任务,不是从哪个单一方面着手就能解决的。无论科技界、产业界还是企业界,都应该提高政治站位,制订相应措施,为我国"双碳"目标的实现做出贡献。

再次,从减碳的实施路径上看,有一种比较激进的观点认为,我国能源可以从以煤炭为主,越过油气直接过渡到以新能源为主的零碳系统。这种观点是不合适的。一是目前我国的电力系统尚不具备以新能源为主的支撑能力;二是这种能源转型的代价太大。要构建新型电力系统,应该走能源结构调整和可再生能源发展的并行之路,即低碳和零碳并行。欧盟的清洁能源低碳发展之路给了我们很多启示。要调整能源结构,把煤炭的使用量降下来,把油气的使用量升上去。虽然我国油气对外依存度较高,不可能像欧洲那样大量采用天然气,但我们也应该适度发展油气资源,特别是发展天然气发电调峰,以配合波动性、间歇性可再生能源的大规模开发利用。如果忽视电网调峰资源的发展,将会给新型电力系统构建带来巨大的不可逾越的技术鸿沟。

2.分步实施以新能源为主体的新型电力系统的构建

新型以新能源为主体的电力系统的构建,应分两个阶段。第一个阶段是对现有电力系统进行改造升级。目前业界有一个误解,认为只要解决了储能问题就会解决一切问题。当然,储能是我们要大力发展的,储能也能够满足一部分削峰填谷的需求,但储能并不能完全代替灵活电源。

我国发电装机容量巨大,化学储能的原料还有一定欠缺,加上技术尚不太成熟,全面采用化学储能作为调峰电源的时机还未到来。而在储能成为大规模灵活电源之前,必须依靠天然气发电或者经过灵活性改造的煤电作为灵活电源。

美国、欧洲转型之所以比较成功,是因为有大量的天然气发电作为灵活电源用来调峰。目前我国的灵活电源占比不到3.5%,规模还远远不够。同时,我国天然气对外依存度较高。要想使天然气发电成为灵活电源,首先要加大开采量。有研究表明,到2030年,我国天然

气年供给量可以增加2000亿立方米。如果都用于发电，就可以将我国的灵活电源占比提升到14%。这就相当于目前德国的灵活电源规模。

到2030年，我国非化石能源的一次消费比重将达到25%。在储能没有大规模发展的前提下，如果2030年我国的灵活电源占比能达到14%左右，电力系统就可以支撑非化石能源的一次消费比重占比25%的目标。到了第二个阶段，如果多种类型的大规模储能和氢能等技术发展迅速，并用作灵活电源，可以在一定程度上抵消规模化天然气发电。当然，届时要充分研究规模化储能和氢能全寿命周期成本。还有一种可能就是电力系统还有一定比例的灵活调峰火电和天然气，并辅助CCUS（碳捕获、利用与封存）技术，满足碳中和条件。

3. 从发电侧来看，构建以新能源为主体的新型电力系统

我国的"双碳"目标是构建以新能源为主体的新型电力系统的主要驱动力。习近平总书记提出，到2030年，我国风电、太阳能发电总装机容量将达12亿千瓦以上。新能源大发展的时代已经到来。

截至2020年年底，我国风电、太阳能发电的总装机容量约5.3亿千瓦，占比约为24%。按照最新估算，到2030年，我国风电和太阳能发电总装机容量可能会达到16亿千瓦左右，占比约为40%，价格也逐步走向平价。这意味着在10年时间里，我国要新增风电、太阳能发电装机容量10亿千瓦以上，总占比提升近一倍。

在新能源发电快速增加和占比急速扩大的情况下，构建新型电力系统不能仅仅依赖电网。目前，我国的风电和太阳能发电仍是一种粗放式的发展，低电压穿越能力等方面都比较脆弱。未来，风电和太阳能发电的支撑能力标准必须要提高，风电和太阳能发电的变流器要具备自主支撑运行的能力。如果不具备该能力，将来在应对低电压穿越和大规模脱网时，把所有问题都留给电网解决，电网将不可承受。这就需要国家提高对风电和太阳能发电企业的各项要求。希望国家能出台相关政策，缓解未来电网的压力。

4. 从用户侧看，构建以新能源为主体的新型电力系统

新型电力系统的实质就是以可再生能源为主的电力系统，需要打通各个环节，实现源、网、荷、储互动。发电侧参与全网调度，实现纵向贯通。在用户侧，一个是要解决供需互动，另一个是要实现多能协同。供需互动就是结合能源数字化技术，做到精准的需求侧管理，然后参与局域电网互动。

供需互动是电力市场机制、数字化技术与电网的深度融合，用户侧积极参与，目的就是消纳新能源。许多现在的示范项目将来都会变成现实，形成新型电力系统的有机组成部分。比如随着新能源汽车越来越多，大规模新能源汽车充放电设施参与供需互动以及地区性的调峰调频就有可能实现。

在用户侧，还要打通电和其他能源的协同。比如车联网已让电和交通领域实现协同。另外，将来峰谷电价可能会差别很大。通过一些手段，家庭可以采用多种措施多用谷电；在工业园区，晚上可以利用低谷电制热制冷储存起来，白天再加以利用。这样一方面可以实现削峰填谷，另一方面又有利于新能源的消纳。

5.从电网企业看，构建以新能源为主体的新型电力系统

从发电侧发展来看，未来将有60%以上的发电量为风电和太阳能发电，10%以上为核电，10%以上为水电，还要有10%以上的燃气、煤电灵活调峰机组（辅助CCUS技术）以及氢燃料电池发电。在没有出现特别大变革性技术的前提下，未来这个发电结构将是可预测的"终极"形式。而在负荷侧，电能替代规模也会越来越大。

在这种情况下，电网企业必须解放思想，主动变革。目前，我国的电网由几个特大型的同步电网构成。未来，我们的电网一定要柔性化，实现风电、光伏基地和负荷中心的柔性互联。

如果一个区域有大规模风电，而几十或几百千米外有大量光伏发电，中间要能实现时空互补，充分发挥柔性电网的间接储能作用。因此，电网的柔性互联互通是波动性新能源实现相对平稳的重要手段。以柔性直流为代表的新型输电技术，具备上十千米的新能源电力输送能力。将来，在以新能源为主体的新型电力系统中，必然会有以柔性直流为主导的先进输电技术的大量应用。将来的电网形态应该是以柔性输电占据重要地位的新一代电网。

许多业内人士认为将来电网的电压稳定、频率稳定和功角稳定是一个大问题。可以设想，将来的电网可以分区网格化。像"背靠背"柔性直流技术的应用，既能实现互联互通，又能缩小同步电网的范围。随着技术的快速发展，办法总比困难多。现在亟须开展未来电网形态的战略研究。

目前欧洲建设的SuperGrid（超级电网）注重跨国之间的电力互联互通，且都是通过柔性直流技术来解决。这样一来，区域之间就可以实现能量时空互补，发挥互联电网的间接储能作用。电网企业应该从战略规划的角度来考虑新能源发电中心之间的柔性互联互通以及大电网的柔性传输问题。

未来的电网形态变化，要经历从量变到质变的过程，逐步变成新型电网的结构形态。当然，我们也不能忽略电网转型带来的用能成本提高等问题，这也是世界惯例。能源转型绝不是轻轻松松、敲锣打鼓就能实现的，用能成本可能在一定程度上会被拉高。政府部门在这个方面应该有相应的思想准备。

虽然"双碳"目标的实现和新型电力系统的构建不是一蹴而就的事，必须经历一个渐变的过程，但电网企业要尽快启动战略规划和专题研究，使新型电力系统的构建在战略的前提下渐变。在新型电力系统构建的大背景下，原来电网规划的发展思路将不可持续。如果依靠顺其自然的渐变，许多建设将来可能要推倒重来，那样代价会非常大，是不合适的。

可再生能源的大发展和电力系统电力电子化是未来趋势，我国的能源电力从业者必须不断转变观念，更新知识储备，跟上快速发展形势。

关于新型电力系统的构建路径，必须以战略引领，分步实施，制订好规划，尽快实现柔性化、电力电子化，且保证可控与安全。在构建新型电力系统的过程中，许多新型电力设备会出现。新型区域型的直流网络嵌入交流网络、交流网络嵌入直流网络、直流交流混联的保护技术和设备等，都要去研究解决。

第3章 清洁能源规划工程技术原理与应用

清洁能源规划工程技术基础知识、能源规划技术及实现方法、国家能源安全与发展战略是本章介绍的主要内容。

3.1 清洁能源规划工程技术基础知识

清洁能源规划工程的概念、我国能源电力发展趋势与展望、清洁能源工程技术发展实施策略是本节介绍的主要内容。

3.1.1 清洁能源规划工程的概念

1.能源规划设计的概念

能源规划设计是一种综合分析。能源规划与传统的部门规划不同，即与电力部门规划、炼油和石油部门规划或工业发展规划不同。能源规划的本质在于综合分析，了解各种燃料之间的相互替代，而不是仅研究某种燃料的最有效供应系统；了解能源与经济发展的相互关系，而不是仅仅考虑一个部门的发展规划对能源的需求；了解能源部门的投资需求和非能源部门的投资需求之间的竞争关系，而不是传统上孤立地分析问题，即投资密集的电力部门决定其本部门的发展规划。

能源规划设计的目的就是实现预定的能源发展目标。能源规划设计的目标是能源战略的具体体现，是能源发展和管理的基本出发点和归宿。能源规划设计的目标是能源规划的核心内容，是对规划设计对象未来某一阶段能源发展方向和发展水平所做的规定，它既体现了能源规划的战略意图，也为能源管理活动指明了方向，提供了管理依据。通过加强能源规划，制定和实施与市场经济体制相适应的政策法规体系，开发和推广先进的、环境无害的能源生产和技术，提高能源效率，合理利用能源资源，减少环境污染，来实现能源工业的可持续发展，满足国民经济和社会发展的需要。

2.能源规划设计的目标一般应当满足的基本要求

（1）具有一般规划目标的共性。能源规划目标必须有时间限定和空间约束，可以计量并能反映客观实际的需求，而不是规划人员和决策者的主观要求和愿望。

（2）与经济社会发展目标相协调。能源规划的根本目的是保证国民经济和社会健康发展，实现能源工业的可持续发展。能源规划目标应该集中体现这一方针，与经济社会发展目标进行综合平衡。在某种程度上来说，能源规划就是一种经济规划，是国民经济发展规划的重要组成部分。

因此能源规划应该在对社会各部门经济结构和产品结构的现状和发展的调查和分析中，

对能源需求进行预测，确定在规划期内社会对能源系统的需求，建立与经济发展相适应、无害环境的能源供应体系和消费模式。

（3）提供规划期内能源供应的最佳方案。由于能源供应具有可替代性，因此可以有多种供应方案来满足需求。通过规划，合理调整能源系统内部各部门、各环节的增长速度、比例和结构，确定最佳的能源供应方案。

（4）合理有效地利用能源资源和可能提供给能源系统的投资。当前，我国能源生产和利用效率、效益与世界先进水平还存在着较大差距，高耗能产品能源单耗比发达国家平均水平高40%左右，单位产值能耗是世界平均水平的2.3倍。这些使得我国本不富裕的能源资源形势更为严峻，因此要对可能采取的重大节能措施作技术经济评价和投资分析，达到能源资源的有效利用和能源系统投资的合理发挥。

（5）与环境目标相协调。能源是发展国民经济和提高人民生活水平的重要物质基础。但是，能源的开发、转换、加工、储运、利用等过程都会对环境产生污染。人类的生存和发展既要有充足的能源供应，又要有良好的环境。因此在制定能源规划的过程中，应该充分考虑能源给环境带来的影响，达到能源、环境、经济发展的协调和平衡。

3.能源规划设计的分类

能源规划设计是在对我国能源生产、供应和消费的现状和历史资料调查研究和分析的基础上，为满足我国国民经济和社会发展的需求而对一段时期内能源发展所做的计划、设想和部署。

（1）按地域范围。分为国家能源规划和地区能源规划。国家能源规划是为满足我国国民经济和社会发展的需求所做的能源规划。我国政府每隔五年制定一个国民经济发展的五年规划，能源是国民经济发展的基础，因此通常要制定相应的国家能源规划以满足国民经济五年发展规划对能源的需求。我国地区能源规划是国家某一地域范围的能源发展规划，通常又可分两类：

地方行政单元地区能源规划和区域能源规划。地方行政单元地区能源规划是指按省、市行政单元所做的地区性能源规划，是地方政府为发展当地经济而制定的，如辽宁省能源规划、太原市能源规划等。区域能源规划是关于某一地域的能源规划，其规划地域跨越省、市、地、县行政单元地区，如农村能源规划、西部地区能源规划、长江三角洲经济区能源规划等。区域内的各地区往往在社会经济、人文、地理资源和科学文化等方面具有共同的特点，我国政府通常设立专门机构进行统一管理。在区域能源规划中，"三农"（农业、农村和农民）问题和西部地区开发战略问题是政府长期关注的重点问题，因此，农村能源规划、西部地区能源规划是我国最重要的区域能源规划。

（2）按能源种类。分为煤炭、石油、天然气、电力、核能、新能源和可再生能源等单项品种的能源规划。国家发改委、能源局制订了五年专项能源规划，包括煤炭五年规划、石油五年规划，新能源和可再生能源五年规划等专项能源规划。在专项能源规划中，我国常常启动一些对国民经济和社会发展全局有重大战略影响的能源规划工程项目，如电力部门举世瞩目的三峡水电工程、"西电东送"工程，天然气部门的"西气东输"工程等。

（3）按时间长短。分为短期能源规划（5～10年）、中期能源规划（10～20年）、长期能源规划（20～50年）。我国政府制定了发展国民经济分三步走的宏伟战略目标，国民经济发展规划按五年制定，而能源规划又是为实现经济建设目标服务的，因此，我国能源规划大部分是五年的短期规划，一般不超过20年。

专项规划、区域规划的规划期，可根据规划对象的特点合理确定，不要求均以五年为规划期。科技、教育、能源、交通、水资源、生态建设、环境保护、城镇化等，可以规划到2030年。有些领域的专项规划，可以根据完成任务的需要确定规划期，可以是三年、四年等。

（4）按全局和局部。分为综合规划和专项规划。综合能源规划是为满足国家或地区国民经济发展的需求，综合考虑所有能源品种及与能源生产、加工转换、运输、供应和消费有关的社会经济和环境等因素所做的能源规划。专项规划一般来说是对总体规划中的重要专题进一步进行具体规划。如电力规划是电力部门的总体规划，而"西电东送"和三峡水电工程规划是电力规划中的专项规划。

（5）按特定目的。有北京奥运能源规划、节能规划等。北京奥运能源规划是为落实申奥时北京向国际奥委会在能源环境方面所做的承诺而编制的能源规划。

3.1.2 我国能源电力发展趋势与展望

1.绿色能源电力转型发展的历史机遇

1）电力是能源系统碳减排主力

2020年9月22日，习近平主席在第七十五届联合国大会一般性辩论上发表重要讲话，表示我国二氧化碳排放力争于2030年前达到峰值，努力争取2060年前实现碳中和。这为我国应对气候变化、加快能源转型提供了方向指引，也为构建面向未来的能源互联网提供了新契机。

能源系统对我国实现碳排放目标起决定性作用，电力是未来能源系统碳减排的主力。2020年，我国能源消费产生的二氧化碳排放约占二氧化碳总排放量的85%、全部温室气体排放的70%。随着电气化水平的提升，电能替代了终端对煤、油、气等化石能源的直接使用，减少了终端用能部门的直接碳排放，支撑了终端用能碳排放的大幅降低。

截至2019年年底，我国碳强度较2005年降低约48.1%，非化石能源占一次能源消费比重达15.3%，提前完成对外承诺的2020年目标。度电碳排放量持续下降，2019年约为577克/千瓦·时，较2010年下降约23%。

随着2030年后清洁能源快速发展并成为发电能源主体，煤电应用碳捕获、利用与封存技术（CCUS），电力系统碳排放量快速下降，2060年电力有望实现净零排放。届时，电能占终端能源消费比重、非化石能源占一次能源消费比重分别有望达到70%、80%，电力将在能源深度碳减排中发挥关键作用。

通过能源流、信息流、物质流和价值流，解决化石能源和可再生能源的矛盾、集中能源和分布能源的矛盾、一次能源和二次能源的矛盾、电力能源和化工能源的矛盾。"比如在发电环节，假如风能和太阳能太多，电网不能很好承载，就可以考虑制氢，从能源流、信息流变成物质流、价值流。另外能源的生产环节，往往产生二氧化碳以及氢气。二氧化碳和氢气就能通过能源互联网，通过能源流与物质流的耦合变成能源。智慧能源系统就是把无用变成有用，同时做到碳平衡。

2）全力推动我国能源电力低碳化发展

"十四五"即将开启，为推动我国经济高质量、可持续发展，并促进碳排放达峰和碳中和目标达成，能源电力行业应贯彻新发展理念，持续推动能源电力低碳发展。

基于经济社会发展的电力需求和各类电源的发展约束，依托自主开发的电力源、网、荷、储协调规划模型测算得出："十四五"期间新能源规模快速提升，各类电源协调发展，我国电源装机总规模约 30 亿千瓦。2025 年清洁能源发电量占比约达 45%。"十五五"后期，电力系统碳排放达峰，峰值为 45 亿吨左右。此后碳排放稳中有降，2035 年降至约 36 亿吨，度电碳排放量降至 300 克/千瓦·时左右，较当前水平下降接近一半。

能源电力生产方式正在发生革命性转变，低碳、零碳、负碳电力正逐步代替传统能源的地位，一次能源转换为电能的模式向可再生能源电力方向发展。未来相当一部分能源，包括气态、液态、固态（固态指高效能的电池），都是由电转换过来的。在这种情况下，电能的生产和利用成为驱动经济发展的重要能源和物质基础，电能将更加深入地融合到人民美好生活之中，成为社会建设的重要物质基础。低碳化促进电气化的逻辑，使得构建新型电力系统成为必然。

碳排放达峰和碳中和的目标提出后，能源转型面临的挑战更大了，不仅原先提出的可再生能源发展路径要进一步完善和加速，同时，电力系统也面临低碳化转型，应从发电、电网和用电环节提出相应思路。在发电环节继续推动可再生能源发展，同时在传统能源的清洁利用上进一步下功夫；在火电技术上，要考虑碳捕集技术的深化应用；在用电环节，要进一步引导用户改善用电习惯，让用户侧越来越低碳化，同时引导负荷结构转型和新型用能方式等；在电网环节，要采用更好的调度运行控制策略，以及促进电网环节节能减排的手段，从而推动输电效率进一步提升。从整体来看，让发电、电网和用电整体互动起来，才能形成一个低碳化转型的整体目标。

3）新发展格局要求能源电力必须高质量发展

能源电力行业已经看到的趋势是——今后电网的形态必须向能源互联网延伸，将来能源的生态是以电为中心、电网为平台的能源互联网，要发挥电网中电与多能源品种转化与互补的技术优势，电气化、自动化、互联化的优势，万物互联的数字化、智能化、网络化的开放、共享的基础设施的优势。按照国家电网公司对能源互联网的研究，未来要把物联网架构建设好，提高物联网架构的承载能力；要加快信息支撑体系的建设，加快数字技术与能源系统的深度融合；加大"大云物移智链"等技术在能源电力领域的创新应用力度。此外，电网企业还需高度关注能源利用的电气化、智能化和网络化。

未来我国电力低碳化发展路径，大致有以下阶段：近期，以电力系统支撑新能源消纳为主；中期，仅依靠电力系统消纳高比例新能源难度日益增大，探索电、氢、碳多元耦合发展方式；远期，多元化路径并存，多措并举支撑大规模新能源消纳利用，助力循环碳经济发展。他建议充分发挥电力系统在碳减排中的作用，还要不断推动技术进步，完善市场机制，加强政策保障。

4）能源清洁转型推进深度脱碳加强国际合作

新冠肺炎疫情全球大流行使世界百年未有之大变局加速演进，给短期全球能源供需带来严重冲击，对中长期全球能源发展产生深远影响。2020年全球能源需求下降约5%，电力需求下降约2%，可再生能源发电量增长约5%，能源相关碳排放下降约7%。当前，推动后疫情时代经济绿色复苏正成为国际社会的普遍共识与一致行动。截至2020年底，全球超过30个国家和地区明确了碳中和时间表，合计碳排放量约占全球的一半。未来全球能源清洁低碳转型步伐将明显加快。

在加快转型情景下，预计2035年前后全球一次能源需求进入平台期，其中煤炭需求持续下降，石油需求2030年前达峰，天然气需求平缓增长，2050年非化石能源占比大幅提高至约40%；2050年全球电力需求约60万亿千瓦·时，较2019年增长约1.4倍；2050年终端电气化水平达40%，提高约20个百分点；2050年全球发电装机约251亿千瓦，其中可再生能源发电装机占比在2025年前后约为50%，2050年超过80%；2025年后全球能源相关碳排放持续下行，但要实现《巴黎协定》提出的将全球气温升高幅度控制在2摄氏度内的目标仍任重道远。

如果仍然延续现在的自主减排政策体系，到2030年之前实现碳排放达峰后，减排速度将不能满足2摄氏度目标下的减排路径。必须要坚持以革命的思想来推进能源系统革命性的变革。全球碳中和目标导向下，经济技术革命性变革将重塑世界治理规则和竞争格局，深度脱碳技术和能力将成为国家核心竞争力的体现。我国要实现长期深度脱碳路径，需要发展方式的根本性转变和科技创新的支撑。建立绿色低碳循环发展产业体系和社会消费方式，以数字化和深度电气化推进脱碳化；建立清洁低碳高效安全的能源生产和消费体系，形成以新能源和可再生能源为主体的零碳排放能源体系；推进支撑深度脱碳技术研发和产业化发展，如氢能、储能、智能电网、零碳炼钢、零碳化工等；推进体制机制改革和碳价机制与碳市场发展，营造良好的制度环境、政策环境和市场环境。

新冠肺炎疫情是对全世界各国政府的一场大考，也是全球各国能源转型的重大挑战和机遇。把握好的国家，在21世纪就会站在全球能源转型的领导地位，而落后的国家，未来能源行业可能就无法持续发展。分析德国、美国、俄罗斯、日本、法国等国家能源转型中可被我国借鉴的经验教训，德国和我国都是全球制造业强国和大国，且资源富存条件都是煤炭独大，均面对重大的能源安全挑战。在能源转型领域，中德两国在增强政治互信的基础上可进一步加大合作。

2.能源发展呈现的五个趋势

（1）能源消费增速明显回落。钢铁、有色、建材等主要耗能产品需求预计将达到峰值，能源消费将稳中有降。在经济增速趋缓、结构转型、升级加快等因素共同作用下，能源消费增速预计将从"十五"以来的年均9%下降到2.5%左右。

（2）能源结构双重更替加快。"十三五"时期是我国实现非化石能源消费比重达到15%目标的决胜期，也是为2030年前后碳排放达到峰值奠定基础的关键期。煤炭消费比重将进一步降低，非化石能源和天然气消费比重将显著提高，我国主体能源由油气替代煤炭、非化石能源替代化石能源的双重更替进程将加快推进。

（3）能源发展动力加快转换。能源发展正在由主要依靠资源投入向创新驱动转变,科技、体制和发展模式创新将进一步推动能源向清洁化、智能化发展，培育形成新产业和新业态。能源消费增长的主要来源逐步由传统高耗能产业转向第三产业和居民生活用能，现代制造业、大数据中心、新能源汽车等将成为新的用能增长点。

（4）能源供需形态深刻变化。随着智能电网、分布式能源、低风速风电、太阳能新材料等技术的突破和商业化应用，能源供需方式和系统形态正在发生深刻变化。"因地制宜、就地取材"的分布式供能系统将越来越多地满足新增用能需求，风能、太阳能、生物质能和地热能在新城镇、新农村能源供应体系中的作用将更加凸显。

（5）能源国际合作迈向更高水平。"一带一路"建设和国际产能合作的深入实施，推动能源领域更大范围、更高水平和更深层次的开放交融，有利于全方位加强能源国际合作，形成开放条件下的能源安全新格局。

3.1.3 清洁能源工程技术发展实施策略

清洁能源是能源供应体系的重要组成部分。目前,全球清洁能源开发利用规模不断扩大，应用成本快速下降，发展清洁能源已成为许多国家推进能源转型的核心内容和应对气候变化的重要途径，也是我国推进能源生产和消费革命、推动能源转型的重要措施。

1.国内外清洁能源工程发展环境

1）国际环境

随着国际社会对保障能源安全、保护生态环境、应对气候变化等问题日益重视，加快开发利用可再生能源已成为世界各国的普遍共识和一致行动，国际清洁能源发展呈现出以下几个趋势：

（1）清洁能源已成为全球能源转型及实现应对气候变化目标的重大战略举措。全球能源转型的基本趋势是实现化石能源体系向低碳能源体系转变，最终进入以清洁能源为主的可持续能源时代。为此，许多国家提出了以发展清洁能源为核心内容的能源转型战略，联合国政府间气候变化专家委员会（IPCC）、国际能源署（IEA）和国际可再生能源署（IRENA）等机构的报告均指出，清洁能源是实现应对气候变化目标的重要措施。90%以上的联合国气候变化《巴黎协定》签约国都设定了清洁能源发展目标。欧盟以及美国、日本、英国等发达国家都把发展清洁能源作为温室气体减排的重要措施。

（2）清洁能源已在一些国家发挥重要替代作用。近年来，欧美等国每年60%以上的新增发电装机来自可再生能源。2015年，全球可再生能源发电新增装机容量首次超过常规能源发电装机容量，表明全球电力系统建设正在发生结构性转变。特别是在德国等国家，清洁能源已逐步成为主流能源，并成为这些国家能源转型、低碳发展的重要组成部分。美国清洁能源占全部发电量的比重也逐年提高，印度、巴西、南非以及沙特等国家也都在大力建设清洁能源发电项目。

（3）清洁能源的经济性已得到显著提升。随着清洁能源技术的进步及应用规模的扩大，清洁能源发电的成本显著降低。风电设备和光伏组件价格近五年分别下降了约20%和60%。南美、非洲和中东一些国家的风电、光伏项目招标电价与传统化石能源发电相比已具备竞争力，美国风电长期购电协议价格已与化石能源发电达到同等水平，德国新增的新能源电力已经基本实现与传统能源平价，清洁能源发电的补贴强度持续下降，经济竞争能力明显增强。

（4）清洁能源已成为全球具有战略性的新兴产业。许多国家都将清洁能源作为新一代能源技术的战略制高点和经济发展的重要新领域，投入了大量资金支持清洁能源技术研发和产业发展。清洁能源产业的国际竞争加剧，围绕相关技术和产品的国际贸易摩擦不断增多。清洁能源已成为国际竞争的重要新领域，是许多国家新一代制造技术的代表性产业。

2）国内环境

我国清洁能源产业开始全面规模化发展，进入了大范围增量替代和区域性存量替代的发展阶段。

（1）清洁能源技术装备水平显著提升。随着开发利用规模逐步扩大，我国已逐步从清洁能源利用大国向清洁能源技术产业强国迈进。我国已具备成熟的大型水电设计、施工和管理运行能力，自主制造投运了单机容量80万千瓦的混流式水轮发电机组，掌握了500米级水头、35万千瓦级抽水蓄能机组成套设备制造技术。风电制造业集中度显著提高，整机制造企业由"十二五"初期的80多家逐步增加至204家。风电技术水平明显提升，关键零部件基本国产化，5～6兆瓦大型风电设备已经试运行，特别是低风速风电技术取得突破性进展，并广泛应用于中东部和南方地区。光伏电池技术创新能力大幅提升，创造了晶硅等新型电池技术转换效率的世界纪录。建立了具有国际竞争力的光伏发电全产业链，突破了多晶硅生产技术封锁，多晶硅产量已占全球总产量的40%左右，光伏组件产量达到全球总产量的70%左右。技术进步及生产规模扩大使光伏组件价格下降了60%以上，显著提高了光伏发电的经济性。各类生物质能、地热能、海洋能和清洁能源配套储能技术也有了长足进步。

（2）清洁能源发展支持政策体系逐步完善。我国陆续出台了光伏发电、垃圾焚烧发电、海上风电电价政策，并根据技术进步和成本下降情况适时调整了陆上风电和光伏发电上网电价，明确了分布式光伏发电补贴政策，公布了太阳能热发电示范电站电价，完善了可再生能源发电并网管理体系。根据《可再生能源法》要求，结合行业发展需要三次调整了可再生能源电价附加征收标准，扩大了支持清洁能源发展的资金规模，完善了资金征收和发放管理流程。建立完善了清洁能源标准体系，产品检测和认证能力不断增强，清洁能源设备质量稳步提高，有效促进了各类清洁能源发展。

2.我国清洁能源工程技术发展面临的形势与挑战

随着清洁能源技术进步和产业化步伐的加快，我国清洁能源已具备规模化开发应用的产业基础，展现出良好的发展前景，但也面临着体制机制方面的明显制约，主要表现在：

（1）现有的电力运行机制不适应清洁能源规模化发展的需要。以传统能源为主的电力系统尚不能完全满足风电、光伏发电等波动性清洁能源的并网运行要求。电力市场机制与价格机制不够完善，电力系统的灵活性未能充分发挥，清洁能源与其他电源协调发展的技术管理体系尚未建立，清洁能源发电大规模并网仍存在技术障碍，清洁能源电力的全额保障性收购政策难以有效落实，弃水、弃风、弃光现象比较严重。

（2）清洁能源对政策的依赖度较高。目前，风电、太阳能发电、生物质能发电等的发电成本相对于传统化石能源仍偏高，度电补贴强度较高，补贴资金缺口较大，仍需要通过促进技术进步和建立良好的市场竞争机制进一步降低发电成本。清洁能源整体对政策扶持的依赖度较高，受政策调整的影响较大，清洁能源产业的可持续发展受到限制。此外，全国碳排放市场尚未建立，目前的能源价格和税收制度尚不能反映各类能源的生态环境成本，没有为清洁能源发展建立公平的市场竞争环境。

（3）清洁能源未能得到有效利用。虽然清洁能源装机特别是新能源发电装机逐年快速增长，但是各市场主体在清洁能源利用方面的责任和义务不明确，利用效率不高，"重建设、轻利用"的情况较为突出，供给与需求不平衡、不协调，致使清洁能源可持续发展的潜力未能充分挖掘，清洁能源占一次能源消费的比重与先进国家相比仍较低。

3.我国清洁能源的发展目标

为实现2030年非化石能源占一次能源消费比重达到20%的能源发展战略目标，我国将进一步促进可再生能源开发利用，加快对化石能源的替代进程，改善可再生能源经济性。

（1）可再生能源总量指标。到2020年，全部可再生能源年利用量7.3亿吨标准煤。其中，商品化可再生能源利用量5.8亿吨标准煤。

（2）可再生能源发电指标。到2020年，全部可再生能源发电装机6.8亿千瓦，发电量1.9万亿千瓦·时，占全部发电量的27%。

（3）可再生能源供热和燃料利用指标。到2020年，各类可再生能源供热和民用燃料总计约替代化石能源1.5亿吨标准煤。

（4）可再生能源经济性指标。到2020年，风电项目电价可与当地燃煤发电同平台竞争，光伏项目电价可与电网销售电价相当。

（5）可再生能源并网运行和消纳指标。结合电力市场化改革，到2020年，基本解决水电弃水问题，限电地区的风电、太阳能发电年度利用小时数全面达到全额保障性收购的要求。

（6）可再生能源指标考核约束机制指标。建立各省（自治区、直辖市）一次能源消费总量中可再生能源比重及全社会用电量中消纳可再生能源电力比重的指标管理体系。到2020年，各发电企业的非水电可再生能源发电量与燃煤发电量的比重应显著提高。

4.我国清洁能源发展的主要措施

通过不断完善清洁能源扶持政策，创新清洁能源发展方式和优化发展布局，加快促进清洁能源技术进步和成本降低，进一步扩大清洁能源应用规模，提高清洁能源在能源消费中的比重，推动我国能源结构优化升级。

1）积极稳妥地发展水电

积极推进水电发展理念创新，坚持开发与保护、建设与管理并重，不断完善水能资源评价，加快推进水电规划研究论证，统筹水电开发进度与电力市场发展，以西南地区主要河流为重点，积极有序推进大型水电基地建设，合理优化控制中小流域开发，确保水电有序建设、有效消纳。统筹规划，合理布局，加快抽水蓄能电站建设。

（1）积极推进大型水电基地建设。在做好环境保护、移民安置工作和统筹电力市场的基础上，继续做好水电基地建设工作；适应能源转型发展需要，优化开发黄河上游水电基地。提高流域水电质量和开发效益。统筹协调水电开发和电网建设，加快推动配套送出工程建设，完善水电市场消纳协调机制，促进水能资源跨区优化配置，着力解决水电弃水问题。

（2）转变观念，优化控制中小流域开发。落实生态文明建设要求，统筹全流域、干支流开发与保护工作，按照流域内干流开发优先、支流保护优先的原则，严格控制中小流域、中小水电开发，保留流域必要生境，维护流域生态健康。在水能资源丰富、开发潜力大的西部地区重点开发资源集中、环境影响较小的大型河流、重点河段和重大水电基地，严格控制中小水电开发；开发程度较高的东、中部地区原则上不再开发中小水电。加强总结中小流域梯级水电站建设管理经验，开展水电开发后评价工作，推行中小流域生态修复。

（3）加快抽水蓄能发展。坚持"统筹规划、合理布局"的原则，根据各地区核电和新能源开发、区域间电力输送情况及电网安全稳定运行要求，加快抽水蓄能电站建设。抓紧落实规划站点建设条件，加快开工建设一批距离负荷中心近、促进新能源消纳、受端电源支撑的抽水蓄能电站。做好抽水蓄能规划滚动调整工作，统筹考虑区域电力系统调峰填谷需要、安全稳定运行要求和站址建设条件，开展部分地区抽水蓄能选点规划启动、调整工作，充分论证系统需求，优选确定规划站点。根据发展需要，适时启动新一轮的全国抽水蓄能规划工作。加强关键技术研究，推动建设海水抽水蓄能电站示范项目。积极推进抽水蓄能电站建设主体多元化，鼓励社会资本投资，加快建立以招标方式确定业主的市场机制。进一步完善抽水蓄能电站运营管理体制和电价形成机制，加快建立抽水蓄能电站辅助服务市场。研究探索抽水蓄能与核能、风能、太阳能等新能源一体化建设运营管理的新模式、新机制。

（4）积极完善水电运行管理机制。研究流域梯级电站水库综合管理体制，建立电站运行协调机制。开展流域综合监测工作，建立流域综合监测平台，构建全流域全过程的实时监测、巡视检查、信息共享、监督管理体系。研究流域梯级联合调度体制机制，统筹考虑综合利用需求，优化水电站运行调度。制定梯级水电站联合优化调度运行规程和技术标准，推动主要流域全面实现梯级联合调度。探索各大流域按照现代企业制度组建统一规范的流域公司，逐步推动建立流域统一电价模式和运营管理机制，充分发挥流域梯级水电开发的整体效益。深化抽水蓄能电站作用、效益形成机制及与新能源电站联合优化运行方案和补偿机制研究，实行区域电网内统一优化调度，建立运行考核机制，确保抽水蓄能电站充分发挥功能效用。

（5）推动水电开发扶贫工作。贯彻落实中央关于发展生产脱贫一批的精神，积极发挥当地资源优势，充分尊重地方和移民意愿，科学谋划，加快推进贫困地区水电重大项目建设，更好地将资源优势转变为经济优势和扶贫优势。进一步完善水电开发移民政策，理顺移民工作体制机制，加强移民社会管理，提升移民安置质量。探索贫困地区水电开发资产收益扶贫制度，建立完善水电开发群众共享利益机制和资源开发收益分配政策，将从发电中提取的资金优先用于当地水库移民和库区后续发展，增加贫困地区年度发电指标，提高贫困地区水电工程留成电量比例。研究完善水电开发财政税收政策，探索资产收益扶贫，让当地和群众从能源资源开发中更多地受益。

2）全面协调推进风电开发

按照"统筹规划、集散并举、陆海齐进、有效利用"的原则，严格开发建设与市场消纳相统筹，着力推进风电的就地开发和高效利用，积极支持中东部分散风能资源的开发，在消纳市场、送出条件有保障的前提下，有序推进大型风电基地建设，积极稳妥地开展海上风电开发建设，完善产业服务体系。到2020年底，全国风电并网装机确保达到2.1亿千瓦以上。

（1）加快开发中东部和南方地区风电。加强中东部和南方地区风能资源勘查，提高低风速风电机组技术和微观选址水平，做好环境保护、水土保持和植被恢复等工作，全面推进中东部和南方地区风能资源的开发利用。结合电网布局和农村电网改造升级，完善分散式风电的技术标准和并网服务体系，考虑资源、土地、交通运输以及施工安装等建设条件，按照"因地制宜、就近接入"的原则，推动分散式风电建设。到2020年，中东部和南方地区陆上风电装机规模达到7000万千瓦，江苏省、河南省、湖北省、湖南省、四川省、贵州省等地区风电装机规模均达到500万千瓦以上。

（2）有序建设"三北"大型风电基地。在充分挖掘本地风电消纳能力的基础上，借助"三北"地区已开工建设和明确规划的特高压跨省区输电通道，按照"多能互补、协调运行"的原则，统筹风、光、水、火等各类电源，在落实消纳市场的前提下，最大限度地输送可再生能源，扩大风能资源的配置范围，促进风电消纳。在解决现有弃风问题的基础上，结合电力供需变化趋势，逐步扩大"三北"地区风电开发规模，推动"三北"地区风电规模化开发和高效利用。到2020年，"三北"地区风电装机规模确保1.35亿千瓦以上，其中本地消纳新增规模约3500万千瓦。另外，利用跨省跨区通道消纳风电容量4000万千瓦（含存量项目）。

（3）积极稳妥推进海上风电开发。开展海上风能资源勘测和评价，完善沿海各省（区、市）海上风电发展规划。加快推进已开工海上风电项目建设进度，积极推动后续海上风电项目开工建设，鼓励沿海各省（区、市）和主要开发企业建设海上风电示范项目，带动海上风电产业化进程。完善海上风电开发建设管理政策，加强部门间的协调，规范和精简项目核准手续，完善海上风电价格政策。健全海上风电配套产业服务体系，加强海上风电技术标准、规程规范、设备检测认证、信息监测工作，形成覆盖全产业链的设备制造和开发建设能力。到2020年，海上风电开工建设1000万千瓦，确保建成500万千瓦。

（4）切实提高风电消纳能力。加强电网规划和建设，有针对性地对重要送出断面、风电汇集站、枢纽变电站进行补强和增容扩建，完善主网架结构，减少因局部电网送出能力或变电容量不足导致的弃风限电问题。充分挖掘电力系统调峰潜力，提升常规煤电机组和供热机组运行灵活性，鼓励通过技术改造提升煤电机组调峰能力，化解冬季供暖期风电与热电的运行矛盾。结合电力体制改革，取消或缩减煤电发电计划，推进燃气机组、燃煤自备电厂参与调峰。优化风电调度运行管理，建立辅助服务市场，加强需求侧管理和用户响应体系建设，提高风电功率预测精度并加大考核力度，在发电计划中留足风电电量空间，合理安排常规电源开机规模和发电计划，将风电纳入电力平衡和开机组合，鼓励风电等可再生能源机组通过参与市场辅助服务和实时电价竞争等方式，逐步提高系统消纳风电的能力。

3）推动太阳能多元化利用

按照"技术进步、成本降低、扩大市场、完善体系"的原则，促进光伏发电规模化应用及成本降低，推动太阳能热发电产业化发展，继续推进太阳能热利用在城乡的应用。到2020年底，全国太阳能发电并网装机确保实现1.1亿千瓦以上。

（1）全面推进分布式光伏和"光伏+"综合利用工程。继续支持在已建成且具备条件的工业园区、经济开发区等用电集中区域规模化推广屋顶光伏发电系统；积极鼓励在电力负荷大、工商业基础好的中东部城市和工业区周边，按照就近利用的原则建设光伏电站项目；结合土地综合利用，依托农业种植、渔业养殖、林业栽培等，因地制宜创新各类"光伏+"综合利用商业模式，促进光伏与其他产业有机融合；创新光伏的分布利用模式，在中东部等有条件的地区，开展"人人1千瓦光伏"示范工程，建设光伏小镇和光伏新村。

（2）有序推进大型光伏电站建设。在资源条件好、具备接入电网条件、消纳能力强的中西部地区，在有效解决已有弃光问题的前提下，有序推进光伏电站建设。积极支持在中东部地区，结合环境治理和土地再利用要求，实施光伏"领跑者"计划，促进先进光伏技术和产品应用，加快市场优胜劣汰和光伏上网电价快速下降。在水电资源丰富的地区，利用水电调节能力开展水光互补或联合外送示范。

（3）因地制宜推进太阳能热发电示范工程建设。按照总体规划、分步实施的思路，积极推进太阳能热发电产业进程。太阳能热发电先期发展以示范为主，通过首批太阳能热发电示范工程建设，促进技术进步和规模化发展，带动设备国产化，逐步培育形成产业集成能力。按照先示范后推广的发展原则，及时总结示范项目建设经验，扩大热发电项目市场规模，推动西部资源条件好、具备消纳条件、生态条件允许地区的太阳能热发电基地建设，充分发挥太阳能热发电的调峰作用，实现与风电、光伏的互补运行。尝试煤电耦合太阳能热发电示范的运行机制。提高太阳能热发电设备技术水平和系统设计能力，提升系统集成能力和产业配套能力，形成我国自主化的太阳能热发电技术和产业体系。到2020年，力争建成太阳能热发电项目500万千瓦。

（4）大力推广太阳能热利用的多元化发展。持续扩大太阳能热利用在城乡的普及应用，积极推进太阳能供暖、制冷技术发展，实现太阳能热水、采暖、制冷系统的规模化利用，促进太阳能与其他能源的互补应用。继续在城镇民用建筑以及广大农村地区普及太阳能热水系统，到2020年，太阳能热水系统累计安装面积达到4.5亿平方米。加快太阳能供暖、制冷系统在建筑领域的应用，扩大太阳能热利用技术在工农业生产领域的应用规模。到2020年，太阳能热利用集热面积达到8亿平方米。

（5）积极推进光伏扶贫工程。充分利用太阳能资源分布广的特点，重点在前期开展试点的、光照条件好的建档立卡贫困村，以资产收益扶贫和整村推进的方式，建设户用光伏发电系统或村级大型光伏电站，保障280万建档立卡无劳动能力贫困户（包括残疾人）每年每户增加收入3000元以上；其他光照条件好的贫困地区可按照精准扶贫的要求，因地制宜推进光伏扶贫工程。

4）加快发展生物质能

按照因地制宜、统筹兼顾、综合利用、提高效率的思路，建立健全资源收集、加工转化、就近利用的分布式生产消费体系，加快生物天然气、生物质能供热等非电利用的产业化发展步伐，提高生物质能利用效率和效益。

（1）加快生物天然气示范和产业化发展。选择有机废弃物资源丰富的种植养殖大县，以县为单位建立产业体系，开展生物天然气示范县建设，推进生物天然气技术进步和工程建设现代化。建立原料收集保障和沼液沼渣有机肥利用体系，建立生物天然气输配体系，形成并入常规天然气管网、车辆加气、发电、锅炉燃料等多元化消费模式。到2020年，生物天然气年产量达到80亿立方米，建设160个生物天然气示范县。

（2）积极发展生物质能供热。结合用热需求对已投运生物质纯发电项目进行供热改造，提高生物质能利用效率，积极推进生物质热电联产为县城及工业园区供热，形成20个以上以生物质热电联产为主的县城供热区域。加快发展技术成熟的生物质成型燃料供热，推动20蒸吨/小时（14兆瓦）以上大型先进低排放生物质成型燃料锅炉供热的应用，污染物排放达到天然气锅炉排放水平，在地区工业供热和民用采暖领域推广应用，为工业生产和学校、医院、宾馆、写字楼等公共设施和商业设施提供清洁可再生能源，形成一批生物质清洁供热占优势比重的供热区域。到2020年，生物质成型燃料利用量达到3000万吨。

（3）稳步发展生物质发电。在做好选址和落实环保措施的前提下，结合新型城镇化建设进程，重点在具备资源条件的地级市及部分县城，稳步发展城镇生活垃圾焚烧发电，到2020年，城镇生活垃圾焚烧发电装机达到750万千瓦。根据生物质资源条件，有序发展农林生物质直燃发电和沼气发电，到2020年，农林生物质直燃发电装机达到700万千瓦，沼气发电达到50万千瓦。到2020年，生物质发电总装机达到1500万千瓦，年发电量超过900亿千瓦·时。

（4）推进生物液体燃料产业化发展。稳步扩大燃料乙醇的生产和消费。立足国内自有技术力量，积极引进、消化、吸收国外先进经验，大力发展纤维乙醇。结合陈、次和重金属污染粮消纳，控制总量发展粮食燃料乙醇。根据资源条件，适度发展木薯、甜高粱等燃料乙醇项目。对生物柴油项目进行升级改造，提升产品质量，满足交通燃料品质需要。加快木质生物质、微藻等非粮原料多联产生物液体燃料技术创新。推进生物质转化合成高品位燃油和生物航空燃料产业化示范应用。到2020年，生物液体燃料年利用量达到600万吨以上。

（5）完善促进生物质能发展的政策体系。加强废弃物综合利用，保护生态环境。制定生物天然气、液体燃料优先利用的政策，建立无歧视无障碍并入管网机制，研究建立强制配额机制。完善支持生物质能发展的价格、财税等优惠政策，研究出台生物天然气产品补贴政策，加快生物天然气产业化发展步伐。

5）加快地热能开发

坚持"清洁、高效、可持续"的原则，按照"技术先进、环境友好、经济可行"的总体要求，加快地热能开发利用，加强全过程管理，创新开发利用模式，全面促进地热能资源的合理有效利用。

（1）积极推广地热能利用。加强地热能开发利用规划与城市总体规划的衔接，将地热供暖纳入城镇基础设施建设，在用地、用电、财税、价格等方面给予地热能开发利用政策扶持。在实施区域集中供暖且地热资源丰富的京津冀鲁豫及毗邻区，在严格控制地下水资源过度开采的前提下，大力推动中深层地热供暖重大项目建设。加大浅层地热能开发利用的推广力度，积极推动技术进步，进一步规范管理，重点在经济发达、夏季制冷需求高的长江经济带地区，特别是苏南地区城市群、重庆、上海、武汉等地区，整体推进浅层地热能重大项目。

（2）有序推进地热发电。综合考虑地质条件、资源潜力及应用方式，因地制宜发展中小型分布式中低温地热发电项目。支持东部经济发达地区开展深层高温干热岩发电系统关键技术研究和项目示范。

（3）加大地热资源潜力勘察和评价。到2020年，基本查清全国地热能资源情况和分布特点，未来在具有开发前景且勘察程度不高的典型传导型地热区开展中深层地热资源勘察工作。建立国家地热能资源数据和信息服务体系，完善地热能基础信息数据库，对地热能勘察和开发利用进行系统监测。

3.2 能源规划技术及实现方法

能源规划设计步骤及基本方法、能源消费预测技术方法、能源平衡分析技术方法、主要指标计算分析方法是本节介绍的主要内容。

3.2.1 能源规划设计步骤及基本方法

能源规划设计通常包含这几部分的内容：分别是发展供需现状、发展形势、供需预测、指导方针、主要任务、保障措施。但若要让能源发展规划更加饱满充实，通常还需要补充地区资源现状、能源预测、供需平衡分析以及更为精细的指标要求。

（1）分析能源供需现状。对各省市来说，需要分析当地的能源资源禀赋、能源生产消费情况、能源生产消费结构、能源供应保障能力、能源生产消费过程中的污染排放情况，对有条件的地区，还应该进一步分析能源投资变化情况。

（2）分析能源发展形势。包括国际、国家以及地区层面，需要做到内外结合。能源发展与国民经济密切相关，把握地区经济支柱行业的发展情况，对于能源消费至关重要。根据发展形势，分析地区能源发展面临的机遇与挑战。

（3）能源供需预测。该环节是能源发展规划的核心环节，是制定规划目标及主要发展任务的依据。规划的制定人员需要结合能源历史发展情况、能源发展环境、国家约束目标，采用科学的预测方法对能源生产和消费进行预测。同时，还需要对能源供应保障能力、主要能源输送通道展开分析，明确能源消费缺口或是冗余部分是否能够满足或消化。

（4）能源发展的指导方针及目标。本章节主要对国家政策、地区政策进行综述，根据能源供需预测结论制定规划目标。如果前三个部分能够分析充分，那么第四部分就是水到渠成的。

（5）重点工作任务。根据发展目标制定具体的工作任务。各项任务需要有的放矢，清晰明确，主要包括增加能源保障能力、推进能源消费革命、优化能源结构、推进科技创新等。

（6）保障措施。为了实现发展目标，保障主要任务顺利实施而采取的措施。主要从能源机制、组织管理、法律法规、政策保障等方面制定，对于指导规划期内各项管理规定或制度的制定具有指导意义。

3.2.2　能源消费预测技术方法

国内外许多学者或机构对能源需求进行了广泛研究，提出了许多能源需求预测方法。目前主流的预测方法是用统计分析方法找出现象与能源需求之间的因果关系或结构比例关系，并根据这些关系来预测能源需求情况。

能源需求预测方法可以分为定性预测和定量预测。定性预测是一种直观预测，一般采用调查研究的方法进行。这种预测的目的，不在于推测出具体数字，而在于判断预测对象的发展方向，如某种能源的需求在未来一段时间是增长还是降低。定量预测着重从预测对象数量方面进行预测，一般是从预测对象过去的历史资料分析着手，按照一定的统计规律，建立数学模型，推导出预测对象的未来值。在预测实践中，只有把定性预测和定量预测结合起来，才能提高预测质量。

按预测时间的长短来分，可分为长期预测、中期预测、短期预测以及近期预测。长期预测一般是 10 年以上，中期预测一般是 5 ～ 10 年，短期预测一般为 1 ～ 5 年，近期预测一般指 1 年以内。能源需求预测的步骤是：①确定预测目标；②搜索、审核、整理所需要的统计材料；③选择预测模型和预测方法；④估计预测模型参数；⑤论证预测结果。目前主要使用的能源需求预测方法包括回归分析法、弹性系数法、时间序列法、神经网络法、灰色系统理论等，后两种方法在 2.3.2 节已有介绍，下面只介绍前三种。

1. 回归分析法

回归分析法又称统计分析法，也是广泛应用的定量预测方法。它是根据负荷的历史资料，建立可以进行数学分析的数学模型，对未来的负荷进行预测。从数学的角度看，回归分析法就是通过对变量的观测数据采用最小二乘法进行统计分析，确定变量之间的相关关系，从而实现预测的目的。实质上就是曲线拟合的问题。回归分析包括线性回归和非线性回归。

2.弹性系数法

弹性系数法是一种预测能源消费与经济增长关系的宏观预测方法。弹性系数法是通过分析总结历史的经济增长与能源消费增长的关系，推测未来的能源消费弹性系数，并通过预测经济发展速度，得到预测期内能源需求增长速度，求出能源需求量。

能源消费弹性系数是从宏观上确定能源发展同国民经济发展的相对速度，是衡量国民经济发展和能源消费需求的重要参数。应用弹性系数法的前提条件是必须预先知道规划期内国民经济的发展目标及其年均增长率，这可根据国民经济发展战略规划来确定。采用弹性系数法预测能源消费量的关键问题是如何确定规划期的能源消费弹性系数值。能源消费弹性系数的大小与国民经济发展水平、科学技术进步、经济结构、产业结构、居民消费水平以及经济政策等有着密切关系。由于弹性系数值受多方面因素的影响，而且又具有某种时间惯性，因此既要分析历史数据的变化规律，又必须考虑它在未来可能发生的变化。

3.时间序列法

时间序列是指一组按时间顺序排列的观测数据。从本质上来讲，一个时间序列就是一个待研究的随机过程的实际体现。反过来，一个体现某一随机过程的时间序列又可以用来建立一个模型以描述这样一个过程。时间序列分析的结果可能导致不同类型模型的建立。基本时间序列模型有四种：自回归模型（AR）；移动平均模型（MA）；自回归移动平均模型（ARMA）；混合自回归移动平均模型（ARIMA）。

3.2.3 能源平衡分析技术方法

1.能源平衡表的概念与作用

能源平衡表是指以矩阵或数组的形式，反映特定研究对象的能源流入与流出、生产与加工转换、消费与库存等数量关系的统计表格。根据研究对象和数据特征，能源平衡表有多种形式，比如针对不同研究对象的实物量综合能源平衡表、标准量综合能源平衡表、单项（品种）平衡表，企业平衡表等。

2.能源平衡表核算范围和原则

1）核算范围

原则上，区域性能源平衡表应对核算范围的界定与GDP对核算范围的界定相匹配，即国民经济核算时计算它的增加值，能源核算时就必须计算它的能源消费。

全国能源平衡表的核算暂不包括中国香港、中国澳门和中国台湾地区。地区能源平衡表的核算不包括军队系统。

2）核算原则

总体上，编制能源平衡表应遵循国民经济核算原则，此外，还要遵循以下基本原则：

（1）能量守恒原则。编制能源平衡表所遵循的基本原则是能量守恒定律。能量守恒定律阐明了能量可以互相转换，在能量转换过程中全部能源的总量保持不变。根据这一原理，表格的设计、资料的搜集直至平衡表的编制都必须符合能量守恒的要求，所有能源（各品种）均有来源和去向。

（2）投入、产出、用途对应原则。能源加工转换，要坚持投入、产出、流向相对应的原则，即能源加工转换要有投入，同时一定要有产出，产出流向也应该有记载，缺一不可。用途流向主要指消费、销售、出口、流向其他地区或增加库存。

（3）协调与统一的原则。所谓协调，就是数字之间要衔接，包括表内的数字、附表的数字、历史的数字；所谓统一，就是所涉及的产品标准、行业分类标准、指标划分标准、折算标准、数字计算口径等要统一。

3.综合能源平衡表相关指标

能源生产总量是指一定时期内全省一次能源生产量的总和，是观察全省能源生产水平、规模、构成和发展速度的总量指标。一次能源生产量包括原煤、原油、天然气、水电及其他动力能（如风能、地热能等）的发电量，不包括低热值燃料生产量、生物质能、太阳能等的利用和由一次能源加工转换而成的二次能源产量。

能源消费总量是指一定时期内全省物质生产部门、非物质生产部门和生活消费的各种能源的总和，是观察能源消费水平、构成和增长速度的总量指标。能源消费总量包括原煤和原油及其制品、天然气、电力，不包括低热值燃料、生物质能和太阳能等的利用。能源消费总量分为三部分，即终端能源消费量、能源加工转换损失量和损失量。

终端能源消费量指一定时期内全省物质生产部门、非物质生产部门和生活消费的各种能源在扣除了用于加工转换二次能源消费量和损失量以后的数量。

能源加工转换损失量指一定时期内全省投入加工转换的各种能源数量之和与产出各种能源产品之和的差额。它是观察能源在加工转换过程中损失量变化的指标。

能源损失量指一定时期内能源在输送、分配、储存过程中发生的损失和由客观原因造成的各种损失，不包括各种气体能源放空、放散量。

1）能源总量供需模型

地区能源供需平衡模型主要包括的指标分别为：能源生产总量、全省投入加工转换的各种能源数量之和、能源加工转换损失量、终端能源消费量、平衡差额及能源消费总量。

能源生产总量＝全省一次能源生产量综合＝原煤＋原油＋天然气＋水电＋风电＋核电

能源消费总量＝终端能源消费量＋能源加工转换损失量＋损失量

能源加工转换损失量＝全省投入加工转换的各种能源数量之和−产出各种能源产品之和

2）终端消费中各种能源类型消费模型

计算各种能源类型在终端消费中的消耗，根据能源的消耗，可以得出能源消费结构，通过终端消费中某种能源消费所占比重可反映某年该地区的能源结构。

终端能源消费总量＝终端消费的各种能源折标准煤量之和。

某种能源占终端消费比重=某种能源终端消费量/终端能源消费总量×100%

例如：化石燃料比重=化石燃料总量/终端能源消费总量×100%。

3）终端消费中各部门消费模型

终端消费是能源消费的终点。能源消耗按行业的流向称为部门能源消耗构成。计算出各部门的能源消费量就可以得出部门能源消耗结构。

终端能源的消费部门包括农业、林业、渔业、牧业、工业、建筑业、交通运输业、仓储业、邮电通信业、批发和零售贸易业、餐饮业、生活消费和其他。其中工业部门中用作原料、材料的部分不是用作燃料的，计算时不用算在内。也可以通过各个部门能源消费所占比重来反映某年该地区的能源结构。

终端消费中各部门能源消费所占比重=某一部门终端消费量/终端能源消费总量×100%

3.2.4 主要指标计算分析方法

1.指标分类

能源发展规划指标按类别分为能源总量、能源安全、能源结构、能源效率、能源环保等五大类指标；按照属性分可以分为预期性和约束性指标。

约束性指标在2014年发布的《能源发展战略行动计划（2014—2020年）》首次提出，主要目的是实施节约优先、立足国内、绿色低碳和创新驱动四大战略和加快构建清洁、高效、安全、可持续的现代能源体系。

能源约束性指标包括一次能源消费总量、煤炭消费总量、非化石能源消费比重、煤炭消费比重、单位GDP能耗、单位GDP二氧化碳排放降低等。

能源发展主要指标如表3.1所示。

表 3.1 能源发展主要指标

类别	指标	单位	属性
能源总量	一次能源生产总量	万吨标准煤	预期性
	电力装机总量	万千瓦	预期性
	一次能源消费总量	亿吨标准煤	约束性
	煤炭消费总量	亿吨原煤	约束性
	全社会用电量	亿千瓦·时	预期性
能源安全	能源自给率	%	预期性
能源结构	非化石能源装机比重	%	预期性
	非化石能源发电量比重	%	预期性
	非化石能源消费比重	%	约束性
	天然气消费比重	%	预期性
	煤炭消费比重	%	约束性
	煤炭占终端能源消费比重	%	预期性
	电煤占煤炭消费比重	%	预期性
	电能占终端能源消费比重	%	预期性

类别	指标	单位	属性
能源效率	单位 GDP 能耗下降	%	约束性
	炼油综合加工能耗	千克标准油 / 吨	预期性
	煤电供电煤耗	克标准煤 / 千瓦·时	约束性
	电网线损率		预期性
能源环保	单位二氧化碳排放下降	%	约束性

2. 单位 GDP 能耗

1）指标定义

单位 GDP 能耗是衡量一个国家或地区全部生产和生活活动的能源消耗水平的综合性指标，具有很强的宏观性，是我国"十二五"规划确定的能耗考核指标。通过这一指标对一个国家、地区能源利用情况进行全方位的考察、对比，可找出能源利用效率低下的问题，并不断改进、改善之，进而促进经济发展方式的转变，实现国民经济又好又快的发展。

2）计算方法

单位 GDP 能耗（吨标准煤 / 万元）＝能源消费总量 / 地区生产总值（GDP）

单位 GDP 能耗下降是国家能源发展规划的约束性指标。"十二五"期间，单位 GDP 能耗下降 18.4%，超额完成规划指标。"十三五"期间该指标设定为 15%。

3）影响因素

单位 GDP 能耗影响因素主要包括：

（1）能源消费构成。由于各种能源自然禀赋有所不同，同等标准量的不同能源热值利用程度也不同，因此产出同样单位的 GDP，如果使用的能源品种不同，则消耗的能源量也会不同。例如，原煤和天然气分别用来发电，产出同样价值的电，因原煤发电效率比天然气低，发电损耗比天然气高，所以用原煤发电消耗的能源量要比天然气高。因此，各种能源占能源消费比重的高低即能源消费构成影响单位 GDP 能耗的大小。

（2）经济增长方式。粗放型经济增长方式主要依靠增加生产要素投入来扩大生产规模，实现经济增长。集约型经济增长方式则是主要依靠科技进步和提高劳动者的素质等来增加产品的数量和提高产品的质量，推动经济增长。以粗放型经济增长方式实现的经济增长，相比于集约型经济增长方式，能源消耗较高，单位 GDP 能耗相对较大。

（3）由地域产业分工等原因形成的产业结构或行业结构。一般来说，在国民经济各产业中，第一产业、第三产业单位增加值能耗较第二产业小得多。在国民经济各行业中，工业单位增加值能耗相比于其他行业大得多，其中，重工业又较轻工业大得多，重工业中的六大高耗能行业是各行业单位增加值能耗最大的。因此，第三产业增加值占 GDP 比重较高的，单位 GDP 能耗也较小；主要以重工业甚至是六大高耗能行业拉动经济增长的，单位 GDP 能耗也必然较大。

（4）设备技术装备水平、能源利用的技术水平和能源生产、消费的管理水平。设备技术装备水平、能源利用的技术水平和能源生产、消费的管理水平越高，所消耗的能源量会越少，单位GDP能耗也必然越小。

（5）自然条件。如自然资源分布、气候、地理环境等对能源消费结构、产业结构等会产生一定影响，也间接地影响了单位GDP能耗的大小。例如，有色金属矿聚集的地区，相应进行有色金属的开采、冶炼、压延，以有色金属冶炼及压延加工业这个高耗能行业来推动经济增长，由此带来能源消耗较大，产出的GDP相对较小，从而导致单位GDP能耗较大。

3.非化石能源消费比重

1）指标定义

非化石能源，指非煤炭、石油、天然气等经长时间地质变化形成，只供一次性使用的能源类型外的能源，包括当前的新能源及可再生能源，含核能、风能、太阳能、水能、生物质能、地热能、海洋能等。非化石能源消费比重指非化石能源占一次能源消费总量的比重。

2）计算方法

非化石能源消费比重=非化石能源消费量（吨标准煤）/能源消费总量（吨标准煤）×100%

3）影响因素

到2020年，我国的非化石能源占一次能源消费总量的比重达到15%左右，到2030年达到20%左右。截至2015年，这一比重仅为12%。发展非化石能源，提高其在总能源消费中的比重，能够有效降低温室气体排放量，保护生态环境，降低能源可持续供应的风险。

按照气候变化公约的要求，我国在没有得到发达国家资金、技术支持的情况下，主动提出提高非化石能源占一次能源消费的比重，以控制温室气体的排放，表明了中国政府对气候变化的重视。通过分析我国非化石能源的开发情况和结构，有几个问题值得重视：

（1）我们要把传统的能源工业尽快改造为现代能源产业。十七届五中全会提出"推动能源生产和利用方式变革，构建安全、稳定、经济、清洁的现代能源产业体系。"这就是我国能源工业的发展方向，这里包括要尽快完成一次和二次能源大转换，也包括要提高非化石能源的比重。

（2）要大力完成一次能源大转换。把农村的利用传统生物质能,改造成为利用现代能源，让农民享受现代能源服务，把生物质能的利用提高到现代化的水平上来，一方面改善广大农民的生活水平，另一方面也拓展了非化石能源的利用水平。

（3）要大力完成二次能源大转换。我国的能源消费结构与工业发达国家相比，突出表现在核电、水电和生物质能利用方面的落后，特别是生物质能利用上极度落后。

（4）要改进我国的能源统计方法。首先要明确非化石能源的统计口径。现在各种能源数据分散在国家统计局、中国电力企业联合会、水利部、农业部和国土资源部，国家统计局只对煤炭、石油、天然气和水电、核电、风电进行统计是不符合当前需要的，要按照对非化石能源统计口径的要求，对非化石能源进行全面统计。国家统计局应当提供一次能源消费总量、化石能源和非化石能源消费量，化石能源和非化石能源占一次能源消费总量比重等方面的数据。

（5）要大力增加电力进口。电力净进口作为非化石能源的重要组成部分是合理的，进口电力应当像进口煤炭、石油、天然气一样得到鼓励，而且应当比进口化石能源得到更多的鼓励。我国首先应当争取把中俄边界的水电尽快开发出来，还应当争取与俄罗斯和东南亚各国合作开发邻界水电站，大力增加电力净进口。

4.电能占终端能源消费比重

1）指标定义

在终端能源消费中，电力是优质、清洁、使用方便的高效能源。电能占终端能源消费的比重代表电力替代煤炭、石油、天然气等其他能源的程度。电能在终端能源消费中的占比，既是衡量终端能源消费结构的一个重要指标，也是衡量一个国家电气化程度的重要指标之一。该项指标可为能源消费利用的可持续健康发展提供决策参考，提高电能占终端能源消费比重，对改善我国能源消费结构、提高能源利用效率、控制能源消费总量具有重大意义。

国家电能占终端能源消费比重指标由2010年的21%提高到2015年25.8%，预计到2020年提高到27%。

2）计算方法

电能占终端能源消费比重=电能消费量（万吨标准煤）/终端能源消费量（万吨标准煤）×100%

按照国际能源署的定义，终端能源消费是终端用能设备入口得到的能源。终端能源消费量等于一次能源消费量减去能源加工、转化和储运这三个中间环节的损失和能源工业所用能源后的能源量。电能占终端能源消费占比指标的计算，采用的能源消费总量是扣除能源加工转换损失量和损失量的，电能消费量在进行标准量转换中以电热当量法计算为准。

地区电能占终端能源消费比重的计算需要综合运用中国能源统计年鉴和地区统计年鉴。从中国能源统计年鉴获取终端电能消费量数据，从地区统计年鉴获取终端能源消费总量数据。

3）影响因素

电能作为二次能源，消费量主要分为损失量和终端能源消费量。因此，提高电能占终端能源的比重首先需要提高全社会用电量水平，在消费上，一是推进电能替代战略，因地制宜，分步实施，逐步扩大电能替代范围，着力形成节能环保、便捷高效、技术可行、广泛应用的新型电力消费市场；二是完善能源消费政策和价格机制，有效引导电力终端消费，优化调整能源结构；三是改善消费结构，促进高排放企业转型升级，提高用能效率和节能环保水平；四是加大宣传力度，引导社会用能习惯。

5.电煤占煤炭消费比重

1）指标定义

电煤占煤炭消费比重是衡量煤炭清洁化利用的一个指标，发电厂可以集中通过技术手段减少污染，避免煤炭散烧造成的超标排放。大量散烧煤是造成我国大气污染形势严峻的主要原因，是雾霾的重要污染源。欧美国家电煤占煤炭消费的比例都在80%以上，即煤主要用于发电，电厂通过脱硫脱硝设备减少排放污染；"十二五"末期，我国电煤占煤炭消费比重不到50%。按照《煤电节能减排升级与改造行动计划（2014—2020年）》的规划目标，到2020年我国电煤比重需要达到60%以上。

2）计算方法

电煤占煤炭消费比重＝用于发电的煤炭消费量/煤炭消费量×100%

3）影响因素

提高电煤占煤炭消费比重的主要途径：

一是要不断提高煤炭用于发电的比例，发电是煤炭利用的最主要方式，具有利用效率高、污染易集中治理的突出优点。

二是减少煤炭的其他利用方式，包括工业动力用煤、生活用煤、煤化工等。减少煤炭低效、分散、高污染的直接燃烧利用，继续推进煤电节能减排工作，及时总结煤电节能减排示范项目经验，加大淘汰落后火电机组力度，促进火电进一步优化发展，同步推进燃煤锅炉治理，因地制宜实施燃煤锅炉和落后的热电机组替代关停。

三是重点推进居民采暖、工农业生产、交通运输、电力供应与消费四个领域的电能替代，使用电能替代散烧煤和燃油。

6.电网线损率

1）指标定义

电网线损是电网电能损耗的简称，是电能从发电厂传输到电力用户过程中，在输电、变电、配电各个环节产生的电能损耗和损失。具体指在一定时间内，电流流经电网各电力设备时所产生的有功、无功电能和电压损失，习惯上指有功电能的损耗。线损通常又分为统计线损、理论线损、等额线损。线损率是综合反映电网规划设计、生产运行经营水平的主要经济技术指标，是衡量线损高低的标志。线损电量占供电量的百分比综合反映和体现了电力系统规划设计、生产运行和经营管理的水平，也是电网经营企业的一项经济技术指标。

2）计算方法

线损率是有功电能损失与输入端输送的电能量之比，或者有功功率损失与输入的有功功率之比的百分数。

线损电量指从发电厂主变的一次侧（不包括厂用电）至用户电能表上所有的电能损失。线损电量不能直接计量，是通过供电量与售电量相减计算出来的。所以电网的线损为：

线损率＝（供电量－售电量/供电量）×100%

3）影响因素

在实际工作中，可采取以下措施降低线损率：

确定负荷中心的最佳位置，减少或避免超供电半径供电的现象。农网线路供电半径的一般要求是：400伏线路不大于0.5千米，10千伏线路不大于15千米，35千伏线路不大于40千米，110千伏线路不大于150千米。

提高负荷功率因数，尽量使无功就地平衡。电力系统向负荷供电的电压是随着线路输送的有功和无功功率变化而变化的，当线路所输送的有功功率和始端电压不变时，如输送的无功功率越多，线路的电压损失就越大，线损率就越高；当功率因数提高以后，负荷向系统吸取的无功功率就要减少，线路的电压损失也相应减少，线损率就会降低。

根据负荷变化，适时调整输配电变压器的台数和容量，可以提高变压器的利用率。

按经济电流的密度选择供电线路的截面面积。选择导线时既要考虑经济性，又要考虑安全性。导线截面偏大，线损就偏小，但会增加线路投资；导线截面偏小，线损就偏大，满足不了当今发展的供电需要，而且安全系数也小。在实际工作中，最好的办法就是按导线的经济电流密度来选择导线的截面面积。

3.3　国家能源安全与发展战略

能源安全与发展战略基本概念、我国能源安全面临的主要挑战、我国能源安全与能源发展战略、实施电能替代推动能源消费革命是本节介绍的主要内容。

3.3.1　能源安全与发展战略基本概念

1.能源安全基本概念

"能源安全"是指能源供应（包括国产和进口）保障能力能够满足现在和未来能源需求。广义的能源安全问题还应该考虑能源消费者在价格方面的承受能力，以及环境对能源生产和消费的承载能力。换句话说，让消费者承受不起或者环境无法承受的能源，即便有充足的供应，也不能算能源安全。所以，完整的能源安全概念应该包含三方面的内容：一是能源供应；二是能源价格；三是环境可持续性。世界能源理事会（World Energy Council）对上述三方面提出了具体的子项和衡量指标：

第一，衡量能源供应保障要考虑以下六项指标：

● 本国能源生产占能源消费的比例；

● 发电能力装机的多样化程度（发电不依赖单一能源）；

● 电力系统线路损失占发电量的比例；

● 五年来一次能源消费的增速与 GDP 增速的比率（能源增速应低于 GDP 增速）；

● 原油及成品油的库存相当于全年消费的天数；

● 能源净进出口总额占 GDP 的比例（越低越好）。

第二，衡量能源价格承受能力考虑以下两个指标：

● 汽油价格水平的承受能力；

● 电力的普及、电价及电力服务质量。

第三，衡量能源系统的环境可持续性考虑以下四个指标：

● 能源强度（单位 GDP 产出所需一次能源）；

- 碳排放强度（单位 GDP 产出二氧化碳排放）；
- 能源生产和消费引起的空气和水污染程度；
- 发电厂二氧化碳排放（碳排放 / 千瓦·时）。

2. 我国能源发展战略

战略是一个长期的趋势的分析和长期趋势的方向，战略并不是解决一个非常具体的短期的问题的。我国《能源发展战略行动计划（2014—2020 年）》明确指出：坚持"节约、清洁、安全"的战略方针，以开源、节流、减排为重点，确保能源安全供应，转变能源发展方式，调整优化能源结构，创新能源体制机制，着力提高能源效率，严格控制能源消费过快增长，着力发展清洁能源，推进能源绿色发展，着力推动科技进步，切实提高能源产业核心竞争力，打造中国能源升级版，加快构建清洁、高效、安全、可持续的现代能源体系。为实现中华民族伟大复兴的中国梦提供安全可靠的能源保障。重点实施四大能源发展战略：

（1）节约优先战略。把节约优先贯穿于经济社会及能源发展的全过程，集约高效开发能源，科学合理使用能源，大力提高能源效率，加快调整和优化经济结构，推进重点领域和关键环节节能，合理控制能源消费总量，以较少的能源消费支撑经济社会较快发展。到 2020 年，一次能源消费总量控制在 48 亿吨标准煤左右，煤炭消费总量控制在 42 亿吨左右。

（2）立足国内战略。坚持立足国内，将国内供应作为保障能源安全的主渠道，牢牢掌握能源安全主动权。发挥国内资源、技术、装备和人才优势，加强国内能源资源勘探开发，完善能源替代和储备应急体系，着力增强能源供应能力。加强国际合作，提高优质能源保障水平，加快推进油气战略进口通道建设，在开放格局中维护能源安全。到 2020 年，基本形成比较完善的能源安全保障体系。国内一次能源生产总量达到 42 亿吨标准煤，能源自给能力保持在 85% 左右，石油储采比提高到 14 ～ 15，能源储备应急体系基本建成。

（3）绿色低碳战略。着力优化能源结构，把发展清洁低碳能源作为调整能源结构的主攻方向。坚持发展非化石能源与化石能源高效清洁利用并举，逐步降低煤炭消费比重，提高天然气消费比重，大幅增加风电、太阳能、地热能等可再生能源和核电消费比重，形成与我国国情相适应、科学合理的能源消费结构，大幅减少能源消费排放，促进生态文明建设。到 2020 年，非化石能源占一次能源消费比重达到 15%，天然气比重达到 10% 以上，煤炭消费比重控制在 62% 以内。

（4）创新驱动战略。深化能源体制改革，加快重点领域和关键环节改革步伐，完善能源科学发展机制，充分发挥市场在能源资源配置中的决定性作用。树立科技决定能源未来、科技创造未来能源的理念，坚持追赶与跨越并重，加强能源科技创新体系建设，依托重大工程推进科技自主创新，建设能源科技强国，能源科技总体接近世界先进水平。到 2020 年，基本形成统一开放竞争有序的现代能源市场体系。

3.3.2 我国能源安全面临的主要挑战

近年来，我国能源结构正在进行重大调整，能源安全的形态正在发生质变，主要面临以下挑战：

（1）能源结构不合理，依然是以煤炭为主。我国是世界上唯一以煤炭为主的能源消费大国，在现有的能源消费结构中，煤炭占68%。根据国际能源机构的预测，2030年煤炭仍占中国能源消费总量的60%。

（2）能源人均占有量低，能源资源分布不均匀。虽然我国能源总量生产居世界第三位，但人均拥有量远低于世界平均水平，人均能源探明储量只有世界平均水平的33%。我国能源资源总体分布不均匀，其特点是北多南少，西富东贫；品种分布是北煤、南水和西油气，因而形成了北煤南运、西气东输和西电东送等长距离输送的基本格局。

（3）能源供需矛盾日益突出。20世纪90年代以来，随着我国经济的快速增长，能源供应不足成为制约国民经济发展的瓶颈。从1992年开始，我国能源生产的增长幅度小于能源消费的增长幅度，能源生产与消费总量缺口逐渐拉大，能源消费与供应不足的矛盾日益突出。

（4）石油对外依存度过大，储备体制不健全。由于我国原油产量的增长大大低于石油消费量的增长，造成石油供应短缺、进口依存度飙升。按照国际能源机构的预测，2020年我国石油对外依存度将达到68%。

此外，目前我国原油进口的60%以上来自局势动荡的中东和北非，主要采取海上集中运输，原油运输约4/5通过马六甲海峡，形成了制约我国能源安全的"马六甲困局"。同时，我国的石油战略储备还刚刚起步，石油储备体制很不完善。

（5）能源利用率低，能源环境问题突出。中国的能源利用率长期偏低，单位产值的能耗是发达国家的3～4倍，主要工业产品单耗比国外平均高40%，能源平均利用率只有30%左右。另外，中国以煤炭为主的能源结构也不利于环境保护。据世界银行的统计报告，全球有20个污染最严重的城市，中国就占了16个。

3.3.3 我国能源安全与能源发展战略

21世纪上半期我国经济将经历快速增长阶段、平缓增长阶段，然后过渡到中低速增长阶段，并实现了第三步战略目标。过去的30年，我国经济高速增长，成就巨大，但也积累了一系列不平衡、不协调、不可持续的深层次矛盾。中国经济已走到了一个必须转型发展的关键期，即由比较粗放的发展转向科学发展，由资源的低效高消耗转向资源的节约高效利用，由牺牲环境转向环境友好，由投资、出口驱动转向内需、创新驱动，由低端产业的规模扩张转向高附加值高质量的发展。

1.明确2050年前我国能源发展阶段的战略定位

2050年前的40年,是我国能源体系的转型期。能源体系要从现在比较粗放、低效、高排放、欠安全的能源体系,逐步转型为节约、高效、洁净、多元、安全的现代化能源体系,能源的结构、"颜色"、质量都将发生革命性的变革。2050年后,我国将拥有一个中国特色的能源新体系,进入低碳能源发展的阶段。我国未来的能源是可持续发展的,这是一个重要的战略判断。

2030年前的20年,是上述能源转型期中的攻坚期(困难期)。其间,要花大力气形成节能提效机制、实现新型能源(包括核能、可再生能源等)的突破、化石能源的洁净生产和利用、实现污染排放和温室气体排放的控制。石油安全供应和替代、电力系统优化发展、农村能源形态的显著进步等一系列重大问题基本得到解决。

2."节能优先、总量控制"战略

节能、提效、合理控制能源需求,是能源战略之首。对于我国这个人口多、人均资源短缺的国家,必须确立"人均能耗应控制在显著低于美国等发达国家水平"的战略思想。美国的人口占世界总人口的5%,却消耗世界每年能源总量的20%,这样的人均能耗是不可取的。

基于对我国经济结构调整必要性和可能性的分析,以及对我国单位GDP能耗的分析和结构节能、工业节能、建筑节能、交通节能及社会消费节能潜力的分析,我国的节能提效不仅必要而且可能,这项战略旨在使实现国家第三步战略目标的总能耗(特别是煤炭石油消耗"天花板")最小化,以较低的能源弹性系数(<0.5,并随时间进一步降低)来支撑经济发展。

实现能源消费的总量控制既要控制GDP能源强度,又要控制年均GDP过快增长。当前我国面临尽快转变经济发展方式的内外巨大实际需要。从国内经济环境看,目前的高增长率过多依靠投资。投资率过高,一方面过多地挤压了国民收入中的消费比例,使多数普通劳动者的可支配收入增长受到了严重制约,限制了拉动消费性内需;另一方面又进一步使产能过剩,投资效益不断下降。同时由于投资高速增长主要依靠银行信贷扩张,流动性过高问题依然明显,通胀压力持续不减,导致国民财富进一步流失。从国外经济环境看,进一步扩大外需的空间总量有限。同时,继续依靠加工、依靠低价劳动和资源投入,从而大量增加进口,已经很难支撑经济增长和提高国民收入。因此8%的高质量GDP增长是十分积极而适当的。

3.确立"煤炭科学产能"的概念

努力实现煤炭的科学开发和洁净、高效利用与战略地位调整。煤炭目前是我国主力能源,煤炭的洗选、开采和利用必须改变粗放形态,走安全、高效、环保的科学发展道路,煤炭在我国总能耗中的比重也应该逐步下降,2050年可望减至40%(甚至35%)以下,其战略地位将调整为重要的基础能源。

应该尽量降低煤炭消费增长速度,使煤炭消费总量较早达到峰值,使一次能源增量尽可能由洁净新能源提供。要树立"煤炭科学产能"新概念,实现煤炭安全高效生产、清洁高效利用。根据科学产能的要求,应该把合理的煤炭安全产能控制在38亿吨以内。

4.确保石油、天然气的战略地位

增大天然气的比重，确保石油在今后几十年的安全供应及其能源支柱之一的稳定战略地位。石油国产控制在每年2亿吨(或近2亿吨)，可继续保持几十年,但我国石油储采比较低,对外依存度将进一步走高。我国对于石油的战略方针是：大力节约,加强勘探,规模替代,积极进口（消费和战略储备）。

天然气（含煤层气、页岩气和天然气水合物等非常规天然气）是较洁净的化石能源。我国天然气潜在资源较丰富,将大力发展天然气能源,并放到能源结构调整的重点地位上来,增大其在我国能源中的比重。到2030年国产天然气可达3000亿立方米,与进口合计可达4000～5000亿立方米,将占到一次能源的10%以上。天然气是我国能源发展战略中的一个亮点,并将成为能源结构中的绿色支柱之一。

5.努力优化能源结构，加快非化石能源的发展

1）积极、有序地发展水电，大力发展非水可再生能源

水电是2030年前可再生能源发展的第一重点。由于其资源清晰、技术成熟,在国家政策上,应在做好生态保护的同时,促进其积极、快速、有序的发展。预计2020年、2030年和2050年水电装机分别达到3亿千瓦、4亿千瓦和4.5亿～5亿千瓦。

因地制宜,积极发展非水可再生能源。太阳能资源丰富,可利用的太阳能发电资源约20亿千瓦;风能资源大于10亿千瓦,陆上大于海上;生物质能资源约3亿吨标准煤,并有培育的潜力。我们应尽早使风能、太阳能、生物质能等成为新的绿色能源支柱。

2020年前应重在核心能力的创新、技术经济瓶颈的突破,重点解决提高风电经济效益、太阳能光伏与光热发电降低成本、间歇性能源并网和纤维素液体燃料技术等,扎实打好基础,做好示范,逐步产业化、规模化。大力推广已有基础的太阳能热利用、生物沼气、积极发展地热能、海洋能。高度重视垃圾的分类资源化利用。实现我国农村的能源形态现代化。

非水可再生能源在2020年、2030年和2050年的总贡献有可能分别达到2亿吨、4亿吨和8亿吨标准煤左右。可再生能源（水和非水）的战略地位将由目前的补充能源逐步上升为替代能源乃至主导能源之一。

2）积极发展核电是我国能源的长期重大战略选择

铀资源不构成我国核能发展的根本制约因素,核电的安全性和洁净性也是可以保证的。核能按照压水堆—快堆—聚变堆"三部曲"的基本路线图可实现长期可持续发展。核能发展绝不仅仅是核电站,而是一个产业链,包括核资源、核燃料循环、核电站、后处理、核废物处置等。在目前压水堆为主的发展阶段,应充分发挥已成熟的二代改进型的作用,发展沿海和内陆电站,同时积极试验和掌握三代技术;推动中国快堆技术加快发展,并支持创新技术。2020年核电可望建成7000万千瓦,使核能和可再生能源的总和占到总能源的15%以上。2030年核电将达到2亿千瓦,2050年达到4亿千瓦以上。到2050年,核能将可以提供15%以上的一次能源。之后,核电将继续发展,成为我国未来的主要能源之一。

3）发展中国特色的高效安全（智能）电力系统、分布式用电方式和储能技术

在我国能源结构中，电力所占的比重将逐步增加。在电力结构中，非火电的比例将逐步增加，而煤电在电力中的比重将逐步下降，到2050年可降至35%左右。

政府主管部门牵头，多方参与，分析不同方案，通过科学论证，特别是安全性、经济性论证，做好中国电力发展的规划和电网构架的规划；利用信息技术与电网技术的结合，建设信息化、自动化、互动化的智能电网，达到提高电网的效率、安全性，也使电网有效接纳新能源的目标；做好"风、光、储、输、用"示范工程；重视风电和光电的非上网和分布式用电方式；多种技术并举发展储能技术。

6. 科学、绿色、低碳能源战略

科学、绿色、低碳的能源战略是经济—环境双赢的战略，将明显抑制污染气体和温室气体的排放。二氧化硫等污染气体的排放，将在目前的基础上逐步下降，并将在2030年前显著解决污染排放问题。以二氧化碳为主的温室气体排放强度将逐步降低，在"十二五"期间使碳排放强度降低了20%；绿色、低碳能源战略将确保我国已做出的主动承诺的兑现，并可能使我国二氧化碳排放的总量在2030年前达到峰值，然后逐步下降，在2050年回落到70亿吨/年以下的水平。之所以确定这样的目标，一是我国的内在需求，二是将在国际舞台上为我国争得战略主动权。

7. 本世纪上半叶我国能源工业发展战略展望

实施科学、高效、绿色、低碳的能源战略，预期到2030年前后将使我国能源发展出现历史性的转折点。其标志是：节能、提效达到国际先进水平，开始引领世界节能潮流；煤炭科学高效安全生产和洁净化达到先进水平；煤炭消费量得到控制；核电实现大规模发展并突破实验快堆技术；天然气和水电的开发大幅度进展；能源结构得到明显调整，二氧化碳的排放量达到峰值；太阳能发电、风电和生物质能等突破技术经济瓶颈，走上大规模快速发展道路；能源科技创新能力显著提高，达到国际先进水平。

实施科学、绿色、低碳的能源战略，预期到2050年我国将基本完成能源体系的变革，实现能源供需模式的科学平衡。洁净能源在能源结构中将占一半以上，并呈继续增加势头，为21世纪下半叶的发展打下坚实而良好的基础。"中国模式"在探索中，中国人必须创造一条可持续发展的新型道路，科学、绿色、低碳的能源战略是这条道路的重要要素。这条道路的创新，将是中国对人类社会做出的最重要的贡献。

3.3.4 实施电能替代推动能源消费革命

1. 认识推进电能替代的重要意义

电能替代是指在终端能源消费环节使用电能替代散烧煤、燃油的能源消费方式，如电采暖、地能热泵、工业电锅炉（窑炉）、农业电排灌、电动汽车、靠港船舶使用岸电、机场桥载设备、电蓄能调峰等。当前，大气污染形势严峻，我国电煤比重与电气化水平偏低，大

量的散烧煤与燃油消费是造成严重雾霾的主要因素之一。

电能具有清洁、安全、便捷等优势，实施电能替代对于推动能源消费革命、落实国家能源战略、促进能源清洁化发展意义重大，是提高电煤比重、控制煤炭消费总量、减少大气污染的重要举措。将在北方居民采暖、生产制造、交通运输、电力供应与消费 4 个重点领域，稳步推进电能替代，有利于构建层次更高、范围更广的新型电力消费市场，扩大电力消费，提升我国电气化水平，提高人民群众的生活质量。同时，带动相关设备制造行业的发展，拓展新的经济增长点。电能替代的电量主要来自可再生能源发电，以及部分超低排放煤电机组。实施电能替代对于推动能源消费革命、落实国家能源战略、促进能源清洁化发展意义重大。

1）总体思路

根据国家总体能源发展战略规划，促进能源消费革命，落实能源发展战略行动计划及大气污染防治行动计划，以提高电能占终端能源消费比重、提高电煤占煤炭消费比重、提高可再生能源占电力消费比重、降低大气污染物排放为目标，根据不同电能替代方式的技术经济特点，因地制宜，分步实施，逐步扩大电能替代范围，形成清洁、安全、智能的新型能源消费方式。

2）基本原则

坚持改革创新。结合电力体制改革，完善电力市场化交易机制，还原电力商品属性。创新电能替代技术路线，加快电能替代关键设备研发，促进技术装备能效水平显著提升，应用范围进一步扩大。

（1）坚持规划引领。统筹能源资源开发利用、大气污染防治和经济社会可持续发展，合理规划电能替代，引导电能替代健康发展。科学制定电力发展规划，主要通过可再生能源和现有火电满足电能替代新增电量需求。

（2）坚持市场运作。鼓励社会资本投入，探索多方共赢的市场化项目运作模式。引导社会力量积极参与电能替代技术、业态和运营等创新，发挥市场在资源配置中的决定性作用。

（3）坚持有序推进。结合各地区生态环境达标要求、能源消费结构和用能需求特性等，因地制宜、稳步有序地推进经济性好、节能减排效益佳的电能替代示范试点项目，带动推广实施电能替代。

电能替代方式多样，涉及居民采暖、工业与农业生产、交通运输、电力供应与消费等众多领域，以分布式应用为主。应综合考虑地区潜力空间、节能环保效益、财政支持能力、电力体制改革和电力市场交易等因素，根据替代方式的技术经济特点，因地制宜，分类推进。

1）居民采暖领域

● 在存在采暖刚性需求的北方地区和有采暖需求的长江沿线地区，重点对燃气（热力）管网覆盖范围以外的学校、商场、办公楼等热负荷不连续的公共建筑，大力推广碳晶、石墨烯发热器件、发热电缆、电热膜等分散电采暖替代燃煤采暖。

- 在燃气（热力）管网无法达到的老旧城区、城乡接合部或生态要求较高区域的居民住宅，推广蓄热式电锅炉、热泵、分散电采暖。
- 在农村地区，以京津冀及周边地区为重点，逐步推进散煤清洁化替代工作，大力推广以电代煤。
- 在新能源富集地区，利用低谷富余电力，实施蓄能供暖。

2）生产制造领域

- 在生产工艺需要热水（蒸汽）的各类行业，逐步推进蓄热式与直热式工业电锅炉应用。重点在上海、江苏、浙江、福建等地区的服装纺织、木材加工、水产养殖与加工等行业，试点蓄热式工业电锅炉替代集中供热管网覆盖范围以外的燃煤锅炉。
- 在金属加工、铸造、陶瓷、岩棉、微晶玻璃等行业，在有条件地区推广电窑炉。
- 在采矿、食品加工等企业生产过程中的物料运输环节，推广电驱动皮带传输。
- 在浙江、福建、安徽、湖南、海南等地区，推广电制茶、电烤烟、电烤槟榔等。
- 在黑龙江、吉林、山东、河南等农业大省，结合高标准农田建设和推广农业节水灌溉等工作，加快推进机井通电。
- 电动汽车充换电基础设施建设，推动电动汽车普及应用。
- 在沿海、沿江、沿河港口码头，推广靠港船舶使用岸电和电驱动货物装卸。
- 支持空港陆电等新兴项目推广，应用桥载设备，推动机场运行车辆和装备"油改电"工程。

3）电力供应与消费领域

在可再生能源装机比重较大的电网，推广应用储能装置，提高系统调峰调频能力，更多消纳可再生能源。在城市大型商场、办公楼、酒店、机场航站楼等建筑推广应用热泵、电蓄冷空调、蓄热电锅炉等，促进电力负荷移峰填谷，提高社会用能效率。

4.主要保障措施

1）加强规划指导

（1）统筹制定规划。各地方政府应将电能替代纳入当地能源和大气污染防治工作，根据地区用电用热需求，结合热电联产、区域高效环保锅炉房、工业余热利用等多种能源供应方式，在城市总体规划、能源发展规划中充分考虑电能替代发展，保障电能替代配套电网线路走廊和站址用地规划。

（2）加强组织领导。省级能源主管部门、经济运行主管部门、节能主管部门应加强本地区电能替代潜力分析，明确电能替代实施方向和路径，制定电能替代工作方案。明确职责分工，强化部门协作，形成有目标、有计划、有组织的工作机制。做好分区域、分年度任务分解，确保各项政策、措施和重点项目落到实处。

2）发挥示范项目引领作用

（1）鼓励试点示范。充分考虑地区差异，鼓励进行差别化的试点探索，实施一批"经济效益好、推广效果佳"的试点示范项目。鼓励创新引领，借力大众创新、万众创业，整合技术资金资源优势，探索一批业态融合、理念先进、具有市场潜力的项目。在电能替代项目集中地区，创建一批示范区（乡、镇、村）或示范园区。加强项目建设管理，及时跟踪、评估，确保达到示范效果。

（2）加大宣传力度。借助多种传媒方式，大力普及电能替代常识，宣传电能替代清洁便利优点和节能减排成效，为电能替代项目实施创造良好的社会舆论环境。及时开展示范成果展示，推广复制成功经验。

3）制定完善配套支持措施

（1）严格节能环保措施。严格环保和能效达标准入，加大对企业燃煤锅炉、窑炉、港口船舶燃油等排放物的监督检查力度。鼓励各地方政府在国家标准的基础上，出台更加严格的分散燃煤、燃油设施的限制性、禁止性环保标准。采取有效措施，确保电能替代的散烧煤、燃油切实压减。

（2）推进电力市场建设。加快推进电力体制改革和电力市场建设，有序放开输配以外的竞争性环节电价，逐步形成反映时间和位置的市场价格信号。支持电能替代用户参与电力市场竞争，与风电等各类发电企业开展电力直接交易，增加用户选择权，降低用电成本。创新辅助服务机制，电、热生产企业和用户投资建设蓄热式电锅炉，提供调峰服务的，应获得合理补偿收益。

（3）优化电能替代价格机制。结合输配电价改革，将因电能替代引起的合理配电网建设改造投资纳入相应配电网企业有效资产，将合理运营成本计入输配电准许成本，并科学核定分用户类别分电压等级电能替代输配电价。完善峰谷分时电价政策，通过适当扩大峰谷电价价差、合理设定低谷时段等方式，充分发挥价格信号引导电力消费、促进移峰填谷的作用。鼓励地方研究取消城市公用事业附加费，减轻电力用户负担。

（4）有效利用财政补贴。各地方政府根据自身实际情况，有效利用大气污染防治专项资金等资金渠道，通过奖励、补贴等方式，对符合条件的电能替代项目、电能替代技术研发予以支持。

（5）积极探索融资渠道。鼓励电能替代项目单位结合自身情况，积极申请企业债、低息贷款，采用 PPP 模式，解决项目融资问题。

4）加强配套电网建设改造

按照《国家发展改革委关于加快配电网建设改造的指导意见》（发改能源〔2015〕1899 号）要求，配电网企业应加强电能替代配套电网建设，推进电网升级改造，加强电网安全运行管理，提高供电保障能力。对于新增电能替代项目，相应配电网企业要安排专项资金用于红线外供配电设施的投资建设。同时，建立提前介入、主动服务、高效运转的"绿色通道"，按照客户需求做好布点布线、电网接入等服务工作。各地方政府应对电能替代配套电网建设改造给予支持，简化审批程序，支持相应配电网企业做好项目征地、拆迁和电力设施保护等工作。

5）加强科技研发与产业培育

（1）加快关键技术和设备研发。鼓励自主创新和引进吸收相结合，加大电加热元件、储热材料、绝热节能材料等关键技术和设备的科研投入，促进设备升级换代，进一步提高产品能效，形成产业化能力。鼓励构建"产、学、研、用"相结合的体制机制，结合《中国制造2025》推进实施，鼓励行业内优势企业跨领域组建创新中心，加快与智能电网技术、新一代大数据信息技术的深度融合，发展高端电力设备与增值服务，提升电能替代设备的智能化生产和应用水平。

（2）完善技术标准和准入制度。制定和修订电能替代建设和运行标准。加强知识产权运用和保护，促进成果转化。制定和完善电能替代产品准入制度，提高产品质量和可靠性，加强质量监管，增强企业质量意识和履约能力，健全售后保障。

（3）创新商业模式，优化产业结构。探索建立商业化赢利模式，鼓励以合同能源管理、设备租赁、以租代建等方式开展电能替代。引导社会资本投向安全、高效、智能化的电能替代产品和服务。结合市场需求，鼓励企业提供多样化的综合能源解决方案，促进服务型制造发展。

第4章 清洁能源发电工程技术原理与应用

清洁能源发电工程技术基础、常规能源发电工程技术原理与应用、国家清洁能源工程发展规划策略是本章介绍的主要内容。

4.1 清洁能源发电工程技术基础

太阳能发电基本概念、风能发电基本概念、生物质能发电基本概念是本节介绍的主要内容。

4.1.1 太阳能发电基本概念

1.基本概念

清洁能源必须同时符合两个条件：一是蕴藏丰富不会枯竭；二是安全、干净，不会威胁人类和破坏环境。照射在地球上的太阳能非常巨大，大约只需40分钟照射在地球上的太阳能，就足以供人类一年的能量消耗。可以说，太阳能是真正取之不尽、用之不竭的能源，并且绝对干净，不产生公害，所以被誉为理想的清洁能源。

太阳能是太阳中的氢原子核在超高温时聚变释放的巨大能量，人类所需能量的绝大部分都直接或间接地来自太阳。我们生活所需的煤炭、石油、天然气等化石燃料都是各种动植物直接或间接把太阳能转变成化学能在体内储存下来后，再在地下经过漫长的地质年代所形成。此外，水能、风能、波浪能、海流能等也都是由太阳能转换而来的。

从太阳能获得电力，需通过太阳能电池板进行光电转换来实现。太阳能电池板同以往其他电源发电原理完全不同，具有以下特点：①无枯竭危险；②绝对干净（无公害）；③不受资源分布地域的限制；④可在用电处就近发电；⑤能源质量高；⑥使用者从感情上容易接受；⑦获取能源花费的时间短。不足之处是：①照射的能量分布密度小，占地面积大；②获得的能源同四季、昼夜及阴晴等气象条件有关。但总的说来，瑕不掩瑜，作为新能源，太阳能因其诸多优点受到世界各国的重视。

要使太阳能发电真正达到实用水平，一是要提高太阳能光电转换效率并降低成本，二是要实现太阳能发电与电网联网。

太阳能电池主要有单晶硅、多晶硅、非晶态硅三种。单晶硅太阳能电池转换效率最高，已达20%以上，但价格也最贵。非晶态硅太阳能电池转换效率最低，但价格最便宜，今后最有希望用于一般发电的将是这种电池。

当然，特殊用途和实验室中用的太阳能电池效率要高得多，如美国波音公司开发的由砷化镓半导体同锑化镓半导体重叠而成的太阳能电池，光电转换效率可达36%，接近燃煤发电的效率。但由于它太贵，只限于在卫星上使用。

2. 太阳能发电类型

太阳能发电有两大类型：一类是太阳能发电（亦称太阳光发电），另一类是太阳能热发电（亦称太阳热发电）。

太阳能发电是将太阳能直接转变成电能的一种发电方式，包括光伏发电、光化学发电、光感应发电和光生物发电四种形式。光化学发电应用中有电化学光伏电池、光电解电池和光催化电池。

太阳能热发电是先将太阳能转化为热能，再将热能转化成电能。它有两种转化方式，一种是将太阳热能直接转化成电能，如半导体或金属材料的温差发电，真空器件中的热电子和热电离子发电，碱金属热电转换，以及磁流体发电等；另一种方式是将太阳热能通过热机（如汽轮机）带动发电机发电，与常规热力发电类似，只不过是其热能不是来自燃料，而是来自太阳能。

3. 基本原理

太阳能的利用还不是很普及，利用太阳能发电还存在成本高、转换效率低的问题，但是太阳能电池在为人造卫星提供能源方面得到了应用。太阳能是太阳内部或者表面的黑子连续不断的核聚变反应过程中产生的能量。地球轨道上的平均太阳辐射强度为1369瓦/平方米。地球赤道的周长约为40 000千米，从而可计算出，地球获得的能量可达173 000太瓦。在海平面上的标准峰值强度为1千瓦/平方米，地球表面某一点1天的年平均辐射强度为0.20千瓦/平方米，相当于有102 000太瓦的能量。人类依赖这些能量维持生存，其中包括所有其他形式的可再生能源（地热能资源除外）。虽然太阳能资源总量相当于现在人类所利用的能源的一万多倍，但太阳能的能量密度低，而且它因地而异，因时而变，这是开发利用太阳能面临的主要问题。太阳能的这些特点会使它在整个综合能源体系中的作用受到一定的限制。尽管太阳辐射到地球大气层的能量仅为其总辐射能量的22亿分之一，但已高达173 000太瓦，也就是说太阳每秒钟照射到地球上的能量就相当于燃烧500万吨煤产生的能量。地球上的风能、水能、海洋温差能、波浪能和生物质能以及部分潮汐能都来源于太阳；即使是地球上的化石燃料（如煤、石油、天然气等）从根本上说也是远古以来储存下来的太阳能。所以广义的太阳能所包括的范围非常大，而狭义的太阳能则仅限于太阳辐射能的光热、光电和光化学的直接转换。

4. 基本结构

太阳能发电是指利用电池组件将太阳能直接转变为电能。太阳能电池组件是利用半导体材料的电子学特性实现P-V转换的固体装置，在广大的无电力网地区，这种装置可以方便地实现为用户照明及生活供电，一些发达国家还可用这种方式与区域电网并网实现互补。目前国外太阳能发电技术研究趋于成熟且初具产业化的是"光伏—建筑（照明）一体化"技术，而国内主要研究生产适用于无电地区家庭照明用的小型太阳能发电系统。

太阳能发电系统主要包括太阳能电池组件（阵列）、控制器、蓄电池、逆变器、负载等。其中，太阳能电池组件和蓄电池为电源系统，控制器和逆变器为控制保护系统，负载为系统终端。太阳能电池与蓄电池组成系统的电源单元，因此蓄电池性能直接影响着系统工作特性。

1）电池单元

由于技术和材料原因，单一电池的发电量是十分有限的，实用中的太阳能电池是由单一电池经串、并联组成的电池系统，称为电池组件（阵列）。单一电池是一只硅晶体二极管，根据半导体材料的电子学特性，当太阳光照射到由P型和N型两种不同导电类型的同质半导体材料构成的P-N结上时，在一定条件下，太阳能辐射被半导体材料吸收，在导带和价带中产生非平衡载流子即电子和空穴。同于P-N结势垒区存在着较强的内建静电场，因而能在光照下形成电流密度，短路电流，开路电压。若在内建电场的两个侧面引出电极并接上负载，理论上讲由P-N结、连接电路和负载形成的回路中就有"光生电流"流过，太阳能电池组件就实现了对负载的功率输出。

理论研究表明，太阳能电池组件的峰值功率（Pk），由当地的太阳平均辐射强度与末端的用电负荷（需电量）决定。

2）储存单元

蓄电池是太阳能电池的储存单元。太阳能电池产生的直流电先进入蓄电池储存，蓄电池的特性影响着系统的工作效率和特性。蓄电池技术是十分成熟的，但其容量要受到末端需电量，日照时间（发电时间）的影响。因此蓄电池瓦时容量和安时容量由预定的连续无日照时间决定。

3）控制器

控制器的主要功能是使太阳能发电系统始终处于发电的最大功率点附近，以获得最高效率。充电控制通常采用脉冲宽度调制技术即PWM控制方式，使整个系统始终运行于最大功率点附近。放电控制主要是指当电池缺电、系统故障，如电池开路或接反时切断开关。目前日立公司研制出了既能跟踪调控点，又能跟踪太阳移动参数的"向日葵"式控制器，将固定电池组件的效率提高了50%左右。

4）逆变器

逆变器按激励方式，可分为自激式振荡逆变和他激式振荡逆变。逆变器的主要功能是将蓄电池的直流电逆变成交流电，通过全桥电路（一般采用SPWM处理器进行调制、滤波、升压等）得到与照明负载频率、额定电压等匹配的正弦交流电，供系统终端用户使用。

5）发电系统反充二极管

太阳能光伏发电系统的防反充二极管又称阻塞二极管，在太阳能电池组件中的作用是避免由于太阳能电池方阵在阴雨和夜晚不发电或出现短路故障时，电池组通过太阳能电池方阵放电。防反充二极管串联在太阳能电池方阵电路中，起单向导通作用，因此它必须保证回路中有最大电流，而且要承受最大反向电压的冲击。一般可选用合适的整流二极管作为防反充二极管。一块板可以不用二极管，因为控制器可防反冲。太阳能板子串联的话，需要安装旁路二极管；如果是并联就要安装防反充二极管，防止板子直接充电。防反充二极管只对发电系统起保护作用，不会影响发电效果。

5. 效率

在太阳能发电系统中，系统的总效率由电池组件的PV转换率、控制器效率、蓄电池效率、逆变器效率及负载的效率等组成，相对于太阳能电池技术，要比控制器、逆变器及照明负载等其他单元的技术及生产水平要成熟得多，而且系统的转换率只有17%左右。因此提高电池组件的转换率，降低单位功率造价是太阳能发电产业化的重点和难点。太阳能电池自问世以来，晶体硅作为主要材料保持着统治地位。对硅电池转换率的研究，主要围绕着加大吸能面（如使用双面电池）减小反射、运用吸杂技术减小半导体材料的复合、电池超薄型化、改进理论和建立新模型、采用聚光电池等。

充分利用太阳能是绿色照明的重要内容之一。而真正意义上的绿色照明至少还包括照明系统的高效率、高稳定性、高效节能等。

4.1.2 风能发电基本概念

1. 基本概念

把风的动能转变成机械动能，再把机械能转化为电力动能，这就是风力发电原理。风能作为一种清洁的可再生能源，越来越受到世界各国的重视。风能蕴量巨大，全球的风能约为27.4亿兆瓦，其中可利用的风能为2000万兆瓦，比地球上可开发利用的水能总量还要多10倍。风能很早就被人们利用——主要是通过风车来抽水、磨面等，而现在，人们感兴趣的是如何利用风来发电。目前全世界每年燃烧煤所获得的能量，只有风能每年所提供能量的三分之一。因此，国内外都很重视利用风力来发电。

风能是没有公害的能源之一，而且它取之不尽，用之不竭。对于缺水、缺燃料和交通不便的沿海岛屿、草原牧区、山区和高原地带，因地制宜地利用风力发电，非常适合，大有可为。海上风电是可再生能源发展的重要领域，是推动风电技术进步和产业升级的重要力量，是促进能源结构调整的重要措施。我国海上风能资源丰富，加快海上风电项目建设，对于促进沿海地区治理大气雾霾、调整能源结构和转变经济发展方式具有重要意义。

2. 基本原理

风力发电的原理是利用风力带动风车叶片旋转，再透过增速机将旋转的速度提升，来促使发电机发电。依据目前的风车技术，每秒三米的微风速度（微风的程度）便可用来发电。风力发电正在全世界形成一股热潮，因为风力发电不需要使用燃料，也不会产生辐射或空气污染。

3. 风力发电机组

风力发电所需要的装置，称作风力发电机组。这种风力发电机组，大体上可分风轮（包括尾舵）、发电机和铁塔三部分。大型风力发电机组基本没有尾舵，只有小型的（包括家用型）

才会有尾舵。

风轮是把风的动能转变为机械能的重要部件，它由两只（或更多只）螺旋桨形的叶轮组成。当风吹向桨叶时，桨叶上产生气动力驱动风轮转动。桨叶的材料要求强度高、重量轻，目前多用玻璃钢或其他复合材料（如碳纤维）来制造。现在还有一些垂直风轮，S型旋转叶片等，其作用也与常规螺旋桨型叶片相同。

由于风轮的转速比较低，而且风力的大小和方向经常变化，转速不稳定，所以，在带动发电机之前，还必须附加一个能把转速提高到发电机额定转速的齿轮变速箱，并用调速机构使转速保持稳定，然后再连接到发电机上。为保持风轮始终对准风向以获得最大的功率，还需在风轮的后面装一个类似风向标的尾舵。

铁塔是支撑风轮、尾舵和发电机的构架，为获得较大的和较均匀的风力一般修建得比较高，因此要有足够的强度。铁塔高度视地面障碍物对风速影响的情况，以及风轮的直径大小而定，一般在6～20米范围内。

发电机的作用是把由风轮得到的恒定转速，通过升速传递给发电机构均匀运转，把机械能转变为电能。

小型风力发电系统效率很高，它并不是由一个发电机头组成的，而是一个有一定科技含量的小系统，包括风力发电机、充电器和数字逆变器。风力发电机由机头、转体、尾翼、叶片组成。每一部分都很重要，各部分功能为：叶片用来接受风力并通过机头转为电能；尾翼使叶片始终对着来风的方向从而获得最大的风能；转体能使机头灵活地转动以实现尾翼调整方向的功能；机头的转子是永磁体，定子绕组切割磁力线产生电能。

一般说来，三级风就有利用的价值。但从经济的合理角度出发，风速大于每秒4米才适宜于发电。据测定，一台55千瓦的风力发电机组，当风速为每秒9.5米时，机组的输出功率为55千瓦；当风速为每秒8米时，功率为38千瓦；风速为每秒6米时，功率只有16千瓦；而风速为每秒5米时，功率仅为9.5千瓦。可见风力愈大，经济效益也愈大。

在我国，现在已有不少成功的中、小型风力发电装置在运转。我国的风力资源极为丰富，绝大多数地区的平均风速都在每秒3米以上，特别是东北、西北、西南高原和沿海岛屿，平均风速更大；有的地方，一年三分之一以上的时间都是大风天。在这些地区，发展风力发电是很有前途的。

风力发电机因风量不稳定，故其输出的是在13～25伏变化的交流电，需经充电器整流后再对蓄电池充电，使风力发电机产生的电能变成化学能。然后通过有保护电路的逆变电源，把电池里的化学能转变成220伏交流市电，才能保证稳定使用。

4. 风力发电机种类

尽管风力发电机多种多样，但归纳起来可分为六类：

1）水平轴风力发电机

水平轴风力发电机的风轮旋转轴与风向平行。水平轴风力发电机分为升力型和阻力型两类，升力型风力发电机旋转速度快，阻力型风力发电机旋转速度慢。风力发电多采用升力型水平轴风力发电机。大多数水平轴风力发电机具有对风装置，能随风向改变而调整方向。

对于小型风力发电机，这种对风装置采用尾舵，而对于大型的风力发电机，则利用风向传感元件以及伺服电机组成的传动机构。

风力发电机的风轮在塔架前面的称为上风向风力发电机，风轮在塔架后面的则称为下风向风力发电机。水平轴风力发电机的式样很多，有的是具有反转叶片的风轮，有的是在一个塔架上安装多个风轮，以便在输出功率一定的条件下减少塔架的成本，还有的是在风轮周围产生漩涡，集中气流，增加气流速度。

2）垂直轴风力发电机

垂直轴风力发电机的风轮旋转轴垂直于地面或者气流方向。垂直轴风力发电机在风向改变的时候无需对风，在这点上相对于水平轴风力发电机是一大优势，它不仅使结构设计简单，而且也减少了风轮对风时的陀螺力。

利用阻力旋转的垂直轴风力发电机有多种类型，其中有利用平板和杯子做成的风轮，这是一种纯阻力装置；S型风轮，具有部分升力，但主要还是阻力装置。这些装置有较大的启动力矩，但尖速比低，在风轮尺寸、重量和成本一定的情况下，提供的输出功率低。

3）达里厄式风轮

达里厄式风轮是法国工程师达里厄于19世纪30年代发明的。在20世纪70年代，加拿大国家科学研究院对此进行了大量的研究，现在是水平轴风力发电机的主要竞争者。达里厄式风轮是一种升力装置，弯曲叶片的剖面为翼型，它的启动力矩低，但尖速比可以很高，对于给定的风轮重量和成本，有较高的功率输出。现在有多种达里厄式风力发电机，如Φ型、Δ型、Y型和H型等。这些风轮可以设计成单叶片、双叶片、三叶片或者多叶片。

4）马格努斯效应风轮

马格努斯效应风轮，由自旋的圆柱体组成，当它在气流中工作时，产生的移动力是由马格努斯效应引起的，其大小与风速成正比。有的垂直轴风轮使用管道或者漩涡发生器塔，通过套管或者扩压器使水平气流变成垂直气流，以增加速度，有的还利用太阳能或者燃烧某种燃料，使水平气流变成垂直方向的气流。

5）径流双轮效应风轮

径流双轮效应（也称双轮效应）是一种新型风能转化方式。这种风轮采用一种双轮结构，相对于水平轴流式风机，它是径流式的，同已有的垂直轴风力发电机一样都是沿长轴布设桨叶的，直接利用风的推力旋转工作。单轮立轴风轮因轴两侧桨叶同时接受风力而扭矩相反，相互抵消，输出力矩不大。双轴立轴风轮设计为双轮结构并靠近安装，同步运转，将原来的立轴力矩输出对桨叶流体力学形状的依赖改变为双轮间的利用转动产生涡流力的利用，两轮相互借力，相互推动；而对吹向两轮间的逆向风流可以互相遮挡，进而又依次轮流将其分拨于两轮的外侧，使两轮外侧获得叠加的风流，因此使双轮的外缘线速度可以高于风速。双轮结构的这种互相助力，主动利用风力的特点产生了"双轮效应"。

6）双馈型发电机

随着电力电子技术的发展，双馈型感应发电机（Double-Fed Induction Generator）在风能发电中的应用越来越广。这种技术不过分依赖于蓄电池的容量，而是从励磁系统入手，对励磁电流加以适当的控制，从而达到输出一个恒频电能的目的。双馈感应发电机在结构上类似于异步发电机，但在励磁上双馈发电机采用交流励磁。我们知道一个脉振磁势可以分解为两个方向相反的旋转磁势，而三相绕组的适当安排可以使其中一个磁势的效果消去，这样一来就得到一个在空间旋转的磁势，相当于同步发电机中带有直流励磁的转子。双馈发电机的优势在于交流励磁的频率是可调的，这就是说旋转励磁磁动势的频率可调。这样当原动机的转速不定时，适当调节励磁电流的频率，就可以满足输出恒频电能的目的。由于电力电子元器件的容量越来越大，所以双馈发电机组的励磁系统调节能力也越来越强，这使得双馈机的单机容量得以提高。虽然部分理论还在完善当中，但是双馈反应发电机的广泛应用趋势将越来越明显。

相比有些单轮式结构风机中采用外加的遮挡法、活动式变桨距等被动式减少叶轮回转复位阻力的设计，双馈型发电机体现了积极利用风力的特点。因此这一发明不仅具有实用性，促进了风力利用的研究和发展，而且具有新的流体力学方面的意义。它开辟了风能利用的新空间，这种双轮风机具有设计简捷、易于制造加工、转数较低、重心下降、安全性好、运行成本低、维护容易、无噪音污染等明显特点，可以广泛普及、适应中国节能减排需求，大有市场前景。

4.1.3 生物质能发电基本概念

1. 基本概念

生物质能发电主要利用农业、林业和工业废弃物，甚至城市垃圾为原料，采取直接燃烧或气化等方式发电，包括农林废弃物直接燃烧发电、农林废弃物气化发电、垃圾焚烧发电、垃圾填埋气发电、沼气发电。

生物质能发电起源于20世纪70年代，当时，世界性的石油危机爆发后，丹麦开始积极开发清洁的可再生能源，大力推行秸秆等生物质发电。自1990年以来，生物质发电在欧美许多国家开始大发展。随着资源和环境问题的日益突出，生物质能利用又重新成为人类的选择，但利用技术将更加先进，生成的产品将可替代目前的电力、石油、天然气等所有现代能源。

进入21世纪，中国能源、电力供求趋紧，国内外发电行业对资源丰富、可再生性强、有利于改善环境和可持续发展的生物质资源的开发利用给予了极大的关注。于是生物质能发电行业应运而生。中国是一个农业大国，生物质资源十分丰富。中国拥有充足的可发展能源作物，同时还包括各种荒地、荒草地、盐碱地、沼泽地等，如加以有效利用，开发潜力将十分巨大。

2. 技术原理

1）直燃发电

生物质直接燃烧发电是指把生物质原料送入适合生物质燃烧的特定锅炉中直接燃烧，产生蒸汽，带动蒸汽轮机及发电机发电。已开发应用的生物质锅炉种类较多，如木材锅炉、甘蔗渣锅炉、稻壳锅炉、秸秆锅炉等，适用于生物质资源比较集中的区域，如谷米加工厂、木料加工厂等附近。因为只要工厂正常生产，谷壳、锯屑和柴枝等就可源源不断地供应，为发电提供了物料保障。

生物质燃烧方式包括固定床燃烧和流化床燃烧等方式。固定床燃烧对生物质原料的预处理要求较低，生物质经过简单处理甚至无须处理就可投入炉排炉内燃烧。流化床燃烧要求将大块的生物质原料预先粉碎至易于流化的粒度，其燃烧效率和强度都比固定床高。

生物质直接燃烧发电技术在我国应用较少，因为它要求生物质资源集中，数量巨大，如果大规模收集或运输生物质将提高原料成本。该技术比较适于现代化大农场或大型加工厂的废物处理。

2）气化发电

生物质气化发电方式主要有生物化学法和热化学法两种。

生物化学法生产可燃气体主要指细菌将原料（有机废物）分解为淀粉和纤维素等有机大分子，然后将它们直接转化为脂肪酸（乙酸等），紧接着甲烷化细菌开始起作用进行厌氧消化来生产沼气。

热化学法指将温度加热到600℃以上，在缺氧条件下对有机质进行"干馏"，得到热解产物进行发电。这类热解产物与以煤热解十分相似，固体产物为焦炭类似物，气体产物为"炉煤气"类似物。

3）沼气发电

沼气来自畜禽粪污或是含有机物的工业废水，经过厌氧发酵产生以甲烷和二氧化碳为主体的混合气体。甲烷含量的多少决定沼气热值的高低，从而对沼气的发电效率产生影响。

沼气发电是随着沼气综合利用的不断发展而出现的一项沼气利用技术，它利用厌氧发酵技术，将屠宰厂或其他有机废水以及养殖场的畜禽粪便进行发酵，生产沼气，供给内燃机或燃气轮机，带动发电机发电；也有的供给蒸汽锅炉产生蒸汽，带动蒸汽轮机发电。沼气属于生物质能，是一种可回收利用的清洁能源。它具有较高的热值，抗爆性能较好、燃烧清洁，可利用来进行取暖、炊事、照明、发电等。沼气发电技术主要应用在禽畜厂沼气、工业废水处理沼气以及垃圾填埋场沼气。推广应用沼气发电有利于保护生态环境，减少温室气体的排放；是增加农民收入的重要保障；可改善农民生产生活条件，带来巨大的社会效益、生态效益、经济效益。

3. 主要特点

生物质具可再生性、低污染性、低密度性，而且分布广泛，蕴藏量巨大。地球上通过光合作用每年生产的干生物质约2200亿吨，相当于全球能源消费总量的10倍左右。

生物质能是人类赖以生存的重要能源，是仅次于煤炭、石油和天然气而居于世界能源消耗总量第四位的能源。生物质能作为一种洁净而又可再生的能源，是唯一可替代化石能源转化成气态、液态和固态燃料以及其他化工原料或者产品的碳资源。

4. 应用领域

生物质发电是利用生物质所具有的生物质能来发电，是可再生能源发电的一种。它直接或间接地来源于绿色植物的光合作用，是取之不尽、用之不竭的能源资源，是太阳能的一种表现形式。

发展生物质发电是构筑稳定、经济、清洁、安全能源供应体系，突破经济社会发展资源环境制约的重要途径。中国生物质能资源非常丰富，发展生物质发电产业大有可为。一方面，中国农作物播种面积有18亿亩，年产生物质约7亿吨，除部分用于造纸和畜牧饲料外，剩余部分都可做燃料使用。另一方面，中国现有森林面积约1.75亿公顷，森林覆盖率为18.21%，每年通过正常的灌木平茬复壮、森林抚育间伐、果树绿篱修剪以及收集森林采伐、造材、加工剩余物等，可获得生物质资源量约8亿～10亿吨。此外，中国还有4600多万公顷宜林地，可以结合生态建设种植植物，这些都是中国发展生物质发电产业的优势。

如果到2020年，生物质能开发利用量达到5亿吨标准煤，就相当于增加了15%以上的煤炭供应。并且生物质能含硫量极低，仅为3%，不到煤炭含硫量的1/4。发展生物质发电，实施煤炭替代，可显著减少二氧化碳和二氧化硫排放，产生巨大的环境效益。

事实上，中国生物质资源主要集中在农村，开发利用农村丰富的生物质资源，可以缓解农村及边远地区的用能问题，显著改进农村的用能方式，改善农村生活条件，提高农民收入，增加农民就业机会，开辟农业经济和县域经济新的领域。综合开发利用生物质，形成完整的产业链条，可以加强农民的组织、联合和分工，促进农村基层组织建设。

开发利用可再生能源，对于保障能源安全、保护生态环境、实现可持续发展具有重要意义。国家已经决定，将安排资金支持可再生能源的技术研发、设备制造及检测认证等产业服务体系建设。总的说来，生物质能发电行业有着广阔的发展前景。

我国是世界上人口最多的国家，国民经济发展面临资源和环境的双重压力。从人均化石能源资源量看，煤炭资源只有世界平均水平的60%，石油只有世界平均水平的10%，天然气只有5%。从能源生产和消费来看，目前我国已经成为世界上第一大能源生产国和第二大能源消费国，大量生产和使用化石能源所造成的环境污染已经十分严重。随着经济的发展和人民生活水平的提高，我国的能源需求将快速增长，能源、环境和经济三者之间的矛盾也将更加突出，因此，加大能源结构调整力度，加快可再生能源发展势在必行。

国家已公布的《可再生能源中长期发展规划》确定了到2020年生物质发电装机3000万千瓦的发展目标。此外，国家已经决定，将安排资金支持可再生能源的技术研发、设备制造及检测认证等产业服务体系建设。总的说来，生物质能发电行业有着广阔的发展前景。随着国家对于生物质能发电产业扶持力度的加大和产业自身的不断发展，未来将会有越来越多的企业加入到生物质能发电的行列中来。

5.存在的主要问题

生物质能的利用要统筹兼顾，高成本是产业发展的瓶颈。在生物质能丰富的地区，如粮食主产区、大型粮食加工企业、林区、大型木材加工厂等，可以因地制宜建设一些生物质发电站。但在大部分资源分散的农村地区，应结合解决农村用能问题，推广应用生物质成型颗粒燃料技术或沼气技术，实现利用分散资源解决分散用能问题。

中国生物质发电主要是消费一些多余的农作物秸秆，为农业发展和农民增收摸索一条路子。从已建成的生物质发电厂来看，暴露出了资源收集和管理方面的矛盾和问题，而生物质发电的高成本，正是由于生物质资源需要收集、运输和储存造成的，生物质发电要解决农业生产的季节性和工业生产的连续性的结合问题。

中国农林生物质资源蕴藏丰富，但是，由于生物质资源综合利用范围广，有必要对可用于生物质发电的农林剩余物资源量进行客观评价，以减少生物质发电项目规划和建设风险。做好生物质发电规划，是促进生物质发电产业科学、有序发展的重要前提。编制生物质发电规划，必须以生物质资源评价为基础。同时，要加强管理，严格生物质发电项目的核准，防止生物质发电产业投资过热，避免无序竞争，保障生物质发电产业健康发展。

中国利用农林剩余物规模化发电尚处于起步阶段，生物质发电尚需政策扶持。从目前情况来看，生物质发电项目造价高，总投资大，运行成本高，尽管国家给予了电价优惠政策，但从盈利水平看还是不如常规火电。主要原因有三：一是单位造价高，目前单位造价为1.2万元/千瓦；二是燃料成本高，电价成本中燃料成本约为0.4元/千瓦·时，远高于燃煤发电；三是生物质发电项目执行与传统发电行业一样的税收政策，而且生物质发电企业增值税进项抵扣操作困难，企业实际税率约为12%，高于常规火电实际税率6%～8%。

在我国，每年仅农作物秸秆可开发量就有6亿吨，其中除部分用于农村炊事取暖等生活用能、满足养殖业、秸秆还田和造纸需要之外，废弃的农作物秸秆约有1亿吨，折合标准煤5000万吨。照此计算，预计到2020年，全国每年秸秆废弃量将达2亿吨以上，折合标准煤1亿吨相当于煤炭大省河南一年的产煤量。

4.2 常规能源发电工程技术原理与应用

火力发电工程技术原理与应用、水力发电工程技术原理与应用、核能发电工程技术原理与应用是本节介绍的主要内容。

4.2.1 火力发电工程技术原理与应用

1. 火力发电基本概念

火力发电是指利用煤、石油、天然气作为燃料生产电能。它的基本生产过程是通过燃料在锅炉中燃烧来加热水，使水变成蒸汽，将燃料的化学能转变成热能；蒸汽压力推动汽轮机旋转，将热能转换成机械能；然后汽轮机带动发电机旋转，将机械能转变成电能。采用火力发电的工厂称为火力发电厂。

2. 火力发电工作原理

火力发电的工作原理是：采用煤炭作为一次能源，利用皮带传送技术向锅炉输送经处理的煤粉；煤粉燃烧对锅炉里的水一次加热后，水蒸气进入高压缸；为了提高热效率，对水蒸气进行二次加热，水蒸气进入中压缸；蒸气推动汽轮发电机旋转，将机械能转变成电能。

水蒸气从中压缸引出进入对称的低压缸。已经做过功的蒸气一部分从中间段抽出供给炼油、化肥等兄弟企业，其余部分流经凝气器水冷，成为40度左右的饱和水作为再利用水。40度左右的饱和水经过凝结水泵，经过低压加热器到除氧器中，此时为160度左右的饱和水，经过除氧器除氧，利用给水泵送入高压加热器中加热，最后流入锅炉进行再次利用。以上就是一次生产流程。

3.火力发电的基本分类

火力发电按所用燃料的类别可分为燃煤、燃油和燃气等；按功能又可分为发电和热电。发电只生产并供给用户以电能；而热电除生产并供给用户电能外，还供应热能。

4.火力发电的生产过程

现代化火电厂是一个庞大而又复杂的生产电能与热能的工厂。它由五个子系统组成：燃料系统、燃烧系统、汽水系统、电气系统和控制系统。在上述系统中，最主要的设备是锅炉、汽轮机和发电机，它们安装在发电厂的主厂房内。主变压器和配电装置一般安装在独立的建筑物内或户外，其他辅助设备如给水设备、供水设备、水处理设备、除尘设备、燃料储运设备等，有的安装在主厂房内，有的则安装在辅助建筑中或在露天场地。火电厂基本生产过程是，燃料在锅炉中燃烧，将其热量释放出来，传给锅炉中的水，从而产生高温高压蒸汽；蒸汽通过汽轮机又将热能转化为旋转动力，以驱动发电机输出电能。

火力发电厂生产流程如下：

将燃煤用输煤皮带从煤场运至煤斗中。大型火电厂为提高燃煤效率都是燃烧煤粉。因此，煤斗中的原煤要先送至磨煤机内磨成煤粉。磨碎的煤粉由热空气携带经排粉风机送入锅炉的炉膛内燃烧。煤粉燃烧后形成的热烟气沿锅炉的水平烟道和尾部烟道流动，放出热量，最后进入除尘器,将燃烧后的煤灰分离出来。洁净的烟气在引风机的作用下通过烟囱排入大气。助燃用的空气由送风机送入装设在尾部烟道上的空气预热器内,利用热烟气加热空气。这样，一方面使进入锅炉的空气温度提高，易于煤粉的燃烧，另一方面也可以降低排烟温度，提高热能的利用率。从空气预热器排出的热空气分为两股：一股去磨煤机干燥和输送煤粉，另一股直接送入炉膛助燃。燃煤燃尽的灰渣落入炉膛下面的渣斗内，与从除尘器分离出的细灰一起用水冲至灰浆泵房内，再由灰浆泵送至灰场。

除氧器水箱内的水经过给水泵升压后通过高压加热器送入省煤器。在省煤器内，水受到热烟气的加热，进入锅炉顶部的汽包内。在锅炉炉膛四周密布着水管，称为水冷壁。水冷壁水管的上下两端均通过联箱与汽包连通，汽包内的水经由水冷壁不断循环，吸收煤燃烧过程中放出的热量。部分水在冷壁中被加热沸腾后汽化成水蒸汽，这些饱和蒸汽由汽包上部流出进入过热器中。饱和蒸汽在过热器中继续吸热，成为过热蒸汽。过热蒸汽有很高的压力和温度，因此有很大的热势能。具有热势能的过热蒸汽经管道引入汽轮机后，便将热势能转变成动能。高速流动的蒸汽推动汽轮机转子转动，形成机械能。

汽轮机的转子与发电机的转子通过连轴器联在一起。当汽轮机转子转动时便带动发电机转子转动。在发电机转子的另一端带着一台小直流发电机,叫励磁机。励磁机发出的直流电送至发电机的转子线圈中,使转子成为电磁铁,周围产生磁场。当发电机转子旋转时,磁场也是旋转的,发电机定子内的导线就会切割磁力线感应产生电流。这样,发电机便把汽轮机的机械能转变为电能。电能经变压器将电压升压后,由输电线送至用电户。

释放出热势能的蒸汽从汽轮机下部的排汽口排出,称为乏汽。乏汽在凝汽器内被循环水泵送入凝汽器的冷却水冷却,重新凝结成水,此水成为凝结水。凝结水由凝结水泵送入低压加热器并最终回到除氧器内,完成一个循环。在循环过程中难免有汽水的泄漏,即汽水损失,因此要适量地向循环系统内补给一些水,以保证循环的正常进行。高、底压加热器是为提高循环的热效率所采用的装置,除氧器是为了除去水含的氧气以减少对设备及管道的腐蚀。

以上分析虽然较为繁杂,但从能量转换的角度看却很简单,即燃料的化学能→蒸汽的热势能→机械能→电能。在锅炉中,燃料的化学能转变为蒸汽的热能;在汽轮机中,蒸汽的热能转变为轮子旋转的机械能;在发电机中,机械能转变为电能。炉、机、电是火电厂中的主要设备,亦称三大主机。与三大主机相辅工作的设备成为辅助设备或称辅机。主机与辅机及其相连的管道、线路等称为系统。火电厂的主要系统有燃烧系统、汽水系统、电气系统等。

除了上述主要系统外,火电厂还有其他一些辅助生产系统,如燃煤的输送系统、水的化学处理系统、灰浆的排放系统等。这些系统与主系统协调工作,相互配合完成电能的生产任务。大型火电厂得保证这些设备正常运转,火电厂装有大量的仪表,用来监视这些设备的运行状况,同时还设置有自动控制装置,以便及时地对主辅设备进行调节。现代化的火电厂已采用了先进的计算机分散控制系统,这些控制系统可以对整个生产过程进行控制和自动调节,根据不同情况协调各设备的工作状况,使整个电厂的自动化水平达到新的高度。自动控制装置及系统已成为火电厂中不可缺少的部分。

5. 运行与监视

近代火电厂由大量各种各样的机械装置和电工设备构成。为了生产电能和热能,这些装置和设备必须协调动作,达到安全经济生产的目的。这项工作就是火电厂的运行。为了保证炉、机、电等主要设备及各系统辅助设备的安全经济运行,就要严格执行一系列运行规程和规章制度。

火电厂的运行主要包括三个方面,即起动和停机运行、经济运行、故障与对策。火电厂运行的基本要求是保证安全性、经济性和电能的质量。

就安全性而言,火电厂如不能安全运行,就会造成人身伤亡、设备损坏和事故,而且不能连续向用户供电,酿成重大经济损失。保证安全运行的基本要求是:

(1)设备制造、安装、检修的质量要优良;

(2)遵守调度指令要求,严格按照运行规程对设备的启动与停机以及负荷的调节进行操作;

(3)监视和记录各项运行参数,以便尽早发现运行偏差和异常现象,并及时排除故障;

(4)巡回监视运行中的设备及系统是否处于良好状态,以便及时发现故障原因,采取预防措施;

（5）定期测试各项保护装置，以确保其动作准确、可靠。

就经济性而言，火电厂的运行费用主要是燃料费。因此，采用高效率的运行方式以减少燃料消耗费是非常重要的。具体措施有以下三点：

（1）滑参数起停。滑参数起动可以缩短起动时间，具有传热效果好、带负荷早、汽水损失少等优点。滑参数停机可以使机组快速冷却，缩短检修停机时间，提高设备利用率和经济性。

（2）加强燃料管理和设备的运行管理。定期检查设备状态、运行工况，进行各种热平衡和指标计算，以便及时采取措施减少热损失。

（3）根据各类设备的运行性能及其相互间的协调、制约关系，维持各机组在具有最佳综合经济效益的工况下运行；在电厂负荷变动时，按照各台机组间最佳负荷分配方式进行机组出力的增、减调度。

电厂在安全、经济运行的情况下，还要保证电能的质量指标，即在负荷变化的情况下，通过调整以保持电压和频率的额定值，满足用户的要求。

6. 基本效率

效率是衡量火电厂运行水平的一个重要指标。火电厂所需的能量是通过煤、石油或天然气等燃料的燃烧得来的。但是，燃料中所蕴藏的全部能量（即燃料的发热量）并不是100%都能转换为电能。世界上最好的火电厂也只能把燃料中30%左右的热能转换为电能。这种把热能转换为电能的百分比，称为火电厂效率。

7. 保护控制

火电厂中锅炉、汽轮机、发电机之间的关系极为密切。任何一个环节出现事故都会影响电厂的安全经济运行。因此，为了保证火电厂的安全经济运行，必须装备完善的保护控制装置和系统。基本的保护方式有以下3种。

（1）联锁保护。当某一设备或工况出现异常现象时，相关联的设备联动跳闸，切除有故障的设备或系统，备用的设备或系统立即投入运行。

（2）继电器组成的保护。以热工参量和电气参量的限值，以及设备元件的条件联系为动作判据，采用各种继电器组成保护回路，对某一设备或系统进行保护。

（3）固定的保护装置。有机械的、电动的保护装置，如锅炉的安全门、汽轮机的危急保安器、电机的过电压保护器等。

近代的单元机组均采用综合保护连锁系统，即将机、炉、电的分别保护与单元的整体保护系统相互协调，形成一个完善的保护系统。

火电厂的基本控制方式有以下三种。

（1）就地控制。锅炉、汽轮机、发电机及辅助设备就地单独进行控制。这种方式适用于小型电厂。

（2）集中控制。将锅炉、汽轮机、发电机联系起来进行集中控制，例如大型电厂采用的机、炉、电单元的集中控制。

（3）综合自动控制。将电厂的整个生产过程作为一个有机整体进行控制，以实现全盘自动化。

大型电厂多采用单元机组。单元机组自动调节系统的主要控制方式有以下三种。

（1）锅炉跟踪调节方式。由电力负荷指令操作调节汽轮机的阀门，以控制发电机的出力。而在锅炉方面则调节燃料输入，保证其产生的蒸汽在流量和参数方面满足汽轮机的需要。

（2）汽轮机跟踪调节方式。以电力负荷指令控制燃料的输入，改变锅炉出力；对于汽轮机，则通过调节汽压以决定负荷。

（3）机、炉协调控制方式。将机、炉、电作为一个统一整体进行控制，以机、炉共同调整机组的负荷来适应外界负荷变化的要求。

现代化电厂多采用程序控制，以提高自动化水平。程序控制是将生产过程中大量分散的操作，按辅机与热力系统的工艺流程划分为若干有规律的程序进行控制，并结合保护、联锁条件，使运行人员通过少数开关式按钮，即可由程控系统自动完成控制系统的操作。

随着计算机应用的日益扩大，特别是微机及微处理器的发展，现代火电厂的自动化已实现以小型机、微机和微处理器为基础的分层综合控制方式。

8.热电区别

现在，为了提高效率节省能源，一般采用发电与供热联合方式，即在汽轮机某一级抽出一部分气来供热，其余的仍冲转汽轮机带动发电机发电，两者可调整，可供热多发电少，也可供热少发电多。目前中国受能源政策影响，正在大力发展核电（广东大亚湾）、水电（长江三峡），这些能源也可用来供热。有的国家为了节约能源，利用风力与地热发电，但中国很少。

也可以说火力发电厂主要是用来发电的，热电厂主要是提供热能的，发电是其副产品。

9.火电厂粉尘危害及治理

生产性粉尘是指在生产中形成的，能较长时间飘浮在作业场所空气中的固体微粒。对于火电厂，主要有输煤系统作业场所漂浮的煤尘，锅炉运行中产生的、锅炉检修中接触的锅炉尘，干式除尘器运行、干灰输送系统及粉煤灰综合利用作业场所的粉尘，电焊操作产生的电焊尘，采用湿法、干法脱硫工艺的制粉制浆系统产生的石灰、石灰石粉尘及石膏干燥系统、脱硫废渣利用抛弃系统产生的粉尘。

硅尘一般是指游离二氧化硅的粉尘，以石英为代表的硅尘是电力行业危害性最严重且危害面较广的一种职业性有害因素。火电厂的煤尘一般是指含有 10% 以下游离二氧化硅的粉尘（国家规定最高允许排放质量浓度为 10 毫克 / 立方米），尘粒分散度高，直径小于 5 微米的占 73%。锅炉尘一般指含有 10% ～ 40% 游离二氧化硅的粉尘（国家规定最高容许排放质量浓度为 2 毫克 / 立方米），尘粒分散度高，直径小于 5 微米的占 73%。焊接尘指在焊接作业时，由于高温使焊药、焊接芯和被焊接材料熔化蒸发，逸散在空气中氧化冷凝而形成的颗粒极细的气溶胶，再经冷凝后形成的极细尘粒，其中 1 微米以下的尘粒约占 90% 以上。电焊尘主要由铁的氧化物组成，当使用高锰焊条时，空气中的二氧化锰的含量远远超过氧化铁的含量。除尘器、干灰输送系统及粉煤灰等综合利用作业场所的粉尘，也是含有10%～40%游离二氧化硅的粉尘，粒径一般在15微米以下，5微米以下的占有相当份额。脱硫装置制粉系统的粉尘一般指含10%以下游离二氧化硅的粉尘，其主要成分为氧化钙、碳酸钙或其他脱硫剂（脱硫剂的品位一般要求纯度为90%或95%）。脱硫装置石膏处理或废渣处理系统的粉尘一般指含10%以下游离二氧化硅的粉尘，其主要成分为硫酸钙、水或其他脱硫废渣。

粉尘的分散度越高，即粉尘粒径越小，其在空气中的稳定性越高，悬浮越久，工人吸入的机会越多，对人体危害也越大。呼吸性粉尘可沉淀在呼吸性的支气管壁和肺泡壁上。长期吸入生产性粉尘易引起以肺组织纤维化为主的全身性疾病，即尘肺病，属国家法定职业病。其中硅肺、煤尘肺、电焊工尘肺、石棉肺和水泥尘肺等均属于以胶原纤维增生为主的尘肺。职工长期高浓度吸入含量大于10%的游离二氧化硅粉尘（即硅尘），会引起硅肺病。肺组织胶原纤维性变是一种不可逆转的破坏性病理组织学改变，当前尚无使其消除的办法。对于尘肺，尤其是硅肺的治理，主要是对症治疗和积极防治并发病，以减轻患者痛苦，延缓病情发展，努力延长其寿命。火电厂生产性粉尘73%以上是粒径小于5微米的呼吸性粉尘。因此一定要重视粉尘危害后果的严重性，做好粉尘防治工作，防止尘肺病的发生，保护职工健康。

4.2.2 水力发电工程技术原理与应用

1.水力发电基本概念

水力发电指利用河流、湖泊等位于高处具有势能的水流至低处，将其中所含的势能转换成水轮机的动能，推动发电机产生电能。利用水位差产生的强大水流所具有的动能进行发电的电站称为水力发电站，简称水电站。水力发电的优点是不用燃料、成本低、不污染环境、机电设备制造简单、操作灵活等。同时水工建筑物可与防洪、灌溉、给水、航运、养殖等事业结合，实行水利资源综合利用。缺点是基建投资大、建设周期长、受自然条件局限等。

2.工作原理

水力发电利用水力推动水轮机转动，将水的势能转变为机械能，如果在水轮机上接上发电机，随着水轮机转动便可发出电来，这时机械能又转变为电能。水力发电在某种意义上是将水的势能变成机械能，又变成电能的转换过程。

水力发电站是将水能转换为电能的综合工程设施，它包括为利用水能生产电能而兴建的一系列水电站建筑物及装设的各种水电站设备。利用这些建筑物集中天然水流的落差形成水头，汇集、调节天然水流的流量，并将它输向水轮机，经水轮机与发电机的联合运转，将集中的水能转换为电能，再经变压器、开关站和输电线路等将电能输入电网。有些水电站除发电所需的建筑物外，还常有为防洪、灌溉、航运、过木、过鱼等综合利用目的服务的其他建筑物。这些建筑物的综合体称水电站枢纽或水利枢纽。

3. 主要分类

水电站有不同的分类方法。

按照水电站利用水源的性质，可分为三类。常规水电站：利用天然河流、湖泊等水源发电；抽水蓄能电站：利用电网中负荷低谷时多余的电力，将低处下水库的水抽到高处上水库存蓄，待电网负荷高峰时放水发电，尾水至下水库，从而满足电网调峰等电力负荷的需要；潮汐电站：利用海潮涨落所形成的潮汐能发电。

按照水电站对天然水流的利用方式和调节能力，可以分为两类。径流式水电站：没有水库或水库库容很小，对天然水量无调节能力或调节能力很小的水电站；蓄水式水电站：设有一定库容的水库，对天然水流具有不同调节能力的水电站。

按水电站的开发方式，即按集中水头的手段和水电站的工程布置，可分为坝式水电站、引水式水电站和坝-引水混合式水电站三种基本类型。这是工程建设中最通用的分类方法。

按水电站利用水头的大小，可分为高水头、中水头和低水头水电站。世界上对水头的具体划分没有统一的规定。有的国家将水头低于15米作为低水头水电站，15～70米为中水头水电站，71～250米为高水头水电站，水头大于250米时为特高水头水电站。我国通常称水头大于70米为高水头水电站，低于30米为低水头水电站，30～70米为中水头水电站。这一分类标准与水电站主要建筑物的等级划分和水轮发电机组的分类适用范围相符合。

按水电站装机容量的大小，可分为大型、中型和小型水电站。各国一般把装机容量5000千瓦以下的水电站定为小水电站，5000～10万千瓦为中型水电站，10万～100万千瓦为大型水电站，超过100万千瓦的为巨型水电站。中国规定将水电站分为五等，其中装机容量大于75万千瓦为一等（大（1）型水电站），75万～25万千瓦为二等（大（2）型水电站），25万～2.5万千瓦为三等（中型水电站），2.5万～0.05万千瓦为四等（小（1）型水电站），小于0.05万千瓦为五等（小（2）型水电站）；但统计上常将1.2万千瓦以下作为小水电站。

4. 基本流程

水力发电的一般流程为：河川的水经由拦水设施攫取后，经过压力隧道、压力钢管等水路设施送至电厂，当机组须运转发电时，打开主阀（类似家中水龙头之功能），后开启导翼（实际控制输出力量的小水门）使水冲击水轮机，水轮机转动后带动发电机旋转，发电机加入励磁后，发电机建立电压，并于断路器投入后开始将电力送至电力系统。如果要调整发电机组的出力，可以调整导翼的开度增减水量来达成，发电后的水经由尾水路回到河道，供给下游的用水使用。

5. 主要设备

水能是一种取之不尽、用之不竭、可再生的清洁能源。为了有效利用天然水能，需要人工修筑能集中水流落差和调节流量的水工建筑物，如大坝、引水管涵等，工程投资大、建设周期长，但水力发电效率高，发电成本低，机组启动快，调节容易。由于利用自然水流，因此，受自然条件的影响较大。

水力发电是水资源综合开发、治理、利用系统的一个组成部分。因此，在进行水电工程规划时要从水资源的充分利用和河流的全面规划综合考虑发电、防洪、灌溉、通航、漂木、供水、水产养殖、旅游等各方面的需要，统筹兼顾，尽可能充分满足各有关方面的要求，取得最大的国民经济效益。水力资源又属于电力能源之一，进行电力规划时，也要根据能源条件统一规划。在水力资源比较充沛的地区，宜优先开发水电，充分利用再生性能源，以节约宝贵的煤炭、石油等资源。水力发电与火力发电为当今两种主要发电方式，在同时具备此两种方式的电力系统中，应发挥各自的特性，以取得系统最佳经济效益。一般火力发电宜承担电力系统负荷平稳部分（或称基荷部分），使其尽量在高效工况下运行，可节省系统燃料消耗，有利安全、经济运行；水力发电由于开机、停机比较灵活，宜于承担电力系统的负荷变动部分，包括尖峰负荷及事故备用等。水力发电亦适宜为电力系统担任调频和调相等任务。

水电站建筑物包括：为形成水库需要的挡水建筑物，如坝、水闸等；排泄多余水量的泄水建筑物，如溢洪道、溢流坝、泄水孔等；为发电取水的进水口；由进水口至水轮机的水电站引水建筑物；为平稳引水建筑物的流量和压力变化而设置的平水建筑物（见调压室、前池）以及水电站厂房、尾水道、水电站升压开关站等。对这些建筑物的性能、适用条件、结构和构造的形式、设计、计算和施工技术等都要进行细致研究。

水轮机和水轮发电机是基本设备。为保证安全经济运行，在厂房内还配置有相应的机械、电气设备，如水轮机调速器、油压装置、励磁设备、低压开关、自动化操作和保护系统等。在水电站升压开关站内主要设升压变压器、高压配电开关装置、互感器、避雷器等以接受和分配电能。通过输电线路及降压变电站将电能最终送至用户。这些设备要求安全可靠，经济适用，效率高。为此，对设计和施工、安装都要精心研究。

6.运行管理

水电站的运行除自身条件如水道参数、水库特性外，与电网调度有密切联系，应尽量使水电站水库保持较高水位，减少弃水，使水电站的发电量最大或电力系统燃料消耗最少，以求得电网经济效益最高为目标。对有防洪或其他用水任务的水电站水库，还应进行防洪调度及按时供水等，合理安排防洪和兴利库容，综合满足有关部门的基本要求，建立水库最优运行方式。当电网中有一群水库时，要充分考虑水库群的相互补偿效益。

7.效益评价

水力发电向电网及用户供电所取得的财务收入为其直接经济效益，但还有非财务收入的间接效益和社会效益。欧美有一些国家实行多种电价制，如按一天不同时间、一年不同季节分别计算电价，在事故情况下紧急供电的不同电价，按千瓦容量收取费用的电价等。长期以来中国实行按电量计费的单一电价，但水力发电除发出电能外还能承担电网的调峰、调频、调相、事故（旋转）备用，带来整个电网运行的经济效益；水电站水库除提供发电用水外，还发挥综合利用效益。

4.2.3 核能发电工程技术原理与应用

1.核能发电基本概念

核能发电的能量来自核反应堆中可裂变材料（核燃料）进行裂变反应所释放的裂变能。裂变反应指铀-235、钚-239、铀-233等重元素在中子作用下分裂为两个碎片，同时放出中子和大量能量的过程。反应中，可裂变物的原子核吸收一个中子后发生裂变并放出两三个中子。若这些中子除去消耗，至少有一个中子能引起另一个原子核裂变，使裂变自持进行，则这种反应称为链式裂变反应。

核能发电是利用核反应堆中核裂变所释放出的热能进行发电，是实现低碳发电的一种重要方式。它与火力发电极其相似，只是以核反应堆及蒸汽发生器来代替火力发电的锅炉，以核裂变能代替矿物燃料的化学能。除沸水堆外，其他类型的动力堆都是一回路的冷却剂通过堆心加热，在蒸汽发生器中将热量传给二回路或三回路的水，然后形成蒸汽推动汽轮发电机。沸水堆则是一回路的冷却剂通过堆心加热变成70个大气压左右的饱和蒸汽，经汽水分离并干燥后直接推动汽轮发电机。

核能发电利用铀燃料进行核分裂连锁反应所产生的热，将水加热成高温高压，核反应所放出的热量较燃烧化石燃料所放出的能量要高很多（相差约百万倍），而所需要的燃料体积与火力电厂相比少很多。核能发电所使用的铀235纯度只约占3%～4%，其余皆为无法产生核分裂的铀-238。

2.基本工作原理

核电站利用核能发电，核心设备是核反应堆。核反应堆加热水产生蒸汽，将原子核裂变能转化为热能；蒸汽压力推动汽轮机旋转，热能转化为机械能；然后汽轮机带动发电机旋转，将机械能转变成电能。

常见的核电站依据反应堆原理不同可分为压水堆核电站、重水堆核电站、沸水堆核电站、快堆核电站。目前我国主要核电站有压水堆核电站和重水堆核电站。

1）压水堆核电站

目前世界上的核电站60%以上都是压水堆核电站，主要由反应堆、蒸汽发生器、汽轮机（低压缸、高压缸）、发电机及有关系统设备组成。

在核电站中，反应堆的作用是进行核裂变，将核能转化为水的热能。水作为冷却剂在反应堆中吸收核裂变产生的热能，成为高温高压的水，然后沿管道进入蒸汽发生器的U型管内，将热量传给U型管外侧的水，使其变为饱和蒸汽。

冷却后的水再由主泵打回到反应堆内重新加热，如此循环往复，形成一个封闭的吸热和放热的循环过程，这个循环回路称为一回路，也称核蒸汽供应系统。一回路的压力由稳压器控制。由于一回路的主要设备是核反应堆，通常把一回路及其辅助系统和厂房统称为核岛（NI）。

由蒸汽发生器产生的水蒸汽进入汽轮机膨胀作功，将蒸汽的热能转变为汽轮机转子旋转的机械能。汽轮机转子与发电机转子两轴刚性相连，因此汽轮机直接带动发电机发电，把机械能转换为电能。

作完功后的蒸汽（乏汽）被排入冷凝器，由循环冷却水（如海水）进行冷却，凝结成水，然后由凝结水泵送入加热器预加热，再由给水泵将其输入蒸汽发生器，从而完成了汽轮机工质的封闭循环，我们称此回路为二回路。循环冷却水二回路系统与常规火电厂蒸汽动力回路大致相同，故把它及其辅助系统和厂房统称为常规岛（CI）。

综上所述，压水堆核电站将核能转变为电能是分四步，由四个主要设备实现的：

（1）反应堆。将核能转变为水的热能；

（2）蒸汽发生器。将一回路高温高压水中的热量传递给二回路的水，使其变成饱和蒸汽；

（3）汽轮机。将饱和蒸汽的热能转变为汽轮机转子高速旋转的机械能；

（4）发电机。将汽轮机传来的机械能转变为电能。

2）重水堆核电站

重水堆核电站以重水（氘和氧组成的化合物）作慢化剂的反应堆，其工作原理与压水堆核电站类似。其主要优点是可以直接利用天然铀作为核燃料，同时采用不停堆燃料方式；但体积比轻水堆大，建造费用高，重水昂贵、发电成本也比较高。

3）沸水堆核电站

沸水堆利用轻水作慢化剂和冷却剂，只有一个回路，水在反应堆内沸腾产生蒸汽直接进入汽轮机发电。与压水堆相比，沸水堆工作压力低，由于减少了一个回路，其设备成本也比压水堆低，但这样可能使汽轮机等设备受到放射性污染，给设计、运行和维修带来不便。

4）快堆核电站

快中子反应堆（简称快堆）直接利用快中子引起链式裂变反应所释放的能量进行发电，因此不需要慢化剂、体积小、功率密度大。快堆可使铀利用率提高至60%以上，最大程度的降低核废料，实现放射性废物最小化。但快堆的燃料元件加工及乏燃料后处理要求高，对材料的要求也较苛刻。

3.核能发电历程与趋势

核能发电的历史与动力堆的发展历史密切相关。动力堆的发展最初是出于军事需要。1954年，苏联建成世界上第一座装机容量为5兆瓦的核电站——奥布宁斯克核电站。英、美等国也相继建成各种类型的核电站。到1960年，有5个国家建成20座核电站，装机容量1279兆瓦。由于核浓缩技术的发展，到1966年，核能发电的成本已低于火力发电的成本。核能发电真正迈入实用阶段。1978年全世界22个国家和地区正在运行的30兆瓦以上的核电站反应堆已达200多座，总装机容量已达107 776兆瓦。80年代因化石能源短缺日益突出，核能发电的进展更快。到1991年，全世界近30个国家和地区建成的核电机组为423套，总容量为3.275太瓦，其发电量占全世界总发电量的约16%。

我国核电起步较晚，20世纪80年代才动工兴建核电站。中国自行设计建造的30万千瓦秦山核电站在1991年底投入运行。大亚湾核电站于1987年开工，于1994年全部并网发电。

经过长期努力我国已经成为世界核电工业大国，从全球来看，我国核能总发电量排名世界第三位，仅次于美国和法国，但核能发电量占国内发电量的比重排名比较靠后，与美国、法国、乌克兰、斯洛伐克等欧美国家相比有相当大的差距，提升空间广阔。

4. 经济性

核能发电的经济性以发电成本衡量。构成核能发电成本的因素很多，包括基建投资费用、安全防护费用、核燃料费用以及核电站退役处理费用。核电发展初期，不仅基建投资费用昂贵，核燃料生产过程复杂，需要庞大的设备，加上特殊的安全措施需要，核能发电成本高于火电成本 1 倍以上。到 20 世纪 60 年代，核能发电成本已接近火电成本，到 80 年代，核电的成本已低于火电。据美国 1984 年统计，核电成本为 2.7 美分/千瓦·时，而燃煤的发电成本为 3.2 美分/千瓦·时，燃油发电成本为 6.9 美分/千瓦·时。

核电成本随各国经济发展水平、科学技术水平而异，以上所列均为核电发展水平较高的国家的数据。核能发电的成本虽然有了很大降低，但核电站退役处理的费用远比早先预计的为高，因此，核电的总成本还应有所增加。

5. 核电安全

核能发电时存在大量放射性物质，需要特殊的防护设施。因此，核电站在设计、建造、运行时，要注意以下五个问题。

1）实施纵深设防原则

实施纵深设防原则即在设计时就分三个层次进行安全设防：第一，通过设计逾度、质量管理、运行人员培训等措施提高可靠性，尽量减少事故。第二，设置安全系统，一旦事故发生，防止堆心损坏。第三，在发生概率极低的堆心损坏事故后，安全系统将尽量限制放射性物质向环境释放。

2）设计基准事故（DBA）

设计基准事故指用核能发电与设计核电站工程安全设施中的一些假设事故。不同类型的核电站其 DBA 不同。轻水堆的 DBA 包括冷却剂丧失事故、弹棒事故、蒸汽管破裂事故等。其中后果最严重的是失水事故。在压水堆中假设为主管道的双端断裂，也称为最大可信事故。

3）概率安全评价（PSA）

这是 20 世纪 70 年代后期发展起来的一种安全评价方法，核电站第一个完整的 PSA 报告是 1975 年美国正式发表的反应堆安全研究（WASH-1400）。该方法分析轻水堆核电站中所有可能造成堆心损坏的事故，计算出各自发生的频率值，总和为一万七千堆年分之一；计算出核电站事故给公众带来的风险值。计算说明 100 座核电站的事故风险比人为的非核事故或自然灾害所造成的总风险约小 1 万倍。PSA 一方面能给出风险值，使核电站安全有了定量化的描述，同时它系统地分析了可能发生的各种故障模式，因而可给出事故的整体特性，成为安全研究方面的一个有力工具。

4）制订应急计划

预先规划和准备一旦核电站发生放射性泄漏事故时，为避免或减缓可能对电站工作人员和周围居民健康造成有害影响及其他放射性后果所采取的措施和行为。

5）执行辐射防护三原则

核能发电的辐射安全同样遵循国际上广泛采用的辐射防护三原则，即实践的正当性、辐射防护的最优化、个人所受的剂量当量不得超过国际辐射防护委员会对相应情况所建议的限值。

4.3 国家清洁能源工程发展规划策略

清洁能源工程太阳能发展规划、清洁能源工程风能发展规划、清洁能源工程生物质能发展规划是本节介绍的主要内容。

4.3.1 清洁能源工程太阳能发展规划

1. 面临形势

"十三五"是我国推进经济转型、能源革命、体制机制创新的重要时期，也是太阳能产业升级的关键阶段，我国太阳能产业迎来难得的发展机遇，也面临严峻挑战。

1）发展机遇

（1）宏观政策环境为太阳能产业提供了发展机遇。党的十八大以来，国家将生态文明建设放在突出战略位置，积极推进能源生产和消费革命成为能源发展的核心任务，确立了我国在2030年左右二氧化碳排放达到峰值以及非化石能源占一次能源消费比例提高到20%的能源发展基本目标。伴随新型城镇化发展，建设绿色循环低碳的能源体系成为社会发展的必然要求，为太阳能等可再生能源的发展提供了良好的社会环境和广阔的市场空间。

（2）电力体制改革为太阳能产业发展增添了新动力。新一轮电力体制改革正在逐步放开发用电计划、建立优先发电制度、推进售电侧开放和电价形成机制改革、构建现代竞争性电力市场，有利于可再生能源优先发展和公平参与市场交易。在新的电力体制条件下，市场机制将鼓励提高电力系统灵活性，逐步解决常规能源与可再生能源的利益冲突问题，扩大新能源消纳市场，从而促进太阳能发电等可再生能源的大规模发展。随着售电侧改革的推进，分布式发电将会以更灵活、更多元的方式发展，通过市场机制创新解决困扰分布式光伏发展所面临的问题，推动太阳能发电全面市场化发展。

（3）全球能源转型为太阳能提供了广阔市场空间。当前，全球能源体系正加快向低碳化转型，可再生能源规模化利用与常规能源的清洁低碳化将是能源发展的基本趋势，加快发展可再生能源已成为全球能源转型的主流方向。全球光伏发电已进入规模化发展新阶段，太阳能热利用也正在形成多元化应用格局。太阳能在解决能源可及性和能源结构调整方面均有独特优势，将在全球范围得到更广泛的应用。

2）面临挑战

（1）高成本仍是光伏发电发展的主要障碍。虽然光伏发电价格已大幅下降，但与燃煤发电价格相比仍然偏高，在"十三五"时期对国家补贴依赖程度依然较高，光伏发电的非技术成本有增加趋势，地面光伏电站的土地租金、税费等成本不断上升，屋顶分布式光伏的场地租金也有上涨压力，融资成本降幅有限甚至民营企业融资成本不降反升等问题突出。光伏发电技术进步、降低成本和非技术成本降低必须同时发力，才能加速光伏发电成本和电价降低。

（2）并网运行和消纳仍存较多制约。电力系统及电力市场机制不适应光伏发电发展，传统能源发电与光伏发电在争夺电力市场方面矛盾突出。太阳能资源和土地资源均具备优势的西部地区弃光限电严重，就地消纳和外送存在市场机制和电网运行管理方面的制约。中东部地区分布式光伏发电尚不能充分利用，现行市场机制下无法体现分布式发电就近利用的经济价值，限制了分布式光伏在城市中低压配电网大规模发展。

（3）光伏产业面临国际贸易保护压力。随着全球光伏发电市场规模的迅速扩大，很多国家都将光伏产业作为新的经济增长点。一方面各国在上游原材料生产、装备制造、新型电池研发等方面加大技术研发力度，产业国际竞争更加激烈；另一方面，很多国家和地区在市场竞争不利的情况下采取贸易保护措施，对我国具有竞争优势的光伏发电产品在全球范围应用构成阻碍，也使全球合作减缓气候变化的努力弱化。

（4）太阳能热发电产业化能力较弱。我国太阳能热发电尚未大规模应用，在设计、施工、运维等环节缺乏经验，在核心部件和装置方面自主技术能力不强，产业链有待进一步完善。同时，太阳能热发电成本相比其他可再生能源偏高，面临加快提升技术水平和降低成本的较大压力。

（5）太阳能热利用产业升级缓慢。在"十二五"后期，太阳能热利用市场增长放缓，传统的太阳能热水应用发展进入瓶颈期，缺乏新的潜力大的市场领域。太阳能热利用产业在太阳能供暖、工业供热等多元化应用总量较小，相应产品研发、系统设计和集成方面的技术能力较弱，而且新应用领域的相关标准、检测、认证等产业服务体系尚需完善。

2.发展目标

继续扩大太阳能利用规模，不断提高太阳能在能源结构中的比重，提升太阳能技术水平，降低太阳能利用成本。完善太阳能利用的技术创新和多元化应用体系，为产业健康发展提供良好的市场环境。

1）开发利用目标

到2020年底，太阳能发电装机达到1.1亿千瓦以上，其中，光伏发电装机达到1.05亿千瓦以上；太阳能热发电装机达到500万千瓦。太阳能热利用集热面积达到8亿平方米。到2020年，太阳能年利用量达到1.4亿吨标准煤以上。

2）成本目标

光伏发电成本持续降低。到2020年，光伏发电电价水平在2015年基础上下降50%以上，在用电侧实现平价上网目标；太阳能热发电成本低于0.8元/千瓦·时；太阳能供暖、工业供热具有市场竞争力。

3）技术进步目标

先进晶体硅光伏电池产业化转换效率达到23%以上，薄膜光伏电池产业化转换效率显著提高，若干新型光伏电池初步产业化。光伏发电系统效率显著提升，实现智能运维。太阳能热发电效率实现较大提高，形成全产业链集成能力。

3. 重点任务

按照"创新驱动、产业升级、降低成本、扩大市场、完善体系"的总体思路，大力推动光伏发电多元化应用，积极推进太阳能热发电产业化发展，加速普及多元化太阳能热利用。

1）推进分布式光伏和"光伏+"应用

（1）大力推进屋顶分布式光伏发电。继续开展分布式光伏发电应用示范区建设，到2020年建成100个分布式光伏应用示范区，园区内80%的新建建筑屋顶、50%的已有建筑屋顶安装光伏发电。在具备开发条件的工业园区、经济开发区、大型工矿企业以及商场学校医院等公共建筑，采取"政府引导、企业自愿、金融支持、社会参与"的方式，统一规划并组织实施屋顶光伏工程。在太阳能资源优良、电网接入消纳条件好的农村地区和小城镇，推进居民屋顶光伏工程，结合新型城镇化建设、旧城镇改造、新农村建设、易地搬迁等统一规划建设屋顶光伏工程，形成若干光伏小镇、光伏新村。

（2）拓展"光伏+"综合利用工程。鼓励结合荒山荒地和沿海滩涂综合利用、采煤沉陷区等废弃土地治理、设施农业、渔业养殖等方式，因地制宜开展各类"光伏+"应用工程，促进光伏发电与其他产业有机融合，通过光伏发电为土地增值利用开拓新途径。探索各类提升农业效益的光伏农业融合发展模式，鼓励结合现代高效农业设施建设光伏电站；在水产养殖条件好的地区，鼓励利用坑塘水面建设渔光一体光伏电站；在符合林业管理规范的前提下，在宜林地、灌木林、稀疏林地合理布局林光互补光伏电站；结合中药材种植、植被保护、生态治理工程，合理配建光伏电站。

（3）创新分布式光伏应用模式。结合电力体制改革开展分布式光伏发电市场化交易，鼓励光伏发电项目靠近电力负荷建设，接入中低压配电网实现电力就近消纳。各类配电网企业应为分布式光伏发电接入电网运行提供服务，优先消纳分布式光伏发电量，建设分布式发电并网运行技术支撑系统并组织分布式电力交易。推行分布式光伏发电项目向电力用户市场化售电模式，向电网企业缴纳的输配电价按照促进分布式光伏就近消纳的原则合理确定。

2）优化光伏电站布局并创新建设方式

（1）合理布局光伏电站。综合考虑太阳能资源、电网接入、消纳市场和土地利用条件及成本等，以全国光伏产业发展目标为导向，安排各省（区、市）光伏发电年度建设规模，合理布局集中式光伏电站。规范光伏项目分配和市场开发秩序，全面通过竞争机制实现项目优化配置，加速推动光伏技术进步。在弃光限电严重地区，严格控制集中式光伏电站建设规模，加快解决已出现的弃光限电问题，采取本地消纳和扩大外送相结合的方式，提高已建成集中式光伏电站的利用率，降低弃光限电比例。

（2）结合电力外送通道建设太阳能发电基地。按照"多能互补、协调发展、扩大消纳、提高效益"的布局思路，在"三北"地区利用现有和规划建设的特高压电力外送通道，按照优先存量、优化增量的原则，有序建设太阳能发电基地，提高电力外送通道中可再生能源比重，有效扩大"三北"地区太阳能发电消纳范围。在青海、内蒙古等太阳能资源好、土地资源丰富地区，研究论证并分阶段建设太阳能发电与其他可再生能源互补的发电基地。在金沙江、雅砻江、澜沧江等西南水能资源富集的地区，依托水电基地和电力外送通道研究并分阶段建设大型风光水互补发电基地。

（3）实施光伏"领跑者"计划。设立达到先进技术水平的"领跑者"光伏产品和系统效率标准，建设采用"领跑者"光伏产品的领跑技术基地，为先进技术及产品提供市场支持，引领光伏技术进步和产业升级。结合采煤沉陷区、荒漠化土地治理，在具备送出条件和消纳市场的地区，统一规划有序建设光伏发电领跑技术基地，采取竞争方式优选投资开发企业，按照"领跑者"技术标准统一组织建设。组织建设达到最先进技术水平的前沿技术依托基地，加速新技术产业化发展。建立和完善"领跑者"产品的检测、认证、验收和保障体系，确保"领跑者"基地使用的光伏产品达到先进指标。

3）开展多种方式光伏扶贫

（1）创新光伏扶贫模式。以主要解决无劳动能力的建档立卡贫困户为目标，因地制宜、分期分批推动多种形式的光伏扶贫工程建设，覆盖已建档立卡的280万无劳动能力贫困户，平均每户每年增加3000元的现金收入。确保光伏扶贫关键设备达到先进技术指标且质量可靠，鼓励成立专业化平台公司对光伏扶贫工程实行统一运营和监测，保障光伏扶贫工程长期质量可靠、性能稳定和效益持久。

（2）大力推进分布式光伏扶贫。在中东部土地资源匮乏地区，优先采用村级电站（含户用系统）的光伏扶贫模式，单个户用系统5千瓦左右，单个村级电站一般不超过300千瓦。村级扶贫电站优先纳入光伏发电建设规模，优先享受国家可再生能源电价附加补贴。做好农村电网改造升级与分布式光伏扶贫工程的衔接，确保光伏扶贫项目所发电量就近接入、全部消纳。建立村级扶贫电站的建设和后期运营监督管理体系，相关信息纳入国家光伏扶贫信息管理系统监测，鼓励各地区建设统一的运行监控和管理平台，确保电站长期可靠运行和贫困户获得稳定收益。

（3）鼓励建设光伏农业工程。鼓励各地区结合现代农业、特色农业产业发展光伏扶贫。鼓励地方政府按PPP模式，由政府投融资主体与商业化投资企业合资建设光伏农业项目，项目资产归政府投融资主体和商业化投资企业共有，收益按股比分成，政府投融资主体要将所占股份折股量化给符合条件的贫困村、贫困户，代表扶贫对象参与项目投资经营，按月（或季度）向贫困村、贫困户分配资产收益。光伏农业工程要优先使用建档立卡贫困户劳动力，并在发展地方特色农业中起到引领作用。

4）推进太阳能热发电产业化

（1）组织太阳能热发电示范项目建设。按照"统筹规划、分步实施、技术引领、产业协同"的发展思路，逐步推进太阳能热发电产业进程。在"十三五"前半期，积极推动150万千瓦左右的太阳能热发电示范项目建设，总结积累建设运行经验，完善管理办法和政策环境，验证国产化设备及材料的可靠性；培育和增强系统集成能力，掌握关键核心技术，形成设备制造产业链，促进产业规模化发展和产品质量提高，带动生产成本降低，初步具备国际市场竞争力。

（2）发挥太阳能热发电调峰作用。逐步推进太阳能热发电产业化、商业化进程，发挥其蓄热储能、出力可控可调等优势，实现网源友好发展，提高电网接纳可再生能源的能力。在青海、新疆、甘肃等可再生能源富集地区，提前做好太阳能热发电布局，探索以太阳能热发电承担系统调峰方式，研究建立太阳能热发电与光伏发电、风电、抽水蓄能等互补利用、发电可控可调的大型混合式可再生能源发电基地，向电网提供清洁、安全、稳定的电能，促进可再生能源高比例应用。

（3）建立完善太阳能热发电产业服务体系。借鉴国外太阳能热发电工程建设经验，结合我国太阳能热发电示范项目的实施，制定太阳能热发电相关设计、设备、施工、运行标准，建立和完善相关工程设计、检测认证及质量管理等产业服务支撑体系。加快建设太阳能热发电产业政策管理体系，研究制定太阳能热发电项目管理办法，保障太阳能热发电产业健康有序发展。

5）因地制宜推广太阳能供热

（1）进一步推动太阳能热水应用。以市场需求为动力，以小城镇建设、棚户区改造等项目为依托，进一步推动太阳能热水的规模化应用。在太阳能资源适宜地区加大太阳能热水系统推广力度。支持农村和小城镇居民安装使用太阳能热水器，在农村推行太阳能公共浴室工程，扩大太阳能热水器在农村的应用规模。在大中城市的公共建筑、经济适用房、廉租房项目加大力度强制推广太阳能热水系统。在城市新建、改建、扩建的住宅建筑上推动太阳能热水系统与建筑的统筹规划、设计和应用。

（2）因地制宜推广太阳能供暖制冷技术。在东北、华北等集中供暖地区，积极推进太阳能与常规能源融合，采取集中式与分布式结合的方式进行建筑供暖；在集中供暖未覆盖地区，结合当地可再生能源资源，大力推动太阳能、地热能、生物质锅炉等小型可再生能源供热；在需要冷热双供的华东、华中地区以及传统集中供暖未覆盖的长三角、珠三角等地区，重点采用太阳能、地热能供暖制冷技术。鼓励在条件适宜的中小城镇、民用及公共建筑上推广太阳能区域性供暖系统，建设太阳能热水、采暖和制冷的三联供系统。到2020年，在适宜区域建设大型区域供热站数量达到200座以上，集热面积总量达到400万平方米以上。结合新农村建设，在全国推广农村建筑太阳能热水、采暖示范项目300万户以上。

（3）推进工农业领域太阳能供热。结合工业领域节能减排，在新建工业区（经济开发区）建设和传统工业区改造中，积极推进太阳能供热与常规能源融合，推动工业用能结构的清洁化。在印染、陶瓷、食品加工、农业大棚、养殖场等用热需求大且与太阳能热利用系统供热匹配的行业，充分利用太阳能供热作为常规能源系统的基础热源，提供工业生产用热，推动工业供热的梯级循环利用。结合新能源示范城市和新能源利用产业园区、绿色能源示范县（区）等，建设一批工农业生产太阳能供热，总集热面积达到2000万平方米。

4.3.2 清洁能源工程风能发展规划

1. 面临的形势与挑战

为实现 2020 年和 2030 年非化石能源占一次能源消费比重 15% 和 20% 的目标，促进能源转型，我国必须加快推动风电等可再生能源产业发展。但随着应用规模的不断扩大，风电发展也面临不少新的挑战。突出表现为：

1）现有电力运行管理机制不适应大规模风电并网的需要

我国大量煤电机组发电计划和开机方式的核定不科学，辅助服务激励政策不到位，省间联络线计划制订和考核机制不合理，跨省区补偿调节能力不能充分发挥，需求侧响应能力受到刚性电价政策的制约，多种因素导致系统消纳风电等新能源的能力未有效挖掘，局部地区风电消纳受限问题突出。

2）经济性仍是制约风电发展的重要因素

与传统的化石能源电力相比，风电的发电成本仍比较高，补贴需求和政策依赖性较强，行业发展受政策变动影响较大。同时，反映化石能源环境成本的价格和税收机制尚未建立，风电等清洁能源的环境效益无法得到体现。

3）支持风电发展的政策和市场环境尚需进一步完善

风电开发地方保护问题较为突出，部分地区对风电"重建设、轻利用"，对优先发展可再生能源的政策落实不到位。设备质量管理体系尚不完善，产业优胜劣汰机制尚未建立，产业集中度有待进一步提高，低水平设备仍占较大市场份额。

2. 发展目标

总量目标：到 2020 年底，风电累计并网装机容量确保达到 2.1 亿千瓦以上，其中海上风电并网装机容量达到 500 万千瓦以上；风电年发电量确保达到 4200 亿千瓦·时，约占全国总发电量的 6%。

消纳利用目标：到 2020 年，有效解决弃风问题，"三北"地区全面达到最低保障性收购利用小时数的要求。

产业发展目标：风电设备制造水平和研发能力不断提高，实现 3 ～ 5 家设备制造企业全面达到国际先进水平，市场份额明显提升。

3. 重点任务

1）有效解决风电消纳问题

通过加强电网建设、提高调峰能力、优化调度运行等措施，充分挖掘系统消纳风电能力，促进区域内部统筹消纳以及跨省跨区消纳，切实有效解决风电消纳问题。

（1）合理规划电网结构，补强电网薄弱环节。电网企业要根据《电力发展"十三五"规划》，重点加强风电项目集中地区的配套电网规划和建设，有针对性地对重要送出断面、风电汇集站、枢纽变电站进行补强和增容扩建，逐步完善、加强配电网和主网架结构，有效减少因局部电网送出能力、变电容量不足导致的大面积弃风限电现象。加快推动配套外送风电的重点跨省跨区特高压输电通道建设，确保按期投产。

（2）充分挖掘系统调峰潜力，提高系统运行灵活性。加快提升常规煤电机组和供热机组运行灵活性，通过技术改造、加强管理和辅助服务政策激励，增大煤电机组调峰深度，尽快明确自备电厂的调峰义务和实施办法，推进燃煤自备电厂参与调峰，重视并推进燃气机组调峰，着力化解冬季供暖期风电与热电联产机组的运行矛盾。加强需求侧管理和响应体系建设，开展和推广可中断负荷试点，不断提升系统就近就地消纳风电的能力。

（3）优化调度运行管理，充分发挥系统接纳风电潜力。修订完善电力调度技术规范，提高风电功率预测精度，推动风电参与电力电量平衡。合理安排常规电源开机规模和发电计划，逐步缩减煤电发电计划，为风电预留充足的电量空间。在保证系统安全的情况下，将风电充分纳入网调、省调的年度运行计划。加强区域内统筹协调，优化省间联络线计划和考核方式，充分利用省间调峰资源，推进区域内风电资源优化配置。充分利用跨省跨区输电通道，通过市场化方式最大限度提高风电外送电量，促进风电跨省跨区消纳。

2）提升中东部和南方地区风电开发利用水平

重视中东部和南方地区风电发展，将中东部和南方地区作为为我国"十三五"期间风电持续规模化开发的重要增量市场。

（1）做好风电发展规划。将风电作为推动中东部和南方地区能源转型和节能减排的重要力量，以及带动当地经济社会发展的重要措施。根据各省（区、市）资源条件、能耗水平和可再生能源发展引导目标，按照"本地开发、就近消纳"的原则编制风电发展规划。落实规划内项目的电网接入、市场消纳、土地使用等建设条件，做好年度开发建设规模的分解工作，确保风电快速有序开发建设。

（2）完善风电开发政策环境。创新风电发展体制机制，因地制宜出台支持政策措施。简化风电项目核准支持性文件，制定风电与林地、土地协调发展的支持性政策，提高风电开发利用效率。建立健全风电项目投资准入政策，保障风电开发建设秩序。鼓励企业自主创新，加快推动技术进步和成本降低，在设备选型、安装台数方面给予企业充分的自主权。

3）提高风电开发技术水平

加强风能资源勘测和评价，提高微观选址技术水平，针对不同的资源条件，研究采用不同机型、塔筒高度以及控制策略的设计方案，加强设备选型研究，探索同一风电场因地制宜安装不同类型机组的混排方案。在可研设计阶段推广应用主机厂商带方案招投标。推动低风速风电技术进步，因地制宜推进常规风电、低风速风电开发建设。

推动技术自主创新和产业体系建设不断提高自主创新能力，加强产业服务体系建设，推动产业技术进步，提升风电发展质量，全面建成具有世界先进水平的风电技术研发和设备制造体系。

4）促进产业技术自主创新

加强大数据、3D打印等智能制造技术的应用，全面提升风力电机组性能和智能化水平。突破10兆瓦级大容量风电机组及关键部件的设计制造技术。掌握风电机组的降载优化、智能诊断、故障自恢复技术，掌握基于物联网、云计算和大数据分析的风电场智能化运维技术，掌握风电场多机组、风电场群的协同控制技术。突破近海风电场设计和建设成套关键技术，掌握海上风电机组基础一体化设计技术并开展应用示范。鼓励企业利用新技术，降低运行管理成本，提高存量资产运行效率，增强市场竞争力。

5）加强公共技术平台建设

建设全国风力资源公共服务平台，提供高分辨率的风力资源数据。建设近海海上试验风电场，为新型机组开发及优化提供型式试验场地和野外试验条件。建设 10 兆瓦级风电机组传动链地面测试平台，为新型机组开发及性能优化提供检测认证和技术研发的保障，切实提高公共技术平台服务水平。

6）推进产业服务体系建设

优化咨询服务业，鼓励通过市场竞争提高咨询服务质量。积极发展运行维护、技术改造、电力电量交易等专业化服务，做好市场管理与规则建设。创新运营模式与管理手段，充分共享行业服务资源。建立全国风电技术培训及人才培养基地，为风电从业人员提供技能培训和资质能力鉴定，与企业、高校、研究机构联合开展人才培养，健全产业服务体系。完善风电行业管理体系深入落实简政放权的总体要求，继续完善风电行业管理体系，建立保障风电产业持续健康发展的政策体系和管理机制。

7）加强政府管理和协调运行机制

加快建立能源、国土、林业、环保、海洋等政府部门间的协调运行机制，明确政府部门管理职责和审批环节手续流程，为风电项目健康有序开发提供良好的市场环境。完善分散式风电项目管理办法，出台退役风机置换管理办法。

8）完善海上风电产业政策

开展海上风能资源勘测和评价，完善沿海各省（区、市）海上风电发展规划。加快海上风电项目建设进度，鼓励沿海各省（区、市）和主要开发企业建设海上风电示范项目。规范精简项目核准手续，完善海上风电价格政策。加强标准和规程制定、设备检测认证、信息监测工作，形成覆盖全产业链的成熟的设备制造和建设施工技术标准体系。

9）全面实现行业信息化管理

结合国家简政放权要求，完善对风电建设期和运行期的事中事后监管，加强对风电工程、设备质量和运行情况的监管。应用大数据、"互联网+"等信息技术，建立健全风电全生命周期信息监测体系，全面实现风电行业信息化管理。

10）建立优胜劣汰的市场竞争机制

发挥市场在资源配置中的决定性作用，加快推动政府职能转变，建立公平有序、优胜劣汰的市场竞争环境，促进行业健康发展。

（1）加强政府监管。规范地方政府行为，纠正"资源换产业"等不正当行政干预。规范风电项目投资开发秩序，杜绝企业违规买卖核准文件、擅自变更投资主体等行为，建立企业不良行为记录制度、负面清单等管理制度，形成市场淘汰机制。构建公平、公正、公开的招标采购市场环境，杜绝有失公允的关联交易，及时纠正违反公平原则、扰乱市场秩序的行为。

（2）强化质量监督。建立覆盖设计、生产、运行全过程的质量监督管理机制。充分发挥行业协会的作用，完善风电机组运行质量监测评价体系，定期开展风电机组运行情况综合评价。落实风电场重大事故上报、分析评价及共性故障预警制度，定期发布风电机组运行质量负面清单。充分发挥市场调节作用，有效进行资源整合，鼓励风电设备制造企业兼并重组，提高市场集中度。

（3）完善标准检测认证体系。进一步完善风电标准体系，制定和修订风电机组、风电场、辅助运维设备的测试与评价标准，完善风电机组关键零部件、施工装备、工程技术和风电场运行、维护、安全等标准。加强检测认证能力建设，开展风电机组项目认证，推动检测认证结果与信用建设体系的衔接。

（4）加强国际合作。紧密结合"一带一路"倡议及国际多边、双边合作机制，把握全球风电产业发展大势和国际市场深度合作的窗口期，有序推进我国风电产业国际化发展。

（5）稳步开拓国际风电市场。充分发挥我国风电设备和开发企业的竞争优势，深入对接国际需求，稳步开拓北非、中亚、东欧、南美等新兴市场，巩固和深耕北美、澳洲、欧洲等传统市场，鼓励采取贸易、投资、园区建设、技术合作等多种方式，推动风电产业领域的咨询、设计、总承包、装备、运营等企业整体走出去。提升融资、信保等服务保障，形成多家具有国际竞争力和市场开拓能力的风电设备骨干企业。

（6）加强国际品牌建设。坚持市场导向和商业运作原则，加强质量信用，建立健全风电产品出口规范体系，包括质量监测和安全生产体系、海外投资项目的投资规范管理体系等。严格控制出口风电设备的质量，促进开发企业和设备制造企业加强国际品牌建设，塑造我国风电设备质量优异、服务到位的良好市场形象。

（7）积极参与国际标准体系建设。鼓励国内风电设计、建设、运维和检测认证机构积极参与国际标准的制定和修订工作。鼓励与境外企业和相关机构开展技术交流合作，增强技术标准的交流合作与互认，推动我国风电认证的国际采信。积极运用国际多边互认机制，深度参与可再生能源认证互认体系合格评定标准、规则的制定、实施和评估，提升我国在国际认证、认可、检测等领域的话语权。

（8）积极促进国际技术合作。在已建立的政府双边合作关系基础上，进一步深化技术合作，建立新型政府间、民间的双边、多边合作伙伴关系。鼓励开展国家级风电公共实验室国际合作，在大型公共风电数据库建设等方面建立互信与共享。鼓励国内企业设立海外研发分支机构，联合国外机构开展基础科学研究，支持成立企业间风电技术专项国际合作项目。做好国际风电技术合作间的知识产权工作。

（9）发挥金融对风电产业的支持作用。积极促进风电产业与金融体系的融合，提升行业风险防控水平，鼓励企业降低发展成本。

（10）完善保险服务体系，提升风电行业风险防控水平。建立健全风电保险基础数据库与行业信息共享平台，制定风电设备、风电场风险评级标准规范，定期发布行业风险评估报告，推动风电设备和风电场投保费率差异化。建立覆盖风电设备及项目全过程的保险产品体系。创新保险服务模式，鼓励风电设备制造企业联合投保。鼓励保险公司以共保体、设立优先赔付基金的方式开展保险服务，探索成立面向风电设备质量的专业性相互保险组织。推进保险公司积极采信第三方专业机构的评价结果，在全行业推广用保函替代质量保证金。

（11）创新融资模式，降低融资成本。鼓励企业通过多元化的金融手段，积极利用低成本资金降低融资成本。将风电项目纳入国家基础设施建设鼓励目录。鼓励金融机构发行绿色债券，鼓励政策性银行以较低利率等方式加大对风电产业的支持，鼓励商业银行推进项目融资模式。鼓励风电企业利用公开发行上市、绿色债券、资产证券化、融资租赁、供应链金融等金融工具，探索基于互联网和大数据的新兴融资模式。

（12）积极参与碳交易市场，增加风电项目经济收益。充分认识碳交易市场对风电等清洁能源行业的积极作用，重视碳资产管理工作，按照规定积极进行项目注册和碳减排量交易。完善绿色证书交易平台建设，推动实施绿色电力证书交易，并做好与全国碳交易市场的衔接协调。

4.3.3　清洁能源工程生物质能发展规划

1.面临形势

目前，生物质能发展面临的形势如下：

一是生物质能多元化分布式应用成为世界上生物质能发展较好国家的共同特征。二是生物天然气和成型燃料供热技术和商业化运作模式基本成熟，逐渐成为生物质能重要发展方向。生物天然气不断拓展车用燃气和天然气供应等市场领域。生物质供热在中、小城市和城镇应用空间不断扩大。三是生物液体燃料向生物基化工产业延伸，技术重点向利用非粮生物质资源的多元化生物炼制方向发展，形成燃料乙醇、混合醇、生物柴油等丰富的能源衍生替代产品，不断扩展航空燃料、化工基础原料等应用领域。

我国生物质资源丰富，能源化利用潜力大。全国可作为能源利用的农作物秸秆及农产品加工剩余物、林业剩余物和能源作物、生活垃圾与有机废弃物等生物质资源总量每年约合4.6亿吨标准煤。

生物质能是唯一可转化成多种能源产品的新能源，通过处理废弃物直接改善当地环境，是发展循环经济的重要内容，综合效益明显。从资源和发展潜力来看，生物质能总体仍处于发展初期，还存在以下主要问题：

（1）尚未形成共识。目前社会各界对生物质能认识不够充分，一些地方甚至限制成型燃料等生物质能应用，导致生物质能发展受到制约。

（2）分布式商业化开发利用经验不足。受制于我国农业生产方式，农林生物质原料难以实现大规模收集，一些年利用量超过10万吨的项目，原料收集困难。畜禽粪便收集缺乏专用设备，能源化无害化处理难度较大。急需探索就近收集、就近转化、就近消费的生物质能分布式商业化开发利用模式。

（3）专业化市场化程度低，技术水平有待提高。生物天然气和生物质成型燃料仍处于发展初期，受限于农村市场，专业化程度不高，大型企业主体较少，市场体系不完善，尚未成功开拓高价值商业化市场。纤维素乙醇关键技术及工程化尚未突破，急待开发高效混合原料发酵装置、大型低排放生物质锅炉等现代化专用设备，提高生物天然气和成型燃料工程化水平。

（4）标准体系不健全。尚未建立生物天然气、生物成型燃料工业化标准体系，缺乏设备、产品、工程技术标准和规范。尚未出台生物质锅炉和生物天然气工程专用的污染物排放标准。生物质能检测认证体系建设滞后，制约了产业专业化规范化发展。缺乏对产品和质量的技术监督。

（5）政策不完善。生物质能开发利用涉及原料收集、加工转化、能源产品消费、伴生品处理等诸多环节，政策分散，难以形成合力。尚未建立生物质能产品优先利用机制，缺乏对生物天然气和成型燃料的终端补贴政策支持。

2.发展目标

到2020年，生物质能基本实现商业化和规模化利用。生物质能年利用量约为5800万吨标准煤。生物质发电总装机容量达到1500万千瓦，年发电量900亿千瓦·时，其中农林生物质直燃发电700万千瓦，城镇生活垃圾焚烧发电750万千瓦，沼气发电50万千瓦；生物天然气年利用量80亿立方米；生物液体燃料年利用量600万吨；生物质成型燃料年利用量3000万吨。

3.发展布局和建设重点

1）大力推动生物天然气规模化发展

到2020年，初步形成一定规模的绿色低碳生物天然气产业，年产量达到80亿立方米，建设160个生物天然气示范县和循环农业示范县。

推动全国生物天然气示范县建设。以县为单位建立产业体系，选择有机废弃物丰富的种植养殖大县，编制县域生物天然气开发建设规划，立足于整县推进，发展生物天然气和有机肥，建立原料收集保障、生物天然气消费、有机肥利用和环保监管体系，构建县域分布式生产消费模式。

加快生物天然气技术进步和商业化。探索专业化投资建设管理模式，形成技术水平较高、安全环保的新型现代化工业门类。建立县域生物天然气开发建设专营机制。加快关键技术进步和工程现代化，建立健全检测、标准、认证体系。培育和创新商业化模式，提高商业化水平。

推进生物天然气有机肥专业化规模化建设。以生物天然气项目产生的沼渣沼液为原料，建设专业化标准化有机肥项目。优化提升已建有机肥项目，加强关键技术研发与装备制造。创新生物天然气有机肥产供销用模式，促进有机肥大面积推广，减少化肥使用量，促进土壤改良。

建立健全产业体系。创新原料收集保障模式，形成专业化原料收集保障体系。构建生物天然气多元化消费体系，强化与常规天然气衔接并网，加快生物天然气市场化应用。建立生物天然气有机肥利用体系，促进有机肥高效利用。建立健全全过程环保监管体系，保障产业健康发展。

2）积极发展生物质成型燃料供热

积极推动生物质成型燃料在商业设施与居民采暖中的应用。结合当地关停燃煤锅炉进程，发挥生物质成型燃料锅炉供热面向用户侧布局灵活、负荷响应能力较强的特点，以供热水、供蒸汽、冷热联供等方式，积极推动在城镇商业设施及公共设施中的应用。结合农村散煤治理，在政策支持下，推进生物质成型燃料在农村炊事采暖中的应用。

加快大型先进低排放生物质成型燃料锅炉供热项目建设。发挥成型燃料含硫量低的特点，在工业园区大力推进20吨/小时以上低排放生物质成型燃料锅炉供热项目建设，污染物排放达到天然气水平，烟尘、二氧化硫、氮氧化物排放量不高于20毫克/立方米、50毫克/立方米、200毫克/立方米，替代燃煤锅炉供热。建成一批以生物质成型燃料供热为主的工业园区。

加强技术进步和标准体系建设。加强大型生物质锅炉低氮燃烧关键技术进步和设备制造，推进设备制造标准化系列化成套化。制定出台生物质供热工程设计、成型燃料产品、成型设备、生物质锅炉等标准。加快制定生物质供热锅炉专用污染物排放标准。加强检测认证体系建设，强化对工程与产品的质量监督。

3）稳步发展生物质发电

积极发展分布式农林生物质热电联产。农林生物质发电全面转向分布式热电联产，推进新建热电联产项目，对原有纯发电项目进行热电联产改造，为县城、大乡镇供暖及为工业园区供热。加快推进糠醛渣、甘蔗渣等热电联产及产业升级。加强项目运行监管，杜绝掺烧煤炭、骗取补贴的行为。加强对发电规模的调控，对于国家支持政策以外的生物质发电方式，由地方出台支持措施。

稳步发展城镇生活垃圾焚烧发电。在做好环保、选址及社会稳定风险评估的前提下，在人口密集、具备条件的大中城市稳步推进生活垃圾焚烧发电项目建设。鼓励建设垃圾焚烧热电联产项目。加快应用现代垃圾焚烧处理及污染防治技术，提高垃圾焚烧发电环保水平。加强宣传和舆论引导，避免和减少邻避效应。

因地制宜发展沼气发电。结合城镇垃圾填埋场布局，建设垃圾填埋气发电项目；积极推动酿酒、皮革等工业有机废水和城市生活污水处理沼气设施热电联产；结合农村规模化沼气工程建设，新建或改造沼气发电项目。积极推动沼气发电无障碍接入城乡配电网和并网运行。到2020年，沼气发电装机容量达到50万千瓦。

4）加快生物液体燃料的示范和推广

推进燃料乙醇推广应用。大力发展纤维乙醇。立足国内自有技术力量，积极引进、消化、吸收国外先进经验，开展先进生物燃料产业示范项目建设；适度发展木薯等非粮燃料乙醇。合理利用国内外资源，促进原料多元化供应。选择木薯、甜高粱茎秆等原料丰富地区或利用边际土地和荒地种植能源作物，建设10万吨级燃料乙醇工程；控制总量发展粮食燃料乙醇。统筹粮食安全、食品安全和能源安全，以霉变玉米、毒素超标小麦、"镉大米"等为原料，在"问题粮食"集中区，适度扩大粮食燃料乙醇生产规模。

加快生物柴油在交通领域应用。对生物柴油项目进行升级改造，提升产品质量，满足交通燃料品质需要。建立健全生物柴油产品标准体系。开展市场封闭推广示范，推进生物柴油在交通领域的应用。

推进技术创新与多联产示范。加强纤维素、微藻等原料生产生物液体燃料技术研发，促进大规模、低成本、高效率示范应用。加快非粮原料多联产生物液体燃料技术创新，建设万吨级综合利用示范工程。推进生物质转化合成高品位燃油和生物航空燃料产业化示范应用。

第5章　清洁能源市场化运营工程
原理与应用

清洁能源市场化运营的基本原理、我国电力市场化电价形成机制、清洁能源市场化运营工程应用案例是本章介绍的主要内容。

5.1 清洁能源市场化运营的基本原理

电力市场基本概念、电力市场改革对清洁能源企业的影响、我国电力交易市场模式与运行方式、我国电力市场与碳市场协同发展研究是本节介绍的主要内容。

5.1.1 电力市场基本概念

1.电力市场的定义

电力市场有广义和狭义两种含义。广义的电力市场是指电力生产、传输、使用和销售关系的总和。狭义的电力市场即指竞争性的电力市场，是电能生产者和使用者通过协商、竞价等方式就电能及其相关产品进行交易，通过市场竞争确定价格和数量的机制。竞争性电力市场具有开放性、竞争性、计划性和协调性。竞争性电力市场的要素包括市场主体（售电者、购电者）、市场客体（买卖双方交易的对象，如电能、输电权、辅助服务等）、市场载体、市场价格、市场规则等。

电力是特殊的商品，能够随同生产和消费一同进行，并且伴随着储存过程。电力市场是属于商品市场的一个范畴，它通过电力这种特殊的商品，使买方和卖方进行交换，逐步实现电力的融通。就目前电力市场的竞争情况来看，电力市场能够引起电力工业逐步开展电力竞争，通过市场的动态化实现调整，从电力市场的本质发展来看，电力市场具有一定的开放性、竞争性、网络性和协调性，能够实现竞争者之间的相互平等与公平。

目前，许多国家的电力工业都在进行打破垄断、解除管制、引入竞争、建立电力市场的电力体制改革，目的在于更合理地配置资源、提高资源利用率，促进电力工业与社会、经济、环境的协调发展。在我国，电力工业快速发展的同时，电力体制改革也逐步深入，电力工业以"公司制改组、商业化运营、法制化管理"为改革目标的基本方向，在发电领域逐步引入竞争机制，逐步形成开放发电侧的经营模式，即各发电公司按电价竞争上网的市场机制，形成初步的电力市场化。2015年3月15日，《中共中央 国务院关于进一步深化电力体制改革的若干意见》（中发〔2015〕9号）（简称中发〔2015〕9号文件）发布，标志着新一轮电力体制改革开启。中发9号文件提出通过建立市场化的机制，解决电力发展中存在的问题。改革的方向是市场化，改革的目标是还原电力商品属性，构建有效竞争的电力市场。

2.加快清洁能源发展必要性

风电发电量占全国总发电量的4%，即使风电全停，火电的年利用小时数也不过增加100多小时。而过去的几年中，火电平均利用小时数从6000多小时降到了不足4000小时，这并不是受风电影响，而是火电装机过剩引起的。我国火电在电源结构中占比70%，这极其不合理，在世界上也少见。现在已经到了调整电源结构的时候了。火电要做好逐渐被淘汰的准备，但现在仍有大量的火电机组上马，从而加剧了电力供需的矛盾，制约了可再生能源发展的空间，违背了国家发展可再生能源的大政方针。现在，国外正在大幅度提高可再生能源比例，2017年德国已经成立100%可再生能源组织，研究电力系统实现100%可再生能源后产生的变革。发展可再生能源已经是全球大势所趋，必须打破思想上和认识上的束缚。

过去很多人将弃风限电归因于技术问题，认为风电、光伏发电存在波动性，不可控，电网灵活性不足，导致不得不弃风限电，但以目前的情况看，将高达30%、40%的弃风率归咎于技术限制是不成立的，其根源是，在电力装机过剩，供大于求的情况下，先调度谁、先使用谁的问题。虽然《可再生能源法》规定可再生能源拥有优先上网权，但在现有电力体制下，火电因为每年有政府下达的计划电量，形成了事实上的优先发电权，挤占了可再生能源的发展空间。正是这些体制机制上的弊端，导致了弃风限电。

要解决弃风限电的问题，一方面要破除体制机制约束，理顺利益关系，坚持可再生能源优先上网和认真落实可再生能源发电保障性收购制度；另一方面则要做到依法行政，有法必依，对于各类违法违规行政问题，应该强化违法监督检查，及时纠正。

3.加快电力市场发展的必要性

首先要加快电力体制改革，建立市场化的机制。欧洲之所以没有弃风限电问题，是因为有电力现货市场，风电等可再生能源发电可以利用边际成本接近零的优势，实现可再生能源电力优先上网。在现货市场没有建立的情况下，通过制定最低保障性收购小时数等政策措施，是进一步解决弃风限电问题的有效方式。然而，一些地方政府并未严格执行。所以，要制定更加严格的惩罚措施，严格监管，提高法规的约束力。

随着电力体制进一步深化改革，一定要建立现货市场。因为电力不同于其他商品，不同时间段的价值差别很大，高峰时段就应该贵，低谷时段就应该很便宜，甚至是负电价。只有建立了现货市场，才是真正建立了电力市场。

此外，还需要建立市场化的补贴机制。通过建立强制性认购制度，通过"绿色电力证书"交易，对可再生能源的环境价值给予补偿，这也是一种将化石能源外部成本内部化的手段。从某种意思上来说，市场建立起来了，制约可再生能源发展的问题、制约电力行业发展的一些问题都会得到解决。

5.1.2 电力市场改革对清洁能源企业的影响

2018年，电力市场建设初具规模，交易电量累计2.07万亿千瓦·时，同比增长26.5%，占全社会用电量比重达30.2%左右，同比提高4.3%，较上年增加292亿千瓦·时，水电上网电量市场化率达到31.9%，较上年提高1个百分点；风电市场交易电量395亿千瓦·时，风电上网电量市场化率为21.4%；光伏市场交易电量为87亿千瓦·时，较上年增加35亿千瓦·时，发电上网电量市场化率为26.6%，较上年提高2个百分点；核电市场交易电量为662亿千瓦·时，较上年增加268亿千瓦·时，发电上网电量市场化率为24.8%，较上年提高7个百分点。

可再生能源在未来一定会成为主流能源，这是确定无疑的。对于风电企业来说，要通过持续创新发展，不断降低度电成本，提高自身的竞争力，让全社会用最经济的电，实现人类百分之百使用可再生能源的梦想，这才是我们不断追求的终极目标，也是追求"平价上网"的意义所在。在此需要强调的是，目前提到风电平价上网的问题时，很多人都是拿风电价格与火电相比，他们认为可再生能源发电比火电贵。其实这种比较并不公平，因为火电价格并不是其完全成本的体现。据权威机构测算，加上环境污染、健康损害等外部成本，火电的完全成本是现行火电价格的2～3倍。实际上，"三北"风力资源丰富的省份是最具备成本优势的开发地区，风电的上网电价最具备大幅下降条件。但是高达30%～40%的弃风限电，致使在现有电价水平下，这些地区风电的项目大量亏损。

1.风电、太阳能发电参与电力市场

一方面，大力发展清洁能源是国家产业政策的要求，需要一定的补贴以促其发展；另一方面，也必须考虑现实的调峰、消纳与价格补贴费用的承受问题。对不同区域的风电、太阳能发电小时做了最低的保障性收购，对超过保障小时的鼓励参与市场竞价。这为可再生能源发展和原来作为主力电源的火电确定了较好的利益平衡过渡机制。由送电、受电市场主体双方在自愿平等基础上，在贯彻落实国家能源战略的前提下，按照"风险共担、利益共享"原则协商或通过市场化交易方式确定送受电价格，鼓励通过签订中长期合同的方式予以落实；优先发电计划电量以外部分参加受电地区市场化竞价。这些都给予了风电、太阳能等清洁能源一定的保证，能够使其继续发展下去。

2.核电参与市场竞争

核电的标杆电价要高于火电的标杆电价，一些地方政府要求核电电价要向火电电价看齐，同时要求核电企业参与电网调峰，这样一方面影响核电机组的稳定运行，另一方面核电初始投资较高，新建核电站如果标杆电价要和火电看齐将造成部分企业发电即亏损的现象发生，不利于国家节能减排的大方向和核能技术转化为生产力的进程。虽然2017年中华人民共和国发展和改革委员会（下简称国家发改委）、国家能源局印发了《保障核电安全消纳暂行办法》，但这一政策的落地显然遇到了阻碍。该政策给予地方政府很大的决定权，地方政府在结合当地电力需求和各方面利益而定之后，并不是所有的核电企业都能得到保障。同时暂行办法鼓励电力直接交易，电力直接交易已经在部分省市实际执行了，而且核电企业也已经参与其中，并对核电企业参与电力直接交易的比例做出了明确要求。这就意味着"即使满发，也要打折出售"，目前来看，电力直接交易基本以"一定程度低价成交"。即使有了"保障性消纳"，也并不意味着核电可以高枕无忧了，在全国电力整体富余的情况没有根本性改

变之前，核电企业仍然应该时刻抱有忧患意识。

3.清洁能源企业应对电力市场改革的措施

清洁能源型企业要注重电力市场改革制度内容，要从电力市场改革方向出发，不断地强化内部制度完善，积极采取有计划、有规则的交易制度，注重相关交易规则、品种、模式，要充分地考虑到各种能源的特殊性，注重资源的综合运用。清洁能源是技术密集型行业，电力的安全、高效运行和优质服务，需要技术标准、服务标准的基础性支撑，需要电力调度条例的硬约束。清洁能源又是资金密集型产业，巨额的资金投入离开定额管理，投资无法预决算，成本也无从监管，所以尊重行规行约，加强行业自律，是促进电力行业市场有序竞争的重要基础和平台，离开这些行业的基础管理和平台，所谓的有序、有效竞争则必然无从谈起。特别是电力市场化交易过程中，清洁能源企业要注重交易规则的全面设定，注重交易规则的设计和实施，并且从实际出发，注重交易过程中的相关原则，才能使国家能源政策和相关安全计划顺利实施。通过相关能源的平衡机制处理，能够使市场化交易计划更好地适应市场化变化，确保清洁能源企业不断进行能源有效运用。

清洁能源企业要注重市场化交易规则和交易内容，如是一价出清好还是多价出清好、清洁能源优先上网收购如何保障、辅助服务价格与品种怎么设计等，这些直接关系到市场的运行效率。要面向市场进行相关交易电量的计划，逐步制定相关规则和价格约束机制，根据市场发展的速度和要求，逐步调节相关价格和相关内容。建立具有调动机制的价格安排，通过价格机制结构安排，逐步实现有计划有内容的服务机制；通过服务机制，逐步实现市场化要求，特别是现阶段高能耗对于大自然的损害。国家给予清洁能源企业高度的重视，这就需要清洁能源企业不断地进行内部机制建设，只有注重内部建设与管理内容的研发，才能不断地适应市场化变化需求，不断地应对风险与挑战。

清洁能源企业在电力市场要遵循市场改革方向，积极顺应电力市场改革，并从市场改革出发，遵循市场发展的规律，同时结合自身发展的进行相关市场研发，从节能减排和能源优化配置角度出发，逐步建立起具有促进能源优化配置的相关措施。积极采取有效措施，促进能源的有效使用和运用，才能使能源得到有效的优化配置，促进清洁能源企业健康长效发展。

电力体制改革对于我国来说是一项重要的课题，也是国际性的重要大课题之一。因此电力体制改革特别重要，能够展现出一个国家的国情发展趋势，也能够看出一个国家资源有效运用情况。针对该课题的研究要分步骤进行，注重时代发展的趋势，新电改是时代发展的趋势。我国清洁能源企业要遵循企业自身实际发展情况，同时结合可持续发展的原则，从实际出发，注重安全战略，促进电力进一步完善，只有这样才能保证资源的节能减排和有效利用，最终真正实现"青山绿水，蓝天白云"的原生态社会。

5.1.3　我国电力交易市场模式与运行方式

1.推动电力市场体系建设

遵循市场经济基本规律和电力工业运行客观规律，积极培育市场主体，坚持节能减排，建立公平、规范、高效的电力交易平台,引入市场竞争,打破市场壁垒,无歧视开放电网。具备条件的地区逐步建立以中长期交易为主、现货交易为补充的市场化电力电量平衡机制;逐步建立以中长期交易规避风险,以现货市场发现价格,交易品种齐全、功能完善的电力市场。在全国范围内逐步形成竞争充分、开放有序、健康发展的市场体系。

有序放开发用电计划、竞争性环节电价,不断扩大参与直接交易的市场主体范围和电量规模,逐步建立市场化的跨省跨区电力交易机制。选择具备条件地区开展试点,建成包括中长期和现货市场等较为完整的电力市场;总结经验、完善机制、丰富品种,视情况扩大试点范围;逐步建立符合国情的电力市场体系。非试点地区按照《关于有序放开发用电计划的实施意见》开展市场化交易。试点地区可根据本地实际情况,另行制定有序放开发用电计划的路径。零售市场按照《关于推进售电侧改革的实施意见》开展市场化交易。

2. 实施电力市场化主要目标

1) 电力市场构成

电力市场主要由中长期市场和现货市场构成。中长期市场主要开展年、季、月、周等日以上电能量交易和可中断负荷、调压等辅助服务交易。现货市场主要开展日前、日内、实时电能量交易和备用、调频等辅助服务交易。条件成熟时,探索开展容量市场、电力期货和衍生品等交易。

2) 市场模式分类

市场模式主要分为分散式和集中式两种模式。分散式是主要以中长期实物合同为基础,发用双方在日前阶段自行确定日发用电曲线,偏差电量通过日前、实时平衡交易进行调节的电力市场模式。集中式是主要以中长期差价合同管理市场风险,配合现货交易采用全电量集中竞价的电力市场模式。各地应根据地区电力资源、负荷特性、电网结构等因素,结合经济社会发展实际来选择电力市场建设模式。为保障市场健康发展和有效融合,电力市场建设应在市场总体框架、交易基本规则等方面保持基本一致。

3) 电力市场体系

电力市场分为区域和省(区、市)电力市场,市场之间不分级别。其中,区域电力市场包括在全国较大范围内和一定范围内资源优化配置的电力市场两类。在全国较大范围内资源优化配置的功能主要通过北京电力交易中心(依托国家电网公司组建)、广州电力交易中心(依托南方电网公司组建)实现,负责落实国家计划、地方政府协议,促进市场化跨省跨区交易;一定范围内资源优化配置的功能主要通过中长期交易、现货交易,在相应区域电力市场现。省(区、市)电力市场主要开展省(区、市)内中长期交易、现货交易。同一地域内不重复设置开展现货交易的电力市场。

3. 主要任务

建立电力市场要完成的主要任务如下:

(1)组建相对独立的电力交易机构。按照政府批准的章程和规则,组建电力交易机构,为电力交易提供服务。

（2）搭建电力市场交易技术支持系统。满足中长期、现货市场运行和市场监管要求，遵循国家明确的基本交易规则和主要技术标准，实行统一标准、统一接口。

（3）建立优先购电、优先发电制度。保障公益性、调节性发用电优先购电、优先发电，坚持清洁能源优先上网，加大节能减排力度，并在保障供需平衡的前提下，逐步形成以市场为主的电力电量平衡机制。

（4）建立相对稳定的中长期交易机制。鼓励市场主体间开展直接交易，自行协商签订合同，或通过交易机构组织的集中竞价交易平台签订合同。优先购电和优先发电视为年度电能量交易合同，可中断负荷、调压等辅助服务可视为中长期交易合同。允许按照市场规则转让或者调整交易合同。

（5）完善跨省跨区电力交易机制。以中长期交易为主、临时交易为补充，鼓励发电企业、电力用户、售电主体等通过竞争方式进行跨省跨区买卖电。跨省跨区送受电中的国家计划、地方政府协议送电量优先发电，承担相应辅助服务义务，其他跨省跨区送受电参与电力市场。

（6）建立有效竞争的现货交易机制。不同电力市场模式下，均应在保证安全、高效、环保的基础上，按成本最小原则建立现货交易机制，发现价格，引导用户合理用电，促进发电机组最大限度提供调节能力。

（7）建立辅助服务交易机制。按照"谁受益、谁承担"的原则，建立电力用户参与的辅助服务分担共享机制，积极开展跨省跨区辅助服务交易。在现货市场开展备用、调频等辅助服务交易，中长期市场开展可中断负荷、调压等辅助服务交易。用户可以结合自身负荷特性，自愿选择与发电企业或电网企业签订保供电协议、可中断负荷协议等合同，约定各自的辅助服务权利与义务。

（8）形成促进可再生能源利用的市场机制。规划内的可再生能源优先发电，优先发电合同可转让，鼓励可再生能源参与电力市场，鼓励跨省跨区消纳可再生能源。

（9）建立市场风险防范机制。不断完善市场操纵力评价标准，加强对市场操纵力的预防与监管。加强调度管理，提高电力设备管理水平，确保市场在电力电量平衡基础上正常运行。

4.市场主体

1）市场主体的范围

市场主体包括各类发电企业、供电企业（含地方电网、趸售县、高新产业园区和经济技术开发区等，下同）、售电企业和电力用户等。各类市场主体均应满足国家节能减排和环保要求，符合产业政策要求，并在交易机构注册。参与跨省跨区交易时，可在任何一方所在地交易平台参与交易，也可委托第三方代理。现货市场启动前，电网企业可参加跨省跨区交易。

2）发电企业和用户的基本条件

（1）参与市场交易的发电企业，其项目应符合国家规定，单位能耗、环保排放、并网安全应达到国家和行业标准。新核准的发电机组原则上参与电力市场交易。

（2）参与市场交易的用户应为接入电压在一定电压等级以上，容量和用电量较大的电力用户。新增工业用户原则上应进入市场交易。符合准入条件的用户，选择进入市场后，应将全部电量参与市场交易，不再按政府定价购电。对于符合准入条件但未选择参与直接交易或向售电企业购电的用户，由所在地供电企业提供保底服务并按政府定价购电。用户选择进入市场后，在一定周期内不可退出。

5.市场运行

（1）交易组织实施。电力交易、调度机构负责市场运行组织工作，及时发布市场信息，组织市场交易，根据交易结果制订交易计划。

（2）中长期交易电能量合同的形成。交易各方根据优先购电发电、直接交易（双边或集中撮合）等交易结果，签订中长期交易合同。其中，分散式市场以签订实物合同为主，集中式市场以签订差价合同为主。

（3）日前发电计划。分散式市场，次日发电计划由交易双方约定的次日发用电曲线、优先购电发电合同分解发用电曲线和现货市场形成的偏差调整曲线叠加形成。集中式市场，次日发电计划由发电企业、用户和售电主体通过现货市场竞价确定次日全部发用电量和发用电曲线形成。日前发电计划编制过程中，应考虑辅助服务与电能量统一出清、统一安排。

（4）日内发电计划。分散式市场以5～15分钟为周期开展偏差调整竞价，竞价模式为部分电量竞价，优化结果为竞价周期内的发电偏差调整曲线、电量调整结算价格、辅助服务容量、辅助服务价格等。集中式市场以5～15分钟为周期开展竞价，竞价模式为全电量竞价，优化结果为竞价周期内的发电曲线、结算价格、辅助服务容量、辅助服务价格等。

（5）竞争性环节电价形成。初期主要实行单一电量电价。现货市场电价由市场主体竞价形成分时电价，根据地区实际可采用区域电价或节点边际电价。为有效规避市场风险，对现货市场以及集中撮合的中长期交易实施最高限价和最低限价。

（6）市场结算。交易机构根据市场主体签订的交易合同及现货平台集中交易结果和执行结果，出具电量电费、辅助服务费及输电服务费等结算依据。建立保障电费结算的风险防范机制。

（7）安全校核。市场出清应考虑全网安全约束。电力调度机构负责安全校核，并按时向规定机构提供市场所需的安全校核数据。

（8）阻塞管理。电力调度机构应按规定公布电网输送能力及相关信息，负责预测和检测可能出现的阻塞问题，并通过市场机制进行必要的阻塞管理。因阻塞管理产生的盈利或费用按责任分担。

（9）应急处置。当系统发生紧急事故时，电力调度机构应按安全第一的原则处理事故，无须考虑经济性。由此带来的成本由相关责任主体承担，责任主体不明的由市场主体共同分担。当面临严重供不应求情况时，政府有关部门可依照相关规定和程序暂停市场交易，组织实施有序用电方案。当出现重大自然灾害、突发事件时，政府有关部门、国家能源局及其派出机构可依照相关规定和程序暂停市场交易，临时实施发用电计划管理。当市场运营规则不适应电力市场交易需要，电力市场运营所必须的软硬件条件发生重大故障导致交易长时间无法进行，以及电力市场交易发生恶意串通操纵行为并严重影响交易结果等情况时，国家能源局及其派出机构可依照相关规定和程序暂停市场交易。

（10）市场监管。切实加强电力行业及相关领域的科学监管，完善电力监管组织体系，创新监管措施和手段。充分发挥和加强国家能源局及其派出机构在电力市场监管方面的作用。国家能源局依法组织制定电力市场规划、市场规则、市场监管办法，会同地方政府对区域电力市场及区域电力交易机构实施监管；国家能源局派出机构和地方政府电力管理部门根据职能依法履行省（区、市）电力监管职责，对市场主体有关市场操纵力、公平竞争、电网公平开放、交易行为等情况实施监管，对电力交易机构和电力调度机构执行市场规则的情况实施监管。

6.信用体系建设

（1）建立完善市场主体信用评价制度。开展电力市场交易信用信息系统和信用评价体系建设。针对发电企业、供电企业、售电企业和电力用户等不同市场主体建立信用评价指标体系。建立企业法人及其负责人、从业人员信用记录，将其纳入统一的信息平台，使各类企业的信用状况透明，可追溯、可核查。

（2）建立完善市场主体年度信息公示制度。推动市场主体信息披露规范化、制度化、程序化，在指定网站按照指定格式定期发布信息，接受市场主体的监督和政府部门的监管。

（3）建立健全守信激励和失信惩戒机制。加大监管力度，对于不履约、欠费、滥用市场操纵力、不良交易行为、电网歧视、未按规定披露信息等失信行为，要进行市场内部曝光，对有不守信行为的市场主体，要予以警告。建立并完善黑名单制度，严重失信行为直接纳入不良信用记录，并向社会公示；严重失信且拒不整改、影响电力安全的，必要时可实施限制交易行为或强制性退出，并纳入国家联合惩戒体系。

5.1.4 我国电力市场与碳市场协同发展研究

以电力市场和碳市场为主要手段的市场机制，其本质和共同目的都是促进我国电力行业向更加清洁、高效和低碳的方向发展。两个市场的改革方向高度一致、改革领域交错重叠、改革措施相互影响，应该形成合力、实现协同发展。

1.国际电力市场和碳市场建设情况

1）国外电力市场建设情况

近年来，为了应对气候变化和环境污染，世界主要国家能源电力系统都在向清洁化、低碳化转型，以高比例可再生能源为主要特征的电力系统结构性转变将重塑全球电力市场。电力市场范围扩大、主体增多，竞争更加充分、优化配置资源效率更高，这已经成为世界各国电力市场建设实践的共识，特别是可再生能源的高速增长直接推动了大市场的形成，同时大市场也促进了可再生能源的充分消纳，为节能减排做出了突出贡献。近年来，欧盟一直致力于推动统一电力市场建设，区域价格耦合机制（Price Coupling of Regions，PCR）历经数年丰富完善，目前已完成欧洲日前电力市场耦合；美国中西部（MISO）、西南部（SPP）等区域电力市场范围正在计划进一步扩大，并在联邦能源管理委员会（Federal Energy Regulatory

Commission，FERC）的推动下不断加强交易组织和系统运行之间的协调。

从国外建立的电力市场体系来看，主要有四种情形：一是跨国建立统一电力市场，如欧洲电力市场；二是以国家为基础建立全国统一电力市场，如澳大利亚、新西兰电力市场；三是在一个国家内跨州（省）建立区域电力市场，如美国PJM电力市场；四是在一个国家内以州（省）为基础建立州（省）电力市场，如美国加州、得州电力市场。从世界各国电力市场发展的实践来看，一般认为，中小国家倾向于不分层分区，以国家为基础建立全国统一电力市场，如澳大利亚、新西兰电力市场。跨国或大国市场则倾向于分层分区，如欧洲电力市场、美国电力市场。

2）国外碳市场建设情况

近年来，在全球绿色低碳转型的背景下，多个国家及地区纷纷提出碳中和或净零排放目标，全球碳中和时代正在开启。2021年3月，国际碳行动伙伴组织（International Carbon International Carbon Action Partnership，ICAP）发布《2020年度全球碳市场进展报告》。报告指出，自2005年欧盟碳市场启动以来，新的碳排放交易体系纷纷建立，预计2021年全球碳排放交易体系的排放份额（16%）将扩大到原来的三倍。

截至2020年底，全球各个碳市场通过拍卖配额已筹集资金超过1030亿美元，主要用于支持效能提升、低碳交通、扶助弱势群体等。实施碳排放交易的司法管辖区占全球GDP的54%，温室气体排放量占全球总量的9%，全世界将近1/3的人口生活在实施碳排放交易体系的地区。

截至2021年1月底，全球已有24个碳市场正在运行，覆盖30个国家及地区。另有8个国家及地区正计划未来几年启动碳市场，包括美国东北部交通和气候倡议计划（TCI）、哥伦比亚碳市场等。还有14个国家及地区正在考虑建立碳市场，包括智利、土耳其、巴基斯坦等。从国外建立的碳市场体系来看，与电力市场完全相同，既有跨国建立统一的碳市场，如欧盟碳市场（EU Emissions Trading Scheme，EU-ETS）；也有以国家为基础建立的全国统一碳市场，如新西兰碳市场（NZ ETS）、韩国碳市场（KETS）；也有在一个国家内跨州（省）建立的碳市场，如美国区域温室气体减排行动（RGGI）、美国和加拿大西部气候倡议（Western Climate Initiative，WCI）；还有在一个国家内以州（省）为基础建立的碳市场，如美国加州碳市场。全球各种层次的碳市场制度设计既反映了碳市场共同的内在规律和一般特征，也体现出不同国家及地区结合自身条件进行的创新性制度设计和探索。

现有碳市场呈现趋势明显的联合态势，如美国加州碳市场已实现与加拿大魁北克省、安大略省碳市场的连接；欧盟碳市场除在31个国家运行（欧盟28国及欧洲经济区内的挪威、冰岛和列支敦士登三国）外，已计划与瑞士碳市场连接。

电力市场化改革与碳市场覆盖的国家及地区范围高度趋同。在全球已建成电力市场的51个国家及地区中，38个已经或计划建设碳市场，占比达75%；在47个建设碳市场的国家及地区中，39个已经建成或正在建设电力市场，占比达83%。

2.电力市场与碳市场协同发展机制

1）电力市场与碳市场的关系

电力市场与碳市场相对独立，根源、运营管理等各不相同，两者有各自的政策、管理和交易体系，管理运作、交易流程等截然不同。但对于电力行业而言，火力发电必然伴随着碳排放，电力交易与碳交易存在着复杂的依存关系和极强的关联性。

从形成根源来看，电力市场是需求驱动性市场，有电力交易需求才能称之为市场。碳市场是政策驱动性市场，市场需求主要来源于政府或企业强制性限排规定。

从运营管理来看，两者分属不同的交易品种，完全可以在两个独立交易系统或平台上开展交易。但需要注意的是，也可以在同一个交易系统或平台上开展交易，如伦敦洲际交易所、欧洲能源交易所，既开展碳配额交易，也可以开展电力期货交易。

从相互联系上看，电力市场与碳市场在业务的深度和广度、核心产品属性、政策、技术、共识等方面，联系越来越紧密，两个市场逐渐呈现相互交叉、相互影响、相辅相成的耦合发展态势，两个市场的深度融合发展已经成为大势所趋。一是市场领域高度重合。电力行业是电力市场最主要的市场领域，也是碳市场最重要的管控对象和首批纳入的重点领域。二是市场主体高度重合。当前，火电企业同时参与电力市场和碳市场，在碳排放总量约束下，需要统筹考虑其发电投标的决策行为。已参与电力市场的部分高载能、高排放用电企业将在市场稳定后适时纳入碳市场。三是价格走势高度趋同。电力市场化条件下，碳价计入发电成本，将在一定程度上影响电价，同时电价也会反作用于碳价。碳价上涨，火电发电成本增加，电价就会上涨；电价上涨，电力供应增加，碳排放需求增加，碳价就会上涨。总体来看，电力市场价格与碳市场价格变化趋势呈强正相关性。四是实施路径高度吻合。电力市场建设与碳市场建设，都应以统一设计为前提，以统一规则为基础，以统一平台为保障，以统一运营为手段，按照市场总体规划框架稳妥有序推进，终极目标都是形成全国统一市场。五是根本目的高度重合。建设电力市场的目的是为了促进电力生产要素和资源在更大范围内自由流动和优化配置，实现全社会效益最大化、降低用电成本；建设碳市场的目的是以全社会最低经济成本实现减排目标。两者在促进电力行业清洁低碳发展和节能减排方面，具有强一致性关系，且通过互相作用而彼此影响。

从发展趋势来看，我国电力市场空间会逐步扩张，而碳市场空间会逐步缩窄，两个市场发展趋势截然相反。对电力市场来说，我国持续提升发用电计划放开比例，不断提高市场化交易规模，终极目标是构建全国统一电力市场，实现电力资源在全国范围内的自由流动和优化配置。对碳市场来说，目前只纳入发电行业，二氧化碳年排放规模就达到40亿吨，在碳达峰前市场规模会越来越大，预计年排放规模将达到百亿吨级。但随着全国碳排放达峰后逐步下降直至碳中和，市场配额规模将趋于萎缩，预计将从百亿吨级降至一二十亿吨。

2）电力市场与碳市场的协同发展机制

当前我国电力市场与碳市场均处于逐步推进、逐步完善的阶段，其发展目标都是破除市场壁垒，提高资源配置效率，构建全国统一的市场体系。从当前推进情况来看，两个市场建设都存在一些亟待解决的问题。比如对正在试点建设的电力现货市场来说，新能源参与市场机制、超额消纳量与绿证衔接、跨省跨区送电与省内市场衔接、现货价格与用户侧联动、不平衡资金疏导等都还没有达成共识的解决方案。对碳市场来说，按照规定，试点碳市场中符合纳入标准的行业将无条件划入全国碳市场，这意味着当前试点碳市场中发电企业要划转至全国碳市场开展配额交易。试点碳市场与全国碳市场关系及职能定位、试点碳市场存续配额处理方式等问题，还没有明确的解决方案。局部试点如何平稳过渡到全国市场，还没有明晰的实施方案。因此两个市场都面临一定的不确定性，后续可能存在发展时间、空间的不统一，增加改革成本和管理成本。

国际实践及经验表明，电力市场与碳市场的协同发展、共同作用，可最大程度发挥市场机制在能源资源配置与气候治理方面的优化作用，推动优质、低价可再生能源的大规模开发、大范围配置、高比例利用。比如，美国加州通过电力市场与碳市场的协调配合，成功实现了其设计初衷，碳市场实现了节能减排目的，电力市场疏导了发电企业成本，且未增加终端用户额外负担，有效激发了电力行业向清洁、低碳转型的巨大潜力。

统筹考虑两个市场的顶层设计，政策制定要促进两个市场有机融合、协同发展。近期，电力市场与碳市场暂可独立运行，但需要强化政策协同、机制完善。要加强新能源参与电力市场的顶层设计，建立健全适应新能源特性的电力市场交易机制，建立符合新能源运行特点的电力市场交易体系，推动构建以新能源为主体的新型电力系统。全国碳市场要科学设定碳排放权交易配额总量并合理分配，尽快启动上线交易，发挥实质作用，释放碳价信号。中期，碳市场建设要助力电力行业上下游低碳化发展，进而降低全社会的碳减排成本。比如，我国电力市场建设中，计划与市场"双轨制"将在较长时间内并存，碳市场形成的碳成本除部分在电力市场传导外，还需考虑基于计划发用电量的碳价联动机制。远期，要以应对气候变化和能源可持续发展为目标，充分发挥市场在资源配置中的决定性作用，推动两个市场有机融合、协同发展，构建统一开放、竞争有序的"电-碳"市场体系。"电-碳"市场将电能和碳排放权相结合形成统一的"电-碳"产品，产品价格由电能价格与电能生产产生的碳排放价格共同构成，并将原有电力市场和碳市场的要素进行深度融合，形成协调推进、合作共赢的发展格局。

5.2 我国电力市场化电价形成机制

电价的定义、电价的构成、电费的结算方式、电价的政策性调节是本节介绍的主要内容。

5.2.1 电价的定义

电能生产需要将一次能源转换为电能，再经过电网送到千家万户，生产和传输电能的成本形成了电价。电价是使用电能的价格，单位是"元/千瓦·时"，即我们常说的每度电多少元。

在我国，电价由政府部门管理及调控，企业并不具备定价权。一般由国家相关部委对电价政策及输配电价水平进行管理，省级政府相关部门负责具体落实政策和制定地方电价，包括电力用户的用电价格（销售电价）、电网企业的输配电价及发电企业的上网电价。

我国的电价管理主要分为三个阶段：第一阶段为1985年以前，电能生产和传输均由国家统一管理，没有区分上网电价和输配电价，政府分类制定销售电价；第二阶段为1985—2015年，电能生产和传输逐步实行企业化运营管理，上网电价逐步形成完善的政策体系，由政府定价，销售电价管理方式基本不变，输配电价没有单独核定，电能传输成本通过销售电价与上网电价之差弥补；第三阶段为2015年至今，启动电力市场价格机制改革，政府逐步放开上网电价和销售电价管理，由市场竞争形成，输配电价由政府单独核定。

5.2.2　电价的构成

销售电价由上网电价、输配电价、线损折价和政府基金及附加四部分相加组成。

其中，上网电价用来补偿发电企业的电能生产成本；输配电价用来补偿电网企业的电能传输成本以及传输过程中的电能损耗；政府基金及附加由国务院批准，通过电价征收的非税收入，用于补贴可再生能源发电、重大水利工程建设、输电站库区移民等。销售电价为电力用户最终用电价格，根据用电类别分别制定大工业、一般工商业及其他、居民、农业四类销售电价，并根据各省实际情况将每类用户分成不同电压等级。

1. 上网电价

上网电价是按发电类型确定的，目前由政府定价，主要用于覆盖发电企业投资运营成本和利润。不同能源发的电能，上网电价不同，包括煤电、水电、核电、风电、光伏发电、燃气发电等。随着电力市场改革的深入，上网电价逐渐转由市场形成，电价波动对用电成本的影响更加明显。

我国对上网电价的管理主要分为两个阶段：第一阶段为2004年以前，主要施行"一厂一价"政策，政府部门对每个发电厂进行单独定价；第二阶段为2004年至今，主要施行"标杆电价"政策，政府部门对新投产发电机组按发电类型，分地区核定上网电价。电力市场建立后，除保障居民用电的低价机组外，全部通过市场竞争形成上网电价。

在我国各类能源的上网电量中，火电的比重最高，达到66%以上，以水电、风电、光伏发电等为代表的可再生能源，比重约为26%，核电比重接近4%。

上网电价平均水平取决于各类能源的上网电价和上网电量高低。火电的平均上网电价为0.37元/千瓦·时（不含税），风电和光伏发电等清洁能源发电平均上网电价（含补贴不含税）明显高于火电。未来，我国火电比重将逐渐下降；水电、风电、光伏等可再生能源发电比重将逐步上升。并且随着光伏、风电成本的快速下降，将推动平均上网电价的逐步降低。

2. 输配电价

2015年3月15日出台的中发9号文件中，首次提出按照"准许成本加合理收益"的原则单独核定输配电价。随后出台的《国家发展改革委国家能源局关于印发＜输配电定价成本监审办法（试行）>的通知》（发改价格〔2015〕1347号）及《国家发展改革委关于印发<省级电网输配电价定价办法（试行）>的通知》（发改价格〔2016〕2711号）则给出详细的输配电价核定流程及计算方法。

根据定价办法规定，省级电网平均输配电价等于通过输配电价回收的准许收入除以省级电网共用网络输配电量。其中通过输配电价回收的准许收入等于准许成本加准许收益加价内税金。

输配电价的单独核定使得电网的收益模式产生变化，将电网传统的电量购销差价营利模式转换为按准许成本加合理收益的原则制定的营利模式。这对电网企业的影响一是独立合理的输配电价有利于获得稳定的收益，保障电网投资需求；二是电网业务的成本和投资将受到较强的监管，电网投资方式和规划方式可能会发生较大变化；三是电网公司产业及国际化等其他非电网业务的成本将会与电网业务严格区分。电网企业发展方式将由依赖电量外部增长，转变为依赖成本控制和资产管理水平的内部提升。2016年以来，电网企业已累计减轻用户电费负担1537亿元。

3.电力市场价格形成机制

目前，我国正在大力推进电力市场改革。通过建立电力市场机制，调节电力供需，逐步由市场竞争形成电价。

电力市场化改革前，上网电价与销售电价由政府定价，电网企业向发电企业购电，再买给用户，赚取购售价差。电力市场化改革后，由用户或售电公司直接向发电企业购电，电价由双方协商，或竞价形成。电网企业仅作为结算平台，并收取由政府核定的输配电价。

2018年，国电电网经营区域电力直接交易占全社会用电量比重超过22%，未来交易规模会持续扩大。随着现代化的电力市场交易体系的不断发展成熟，可使各类发电企业充分竞争，有效降低平均上网电价，并使发电量逐渐向大容量高效机组转移，合理发挥市场经济的资源配置功能。同时也会使上网电价的价格波动提升，还原电价的商品属性。

5.2.3 电费的结算方式

电费结算时，除按度电电价直接结算外，还存在一些多样化的结算方式。目前我国的现行政策包括两部制电价、分时电价和居民阶梯电价。

1.两部制电价

两部制电价制是将与容量对应的基本电价和与用电量对应的电量电价结合起来决定电价的制度。其中，容量电价反映供电成本；电量电价反映电能成本。从电价成本的角度来看，可以分为与容量成比例的固定费、与用电量成比例的可变费、与用户数成比例的用户费等三个成本要素。因此，用与容量成比例的固定基本电价和与用电量成比例的每月变动的电量电价来决定电费的方法，是一种能够比较真实反映成本构成的相对合理的电价制度。

我国现行的两部制电价中的基本电价收费方式分为按变压器容量或按最大需量执行容

量电价，用户可根据自身情况自行选择。目前我国的大工业用电全面执行两部制电价，部分地区大型一般工商业用电也执行两部制电价。

两部制电价是目前国际上应用最多的电费结算方式，许多发达国家已经将两部制电价发展至居民用电的结算当中，如美国居民电价中的通道使用费、日本居民电价中的签约电流量月租等。我国未来也将逐步扩大两部制电价的执行范围，为各类电力用户提供多样化的选择，围绕用户负荷特性量身定制电价套餐。

2.分时电价

分时电价是指按系统运行状况，将一天或一年划分为若干个时段，每个时段按系统运行的平均边际成本收取电费。分时电价具有刺激和鼓励电力用户移峰填谷、优化用电方式的作用。

我国现行的分时电价类型包括峰谷分时、季节性分时、丰枯分时。

3.居民阶梯电价

长期以来，我国对居民电价采取低价政策。随着我国能源供应紧缺、环境压力加大等矛盾的逐步凸显，煤炭等一次能源价格持续攀升，电力价格也随之上涨。但居民电价的调整幅度和频率均低于其他行业用电，居民生活用电价格一直处于较低水平，从而造成用电量越多的用户，享受的补贴越多，用电量越少的用户，享受的补贴越少，既没有体现公平负担的原则，也不能合理体现电能资源价值，不利于资源节约和环境保护。为了促进资源节约和环境友好型社会建设，引导居民合理用电、节约用电，国家发展改革委于2011年底提出了居民生活用电实行阶梯电价的指导意见。目前各个省份已经开始逐步实施。

居民阶梯电价是指将现行单一形式的居民电价，改为按照用户消费的电量分段定价，用电价格随用电量增加呈阶梯状逐级递增的一种电价定价机制。

居民阶梯电价按居民用电量分三档制定电价。第一档为基本用电档，覆盖80%居民用户用电量，电价最低。第二档为合理用电档，覆盖95%居民用户用电量，电价居中，较基本用电加价0.05元/千瓦·时。第三档为较高生活质量用电档，电价最高，较基本用电加价不低于0.3元/千瓦·时。

此外，居民阶梯电价政策还增加了保障性用电，对低保户、五保户等困难群众，每户每月提供10～15千瓦·时免费用电量。

5.2.4 电价的政策性调节

1.交叉补贴

长期以来，我国居民电价、农业电价低于相应的供电成本，造成较大的电费缺口。这部分电费缺口由工商业用户电价及低价水电进行补贴，这类补贴称为交叉补贴。2006年以来，我国连续12年没有提高居民电价，导致工商业用户负担日趋加重。

我国平均电价在国际上处于较低水平，但在大多数国家，居民电价都要远高于工商业电价。

在成熟的"市场经济"体制中，一切以市场为导向。一个大型企业，尤其是大型工业企业，其用电量是非常巨大的，给它们供电，能保证规模化、集约化，可以理解成"批发"，价格自然要低一些；而为居民用户供电的成本大大高于工业用户，这相对于"零售"，零售价自然要比批发价更高。而我国正好相反，政府为了提高居民的生活水平，对居民用电实施交叉补贴，导致居民用电价格要更低。

以美国为例，根据美国能源信息署（EIA）的数据，2019年4月份美国的居民用电价格平均为13.26美分/千瓦·时（美国各州差异很大），相当于人民币0.91元/千瓦·时，显然要比我国居民0.56元人民币/千瓦·时用电价格高很多。但美国工业电价仅为6.53美分/千瓦·时，相当于人民币0.45元/千瓦·时，要低于中国大工业平均用电价格0.68元/千瓦·时。美国商业用电均价约为10.51美分/千瓦·时，约为0.72元人民币/千瓦·时。我国一般工商业平均电价经过2018年降价10%后，由约0.8元人民币/千瓦·时降低至约0.72元人民币/千瓦·时，与美国持平。

根据美国能源信息署及我国国家发展改革委发布的数据，近几年，美国居民用电量在总用电量中占比约为37%，我国为13%（如果加上电价更低的农业用电占18%）；美国商业用电量占比为36%，我国为21%；美国工业用电量占比为27%，我国为61%。从数据中可以看出，我国的用电结构还有较大的改进空间。以目前的用电结构来看，以工商业用户补贴居民用户负担并不是很大。但随着我国经济的快速增长，以及国家供给侧结构性改革的不断推进，居民的生活水平将不断提高，我国第三产业的比重也将逐步加大，未来全社会用电结构将不断向发达国家靠拢，届时交叉补贴将使工商业用户难以承受。

2.一般工商业电价的调整

2018年、2019年，我国一般工商业电价连续两年降价10%。2018年，全国分四批合计降低用户用电成本1257.91亿元，平均降低0.0789元/千瓦·时，全国平均降幅达10.11%。其中国家电网超额完成一般工商业电价降低10%的目标，降低客户用电成本915亿元。

2019年政府工作报告提出，"深化电力市场化改革，清理电价附加收费，降低制造业用电成本，一般工商业平均电价再降低10%"。根据7月16日国家发改委就宏观经济运行情况举行新闻发布会公布的信息来看，截至7月1日，全国一般工商业平均电价再降低10%的任务已全面完成，累计可再次降低企业用电成本846亿元。

通过行政手段调节电价，短期内可快速降低中小企业的经营成本，辅助我国经济结构转型和升级，但从长远角度来看，不利于我国电力行业的良性发展。本次一般工商业降价，两轮合计可降低一般工商业用电成本约2104亿元，其中大部分成本由电网企业承担。我国电网企业在盈利能力上始终处于较低水平，未来随着商业用电比例的不断增加，电网企业的负担将逐渐加大。

未来随着经济的发展及国家产业结构的升级和转型，合理的电价调整方向一是应逐步降低交叉补贴，超出基本生活用电外的部分应取消交叉补贴，由税率调整或财政补贴等手段对特定用户进行定向补贴，让电价本身回归合理区间；二是应充分放开电力市场竞争机制，使各省电力市场充分引入外省低价电，逐步淘汰高成本低效率的火电机组，使上网电价下降到合理区间。

5.3　清洁能源市场化运营工程应用案例

多种形式能源协调的电力交易计划模型、我国分布式发电市场化交易应用案例、我国碳排放权交易市场启动应用案例、美国机动车碳减排事例及对我国的启示是本节介绍的主要内容。

5.3.1　多种形式能源协调的电力交易计划模型

风电的随机性、波动性、间歇性所造成的高不确定性，核电始终承担基荷满负载运行的模式，以及热电联产机组的热-电强耦合性，是造成当前交易计划制订方法无法适应系统运行需求的关键。风、核、水、火四种能源形式发电，既有各自的优势，又存在一定的不足。各种能源形式之间无论在技术上，还是在不同的时间尺度上，都存在一定的互补特性。这种互补特性的利用一方面需要恰当地协调年度交易目标和季度与月度交易计划之间的关系，另一方面需要在分别制订两种交易计划过程中恰当地建模。两方面关键因素综合作用，才能在真正意义上实现能源的综合高效利用。

风电清洁可再生无污染，自身运行成本非常低，是主要的清洁能源发电形式。当风电并网比例较低时，系统可以较好地平抑其波动性，预测误差对交易计划的影响也较小。然而，随着其并网比例逐年提升甚至超过10%，风电的高不确定性无论是在实际运行中，还是在中长期交易计划的制订过程中，都不能予以忽略。

在季度时间尺度，可获取的风电信息仅有季度的总预测风电发电量，以及较为粗略的风能的季节特性，且存在一定的预测误差。作为清洁能源，风电的接纳原则为在不影响系统运行安全的前提下，应全部接纳。然而，风电季度总发电量预测误差及系统实际接纳水平两种主要因素决定了在季度交易计划中，风电预测电量不适合100%参与其中。

在季度和月度时间尺度，可以预见到较为准确的风电功率波动规律，因此可以模拟出较为接近实际情况的风电场景，进而可以仿真得到系统的风电接纳功率。对于风电场来说，月度交易计划显得尤为重要，其涉及的交易电量比重应有所增加。但是，为获得最优的交易计划，两种时间尺度交易计划中所签订的风电电量比重不应提前给定，而应通过求解交易计划模型得到准确值。这决定了季度和月度交易计划并不是割裂开的，而应该作为一个整体协调优化，系统地进行建模和求解。两阶段优化为两种交易计划的协调优化提供了非常恰当的制订及建模方法。具体思路为，在第一阶段中，进行季度交易计划的决策，而第二阶段中，进行月度交易计划的决策。两个阶段之间通过月度时间尺度风电场景集的模拟进行联系。

虽然核电机组在满发时是最经济的,但是当电网在调峰能力严重不足时,核电参与调峰却提供了一种优化系统整体节能经济性的途径。分析表明,我国核电厂广泛采用的AP1000核电机组,具有在额定功率15%～100%范围内,以每分钟±5%额定功率的平均速率跟踪线性负荷变化和应对额定功率±10%阶跃变化负荷的性能;当功率整定值按额定功率每分钟5%下降时,核电机组反应堆可以在120秒内降低额定功率的5%,在约150秒内降低额定功率的10%,其中最大降负荷速率达每分钟额定功率8%左右。因此,核电参与调峰在技术上是完全可行的。

水力发电清洁无污染,其出力与风电出力有着明显的互补特性,且水电机组有着良好的调峰调频性能,这些决定了其在协调系统安全经济运行中起着重要作用。然而,受地理条件限制,水电机组比重较低。这使得合理、高效地利用有限的水电资源,尽可能缓解严峻的调峰压力显得更加重要。风-水协调优化,水电提供容量、风电提供电量是目前较为成熟的优化方式,可以引入到交易计划制订的模型中,但在两阶段优化模型中如何实现,需要进一步深入探讨。

目前,火电在电源结构中仍占据着很高的比重。热电联产机组较强的热-电耦合特性,使得在冬季供暖期,低谷调峰容量非常有限。为提高风电的接纳水平,实现能源的综合高效利用,热-电解耦是一种必然选择。当前,可行的热电解耦方案主要有旁路补偿供热方案、电加热补偿供热方案、储热补偿供热方案、电加热+储热补偿供热方案等四种,这些方案在丹麦等国家已经得到广泛应用。热电联产机组热与电的解耦必然会降低其在年度及冬季供暖期月度交易计划中的比重,因此亦需要恰当的辅助服务市场配置予以补偿。

为实现清洁能源的高效利用,以及系统的安全经济运行,需要在季度、月度两个交易市场中,综合协调优化风、核、水、火等四种能源发电形式,以概率统计分析、概率潮流、多目标规划等理论为工具,建立相应的两阶段协调优化模型,并采用恰当的方法进行求解。为满足系统运行的安全性要求,需要以电网运行历史数据为依据,以蒙特卡罗仿真为工具,依托电力系统安全分析理论,构建相应的机组开机方式安全校核数学模型,对初步确定的交易计划进行安全校核。

两阶段优化虽然可以获得较为经济的交易计划结果,但其模型复杂,求解难度高,因此对其进行简化,建立实用化的交易计划制订模型及相应的安全校核模型,可以实现求解精度和求解难度上的权衡,更利于应用在实际系统中。

季度-月度电能交易计划制订质量的高低,直接影响到合同电量的顺利完成。在现在能源形势的要求下,节能减排也成为衡量月度电能交易计划制订的要求之一,在电力市场的环境中,保持竞争与兼顾公平也是一个重要的课题。

总负荷电量除去水电、风电、核电等下发电量,便是火电的负荷空间。火电的负荷空间包括火电的基数电量和竞价电量。竞价电量又包括跨市跨区交易总电量和大用户交易电量。根据合同安排大用户交易电量,根据竞价比例确定跨市跨区交易总电量。对于火电基数电量的分解建立了三个模型,分别是火电机组耗量特性系数辨识、直调火力发电单元月度电能交易计划编制的基尼系数法和基于建筑物与热网储热提高热电联产机组调峰能力。

火电机组耗量特性系数辨识模型,提供了一套火电机组燃料耗量-功率特性二次函数近似关系式的系数(简称abc系数)的识别方法。在火电机组以不同运行方式参与电网调度时,需要定制式提供耗量-功率特性函数的abc系数。受基本方程规范的火电机组耗量特性系数辨识方法提出abc系数优化辨识方法,能够最大程度地保持基本方程规范的关键特征,使我们可以获得更加精确的煤耗成本,用于月度电能交易计划的最优求解。

直调火力发电单元月度电能交易计划编制的基尼系数法提供了一套兼顾效率与公平的月度电能交易计划优化方法。着重解决了在±2%负荷率偏差的约束下,求解最优月度电能交易计划结果的问题,以及提出了公平性的新标准"基尼系数",并且在基尼系数的约束下,可以获得综合成本更低的月度电能交易计划结果。

基于建筑物与热网储热提高热电联产机组调峰能力的运行模式与传统的"以热定电"运行模型相比,可以在不影响用户供热质量的前提下明显提高"三北"地区供热机组的调峰能力,是实现"热电解耦"的良好方案,对于解决"三北"地区因"风热冲突"而造成大量弃风的问题具有很大的应用价值。

5.3.2 我国分布式发电市场化交易应用案例

目前,我国分布式发电已取得较大进展,但仍受到市场化程度低、公共服务滞后、管理体系不健全等因素的制约。为加快推进分布式能源发展,开展分布式发电市场化交易,利用清洁能源资源,能源生产和消费就近完成,具有能源利用率高,污染排放低等优点,代表了能源发展的新方向和新形态。

1.分布式发电交易的项目规模

分布式发电是指接入配电网运行并且可以将发电量就近消纳的中小型发电设施。分布式发电项目可采取多能互补方式建设,鼓励分布式发电项目安装储能设施,提升供电灵活性和稳定性。参与分布式发电市场化交易的项目应满足以下要求:接网电压等级在35千伏及以下的项目,单体容量不超过20兆瓦(有自身电力消费的,扣除当年用电最大负荷后不超过20兆瓦)。单体项目容量超过20兆瓦但不高于50兆瓦,接网电压等级不超过110千伏且在该电压等级范围内就近消纳。

2.市场交易模式

分布式发电市场化交易的机制是:分布式发电项目单位(含个人,以下同)与配电网内就近电力用户进行电力交易;电网企业(含社会资本投资增量配电网的企业,以下同)承担分布式发电的电力输送并配合有关电力交易机构组织分布式发电市场化交易,按政府核定的标准收取"过网费"。考虑各地区推进电力市场化交易的阶段性差别,可采取以下其中之一或多种模式。

(1)分布式发电项目与电力用户进行电力直接交易,向电网企业支付"过网费"。交易范围首先就近实现,原则上应限制在接入点上一级变压器供电范围内。

（2）分布式发电项目单位委托电网企业代售电，电网企业对代售电量按综合售电价格，扣除"过网费"（含网损电）后将其余售电收入转付给分布式发电项目单位。

（3）电网企业按国家核定的各类发电的标杆上网电价收购电量，但国家对电网企业的度电补贴要扣减配电网区域最高电压等级用户对应的输配电价。

3.电力交易组织

1）建立分布式发电市场化交易平台

依托省级电力交易中心设立市（县）级电网区域分布式发电交易平台子模块，或在省级电力交易中心的指导下由市（县）级电力调度机构或社会资本投资增量配电网的调度运营机构开展相关电力交易。交易平台负责按月对分布式发电项目的交易电量进行结算，电网企业负责交易电量的计量和电费收缴。电网企业及电力调度机构负责分布式发电项目与电力用户的电力电量平衡和偏差电量调整，确保电力用户可靠用电以及分布式发电项目电量充分利用。

2）交易条件审核

符合市场准入条件的分布式发电项目，向当地能源主管部门备案并经电力交易机构进行技术审核后，可与就近电力用户按月（或年）签订电量交易合同，在分布式发电交易平台登记。经交易平台审核同意后供需双方即可进行交易，购电方应为符合国家产业政策导向、环保标准和市场准入条件的用电量较大且负荷稳定企业或其他机构。电网企业负责核定分布式发电交易所涉及的电压等级及电量消纳范围。

4.分布式发电"过网费"标准

（1）"过网费"标准确定原则。"过网费"是指电网企业为回收电网网架投资和运行维护费用，并获得合理的资产回报而收取的费用，其核算在遵循国家核定输配电价基础上，应考虑分布式发电市场化交易双方所占用的电网资产、电压等级和电气距离。分布式发电"过网费"标准按接入电压等级和输电及电力消纳范围分级确定。

分布式发电市场化交易项目中，"过网费"由所在省（区、市）价格主管部门依据国家输配电价改革有关规定制定，并报国家发展改革委备案。"过网费"核定前，暂按电力用户接入电压等级对应的省级电网公共网络输配电价（含政策性交叉补贴）扣减分布式发电市场化交易所涉最高电压等级的输配电价。

（2）消纳范围认定及"过网费"标准适用准则。分布式发电项目应尽可能与电网连接点同一供电范围内的电力用户进行电力交易，当分布式发电项目总装机容量小于供电范围上年度平均用电负荷时，"过网费"执行本级电压等级内的"过网费"标准，超过时执行上一级电压等级的过网费标准（即扣减部分为比分布式发电交易所涉最高电压等级更高一电压等级的输配电价），以此类推。各分布式发电项目的电力消纳范围由所在市（县）级电网企业及电力调度机构（含增量配电网企业）核定，报当地能源监管机构备案。

（3）与分布式发电项目进行直接交易的电力用户应按国家有关规定缴纳政府性基金及附加。

5. 有关政策支持

1）公共服务及费用

电网企业对分布式发电的电力输送和电力交易提供公共服务，除向分布式发电项目单位收取政府核定的"过网费"外，其他服务包括电量计量、代收电费等，均不收取任何服务费用。

2）有关补贴政策

纳入分布式发电市场化交易的可再生能源发电项目建成后自动纳入可再生能源发展基金补贴范围，按照全部发电量给予度电补贴。光伏发电在当地分布式光伏发电的度电补贴标准基础上适度降低；风电度电补贴标准按当地风电上网标杆电价与燃煤标杆电价（含脱硫、脱硝、除尘电价）相减确定并适度降低。单体项目容量不超过20兆瓦的，度电补贴需求降低比例不得低于10%；单体项目容量超过20兆瓦但不高于50兆瓦的，度电补贴需求降低比例不得低于20%。享受国家度电补贴的电量由电网企业负责计量，补贴资金由电网企业转付，省级及以下地方政府可制定额外的补贴政策。

3）可再生能源电力消费和节能减排权益

分布式发电市场化交易的可再生能源电量部分视为购电方电力消费中的可再生能源电力消费量，对应的节能量计入购电方，碳减排量由交易双方约定。在实行可再生能源电力配额制时，通过电网输送和交易的可再生能源电量计入当地电网企业的可再生能源电力配额完成量。

4）有关建设规模管理

在符合分布式发电市场化交易条件的光伏电站、风电，根据可实现市场化交易的额度确定各项目的建设规模和区域总建设规模。在报送试点方案时预测建设规模，并可在实施中分阶段提出年度建设规模。对符合分布式发电市场化交易条件的风电、光伏电站项目，在电网企业确认其符合就近消纳条件的基础上，国家发展改革委、国家能源局在回复方案论证意见时将一次性确定总建设规模及分年度新增建设规模。除了已建成运行风电、光伏电站项目和其他政策已明确的不列入国家年度规模管理的类型，新建50兆瓦及以下风电、光伏电站项目均按市场化交易模式建设。

6. 分布式发电市场化交易的基本条件

1）基础条件

（1）资源条件。区域内太阳能、风能资源条件以及可利用的土地条件。

（2）发展基础。区域内已建成屋顶光伏的总装机容量、年发电量、主要类型；已建成地面光伏电站的总装机容量、年发电量、接入电压等级；已建成的在本区域内消纳的风电项目的总装机容量、年度电量、接入电压等级。

2）电力系统及市场条件

（1）区域年电力消费量（全社会用电量），最高、最低、平均用电负荷，电力需求的月度变化、典型日变化规律。

（2）各电压等级变电站的情况，重点描述110千伏、35千伏等级变电站的分布情况。

（3）重点领域的用电及电价情况，如区域内的大型用电企业、工业园区（经济开发区）的供电方式、用电负荷、电价（分时）。

3）分布式发电布局

根据企业开展前期工作、具备开发光伏、风电项目的场址条件，可能新开发的光伏发电、风电项目的分布及规模。如具备条件，尽可能落实到具体场址和预期规模。对光伏发电，应包括屋顶光伏发电的潜在条件和地面50兆瓦以下光伏电站的潜在条件。

4）分布式发电接网及消纳条件

（1）接网条件分析。

对计划开发的光伏发电、风电的接入110千伏及以下电网的条件进行测算；按照利用既有变电站接入能力（无须扩容）、改造扩容后的能力以及新建变电站三种条件测算。

（2）电力电量平衡分析。

第一层次，分析区域内分布式发电的总发电出力与总电力需求的电力电量平衡关系，考虑分布式发电优先上网的前提条件，确定区域可接纳分布式发电的总潜力。

第二层次，以各变电站为节点在同一供电范围内，测算各变电站供电范围可接纳的分布式发电最大发电力；结合分布式发电项目布局，说明哪些项目具备同一供电范围消纳条件，哪些项目需要跨上一电压等级变电站供电范围内消纳。

5.3.3 我国碳排放权交易市场启动应用案例

1.碳交易市场的基本概念

碳交易是《京都议定书》为促进全球温室气体排减，以国际公法作为依据的温室气体排减量交易。在6种被要求减排的温室气体中，二氧化碳为最大宗，所以这种交易以每吨二氧化碳当量为计算单位，所以通称为"碳交易"，其交易市场称为碳交易市场。

在排放总量控制的前提下，包括二氧化碳在内的温室气体排放权成为一种稀缺资源，从而具备了商品属性。碳交易市场的供给方包括项目开发商、减排成本较低的排放实体、国际金融组织、碳基金、各大银行等金融机构、咨询机构、技术开发转让商等。需求方有履约买家，包括减排成本较高的排放实体，自愿买家包括出于企业社会责任或准备履约进行碳交易的企业、政府、非政府组织、个人。金融机构进入碳市场后，也担当了中介的角色，包括经纪商、交易所和交易平台、银行、保险公司、对冲基金等一系列金融机构。

从碳市场建立的法律基础上看，碳交易市场可分为强制交易市场和自愿交易市场。碳交易市场是一个由人为规定而形成的市场。如果一个国家或地区政府法律明确规定温室气体排放总量，并据此确定纳入减排规划中各企业的具体排放量，为了避免超额排放带来的经济处罚，那些排放配额不足的企业就需要向那些拥有多余配额的企业购买排放权，这种为了达到法律强制减排要求而产生的市场就称为强制交易市场。而基于社会责任、品牌建设、对未来环保政策变动等考虑，一些企业通过内部协议，相互约定温室气体排放量，并通过配额交易调节余缺，以达到协议要求，在这种交易基础上建立的碳市场就是自愿碳交易市场。

2.碳交易市场的运行机制

目前，碳市场的运行机制有两种形式。基于配额的交易是在有关机构控制和约束下，有减排指标的国家、企业或组织即包括在该市场中。管理者在总量管制与配额交易制度下，向参与者制定、分配排放配额，通过市场化的交易手段将环境绩效和灵活性结合起来，使得参与者以尽可能低的成本达到遵约要求。基于项目的交易是通过项目的合作，买方向卖方提供资金支持，获得温室气体减排额度。由于发达国家的企业要在本国减排所花费的成本很高，而发展中国家平均减排成本低。因此发达国家提供资金、技术及设备帮助发展中国家或经济转型国家的企业减排，产生的减排额度必须卖给帮助者，这些额度还可以在市场上进一步交易。

欧盟排放权交易体系于2005年4月推出碳排放权期货、期权交易，碳交易被演绎为金融衍生品。2008年2月，首个碳排放权全球交易平台开始运行，该交易平台随后还推出了期货市场。其他主要碳交易市场包括英国的英国排放交易体系、澳大利亚的澳大利亚国家信托和美国的芝加哥气候交易所也都实现了比较快速的扩张。加拿大、新加坡和东京也先后建立了二氧化碳排放权的交易机制。

2020年12月，英国碳交易体系的第一次拍卖共交易600万份。彼时英国还宣布了到2030年前减少碳排放的新计划，该计划进一步向大型能源用户和二氧化碳排放国施加压力，以控制温室气体排放。之后随着排放上限的降低，根据提案，英国将从2023年开始大幅削减限额量。

3.我国碳交易市场发展历程

从2011年10月以来，我国在北京、天津、上海、重庆、湖北、广东、深圳两省五市开展了碳排放权交易地方试点工作，地方试点从2013年6月先后启动了交易。试点市场覆盖了电力、钢铁、水泥等20多个行业近3000家重点排放单位。2021年5月19日，我国生态环境部公布《碳排放权登记管理规则（试行）》《碳排放权交易管理规则（试行）》和《碳排放权结算管理规则（试行）》三份文件，进一步规范全国碳排放权登记、交易、结算活动，并明确上述三份文件自发布之日起施行。

到2021年6月，试点省市碳市场累计配额成交量4.8亿吨二氧化碳当量，成交额约114亿元。2021年7月14日我国的碳排放权交易市场启动上线交易，今年是全国碳市场第一个履约周期，成为全球覆盖温室气体排放量规模最大的碳交易市场。据统计，首批纳入的发电行业重点排放单位超过了2000家，年排放二氧化碳超过40亿吨。

全国碳排放权交易市场选择发电行业为突破口，因为，煤电行业直接烧煤，二氧化碳排放量大。发电行业管理制度相对健全、产品单一，整个行业自动化管理程度高，排放数据的计量设施完备、数据管理规范，而且容易核实，配额分配也简便一些。从国际经验来看，发电行业都是各国碳市场优先选择纳入的行业。既能充分发挥碳市场机制控制温室气体的积极作用，又起到减煤降碳的协同作用。在发电行业碳市场健康运行后，逐步扩大碳市场覆盖行业范围，发挥市场机制在控制温室气体排放、促进绿色低碳技术创新、引导气候投融资等方面的重要作用。我国已组织开展了全国发电、石化、化工、建材、钢铁、航空等高排放行业的数据核算、报送和核查工作，也有较扎实的基础。按照"成熟一个、批准发布一个"的原则，加快对相关行业温室气体排放核算与报告国家标准的修订工作。

4. 碳交易市场带动绿色技术创新和产业投资

国内外实践表明，碳市场是以较低成本实现特定减排目标的政策工具，与传统行政管理手段相比，既能将温室气体控排责任压实到企业，又能为碳减排提供相应的经济激励机制，降低全社会的减排成本，带动绿色技术创新和产业投资等。

建设全国碳排放权交易市场，是推动绿色低碳发展的一项重大制度创新，是实现碳达峰、碳中和与国家自主贡献目标的重要政策工具。全国碳市场对碳达峰、碳中和的作用和意义非常重要，同时，为碳减排释放价格信号，将资金引导到减排潜力大的行业和企业，推动绿色低碳技术创新，推动前沿技术创新突破和高排放行业的绿色低碳转型；碳市场将管控高排放行业，实现产业结构和能源消费的绿色低碳化，促进高排放行业率先碳达峰；通过构建全国碳市场抵消机制，促进增加林业碳汇、发展可再生能源，助力区域协调发展和生态保护补偿；为行业、区域绿色低碳发展转型，实现碳达峰、碳中和，提供投融资渠道等。

碳金融市场的出现为碳排放权交易提供了平台，从而为控制温室气体排放提供了碳交易市场化的交易手段。碳交易和碳金融市场的发展，极大地推动了碳减排计划的落实，对提高生态环境资源的配置效率，促进发展方式转变、实现经济社会的协调可持续发展发挥了重要作用。总之，碳金融市场作为一切与碳交易有关的经济活动，它以碳排放权及其衍生品为交易标的，通过碳交易市场交易机制，日益推动着节能减排产业结构的转型升级。

5.3.4 美国机动车碳减排事例及对我国的启示

美国在机动车污染防治方面已建立了较为完善的政策体系，近些年将机动车环境管理重点集中在温室气体减排方面。研究美国机动车碳减排经验，可为我国机动车温室气体减排政策的制定和实施提供参考。

1. 美国机动车碳减排历程与趋势

在美国，交通运输是温室气体排放的最大来源。根据美国环保局（EPA）发布的温室气体排放清单，2019年美国温室气体总排放量为65.583亿吨二氧化碳当量（不包括土地利用、土地利用变化及林业影响），其中二氧化碳排放量为52.558亿吨，占比80.1%。

从行业上看，交通行业是二氧化碳的最大排放源；从总体趋势看，从1990至2019年，轻型机动车（乘用车和轻型卡车）的行驶里程增加了47.5%。交通能源消耗的98.0%来自于石油产品，其中56.5%与汽车和其他公路车辆的汽油消耗有关，货车用柴油占24.3%。

2021年4月22日，美国拜登政府宣布，到2030年美国的温室气体排放量较2005年减少50%～52%，到2050年实现净零排放目标。由此可见，交通行业特别是机动车的碳减排工作必将是重中之重。

2.美国在机动车碳减排方面采取的主要政策措施

（1）实施温室气体排放标准和燃油经济性标准。针对轻型车，在排放标准方面，2011年，美国环保局和国家公路交通安全管理局（NHTSA）共同制定了轻型车辆温室气体排放和燃油经济性标准。2020年4月，美国环保局和国家公路交通安全管理局修改了相关标准，并制定了《安全和可负担的燃油效率车辆规则》，设定了严格而可行的标准，并规定从2021年到2026年，二氧化碳排放标准每年提高1.5%。在燃油经济性方面。美国国会于1975年通过的《能源政策与保护法》规定，制造商生产的新车不满足要求的燃油经济性标准，需相应缴纳燃油税，以此减少低效燃油汽车的生产和购买。2007年，美国国会通过的《能源自主及安全法》对公司平均燃油经济性标准提出了更严格的规定，同时创建了机动车燃料经济性标准信用交易计划，以灵活性、市场化的手段推动燃油经济性标准的实施。

针对重型车，美国环保局和国家公路交通安全管理局于2011年联合发布了首个针对2014—2018年车型和发动机的第一阶段重型/中型汽车的温室气体排放和燃油效率标准。2016年又发布了第二阶段标准，针对2019—2027年生产的车辆，预计将减少9.59亿～10.98亿吨的二氧化碳排放。两家机构密切合作，通过制定重型车辆和重型发动机协调一致的温室气体和燃油经济性标准，平衡了美国环保局保护人类健康和环境的使命与国家公路交通安全管理局关注汽车安全和节能的目标。

（2）转变交通运输需求。转变交通运输方式，可以大幅减少温室气体排放。根据美国《国家环境政策法》要求，美各州和各部门应充分考虑特定提案及相关替代方案对气候和运输需求的影响，加强交通和土地利用的衔接。

以美国加利福尼亚州为例，该州《可持续社区与气候保护法》要求，州内各大都市必须为规划区域内的乘用车和轻型卡车制定温室气体排放目标，城市规划部门必须制定相应策略降低二氧化碳排放，并跟踪交通运输中的温室气体排放。同时，还将交通规划、土地利用和温室气体减排紧密联系起来，推动增加了大量增加清洁交通替代方案资金的区域计划，有效促进了更紧凑、混合用途车型的开发，实现了温室气体减排。

此外，美国各州还致力于从现有道路系统的利用效率，减少温室气体排放。如缅因州要求在所有重要的公路建设或重建中，必须对所有交通出行方式进行评估，并优先考虑诸如改进现有系统、系统管理和需求管理等。

（3）实施投资和经济激励性政策。针对轻型车，美国联邦政府为购买电动或混合动力汽车的消费者提供高达7500美元的联邦税收抵免，并为购买和安装电动汽车充电桩的个人或商业花费分别提供高达1000美元、3万美元的税收抵免。美国联邦政府还规定了其他补贴形式，包括多座客车福利、停车和登记福利、降低公用事业费率和免费充电等。针对重型车，美国环保局和加州空气资源委员会通过向个人和车队所有者提供赠款和补贴，推动了重型汽车行业的脱碳。2009年，美国联邦政府还实施了"旧车换现金"计划，车主如果以旧车更换购买一辆燃油效率更高的新车，最多可获得4500美元的补贴。

根据美国《柴油减排法》，每年美国环保局拨款的70%用于国家竞争性赠款和退税，以资助使用美国环保局或加州空气资源委员会验证或认证的柴油减排技术项目，30%拨给各州和地区，用于资助清洁柴油项目。同时，加大公共部门和私营部门对重型车辆基础设施的投资。2018年5月，加州公用事业委员会批准了加州电力公司3.56亿美元的新项目，为卡车、插电式公共汽车、叉车和其他越野设备扩大电动汽车充电基础设施。

（4）推广低碳和零碳交通。将公众的出行方式从自驾游转向低碳或零碳的出行方式，也是美国交通脱碳综合战略的重要内容。美国弗吉尼亚州为城际客运铁路设立了专门基金，2017年通过的六年改善计划为客运铁路项目拨款近8亿美元。得克萨斯州休斯敦市则在2015年对其整个交通网络进行了全面改造，包括提供更简单的线路和更好的连接，增加公共交通客流量等。马萨诸塞州通过完整的街道资助计划，为地方改造现有街道提供技术援助和建设资金，让行人、自行车、汽车通行更加安全。

（5）实施高效的低碳项目。1983年，美国针对存在空气污染问题的地区建立了检查与保养制度，要求载客车辆接受定期的故障排放控制系统测试。《清洁空气法》（1990年）要求在特定区域强制实施检查与保养制度，以进一步降低HC、CO、NOX和颗粒物的排放。2008年，美国环保局发布规定要求大型公路柴油和汽油卡车通过在线诊断系统对污染物排放控制系统进行故障监测。目前，有9个州对重型柴油车实施了检查/保养项目，确保车辆始终符合排放标准。

"智慧道路"（Smart Way）项目于2004年启动。货运代理、托运人、货运承运人和货运物流公司组成合作伙伴关系，通过传播关于各种节省燃料的技术和资料，使各方能够对二氧化碳排放进行对比和跟踪，自主选择货运方式，从而提高整体货运效率。据美国环保局估算，这一项目已经减少了包括二氧化碳在内的空气污染物排放9400万吨，同时节省了1.965亿桶石油，并为项目参与者降低了278亿美元的燃料成本。

3. 对我国机动车碳减排的启示

目前，我国主要通过控制油耗对机动车温室气体排放进行间接管理，机动车碳减排总体上还处于初步管控阶段。

（1）机动车排放标准体系中急需纳入CO_2排放标准。目前，我国机动车的传统污染物排放标准已达到了国际水平，但机动车标准体系中还未纳入CO_2排放标准。应加快对机动车CO_2排放标准的研究，尽快将CO_2排放标准纳入机动车排放标准体系，同时在交通行业碳达峰行动方案中将清洁油品的使用作为重点，通过实行差异化燃油税政策，助力交通行业碳达峰和碳中和目标的实现。

（2）在城市交通规划和交通融资计划中应充分考虑温室气体减排因素。美国在制定交通规划时，强调将交通规划、土地利用和温室气体减排紧密联系起来。我国地方交通规划部门在制定或调整交通规划时，也应充分考虑交通规划、土地利用和温室气体减排目标及措施。在政府的交通融资计划中，应将减少温室气体的排放潜力作为项目评估的重要考量因素，优先考虑温室气体减排潜力大的项目，推动资金向清洁交通项目倾斜。

（3）加大对清洁柴油车和新能源汽车燃料基础设施的投资。美国实施的清洁柴油计划成效显著，我国可通过实施清洁柴油项目，为开发或推进使用高效节能减排技术的柴油车制造商提供资助。针对新能源汽车，可重点对城市高排放车队进行电动化鼓励政策，对购买和安装电动汽车充电桩的个人或企业实施税收优惠。同时，从国家层面制定政策法规，推动国家电网在充电桩等基础设施方面的投资优化，并与充电桩生产企业、场地方与资金方等合作共建充电基础设施，保证有足够的基础设施支持新能源车。

（4）推进交通网络高效性和安全性。在低碳出行方式推广方面，应通过跟踪客流量变化不断改革优化交通网布局，提升整体效率，增加乘坐公共交通通勤的客流量。同时，开发更安全的自行车道和人行道，完善共享自行车和拼车系统，实现更简单的线路和更好的连接，让行人、自行车、汽车通行更加安全，让低碳和零碳交通成为更具吸引力的选择。

（5）实施绿色货运项目。推动实施绿色货运项目，加强与大型邮政快递企业、城市配送企业间的合作，建立绿色货运合作伙伴网络，完善城市配送物流基础设施。分享绿色货运政策和技术，推广先进运输模式，对碳减排成效明显的运输企业进行政策激励，促进整体货运效率的提升。

第6章 清洁能源电网工程技术原理与应用

清洁能源电网工程基本概念、绿色能源电网运行与发展面临的挑战、构建以新能源为主体的新型电力系统是本章介绍的主要内容。

6.1　清洁能源电网工程基本概念

电力系统及电网工程基本概念，微电网技术与能源互联网应用，电、热等多种能量形式的协调优化与调度策略是本节介绍的主要内容。

6.1.1　电力系统及电网工程基本概念

1.电力系统基本概念

电能是现代社会中最重要、也是最方便的能源。电能具有许多优点，它可以方便地转化为别种形式的能，例如机械能、热能、光能、化学能等；它的输送和分配易于实现；它的应用模式也很灵活。因此，电能广泛地应用于农业、交通运输业、商业贸易、通信以及人民的日常生活中。以电作为动力，可以促进工农业生产的机械化和自动化，保证产品质量，大幅度提高劳动生产率。发电厂、输电网、配电网和用电设备连接起来组成一个整体，称为电力系统。电力系统与其他工业系统相比有着明显的特点，主要表现在以下几个方面：

（1）结构复杂而庞大。一个现代化的大型电力系统装机容量可达千万千瓦。世界上最大的电力系统装机容量达几亿千瓦，供电距离达几千千米。电力系统中各发电厂内的发电机、各变电站中的母线和变压器、各用户的用电设备等，通过多条不同电压等级的电力线路结成一个网状结构，不仅结构十分复杂，而且覆盖辽阔的地理区域。

（2）电能不能存储，电能的生产、输送、分配和消费实际上是同时进行的。电力系统中，发电厂在任何时刻发出的功率必须等于该时刻用电设备所需功率、输送和分配环节功率损失之和。

（3）电力系统的暂态过程非常短促。电力系统从一种运行状态到另一种运行状态的过渡极为迅速。

（4）电力系统特别重要，电力系统与国民经济的各部门及人民日常生活有着极为密切的关系，供电的突然中断会带来严重的后果。

2.对电力系统运行的基本要求

（1）保证安全可靠的供电。供电中断会使生产停顿、生活混乱甚至危及人身和设备安全，造成十分严重的后果。停电给国民经济造成的损失远超过电力系统本身的损失。因此电力系统运行的首要任务是安全可靠的向用户供电。

（2）要有合乎要求的电能质量。电能质量以电压、频率以及正弦交流电的波形来衡量。电压和频率过多偏离额定值对电力用户和电力系统本身都会造成不良影响。这些影响轻则使电能减产或产生废品，严重时可造成设备损坏或危及电力系统的安全运行。

（3）要有良好的经济性。合理分配每座电厂所承担的负荷和调度电力系统潮流，会降低生产每一度电所消耗的能源、电能输送和损耗，从而提高电力系统运行的经济性。

（4）尽可能减小对生态环境的有害影响。电力工业发展的各个方面都会或多或少地对生态环境产生不同程度的损害，有时甚至会造成无法逆转的伤害。因此，为了保护人类赖以生存的大自然，无论在建设发电厂、建设电网还是发电所放出的有害气体等方面都应注意，尽可能地减少对环境的伤害。

3. 电网的概念及不同电压等级的输电能力

电力系统中输送和分配电能的部分称为电力网。电网是电能传输的载体，它包括升、降压变压器和各种电压等级的输电线路。电网是电能传输的载体，在发电厂发出电能后，如何将电能高效地传送给用户，就成为电网的主要功能。电能与其他能源不同之处在于不能大规模存储，发电、输电、配电和用电在同一瞬间完成。输电的功能就是将发电厂发出的电力输送到消费电能的地区，或进行相邻电网之间的电力互送，使其形成互联电网或统一电网，保持发电和用电或两电网之间的供需平衡。输电功能由升压变压器、降压变压器及其相连的输电线完成。所有输变电设备连接起来构成输电网。输电网和配电网统称为电网。发电厂、输电网、配电网和用电设备连接起来组成一个整体，称为电力系统。输电网由输电和变电设备构成，输电设备主要有输电线路、杆塔、绝缘子串等；变电设备有变压器、电抗器、电容器、断路器、接地开关、避雷器、电压互感器、电流互感器、母线等一次设备和继电保护、监视控制装置、电力通信系统等二次设备。输电网一次设备和相关的二次设备的协调配合，是实现电力系统安全稳定运行，避免连锁事故发生，防止大面积停电的重要保证。

以220千伏线路输送自然功率132兆瓦为基准，输电线路的输送功率与线路阻抗成反比，而输电线路的阻抗随线路距离的增加而增加，即输电线路越长，输电能力越差。要大幅提高线路的输电能力，特别是远距离输电电路的功率输送能力，就必须提高电网的电压等级。电网的发展表明，各国在选择更高一级电压时，通常使相邻两个输电电压之比等于2。特大容量发电厂的建设和大型、特大型发电机组的采用，可以产生更大规模的效益。它们可以通过输电网实现区域电网互联，可在更大范围内实现电力资源优化配置，进行电力的经济调度。由于各区域电网的不平衡，输电的联网功能，特别是采用比区域骨干电网更高一级电压的输电线联网已变得特别重要。

6.1.2 微电网技术与能源互联网应用

我国以煤为主的能源产业结构和能源分布不合理等问题亟待解决，因此我国应该大力发展微电网，并逐步过渡到能源互联网。微电网和传统电网最主要的区别就是微电网可以对分布式能源进行就地消化，就地平衡，同时也可以和大电网进行能量交换。能源互联网则是从智能决策、智能控制以及相关的应用系统来实现对能源和信息的优化与调控。微电网和能源互联网将对国家能源高效消纳和平稳运行起到很重要作用。

1. 国内外能源结构与分布差异

（1）我国的能源结构以煤为主，和国外发达国家相比结构是落后的。我国 70% 的能源结构处于欧美和日本等发达国家 20 世纪 50 年代的水平。现在，国外特别是欧美发达国家，煤炭、石油、天然气在能源结构中的比例大概是各占 1/3，而我国仍然是以煤为主。这就造成了今天我们看到的雾霾，燃煤排放的二氧化碳水平比燃气或者其他能源排放得要高。

（2）能源分布不合理，能源分布主要在西部，负荷中心却在东部。比如说以电为例，煤炭基地在内蒙古、山西、甘肃、新疆，水电资源在西南、澜沧江、长江上游、雅鲁藏布江、三峡，负荷中心在东部。这样就造成了一个能源分布极不合理，西能东送格局。而且从区域电网来说，每一个区域电网基本上也是西能东送，或者西电东送。这就造成要把能源远距离输送到东部用电地区的情况。

在电力负荷方面，全国 2/3 的负荷集中在东部地区，而 2/3 能源在西部地区，因此有 1/3 的能源要从西部搬运到东部。正是由于这个原因，我们要考虑能源的就地消纳、就地生产，所以我国规划分布式能源所占的比例要大大提高，主要包括光伏、小水电、微型天然气、风电等。

2. 大范围接入的新能源难题

面对大范围接入的分布式能源，波动式的太阳能、风能，如何进行控制？怎么满足分布式能源对可靠性的要求，对各种电力服务的要求？一个很重要的解决办法就是利用微能源网，从微电网逐步过渡到微能源网以及能源互联网。微电网与传统电网最主要的区别就是微电网可以对分布式能源进行就地消化、就地平衡，同时也可以与大电网进行能量交换，因此微电网内部的控制和相关保护技术，与大电网相比有一些区别。

比如大电网主要是单向潮流、简单交互，电能从发电厂通过输电线路输送到用户端；而微电网是内部循环，用户和电网之间可以交换能量，是双向的流动，主动交互。这是微电网和传统电网本质的区别。

如果微电网控制得好，对大电网有一个比较大的支撑作用，比如大电网出故障时，微电网可以提供供电可靠性。微电网可以更多、更好地消纳新能源和可再生能源，供电成本更低；可以从内部提升可再生能源的效率，特别是多种能源互补的时候，对提高可再生能源的效率发挥作用；可以通过微电网内部控制为大电网提供相关的辅助服务，如调频、调压服务。

3. 微电网的关键技术

（1）微电网内部分布式发电控制技术。微电网的容量现在还没有一个完整的界定，从几十千瓦到几十兆瓦都有，所以运行方式可以很灵活。分布式电源要保证及时性和环保性。

（2）微电网控制保护技术。由于微电网分布式电源在用户侧，传统的控制和保护技术有些不适用于微电网，在这方面还有很多工作要做。

（3）微电网的储能技术。微电网储能对分布式可再生能源平抑波动性，在峰谷差的调节过程中发挥着很重要的作用，目前微电网储能技术之所以没有广泛应用，主要是经济性能低。随着储能成本的下降以及储能技术的不断成熟，对平抑可再生能源波动性，提高经济性、灵活性，会发挥更重要的作用。

（4）微电网能量管理技术。分布式能源管理、调节微电网中的各类负荷，对微电网的协调运行很重要，是能量管理中的重要技术。

（5）微电网群间的协调和控制技术。微电网群如法国里昂形成的十几个微电网群，各微电网群之间的协调控制和互补运行，也是要研究的关键技术。

在微电网方面我国国家电网承担了 IEC 三项国际标准的制定（中国主导的 IEC 标准只占0.3%），另外还承担了两项国内能源行业微电网标准的编制。

微电网的接入可能会使配电系统发生根本性的变化。比如使配电网从传统单向辐射的网络转变为双向潮流流动的网络，配电运行就会发生变化，会变成有源的网络，也就是说运行、保护控制方式会产生很大的变化。而对于用户侧，由于其本身灵活地运行在微电网内部，因此用户负荷和管理方式上也会发生变化。

4.从微电网向能源互联网发展的趋势

通过微电网的建设，相对来讲可以补充对大电网投资的不足。通过分布式能源和微电网本身的建设，可以降低配电系统对电能的需求，减少或者减缓对配电网的投资。

在研究微电网过程中发现，多种能源互补，特别是用户侧水、电、气各种能源的互补，将对未来电力市场的最终格局产生深远影响。也就是说用户和电力之间会形成一定的关系，既可以向配电网购电，也可以售电，这样参与效率就大大提高了，当然竞争也会更加激烈。

微电网的发展趋势是逐步过渡到综合能源网或者微能源网，直至能源互联网。将能源互联网按地域区分，可以将其大致分成两类。

第一类是广域的能源互联网，又称全球能源互联网，它是跨国、跨区域的，以超高压、特高压骨干网为核心，以大规模输送可再生能源为主要目的，实现跨国、跨洲、跨区域的大型能源基地可再生能源的传输和交易。因此广域全球能源互联网具有广域资源配置和需求调节能力，是解决可再生能源可持续供应的重要手段。

第二类是局域的、地域的，以园区或者跨园区的配电网为核心纽带，目的是消纳分布式可再生能源，通过各种技术实现多种能源的高效利用和多元化主体参与的能源互联网络，是不同类型的能源互联网。

能源互联网一个比较合理的定义是：以互联网理念构建的一种新型信息和能源融合的网络，以智能电网为基础架构，融合了热、冷、气等多种能源形式，形成了一个智慧能源网络，能够实现分布式能源的广泛接入和市场化交易，从而最大程度利用清洁低碳的可再生能源，实现能源的清洁、高效、便捷可持续利用，满足用户多元化的需求。能源互联网集成了电、水、气、冷、热等多元化的能源，同时借助能源互联网的控制和优化手段，在消纳方面把商业负荷、工业负荷、居民负荷通过信息调控实现能源交换。

从能源互联网的技术架构层面，可分为基础设施层（包括管道、传感器）、通信层、数据资源网和互动服务层。在此基础上通过政策引导来实现能源互联网或者微能源网的高效、可靠、经济的运行。

能源互联网供能侧包括可控、可调的大电网资源，以及可联网或者可以孤岛运行的微能源网，微能源网中又包括水、电、气等各种资源，这些资源通过信息流以及能量流的传输来为用户服务；用能侧包括多种类型的用户，用户的特性、曲线、消纳特征都不一样。微能源网在这种消纳过程中，通过提供有效的协调和控制来使供能侧和用能侧达到平衡。其中一个很重要的技术手段，就是通过综合能量管理平台，来管控园区内的能源和负荷的"三流"，即能源流、信息流和业务流，最大限度地开发和利用可再生能源，提高利用效率。

5.能源互联网信息感知平台

（1）智能采集系统把能源互联网底层的各种设备和用户运行的状态，通过立体信息感知系统采集上来，实现对电、热、气、交通、用户、气象以及各种生产调度进行全方位的监控采集，得到一个完整的园区、跨园区微能源网的数据信息。

（2）智能通信与信息系统主要是指在最后一公里的时候通信手段是多元化的，包括微波、载波、公用网等构成一个信息系统。

（3）能量和负荷的预测，预测的精度准不准，是能量精确管理和高效利用的很重要的前提。其中我们的预测方法很多，包括对历史数据的积累，通过不同的预测模型算法得到了一些结果。特别是放开了输电端市场以后，预测显得更加重要。大家知道的直供，要求预测精度在95%～105%之间，预测误差不能超过5%。如果预测电量低于5%，比如在95%以下，这个时候市场就有惩罚措施。如果高于105%，就不再享受大用户直供的政策了。

（4）多能源优化调度是指除了电还有天然气、热力、水，园区能源互联网的多能互补可以形成优化方案，并据此实施调度。在园区能源互联网协同优化调度的过程中，也集成了相关优化算法以及管理算法，对分布式能源储能和负荷形态进行调控。优化调度有各种方法，其中主要是分层和分布式的两类算法。在多能优化调度中，为了保证能安全可靠运行，智能保护和控制也很关键。

（5）需求侧响应是指通过需求响应策略和相关的框架与用户互动来响应用户需求。

（6）高级应用服务是指微能源网、能源互联网的一些服务，包括高级能效服务，如何帮助用户节能，对能耗、污染物排放进行分析，进行能效诊断和相关的统计。还有用户定制的服务，未来微能源网和能源互联网应该是对用户一对一的定制服务，来实现优质的竞争水平，以及电网辅助服务，重要的是调频、调风服务，电网出现故障的时候要有相应的备用。

6.1.3 电、热等多种能量形式的协调优化与调度策略

与传统电力系统调度不同，加入储热后，热电联产机组和储热的热电耦合出力特性加重了有功调度问题的复杂性，需要考虑电能和热能两种能量的平衡。在传统的运行成本优

化目标基础上,需要进一步考虑污染气体排放以及弃风消纳率的优化目标。此外,在日前调度和日内调度中,还需要考虑风电出力的不确定性,从而更好地应对风电波动,实现最优化。

1.电、热等多种能量协调优化理论与方法

日前电力系统调度依据风场预测信息,进行误差修正,优化系统所有可调机组发电计划,最大化风电消纳能力;日内调度依据超短期风电功率预测和可调机组日前述发电计划,修正可调机组出力计划,得到弃风信息,从而修订储热的运行计划,最终下达风电场允许出力值。

基于某地区2015年风电历史数据及火电厂最小运行方式,按照30兆瓦,一天加热量为300兆瓦·时为例进行计算,考虑弃风电价激励和峰谷电价构成的储热用电成本,以及储热所需加热量等因素,形成储热用电计划。受储热加热功率以及弃风大小和时段所限,储热依次使用弃风电、低谷电、峰值电。考虑弃风电价激励和峰谷电价构成的储热用电成本,以及储热所需加热量、加热功率等因素,形成储热的用电计划,得到每日弃风消纳电量。

两种情况下的储热运行计划:当弃风部分时段很大,而其余时段不足时,对于弃风时段,储热按额定功率加热,不足部分在低谷电时段采用火电进行加热;当弃风电持续足额,能够完全满足加热需求时,不再消耗火电。

全年储热期内,弃风电量和储热消纳的弃风电量,分别为9149万千瓦·时和1871万千瓦·时,可消纳20%的弃风电量。储热可有效地实现对弃风的消纳。

基于智能算法和模糊满意度法,求解经济性、环境成本和最大风电消纳等多目标的优化,得到折中最优解。含风电、储热的电力系统多目标优化模型使用Maltab的GA工具求解,采用的算法为带精英策略的非支配排序遗传算法(NSGA),求解后得到规模为18的帕累托最优解集。

2.客观弃风的预评估模型和方法

目前,国内外关于风电弃风电量的评估一般为后评估。国外风电多为分散接入,灵活调节电源比例高,弃风现象不普遍,因而这方面的研究较少。我国风电受阻电量计算尚处于起步阶段,实际生产中有的风电场用装机容量作为理论功率,有的采用弃风时段起、止时刻功率的平均值作为理论功率,有的用风电预测功率作为理论功率,这些方法都存在缺乏理论基础、计算误差过大等问题。

近几年,随着弃风现象日益受到关注,出现了一些较为科学的计算方法,主要有特征风机法、历史数据估算法两类。特征风机法是在弃风时段保留几台风机正常运行,以这几台风机的实际功率为准计算风电场弃风时段损失的电量;历史数据估算法有几种变形,但基本思想都是在正常运行时段建立风电场出力与测风数据之间的映射关系,再将之应用到弃风时段,以此估算弃风时段风电场损失的电量。这些方法有了一定的进步,但都存在要素简化过度、计算过于粗糙等问题,因而计算精度不高、适用范围有限,一般仅适用于地形等条件较为简单的风电场。对风电场受阻电量进行日前评估和实时评估,必须首先得到风电场短期功率预测和超短期功率预测,并结合电网运行方式和系统约束,评估次日在优先接纳风电的前提下，由于系统调峰限制而可能产生的风电受阻电量。

风电发电能力预测需要基于风电场短期功率预测和超短期功率预测，风电场短期功率预测主要用于日前风电发电能力及弃风电力评估，超短期功率预测主要用于日内及实时阶段对日前评估结果的修正。

（1）在风电场短期功率预测方面，预测方法分为基于人工神经网络、多气象要素输入的统计预测方法和基于微尺度气象学与计算流体力学的物理预测方法。然而两种方法各有优缺点，统计预测方法不需要求解物理方程，计算速度快，但需要大量历史数据，对于新建风电场不具备建模能力；物理预测方法不需要大量的历史运行数据，适用于新建风电场预测建模，但要求对大气的物理特性及风电场地形与地表粗糙度有准确的数学描述，这些方程求解困难、计算量大、技术门槛较高，且预测准确性严重受限于基础资料的精度。因此，在统计预测方法和物理预测方法基础上，提出了风电功率预测模型的自动辨识与自组态方法，该方法汲取物理预测方法和统计预测方法的优点，实现了对所有并网风电场的准确功率预测。

（2）在风电超短期预测方面，目前的超短期预测多采用时间序列法，此方法仅依赖历史及实时的功率数据，缺乏外界参数的修正，因而预测结果随机性较强、稳定性较差。当引入实时测风数据和数值天气预报多种数据源后，一方面充分利用风能资源的空间分布特性来提高超短期预测的精度，另一方面测风数据的引入可为限电情况下的超短期功率预测提供手段，从而实现风电场超短期功率预测的在线建模。

风电出力具有很大的随机性、间歇性和不可控性，在目前的技术水平下，风电功率预测结果存在一定的误差，预测精度受风电场所在地区地形、气候、历史数据质量等多种因素影响。目前，我国新能源功率短期预测误差在 6%～18%。在风电功率难以预测的前提下，使用风电预测出力结果测算的客观弃风与实际运行情况必然存在偏差，影响储热式电采暖的运行安排。从当前预测情况来看，风电超短期预测结果明显优于短期预测，风电 15 分钟超短期预测结果的误差可达到 5%。在风电短期预测的基础上，通过风电超短期功率预测，滚动修正风电出力预测结果并用于客观弃风预评估模型，是提高弃风预评估结果的有效方法。

3. 日电、热协调优化调度模型和策略

根据当前我国北方地区风电场地理位置信息情况来看，风电场与相邻最近城区的平均距离通常超过 40 千米。受距离因素影响，风电场弃风电供热的有效措施是将储热装置建设在城市热负荷中心，通过电网调度端以下达计划曲线模式，综合优化协调风电场、储热和电网运行，在电网调度端达到电力平衡。进一步考虑到煤−热和煤−电−热转换效率，电采暖只有主要使用弃风电量才能使全社会能耗和利益损失最小，因此，储热式电采暖加热使用弃风是提高风电利用率的关键。为此，电网调度机构必须发挥重要的作用，协调优化日前/日内电热协调优化调度，在保证其供热质量的基础上让电采暖运行最大程度利用弃风。若将储热式电采暖与风电场运行通过电力调度控制中心实现联动，在保证供热的同时，使电采暖所用电量大部分来自弃风电量，可保证电采暖加热过程中电能主要来源于弃风电。

4.电、热协调递阶滚动控制方法

在我国北方地区，冬季供暖期热电联产机组调峰能力不足是造成"弃风"的主要原因。冬季夜间，为优先保证供热需求，热电联产机组按"以热定电"模式运行，其发电出力受到热负荷需求的制约，需维持较高水平，导致其调峰能力降低，严重挤占了风电的消纳空间。电力系统和热力系统相互独立的运行方式，实质上割裂了它们之间的联系。若要充分发掘电、热联合系统整体能力，提高风电消纳水平，需要将电力系统与热力系统进行联动，充分利用储热系统的热特性，实现电力系统、热力系统的联合控制。

针对电、热协调优化控制，首先充分考虑储热系统的热特性（热惯性和储热特性），对其进行精细化线性建模；然后，结合电力系统"源、网、荷"特性，以分别满足电力负荷平衡和热力负荷平衡为约束条件，构建日前/内电-热协调递阶滚动控制模型，并进行求解；最后，结合峰谷电价、受阻电量评估、电网辅助服务需求及补偿机制，提出与风电场和电网运行方式相配合的大容量储热的调度控制策略。

当前电力系统发电计划优化过程中，不同调度周期的发电计划优化作用不同。从长周期发电计划优化至短周期发电计划优化是一个逐步精细的过程，周期越长，资源优化配置能力越强，但由于预测误差偏大，对安全性的考虑不足；周期越短，对安全性的考虑越准确，但由于考虑时间范围小，无法兼顾电网运行的未来变化，只能做到局部最优，资源优化配置的总体效果较差。因此，充分利用各周期的优势，通过各周期发电计划间的协调优化，对于实现发电计划的持续动态优化具有重要意义。考虑热力系统的电-热协调优化，长周期可用于优化风电场发电量和客观弃风电量评估，指导短周期储热式电采暖的加热计划。

在不同调度模式下，各周期发电计划的目的和作用不同，对各周期间的协调优化需求也不同。在经典电力市场模式下，各周期发电计划（交易结果的重要内容之一）取决于相应周期的成员报价和电网安全约束。长周期的发电计划往往用于金融结算，以及指导市场成员调整报价策略，以便在后续市场竞争改变交易结果，而并不作为短周期市场的发电计划优化依据。在单纯以煤耗最小或者污染物排放最小为目标的严格节能发电调度模式下，各周期间发电计划间的关系与市场模式基本相似，长周期发电计划主要服务于对短周期发电计划的指导。

在实时发电计划优化计算中，会使用相应时段内的日前发电计划作为初解，以提高算法收敛性和计算性能，理论计算结果并不受日前发电计划影响。同时，在实时发电计划优化计算中还会使用日前发电计划优化编制中的安全分析信息，将已经发现的基态越限重载设备，以及预想故障下的重载越限设备作为初始安全约束，对提升计算性能具有重要作用。

6.2 绿色能源电网运行与发展面临的挑战

多种能源电网调峰模式及调度策略、清洁能源网源储运行控制技术、新型电力系统与现代化电网企业是本节介绍的主要内容。

6.2.1 多种能源电网调峰模式及调度策略

近年来，我国大力发展低碳能源，随着能源结构调整、风力和光伏发电并网量的迅速增加，我国风电和光伏装机规模迅猛增长，在役及在建装机容量均已位居世界第一。一方面，风电和光伏等新能源为我们提供了大量清洁电力，另一方面，其发电出力的随机性和不稳定性也给电力系统的安全运行和电力供应保障带来了巨大挑战。由此导致我国电力调峰调频服务面临几个问题，包括电网峰谷差扩大，系统调峰容量不足；大型火电机组的频繁启停造成资源浪费，磨损大、煤耗高、不安全、不经济；抽水蓄能电站的总装机量不足；需求侧管理错峰用电方式不够普及等。未来高效、智能电网的发展要求建设大量分布式和可再生能源接入电网，而电网接收消纳可再生能源的能力很大程度上取决于电力系统整体结构，特别是调峰能力。

随着社会经济的快速发展，我国电力市场展现出了新的明显特点，即电力系统中的电力负荷峰谷差越来越大，而且持续时间也不断增长，只有通过电网调峰才能缓解目前的情况，所以如何进行电网调度和探索新的调峰电源成为迫切需要解决的问题。为了使电网能够更多地接纳风电等新能源，火电机组应该积极参与电力调峰。目前供热机组装机容量和规模不断增加，供热时所产生的电量越来越大，因此供热机组对电网的冲击也越来越大，尤其是对电网调峰产生非常不利的影响；加之我国的用电结构也发生了不小的变化，除了用电负荷大幅度增加之外，电网的峰谷差也日趋增大，而且持续时间越来越长。供热机组参与调峰时是变负荷运行的，经济性必然会发生变化，为了解机组变负荷时的能耗水平，需要对不同热负荷条件下运行的调峰进行经济性分析。

供热机组和纯凝火电厂参与电网电力调峰限制不完全一样，但由于两者均属于火电机组，又具有一定的相似性，因此可以互相借鉴。供热机组参与电力调峰是在保证供热质量和稳定性的前提下参与电力调峰，改善其对电网的影响，保证电力系统的安全运行。从目前的情况来看，我国电力系统调节能力难以完全适应新能源大规模发展和消纳的要求，部分地区出现了较为严重的弃风、弃光和弃水问题。而火电特别是煤电机组，在未来相当长一段时期仍是我国"三北"地区的主力电源，因此对供热机组为代表的火电机组的调峰能力进行研究对电网有着十分重要的意义。

核电机组作为调峰资源具有明显的电网电力联合调峰优势。随着核电机组在能源使用中所占的比例逐年增加，让核电机组参与到调峰过程中来显得十分重要。具体意义体现在：①核电机组的功率输出很大，若参与调峰，将有效替代化石能源的消耗，达到清洁环境，促使电网能源消费结构更加合理的效果；②当核电机组参与到调峰过程中来，可有效平衡每日负荷需求的峰谷差，增大电网的安全稳定裕度；③核电机组由于不受环境影响，具有较好的调峰支撑能力；④新能源的接入势必给电网带来一系列的频率波动问题，通过使用核电机组进行调峰，可减少新能源接入带来的频率波动。核电成本中燃料费用所占比重较低，发电成本较为稳定，不易受国际经济形势变化影响；发展核电可有效增强能源保障能力，是国家能源安全的战略需要。随着核电技术水平提升和运行经验的积累，未来我国的核电站将具有更高的安全水平，核电在我国能源转型过程中的作用将更加突出。

综合利用风电等新能源，是提高能源利用效率、实现能源安全持续发展的重要途径。风电是重要的清洁可再生能源，造成弃风的原因有很多。一是调峰容量不足：首先，我国超过70%的装机容量仍然为火电机组，整个系统内的调峰容量有限，尤其是风电装机容量较大的西北、华北、东北地区，火电机组占比更高，其次，我国负荷峰谷差正逐年扩大，进一步增大系统的调峰压力，调峰容量不足，则系统内用于应对风电出力波动的容量较小，在负荷低谷时只能选择弃风。二是输送通道阻塞：过去这些年风电的配套系统发展滞后，外送通道有限，此外，我国风电资源丰富地区与用能中心距离较远，非常依赖于远距离输送。

1）核电机组参与电网调峰

我国虽然核电机组总的装机容量很大，但是与火电或者水电机组进行比较却可以发现其比例相对不大。现有的核电机组均建在东部或南部沿海发达地区，临近负荷中心。由于华东电网和南方电网容量大，核电装机容量占比较小，局部电力常年短缺，核电站为尽可能提高电厂机组全年利用小时数、发挥最大经济效益，同时考虑核电厂和电网安全运行，秦山、大亚湾核电基地的个别机组只在特殊负荷日降功率运行，未长期参与电网调峰。

核电在法国电网中所占比例较高，为了充分发挥核电调峰的作用，法国在经济上设立了一些特殊的措施来鼓励核电机组进行调峰，比如采取一些分时电价的策略，用峰谷电价来实现调峰，设计峰谷电价比高达 3～4 倍。除核电之外，电网其余调峰手段较为有限，因此，核电机组需直接参与电网的调峰运行。而对于美国、加拿大、日本、韩国电网而言，其核电所占比例相比法国要低，且电网中调峰电源配置较为充足，有效缓解了电网调峰能力。

核电机组承担基荷运行，虽有效提高了核能利用率、降低了系统总的发电成本，但同时也挤压了其他类型电源的发电空间，影响发电主体的收益率。欧美电力市场主要依靠相对成熟的辅助服务机制来对其他类型电源给予相应的补偿，来调节各类电源发电收益。

核电具有较大的调峰裕度，但其调峰深度与反应速度受到安全性和经济性的限制，仍不适合作为尖峰发电，较为适合联合调峰。中国核能已进入规模化发展新时期，到2020年，我国核电运行和在建装机将达到8800万千瓦，包括第三代核电技术在内的科技创新成果已领先于国际水平，正逐步成为世界核电的产业中心。随着核电在电网中比重的增加及负荷峰谷差的日益增大，国内研究单位已经开展了关于核电参与电网调峰的可行性研究，对核电机组接入电网适应性及参与调峰的安全性、经济性做了相关分析。

2）供热机组等火电机组的调峰运行

随着集中供热的发展，各地区取缔了高能耗的小型供暖锅炉房，而采用对原有机组进行供热改造来满足供热要求，达到节能减排的目的。随着越来越多的供热机组进入投产，供热机组在火力发电厂的比例越来越高。过去一段时间里国家明确提出热电联产在供热期间不允许参与电力调峰，电网不可以缩减其原有电量供应指标，所以国内对供热机组参与电网调峰的研究有限，主要有两个方向，一是利用供热系统的蓄热特性加装蓄热装置等实施电力调峰，二是采用多源热源联合供热实施电力调峰。清华大学的秦冰等提出了热源周期性的变化不会影响供热质量，增加蓄热装置可以有效解决供热机组热电负荷不匹配问题，在热电厂采用蓄热技术可以在满足供热前提下增大电网接纳新能源的能力。

　　丹麦是集中供热技术发展非常好的国家，全国一半以上的供热量由供热机组承担。热电厂产生了全国所需的大部分热，并通过热网传输给热用户。丹麦的调峰锅炉一般设置在二次网侧，运行时无须人员值守，可以根据气象情况和热用户需求进行自动调节。西方发达国家对于电网调峰问题，大多从提高其自身的安全性与稳定性出发，大体思路为对电网的结构、网内机组构成比例以及消费者用电政策等方面着手，综合地进行考虑，尽可能减小与化解电网的供需矛盾，消除峰谷差。

　　在实际运行中，我国纯凝机组调峰能力一般为额定容量的50%左右，典型的抽凝机组在供热期的调峰能力仅为额定容量的20%；而丹麦和德国等地区的纯凝和抽凝机组的调峰能力可以达到60%～80%的额定容量。因此，全国火电机组灵活性提升的潜力是巨大的。推动火电灵活性改造，提升其调峰能力，就是在综合考虑了抽水蓄能建设周期、燃气调峰机组建设规模之后，判定电力系统的调峰需求仍然需要煤电机组调峰能力的进一步提高才能得到满足。火电灵活性改造与抽水蓄能和燃气调峰机组的建设并不矛盾。

3）风电社会效益评估及最佳接纳能力

　　风力发电是一种可再生的清洁能源。风电的价值在于既能够带来显著的环境效益和社会效益，又能够节省燃料成本。伴随着风力发电的发展，如何评价风能的价值、如何评价风能的经济性以及用什么方法来评价，成为各国竞相开展的研究课题。这方面的研究工作大多是在20世纪90年代的初期。从风电场角度评价风电经济性的方法，第一种方法是财务评价方法，这种方法沿用传统的评价方法；第二种方法是生命周期法，这种方法是从动态的角度来分析风电成本；第三种方法是蒙特卡罗模拟法，这种方法是将风电的经济性评价寓于电力系统的扩展规划中。为了对风能和其他常规能源进行比较，国际社会开展了"社会总成本研究"。社会总成本就是采用某种发电技术时社会必须付出的全部代价。从这个角度讲，由于风力发电是无污染，可再生的，因此它无污染防治、健康保障的成本，同时它也无资源消耗费用。德国的霍姆耶尔于1988年首次发表了这方面的研究结果，得出风能的社会总成本最低。美国的奥丁格尔也进行了社会总成本研究，他还规定采用如下方法进行研究：定量法、定性法、投资回报率法、减少成本法。得出结论从社会总成本的角度看，风力发电是最受欢迎的发电技术。

　　但风电的缺点也很明显。风能来源于空气流动，具有很大的随机性、间歇性和不可控性，往往负荷大时风电出力小，负荷小时风电出力大，给电网调度运行带来较大压力。风电装机容量占电网总装机容量比例较小的时候，传统上把风电看作负值负荷，但是，随着风电的快速发展，这种调度策略不再适应风电发展的需要，风电的大规模并网给电力系统的优化调度和运行带来了一系列问题。因此，对电网的风电接纳能力的研究已成为当前研究的热点。

　　调峰约束是限制我国风电并网发电的最主要因素，从调峰约束的角度出发：一种是分析单位装机容量的风电给系统带来的调峰需求，然后根据系统的已知条件求取系统剩余调峰容量，二者之商即为最大允许风电装机容量；另一种选取一个目标函数，建立基于调峰约束的调度模型，求解最大允许风电发电量。部分研究者选择以系统稳定性为约束，采用仿真的方法，求解模型中风电接纳能力。这些思路首先没有考虑到风电接纳问题的含义这个根本性问题，同时考虑的方面也比较少，缺乏全面性。目前，这方面研究仍然处于探索状态，缺乏对风电接纳问题的全面认识，缺乏通用的解决方法，缺乏对风电接纳问题的评价体系，需要从根本上对问题分析、问题建模、问题求解加以总结和归纳。

对于风电接纳问题的描述，目前还没有一个统一的说法。在规划层面，可以用风电接纳比例来表征风电接纳能力；在运行层面，可以用风电发电量来表征风电接纳能力。实际上，将规划层面和运行层面统一考虑，才能真正解决风电接纳问题。风电接纳问题还有中长期风电接纳能力、短期风电接纳能力、超短期风电接纳能力三个时间尺度。将这一类问题综合考虑，灵活运行，是解决弃风问题比较客观、科学的思考方式。目前对于风电接纳问题还缺乏一个系统的、权威的描述。

4）多源调峰资源联合系统的协调运行和优化理论

多源调峰资源的协调运行和能源的综合利用已经得到广泛的关注，是目前电力乃至能源领域都非常热门的议题，多个国家建立了专门的研究中心对此进行研究，例如，美国的国家新能源实验室（National Renewable Energy Laboratory，NREL）的 Energy Systems Integration Facility（ESIF）研究中心、我国清华大学成立的能源互联网创新研究院和北欧可再生能源总中心（Nordic Folkecenter for Renewable Energy）等，国家电网公司也于2016年新成立了全球能源互联网集团。相关的研究涉及能量的梯级利用，跨能源系统的优化运行以及协调规划各个层面。

多源调峰资源联合系统的优化运行在数学上可以归纳为优化问题。该类方法主要针对确定性的优化问题，在简化的多源调峰资源联合系统优化运行中也有一定的应用。对于非线性优化问题，可以采用启发式（meta-heuristic）方法如粒子群算法等直接求解，但往往计算量较大；或通过连续线性规划方法，将非线性优化进行分段线性处理，然后近似求解。这两类方法在考虑系统内的随机性如可再生能源发电或能源需求波动时，需要从系统运行的历史或预测数据中通过蒙特卡罗抽样选取合适的场景。如果系统中存在众多统计特性难以获得且具有一定相关性的随机因素时，场景的选取就变得非常困难，如为了保证系统的可靠性而考虑大量的场景会降低计算的效率。随机优化的方法在现代电力系统中的应用获得了广泛的关注，特别是针对含风光水储等新能源的电力系统的运行和规划。但在随机优化方法中，将不确定性的优化问题转换为确定性之后，优化问题的规模一般大于原问题的规模，一般通过分解协调的方法将之转换成若干子问题再分别求解。

6.2.2 清洁能源网源储运行控制技术

1.概述

随着我国经济的飞速增长，对电力的需求也与日俱增，大规模联网所带来的一些问题也逐渐表现出来，例如调度困难，电网运行的安全性和可靠性等。同时，我国以火力发电为主，在环境问题上也需耗费大量人力、物力和财力。发展可再生能源已经成为国际社会应对能源危机和环境问题的重要举措，分布式发电作为可再生能源利用的一种重要形式，包括天然气、太阳能、生物质能、氢能、风能、水能、微型燃气轮机等，新能源以其灵活、环保等优势，正在逐渐赢得广大市场。

新能源具有波动性、间歇性、随机性等一些固有特性，新能源的接入给电力系统的运行和管理带来了新的问题，在大规模的应用中，产生了一些负面影响。对于电力系统而言，新能源属于不可控发电单元，因此，需要采取隔离切换的方式来控制，以最大限度减少对电网的冲击。大量的分布式发电电源也给电力系统的实时调度、保护、电网稳定性带来一些新的问题。我国幅员辽阔，地区差异较大，新能源电站的建设有许多需要解决的问题。

（1）我国大面积的海岛地区由于远离大陆，存在电力供应困难，负荷分散等问题，但是可再生清洁能源丰富，因此建立以清洁能源为主体的自愈型微电网可以有效解决海岛地区的电力供应问题。由于海岛地区新能源电站和配电主网连接较弱，因此急需研究并离网平滑切换控制技术，以解决经常出现的并离网切换问题。

（2）高原（偏远）地区等配电网无法延伸地区，此类地区风、光资源丰富，因此建立风光互补型、离网型新能源电站，作为配电网一种有益的延伸，可以解决地区供电难问题。离网型微电网系统稳定、容量较小，急需研究稳定控制技术以解决新能源电站安全稳定运行的问题。

（3）农村电网作为配电网的重要组成部分，自20世纪80年代以来，经一、二期农网改造得到了部分改善，但随着"家电下乡"等惠农政策的落实，农村用电负荷特性发生明显变化，一些地区供电"卡脖子""过负荷""低电压"等问题突出，通过将清洁能源以分布式发电并以微电网的形式接入农网，实现清洁能源的就地消纳，可以有效地就地解决农村地区可靠用电问题。大量新能源的接入，加大了配电网络的复杂度，系统故障的检测和隔离更加困难，同时也引发了诸如"非计划孤岛"等特有现象，急需研究新的方法来解决这些问题。

（4）城市配电网网架结构较为复杂，加大新能源的开发力度，提高新能源的渗透率是当前城市配网建设的重要工作。如何通过清洁能源的接入，增加配电网的主动性、加强多样性负荷的管控能力、加强发电和负荷预测、提高城市供电的电能质量成为城市电网清洁能源接入控制需要研究的重点和关键。

2. 新能源电站的运行控制

针对新能源电站电压等级低、分布式电源、进出线数量多的特性，来研究适用于新能源的集中式区域保护和控制技术，主要研究内容包括：

1）保护技术

保护技术方面的研究包括适用于新能源接入的低频保护、过频保护、低压保护、过压保护、失压保护、复压闭锁方向过流、零序过流方向保护、逆功率保护、母联充电保护、远跳功能、非电量保护、母线差动保护、方向纵联保护等。

2）测控技术

测控技术方面的研究包括：

● 采集两段母线电压 U_{a1}、U_{b1}、U_{c1}、U_{a2}、U_{b2}、U_{c2} 交流量，采集 6 ～ 10 条线路电流量 I_a、I_b、I_c 交流量。

- 支持 89 路开关量信号的采集。开关量信号反应的是新能源电站一次设备的运行状态、控制设备的动作信号以及报警信号等信息，调度员以此为依据确定设备工况并决定是否进行操作。其信息的正确与否直接影响系统的运行方式、自动化设备的正确动作和调度人员的决策，对电网的正常运行具有重要意义。
- 多路遥控输出技术，每路遥控可以分别进行合闸或分闸。
- 多路同期合闸关键技术，当断路器两侧为有压状态时，装置在进行合闸时会进行同期判断，满足同期条件时，装置出口；不满足同期条件时，闭锁出口。新能源电站的同期不同于常规变电站的同期功能，在同期操作时，可能需要进行同期调节并且要把调节信号发送给储能、逆变装置，从而完成合闸操作。

3）电能质量监测技术

在电能质量监测技术方面，根据国家标准《电能质量 公用电网谐波》（GB/T 14549—1993）中的相关要求，计算电网谐波畸变率，监视高达 25 次电压、电流谐波畸变率；根据《电能质量 供电电压偏差》（GB/T 12325—2008），计算供电电压对标称电压的偏差与标称电压的百分比，计算三相不平衡度（三相电力系统中三相不平衡的程度）。

4）稳定协调控制技术

新能源电站及微电网对于计划孤岛功率、负荷的协调控制，主要研究在孤岛情况下电站的稳定控制策略，包括：

（1）模式控制技术。研究实现电站稳定运行的协调控制策略（MC）。控制策略可根据现场需要进行编程并生成相应的配置文件，与站内一次储能设备、二次控制设备配合，实现不同应用场合的并离网平滑切换。

（2）新能源功率波动平抑控制技术。该技术为基于功率频谱在线分析的新能源功率波动平抑技术，通过在新能源电站稳定协调控制装置中对新能源功率频谱进行在线分析，根据频谱分析结果以及当前储能单元的出力特性，对功率波动平抑滤波参数进行实时修正，实现新能源电站中多种功率波动的最优平抑控制，减少新能源配电站系统的功率波动，提高了新能源电站的电能质量。

（3）新能源电站低频/低压减载、过频/过压解列技术对新能源电站的电压实时采集、并计算频率、电压滑差、频率滑差，与预先设定值比较，确定新能源电站是否工作在稳定状态。当有低频低压现象时，切除部分不重要负荷，从而保证新能源电站的稳定及重要用户供电的可靠性。

（4）一键式并孤岛智能平滑控制技术。基于 XML 格式的策略文件自动载入技术、基于自动匹配技术的新能源电站运行模式自识别方法、基于多源自校验的防误操作技术思想为实现一键式的新能源电站并孤岛智能平滑切换提供了可靠性保障。一键式技术体现了集约化的设计思想，简化了新能源电站的控制流程，降低了运行和维护成本。

3.新能源电站的储能控制

储能的主要功能和作用是实现交流电网电能与储能单元电能之间的能量双向传递。它也是一种双向变流器，可以适配多种储能单元，如超级电容器组、蓄电池组等，不仅可以快速有效地实现平抑分布式发电系统随机电能或潮流的波动，提高电网对大规模可再生能源发电（风能、光伏）的接纳能力，还可以接受调度指令，吸纳或补充电网的峰谷电能，提供无功功率，提高电网的供电质量和经济效益。在电网故障或停电时，其还具备独立组网供电功能，以提高负载的供电安全性。储能技术的研究主要分为主回路拓扑及参数设计、储能逆变器系统综合控制策略、系统保护三部分。

1）储能装置主回路拓扑及参数设计

储能逆变器装置通过交流断路器与电网连接，为了减少装置对电网谐波的影响，输出侧需要优化设计 LC 滤波器参数以及交流 EMI 滤波器，以降低输出的电压、电流的 THD，避免干扰电网内其他设备的正常运行。根据对储能逆变器工作内容以及工作状态的分析，储能逆变器主电路拓扑主要包括三相逆变单元、直流环节与双向 DC-DC 电路。在储能逆变器中，直流 DC/AC 变换器的作用（以蓄电池为例）是根据储能蓄电池的特性曲线完成对储能蓄电池的充放电控制，其输出的电压电流质量直接影响蓄电池组的安全使用和接入电网的稳定运行。传统的 DC/AC 变流器采用单相的运行模式，其容量和输出电流质量难以满足工程应用的需求，因此我们对储能逆变器直流 DC/AC 变换器拓扑结构进行了大量研究，提出了一种基于直流变压器与交错并联非隔离双向储能拓扑结构和多重化双向储能逆变器拓扑结构。

2）储能装置系统综合控制策略研究

通过对多重化双向 DC/AC 变换器的交错并联和智能切换相交控制，结合混合储能元件的特性，利用蓄电池承担负荷中的平滑功率，利用超级电容承担快速波动的功率，实现了对蓄电池（超级电容）的充电及放电控制。针对储能逆变器双向变流的基本特点，在并网运行和离网运行下分别采用不同的控制策略：并网运行模式下，配电网提供微网的电压及频率支撑，储能控制器采用 P/Q 控制，以使储能单元处于适宜的荷电状态和良好的功率调节能力，或根据系统的需要向配电网吸收或输出一定的有功/无功功率，实现微网与配电网公共连接点 PCC 功率潮流的相对稳定；离网模式下，采用 V/f 控制方法，建立并维持系统的电压与频率，储能的输出电压及相位取自系统的预设值，经滤波电容电压环、滤波电感电流环双环控制后产生储能控制器的 PWM 信号。所以，储能装置可以在电压控制模式和电流控制模式间灵活快速的转换，相应地，完成新能源电站组网电源和并网电源的角色转换，这对于实现微网离网/并网两种模式的无缝过渡，确保微网中敏感负荷的供电可靠性具有重要作用。

3）储能装置系统保护设计

新能源电站储能控制系统除了具有直流过电压保护、过流保护、输入反接保护、短路保护、接地保护（具有故障检测功能）、欠压/过压保护、过载保护、过热保护、过/欠频保护、三相不平衡保护及报警、相位保护以及对地电阻监测和报警功能等，还要根据实际需求，增加以下保护功能：

- 孤岛检测与并网/离网状态切换功能；
- 电池正负线路上均配置漏电保护装置；
- 与电池管理系统接口，电池放置空间配置氢气、二氧化硫气体含量检测装置以及温湿度控制器，带有声光报警装置，检测装置及温湿度控制器在电路上应参与电池放置空间内加热器、通风扇等环境支持系统的控制。

4.新能源接入

新能源电站与配电连接于并网点处，并网点是新能源电站和大电网的功率交互点，对于新能源接入的主要研究内容如下：

1）保护技术

保护技术方面的研究包括适用于并网点的两段式低频保护、两段式过频保护、两段式低压保护、两段式过压保护、失压保护、复压闭锁方向过流、零序过流保护、逆功率保护、远跳保护、三相一次重合闸、防孤岛保护等。

2）测控技术

测控技术方面的研究包括并网点线路的交流量采集，可输出线路的电压、电流、零序电压、零序电流、线电压有效值，每条线路的有功功率、无功功率、功率因数、频率、谐波等参量计算。一次设备状态的采集是，先对信号输入进行光电隔离变换，经过硬件和软件滤波后再进行定时采样处理。遥信量发生改变时，测控装置进行记录并打上时标，形成事件顺序记录。

并网点线路的遥控功能支持远方/就地把手输入，进行后台或调度遥控时，必须使把手处于"远方"位置；进行当地面板操作时，必须使把手处于"当地"位置。当对应一次设备或继电保护设备进行检修时可以使用该功能，当装置处于检修状态时，屏蔽远方遥控命令，遥测量、遥信量置于相应品质位。同期合闸功能包括断路器同期合闸功能。支持断路器的差频合闸、差压合闸和无压合闸等功能，支持同期点两侧电压的幅值补偿和相角补偿功能。同期辅助调节功能，有独立的通信口与储能系统进行通信，将同期点两侧的电压幅值、相位和频率送给储能系统，并在同期检查时输出硬接点信号来控制储能系统的同期调节。

3）多样性负荷优化调度技术

多样性负荷优化调度技术研究多时间尺度下的协调优化调度技术，目的在于增强长期负荷运行的稳定性，并考虑各种负荷运行的不确定性，以保持电网侧的有功功率平衡和频率稳定。由于负荷预测精度与时间跨度成反比，我们提出在时间维度上将调度策略分解为1年、10天、1小时等，根据负荷波动的特点和负荷控制特性，采用多样性负荷优化调度技术、中长期、短期、超短期负荷侧资源优化调度技术并建立对应电价模型。

多时间尺度的优化调度技术的基础是生成原始负荷数据曲线。主站可以根据原始数据生成的各种曲线：用户历史24小时日负荷曲线、实时日负荷曲线、历史月负荷曲线、历史年负荷曲线。而生成负荷曲线必须要基于负荷优化调度对负荷的全景监测和实时控制。

负荷控制任务主要负责实现远程负荷管理控制，主要是根据主站下发的控制命令和控制参数，实施对负荷的管理。负荷管理功能包括功率定值闭环控制和无功补偿控制。对于负荷定值闭环控制，多样性负荷控制器既可以通过脉冲电量折算成功率，也可以通过对电能表功率的采集以及模拟量的采集作为功率控制的来源。

4）电能质量监测技术

在电能质量监测技术方面的研究包括：

（1）支持监视高达 25 次谐波，计算电压、线路电流 0～25 次谐波的含有率；三相电压、电流的总谐波畸变率。

（2）支持三相电流不平衡度、电压不平衡度监视。测量时间间隔为 10 个周波，正、负、零序电压和正、负、零序电流数据，进行连续 24 小时的三相不平衡度指标测量。

（3）支持对电压偏差的监视。

（4）支持电能质量数据存储。采用标准的电能质量数据交换格式文件存储事件数据。存储的时间间隔为 3 秒，事件前后各存储 1 分钟的数据，最长存储时间为 10 分钟。

5.新能源调控

在新能源调控方面研究新能源电源发电特性，根据区域电网的特点、网架结构、通信方式等约束条件，提出不同技术条件下的新能源电源调控典型模式；研究多种新能源电源统一建模技术、标准化信息模型和通信服务接口等关键技术，制定配套标准规范，研发新能源电源调控系统；研究新能源电源信息采集、安全实时监测管理等分布式电源调控关键技术，研制应用相关设备；研究新能源电源管理优化模式，建设新能源电源调控综合应用系统。

1）基于不同类型分布式电源的统一建模技术

采用由采集点到设备容器再到行业应用模型的多层次建模方式，即根据采集点类型建立统一的输入输出数据模型。在此基础上进行设备容器建模，以模糊设备的行业特性，即将设备作为一个"容器"看待，而不针对具体的设备建模；同时建立设备与采集点的关联数据模型；最后建立行业应用通用模型，描述各类"设备容器"的行业特性。通过上述多层次的建模，可以实现对各类新能源设备的描述，同时在遇到新的新能源发电设备时，只需增加新的记录，而不必对基础模型进行改动，因此能够适应不同新能源发电系统的接入与控制。

2）基于给定调度关口功率的分布电源最优控制技术

建立含多约束、多目标协调优化的综合优化模型，使得系统在满足配电网潮流约束、节点电压约束、关口交换功率约束、分布式光伏有功出力约束等多约束的条件下，实现光伏有功出力最大化，提高光伏等新能源发电的利用率，在保障电网安全稳定运行的基础上，提高系统实时运行的经济性。

3）基于分层分级分布式电源联动协调控制技术

基于分层分级分布式电源联动协调控制是指把分布式电源需要控制的量按照数据类型进行分层，建立同层之间和不同层之间控制量的联动协调策略。同时，由于控制量隶属于具体的新能源发电设备，因此要建立设备之间的联动协调策略。

针对新能源电站发展建设和接入配电网技术的需要，遵循相应的国际、国家和行业标准，进行技术创新，采用先进的保护技术、控制技术、信息技术以及先进实用的电力系统分析和控制理论，从三个层次深入研究新能源电站接入配电网后的各类关键技术,并研制成套智能化设备。其实施主要分为四个阶段:第一阶段主要研究不同类型新能源的稳态、动态、暂态特性,建立光伏、风机等新能源发电仿真模型,搭建仿真平台,对其暂稳态特性进行仿真分析;第二阶段主要研究新能源电站的运行控制，研究适用于多线路的新能源配区域保护控制技术，研究新能源电站的协调稳定控制方法，研究分布式电源功率波动平抑控制技术，完成新能源区域保护控制装置、稳定控制装置的研制，研究电站储能控制关键技术以及储能装置研制；第三阶段主要研究适用于新能源电站接入配电网的保护控制技术、多样性负荷管控技术，基于多目标维度的平滑并网控制技术，完成新能源并网一体化装置研制、新能源馈线自动化终端研制、多负荷管控设备的研制；第四阶段主要研究区域负荷预测和发电预测关键技术，研究有功协调优化的综合优化模型关键技术，研究配电网调度Ⅲ区信息交互关键技术，研制新能源调控系统。

新能源的大力推广是推进能源变革，促进节能减排的必然要求，然而新能源的波动性、间歇性、随机性，带来了储能在新能源领域应用研究、适应新能源特征的保护、安全稳定控制、平滑接入、优化调控管理研究等一系列新课题。在总结和汲取国电南瑞在新能源领域研究和开发经验的基础上，对储能支撑技术、新能源站运行控制、新能源接入、新能源调控关键技术进行研究，提出系列化解决方案并研制出储能逆变器、新能源保护、稳定控制成套设备、新能源并网接入成套设备、新能源调控系统。

6.2.3 新型电力系统与现代化电网企业

2021年3月15日，习近平总书记在中央财经委员会第九次会议上提出构建以新能源为主体的新型电力系统，是"双碳"目标背景下党中央对电力系统发展做出的最新重大决策。

1.构建新型电力系统与国家能源安全战略

构建以新能源为主体的新型电力系统，是"四个革命、一个合作"能源安全新战略的最新实践与发展，是"双碳"目标背景下能源革命内涵的深化，为电力发展指明了方向。

（1）在能源供给革命方面，新型电力系统将以新能源为供应主体，同时深度替代其他行业的化石能源，对建立多元能源供应体系和保障供应安全具有重要意义。

（2）在能源消费革命方面，新型电力系统将通过电能替代实现能源消费的高度电气化，有助于提高用能效率，控制能源消费总量，加快形成清洁低碳和节能型社会。

（3）在能源技术革命方面，新能源发电广泛替代常规电源将深刻改变电力系统技术基础，转型将全面促进电力技术创新、产业创新和商业模式创新，催生产业升级的新增长点。

（4）在能源体制革命方面，构建新型电力系统是一项长期的系统性工程，现有电力结构、发展模式、利益格局均面临革命性变化，要求全面深化电力体制改革，进一步发挥市场在能源清洁低碳转型与资源配置中的决定性作用。

（5）能源国际合作方面，我国已成为全球最大的可再生能源市场和设备制造国，新型电力系统的建设将更加有力推动我国可再生能源技术、装备和服务"走出去"，为全世界绿色低碳发展、打造能源命运共同体贡献中国力量、中国智慧和中国方案。

2.新型电力系统与电网之间的关系

电力系统是由"发输变配用"各领域、"源网荷储"各环节、技术体制各层面紧密耦合形成的有机整体。电网是连接电能生产与消费的基础平台设施,是电力系统的中枢环节。新型电力系统各方面的变化将更加凸显电网的平台作用,对未来电网的物理形态和技术特征提出了新的要求,具体表现为高度的安全性、开放性和适应性。

(1)安全性方面。新型电力系统中各级电网协调发展,多种电网技术相互融合,广域资源优化配置能力显著提升,电网安全稳定水平可控、能控、在控,能够承载高比例新能源、直流等电力电子设备接入,有效保障国家能源安全、电力可靠供应与电网安全运行。

(2)开放性方面。新型电力系统的电网具有高度多元、开放、包容特征,兼容各类新电力技术,满足各种新设备便捷接入需求,支撑各类能源交互转化、新型负荷双向互动,是各能源网络有机互联的链接枢纽。

(3)适应性方面。新型电力系统的电网与源、荷、储各环节紧密衔接、协调互动,通过应用先进技术并扩展控制资源池,形成较强的灵活调节能力和高度智能的运行控制能力,适应海量异构资源广泛接入并密集交互的应用场景。

3.电力调度面临的主要挑战和机遇

现有电力系统向新型电力系统转型升级的过程中,电力系统的物质基础和技术基础持续变化。

(1)电力生产结构发生深刻变化。新型电力系统的一次能源供应主体将由稳定可控的煤、气、水等常规能源转向风能、太阳能等新能源。新能源供应与气象环境相关,具有随机、波动、间歇特性,为电源出力引入高度不确定性;新能源资源不能运输或存储,只能就地转换,按照资源分布进行集中或分散式开发,电源总体接入位置越偏远、越加深入低电压等级。

(2)电力系统技术基础发生深刻变化。传统电力系统以交流电技术为基础,常规电源通过机械旋转部件带动同步发电机并网,以机电-电磁耦合作用实现同步运行。新能源机组通过静止式电力电子装置并网,依赖锁相环等控制机制实现同步,交流电力系统同步运行机理由物理特性主导转向人为控制算法主导。

(3)电力系统控制基础发生深刻变化。传统电力系统的控制对象是同质化大容量常规发电机组,具有连续调节和控制能力,采用集中控制模式。新能源单机容量小、数量众多、布点分散、特性多样,电力电子设备采用基于快速切换的离散控制,使得新型电力系统控制模式发生根本性改变。

随着电力系统各方面发生快速而深刻的变化,以新能源为主体的新型电力系统调度运行面临严峻挑战。

(1)电力平衡保障难度加大。电力系统是一个发、用电实时平衡系统,随着出力随机波动的新能源发电占比提升,新能源小发期间电力供应不足和大发期间消纳困难的问题将频繁交替出现。特别是在极热极寒无风、连续阴雨等特殊天气下,新能源对高峰电力平衡支撑有限。例如,2021年1月上旬全国大范围寒潮期间,晚高峰时段新能源出力仅为装机的13%,电力供应保障困难的问题已经显现。

(2)电网安全运行风险加大。在未来相当长的时间内,电力系统仍将以交流同步技术为主导，而随着新能源发电等电力电子静止设备大量替代旋转同步电源，维持交流电网安全稳定的物理基础被不断削弱，功角、频率、电压等传统稳定问题呈恶化趋势。当前新能源机组抗扰动能力不够强，面对频率、电压波动容易脱网，使故障演变过程更加复杂，存在大面积停电风险。电力电子设备比例不断升高，更宽时间尺度的交互影响加强，出现宽频振荡等新形态稳定问题，电网呈现多失稳模式耦合的复杂特性。

（3）运行控制模式亟待创新。未来新型电力系统中，控制原理将发生根本性变化，控制规模呈指数级增长，控制对象特性差异极大，运行监视与控制难度加大。供需双侧不确定性增加导致电网未来运行状态可预见性降低，使得现有基于确定性框架的预防控制边界和故障防御策略制定面临很大困难。

攻克新型电力系统调度控制难题，保障新型电力系统的平稳转型与安全优质运行，是时代赋予电力调度的神圣职责与使命，也是电力调度全面转型升级的重大历史机遇。

（1）升级电力系统分析认知体系。开展新型电力系统稳定机理认知与分析基础理论研究，建设以全电磁暂态、平台化、智能化为特征的大电网多时间尺度仿真分析手段，对高比例新能源、高比例电力电子设备的"双高"电力系统特性认知更加全面、更加精确、更加高效。

（2）完善电力系统运行控制体系。促进"大云物移智链"等先进信息通信技术与电力技术深度融合，依托市场化机制充分挖掘"源网荷储"各方资源控制调节潜力，实现全业务信息感知、全系统协同控制、全过程在线决策、全时空优化平衡、全方位负荷调度，全面支撑新型电力系统运行控制需求。

（3）强化电力系统故障防御体系。根据新型电力系统特性认知，重构故障防御标准和体系架构。构建运行风险主动防控体系，基于电网全景全频段状态感知，在线评估电网安全态势，通过风险预测、预判、预警和预控，实现安全风险的事前主动防御。发挥电力电子设备调节快速、可塑性强的特点，充分利用丰富的控制资源，通过大范围多资源协同快速紧急控制，增强电网故障的事中防御、事后恢复能力。

4.现代化电网企业应该发挥的关键作用

电网是电力系统的中枢环节，电网企业在构建新型电力系统的过程中必将扮演极为重要的角色，应当多方面发力，积极服务和支持能源转型。

（1）加快开放型智能电网建设，提升新能源承载能力。加快建设跨省、跨区输电通道，建设大电网、构建大市场，并同步加强送受端交流电网、扩大联网规模以承载跨区大规模输电需求。发展现代智慧配电网，提升城乡配电网电气化高承载力。积极推动分布式微电网建设，促进多元化源荷即插即用与分布式新能源的就地消纳。

（2）强化"源网荷储"协调发展，保障新能源高效利用。推动合理安排新能源发展规模、布局和时序，促进新能源与电网、新能源与灵活调节电源协调发展。尽早启动并加快抽蓄电站建设，大力推动非抽蓄储能发展，提升系统调节能力。以并网技术标准为抓手，着力提升新能源机组主动支撑能力。

（3）推动多能互补与电能替代，服务终端消费电气化。发挥电网中枢作用，加强多种能源的相互转换、联合控制、互补利用，提升能源综合利用效率。积极服务并聚合电动汽车、用能终端、储能设备等，发挥负荷集群规模效应，参与电网运行控制。多领域、多维度推进电能替代，提升终端消费电气化水平。

（4）开展关键技术装备攻关，占据自主创新制高点。与政府、高校、产业上下游协同，联合打造"政产学研用"深度融合科技创新体系，加强新型电力系统基础理论研究，集中突破新型电力系统运行控制等关键技术以及大规模储能等颠覆性技术，合力攻关核心技术装备，推进科技示范工程建设，全面提升国产电工电气技术装备水平。

（5）推动碳电市场体系建设，加快绿色能源价值实现。研究绿证、碳交易机制及其与电力市场的耦合方式，推动构建适应高比例新能源发展的市场模式，实现储能和其他电源对支撑新能源发电的辅助服务价值回报，从经济上保障新型电力系统的建设与运行，同时汇聚各方力量促进新机制、新业态的创新和融合。

6.3　构建以新能源为主体的新型电力系统

新型电力系统对电网及企业发展影响、"双碳"目标下构建新型电力系统、能源电力企业转型面临的挑战与机遇是本节介绍的主要内容。

6.3.1 新型电力系统对电网及企业发展影响

1.新型电力系统的基本定位与特征

1）低碳是新型电力系统的核心目标

新型电力系统应是适应大规模、高比例新能源发展的全面低碳化电力系统。据测算"十四五"期间全国年均新增并网装机有望达到1亿千瓦以上，到2030年新能源装机占比有望达到50%，将成为电力系统的主体电源。电力系统作为能源转型的中心环节，将承担着更加迫切和繁重的清洁低碳转型任务，仅依靠传统的电源侧和电网侧调节手段，已经难以满足新能源持续大规模并网消纳的需求。新型电力系统亟需激发负荷侧和新型储能技术等潜力，形成"源网荷储"协同消纳新能源的格局，适应大规模高比例新能源的开发利用需求。

2）安全是新型电力系统的底线要求

新型电力系统应是充分保障能源安全和社会发展的高度安全性电力系统，具有间歇性和波动性的特点，大规模新能源发电接入电网的规模快速扩大，新型电力电子设备应用比例大幅提升，极大地改变了传统电力系统的运行规律和特性，在特殊情况下容易出现电力安全供应的问题。例如出现极端严寒天气时导致短期内用电负荷快速增长，在各类电源与大电网均无法提供有效支撑的情况下，出现了较大范围的电力供应不足问题。此外，随着电力系统物理和信息互联程度的提升，人为外力破坏或通过信息攻击手段引发电网大面积停电事故等非传统电力安全风险也在增加。新型电力系统必须在理论分析、控制方法、调节手段等方面创新发展，应对日益加大的各类安全风险和挑战。

3）高效是新型电力系统的重要特征

新型电力系统应是符合未来灵活开放式电力市场体系的高效率电力系统。目前我国单位GDP能耗是主要发达国家的2倍以上，电力设备利用率为主要发达国家的80%左右，源、网、荷脱节问题较为严重。未来电力系统应充分市场化转型，形成以中长期市场为主体、现货市场为补充，涵盖电能量、辅助服务、发电权、输电权和容量补偿等多交易品种的市场体系，充分调动系统灵活性，促进源、网、荷、储互动，实现提升系统运行效率、全局优化配置资源的目标。

2.构建新型电力系统的实施路径

第一个阶段是对现有电力系统进行改造升级。目前我国的灵活电源占比不到3.5%，由于技术尚不太成熟和经济性等问题，全面采用化学储能作为调峰电源的时机还未到来，需要依靠经过灵活性改造的煤电和天然气发电等灵活电源为主，辅助储能满足削峰填谷的需求。据研究，到2030年，我国的灵活电源占比能达到14%左右，电力系统就可以支撑非化石能源的一次消费比重占比25%的目标。

第二个阶段是一方面随着多种类型的大规模储能和氢能等技术发展迅速，全寿命周期成本规模化后大幅下降，储能和氢能发电作为灵活电源逐步替代天然气发电。另一方面电力系统中一定比例的灵活调峰火电和天然气，并辅助CCUS（碳捕获、利用与封存）技术，满足碳中和条件。

3.绿色能源电网企业发挥的作用

1）推动电力系统由"源随荷动"向"源荷互动"转变

充分挖掘需求侧响应资源。工业大用户、空调、电采暖、电动汽车等负荷需求侧响应潜力巨大特点，精准挖掘需求侧资源。加快全社会节能提效和单位GDP能耗持续降低。重点要加快调整产业结构，逐步淘汰落后高耗能产业，推动制造业向中高端转移，使低能耗经济成为经济的主导。

2）多措并举疏导新能源消纳成本

新能源发电成本进入平价时代，但系统消纳成本不断增加（主要由电源、电网等供给侧主体承担），亟须各相关环节合理分担，以此支撑可持续发展。灵活性改造、调峰运行等成本主要依靠辅助服务市场回收。按照"谁受益、谁负担"的原则，积极推动新能源、核电、未参与深度调峰的电厂分担深度调峰等辅助服务费用，合理疏导电厂调峰成本。建立健全电力价格联动机制，推动辅助服务费用以合理方式向用户侧传导。

3）利用政策契机，合理分摊抽蓄运营成本

充分利用国家出台的《关于进一步完善抽水蓄能价格形成机制的意见》做出了将容量电价纳入输配电回收、电量电价引入竞争机制的政策安排，对抽水蓄能价格问题提出了全面的解决方案，在如何确定合理的价格核定参数，如何对抽水蓄能成本合理性客观科学审核等方面深入研究，促进抽水蓄能健康发展，有效缓解公司经营压力。

4）发挥碳市场作用激发减排动力

充分发挥碳市场作用，合理控制火电机组碳排放配额，通过滚动核定供电基准值，有效激励火电企业推动技术革新、努力降低碳排放总量和强度。推动电力市场和碳市场的交易产品、参与主体、市场机制深度融合发展，在供给和需求两端推动能源资源、配额交易等成本要素联动协同配置，形成低碳绿色"产品"在各环节的市场竞争优势，进一步激发全社会减排动力。

6.3.2 "双碳"目标下构建新型电力系统

1. "双碳"目标下构建新型电力系统的意义

2021年3月15日，中央财经委员会第九次会议召开，研究了实现碳达峰、碳中和的基本思路和主要举措。习近平总书记强调，实现碳达峰、碳中和是一场广泛而深刻的经济社会系统性变革，要把碳达峰、碳中和纳入生态文明建设整体布局，如期实现2030年前碳达峰、2060年前碳中和的目标。有关数据显示，能源系统碳排放量占碳排放总量的80%以上，电力碳排放量占能源系统碳排放量的40%左右。可以说，能源系统是实现碳达峰、碳中和目标的主战场，电力系统则是其中的主力军。

要把握好"十四五"的关键期、窗口期，构建清洁低碳、安全高效的能源体系，控制化石能源总量，着力提高利用效能，实施可再生能源替代行动，深化电力体制改革，构建以新能源为主体的新型电力系统。明确了新能源在未来电力系统中的主体地位，也充分说明新型电力系统将在我国实现碳达峰、碳中和目标的过程中发挥至关重要的作用。

2. 构建新型电力系统面临的主要挑战

实现"双碳"目标，必将伴随着强随机性、波动性的新能源大规模并网以及电动汽车、分布式电源等交互式设备大量接入。电力系统将呈现高比例新能源、高比例电力电子化的"双高"特点，电力系统在供需平衡、系统调节、稳定特性、配网运行、控制保护和建设成本等方面都将发生显著变化，也将面临一系列新的挑战。

1）供电保障难度更高

未来高比例新能源电力系统的供电保障难度会更高。这主要是由于新能源的调峰能力严重不足，且出力受天气影响较大。现阶段电力负荷呈现午、晚高峰的双峰特点。然而，风电大发一般是在后半夜，在两个负荷高峰出力较低；光伏虽然在午高峰能够起到较好的支撑作用，但是在晚高峰出力基本为零。

2）调节压力持续增大

负荷"尖峰化"特性显著，呈现负荷的夏、冬季较高，春、秋季较低的"两峰两谷"特点，各区域电网95%以上最大负荷持续时间普遍低于60小时，对应用电量不足全年用电量的0.5%；新能源出力波动性强，从年分布看，风电电量集中在春、秋两季，与用电量呈逆向分布特点；从日波动特性看，目前国网经营区域风电装机1.7亿千瓦，日最大波动率约为23%；光伏装机1.8

亿千瓦，日最大波动率约为54%。

3）电网稳定特性发生重大变化

新能源机组无转动惯量。新能源大量替代常规机组，系统频率调节能力显著下降，在损失功率后频率跌落速度更快、深度更大。新能源、常规直流无功支撑能力弱。新能源、常规直流难以向系统提供无功支撑，且新能源主要接入低电压等级电网，与主网的电气距离是常规机组的2～3倍，大规模接入后系统电压调节能力显著下降。

4）配电网运行控制更加复杂

首先，配电网发展形态将发生较大变化。随着越来越多的新能源接入配电网就地消纳，配电网将逐步演化为有源供电网络，这也使得配电网电力电子化程度和网络结构复杂度大大增加，进而加大了配电网运行控制的难度。其次，随着"双碳"目标的持续推进，配电主体将更加复杂多元，能源流向更加多样，因而配电网运行灵活性也将面临极大考验。

5）二次系统的特性发生显著变化

调度自动化要求更高。为实现清洁低碳发展目标，需要实时统筹调度全系统资源，建立"源网荷储"协同互动机制，发展电力市场技术支撑手段，满足对调度的合规性、精细化程度、信息透明度的更高要求。继电保护配置难度更大。随着电力电子装置逐步增多、同步机组逐步减少，继电保护的"四性"（灵敏性、可靠性、速动性、选择性）难度更大，需要着力避免出现保护误动、连锁故障等情况。

6）系统成本不断攀升

随着新能源占比快速提高，为消纳新能源付出的系统成本将会明显上升，电力系统"源网荷储"各环节建设和运营成本都要增加，且新能源发电成本下降不能完全实现对冲。与此同时，社会各界对于降电价的呼声和期盼仍然强烈。因此，需要着力疏解供应侧成本上升与需求侧降低用能成本的矛盾，努力实现电力安全、绿色、廉价三者的综合平衡。

3.构建适应"双碳"目标的新型电力系统

1）多措并举提升各环节灵活性，着力增强调节能力

（1）积极推动煤电灵活性改造。煤电仍是我国电力系统最重要的灵活性资源供应主体，改造成本相对较低，能够释放大规模存量调节能力。

（2）大力发展抽水蓄能电站。抽蓄电站是目前最为成熟的储能设施，技术经济性好，但建设周期长。要加快推进抽蓄电站建设，同时加大规划选点力度、提前布局，为提升系统调节能力、消纳更多新能源做好准备。

（3）积极发展"新能源+调节性电源"模式。鼓励存量和增量新能源打捆配置一定规模的煤电、水电、储能等调节性电源，平抑新能源出力的波动性，提高电源侧出力的可靠性和稳定性。

（4）推动新能源向支撑电网转变。需要通过技术改造、配置储能等一系列措施，逐步使新能源为电网提供惯量、阻尼等主动支撑，具备调频、调峰、调压、黑启动等功能，让新能源接近"常规电源"，在承担系统调节作用、支撑电网安全运行上发挥主体作用。

（5）煤电要充分发挥托底保障作用，用好存量、严控增量。煤电是保障系统安全稳定和电力实时平衡的重要电源，要推动煤电更好发挥应急备用和调节性作用，对新增煤电项目要严格控制，对存量机组要积极推进技术改造，提高利用效能。

2）优化完善各级各类网络结构，着力打造资源配置平台

（1）建设坚强智能电网。加大清洁电力外送消纳力度。科学规划布局一批跨区直流输送通道；在部分地区适时进行电网优化升级，满足清洁能源外送需求。提升输电通道清洁能源比例。不断压缩配套电源中化石能源装机，努力扩大水电、新能源外送电力规模；推动直流送端"风光火储"一体化发展，提升输电通道清洁电量占比。加强完善区域交流电网结构。进一步扩展和完善区域主网架结构，加强省间电网联络，支撑跨区直流安全、高效运行。推动电网规划理念由确定性向概率性转变。电网规划需要考虑新能源带来的随机性，从传统的确定性规划向概率性规划转型，有效平衡安全与成本的关系，分析研究最优的电网规划方案。大力推进电网节能降损。加大老旧高损配变改造力度，降低电网损耗；推进同期线损管理，强化节能调度，优化无功配置，加强谐波治理；通过需求侧管理激发用户响应潜能。

（2）支持分布式电源和微电网发展。分布式电源是传统发电形式的重要补充。在"双碳"目标激励下，分布式电源将迎来快速增长阶段，但受到风、光资源、建设条件等因素限制，分布式电源能量密度低，还需要与集中式电源共同发展。推进分布式电源就地就近接入。按照"能并尽并"的原则，大力推广应用分布式电源并网典型设计，推动实现各类分布式电源灵活并网和消纳。依托微电网实现分布式电源友好接入。微电网作为相对独立的系统，能够通过源网荷储智能互动平抑分布式电源出力波动，有利于分布式电源的友好接入和就地消纳。因地制宜确定微电网应用场景。微电网建设应紧密结合当地资源禀赋和供用电情况，兼顾技术指标与投资效益，统筹考虑建设运行方式，使其具有更强的生命力和可持续发展能力。推动微电网向更深层次发展。微电网未来仍有很大发展潜力，需要进一步推动微电网更加灵活和多元化发展，更好发挥对分布式电源的支撑作用。

（3）构建新型电力系统运行控制体系。全方位提升新型电力系统负荷调度能力。构建源荷双向互动支撑平台，助力系统具备更强的调节能力。建设新一代调度控制系统。全面提升电网调度的数字化、自动化和智能化水平，支撑大电网安全运行、清洁能源消纳、"源网荷储"协同互动和电力市场化运营需求。全面提升新型电力系统故障机理认知能力与故障识别处理能力。探索高比例新能源、高比例电力电子装备接入后的电网故障机理，构建快速高可靠性保护，保障"双高"电力系统运行安全。构建新型电力系统综合故障防御体系。以传统电力系统三道防线为基础，通过提升第一道防线、加强第二道防线和拓展第三道防线，以适应大规模新能源集中接入和特高压直流大规模外送的电力系统新形态，形成基于广域信息、多时间尺度信息协同的新型电力系统综合故障防御体系。

3）加快新技术攻关和推广应用，着力强化科技支撑

（1）在电源侧方面。新能源功率预测技术。高精度的风电、光伏功率预测是提高新能源消纳利用水平和保障电力系统安全稳定的重要技术手段。虚拟同步发电机。通过采用虚拟同步机技术使新能源具备与同步发电机相似的外特性，为系统提供调频和调压支撑，逐步将新能源转化为可控电源。碳捕集、利用与封存技术（CCUS）。火电厂通过配备CCUS装置，实现碳捕集之后的再利用或永久封存，达到传统火电机组低碳甚至零碳排放。

（2）在电网侧方面。柔性直流输电。柔性直流输电技术适用于新能源大规模集中接入的送端弱系统、无源系统电力外送，以及送端多新能源场站汇集电力、受端多落点直流组网疏散电力。此外，柔性直流还可应用于未来局部地区直流电网构建，促进新能源消纳利用。分布式调相机。分布式调相机布置在新能源接入近区，能够有效抑制新能源暂态过电压水平，提高无功电压支撑能力，避免新能源故障期间出现大规模脱网。

（3）在负荷侧方面。虚拟电厂。虚拟电厂将分布式电源、可控负荷和分布式储能有机结合，通过配套的信息采集与协调控制实现对各类分布式资源的有机整合，实现广域空间多主体的协调运行，有效提升分布式资源的可控性。电制氢能及其利用。以氢为能源载体，通过电解制氢、运输储存、燃烧发电，实现"电—氢—电"的循环利用，贯穿"源网荷储"各环节。目前电制氢产量和利用水平较低，成本偏高，储运存在安全风险。未来需要聚焦电解和储运技术研究，发挥规模效应，降低应用成本。

（4）在储能侧方面。储能作为灵活、快速的电力系统调节资源，可与变电站、新能源场站、新型负荷等联合运行，通过充放电控制提升电网承载力与调节能力。新型电力系统下应积极探索利用储能促进新能源电力消纳、改善电网运行状态、降低网络损耗等应用模式，提高储能运行灵活性，发挥其深度调节能力。我国储能产业目前以电化学储能为主，未来应着力围绕成本、容量、环保、寿命、安全五个方面，加快攻克高性能材料、新型电解液添加剂、电池循环利用、能量系统集成与管理等技术难点。

6.3.3 能源电力企业转型面临的挑战与机遇

1.我国能源电力发展面临的最大挑战

（1）面临控制能源消费总量和技术储备不足的挑战。要及早实现碳达峰，必须控制一次能源消费总量。为此，必须加快产业结构调整，落实好能耗强度、碳强度控制等分年度任务，加大投入推进关键技术布局与突破，为远期实现"双碳"目标打好坚实基础。

（2）面临新能源高速发展带来电力平衡挑战。随着高比例新能源接入，电力系统运行特性、稳定机理等发生显著变化，必须加快理论建模和仿真分析，推动理论创新和实践部署。"十四五"时期，应采取"源网荷储"协同互动和智慧运行等举措满足高峰时段电力平衡的需要。

（3）煤电发展面临不确定性的挑战。应根据我国国情对煤电未来合理定位，在未来较长一段时间里，煤电仍是保障我国电力供应安全不可或缺的组成部分，需要按照增容减量的原则，合理统筹煤电新增和退役，避免大起大落，充分发挥其托底保障和系统调节作用。

（4）面临系统成本上升的挑战。国网能源研究院初步测算表明，新能源电量渗透率超过15%后，系统成本进入快速增长临界点，2025年预计是2020年的2.3倍。借鉴德国的经验，能源转型的成本需要全社会形成共识和共同分担。

2.新型电力系统的发展重点、方向和路径

（1）国家要做好新能源规模布局的规划。着眼"30·60"目标，结合各个地区新能源资源条件，统筹优化新能源开发布局，合理安排新能源发展规模、布局和时序。

（2）加强"源网荷储"协同互动提升电力系统对高比例新能源接入的适应能力。在发电侧加强火电灵活性改造，激发多元电源的协同调节潜能；在电网侧广泛部署有功和无功补偿装置，实现更加灵活优化的运行方式；在负荷侧推动需求响应常态化和增大响应负荷比例；在储能环节加快抽蓄发展，以及扩大储能装置规模并参与系统调节。

（3）超前部署，加大关键低碳技术攻关。坚持创新驱动发展战略，集中力量攻克新能源大容量低成本发电技术、柔性大容量直流输电和组网技术、电工新材料、新能源并网与运行控制系统集成技术、"源网荷储"协调控制集成技术等重大核心技术研发攻关，超前部署储能、氢能、碳捕集（CCUS）等前沿技术。

（4）加快完善适应新能源大范围优化配置的市场化机制。创新完善新能源并网量价收购方式和交易模式，近期重点聚焦辅助服务市场、现货市场、中长期交易等加快健全电力市场机制，保障新能源在有效竞争条件下的消纳利用；远期形成省间、省内交易协同开展、统一运作的全国电力市场。

（5）大力扶持新型电力系统建设相关产业发展。加快节能环保、综合能源产业提质升级，积极培育氢能等新兴能源产业，稳妥推动碳循环经济等产业发展，加速数字能源产业发展。

3.新型电力系统将带来革命性影响

（1）构建以新能源为主体的新型电力系统的核心是新能源实现跨越式增长，发电量占比先从增量占主体地位逐步过渡到替代存量占主体地位。预计以新能源为主的非化石能源发电可全部满足 2030 年后新增电能需求，同时逐步替代存量化石能源发电，2060 年新能源发电量占比将达到 53% ～ 60%。

（2）从电网形态看，未来的电网将呈现大电网和微电网融合发展的新形态。未来大电网仍然是绿色低碳能源资源配置的主要平台；与此同时，随着风电、太阳能发电的高速发展，将以海量发电单元形式下沉分散接入配电网，配电网承载的电源比重越来越大，一部分新能源发电和储能结合可构成自我控制和自治管理的微电网，将与大电网融合发展。

（3）源网荷各环节关系更具整体性，均要着眼系统全局做出适应性和主动性改变。电源侧的新能源发电要升级为并网友好型电源，确保新能源新增容量布局与电网以及灵活调节电源协调发展，电网侧要打造坚强智能电网，提高灵活性资源大范围优化配置能力，负荷侧要构建可调节多元负荷，主动参与需求响应，实现电力系统"源网荷储"协同互动。

（4）对数字化、智能化的升级要求比以往更高。构建新型电力系统是数字技术加速与电力系统深度融合的过程，是数字新基建与电力基础设施融合发展形成智慧电力系统的过程，是传统电网向能源互联网演进的过程。

（5）电力系统运行机理、电力平衡模式将面临深度调整。高比例的新能源产生的随机性波动性将带来电力系统运行特性、稳定机理、平衡控制等发生一系列变化，需要大量的储

能等灵活性资源实现多元化发展，保障电力供应可靠性和系统安全。

推动碳达峰、碳中和，构建以新能源为主体的新型电力系统，将对能源电力领域产生革命性变革。

4.能源电力领域加快清洁低碳化转型特点

（1）能源革命目标进一步明确，转型力度加深、节奏加快。初步估计，我国化石能源燃烧产生的二氧化碳大约百亿吨，从碳达峰到碳中和时限仅约30年，时间紧、任务重、压力大。

（2）能源发展的电气化特征更加凸显。源端加速清洁化，非化石能源消费占比快速提升。国网能源研究院量化分析表明，到2030、2060年，非化石能源发电量占比分别达到45%～52%、83%～94%，非化石能源占一次能源消费比重达到27.5%～32%、80%～89%。终端用能更加多元化，低碳电气化水平持续提高。其他行业的化石能源消费势必转移至电能消费，推动终端电气化水平持续上涨，预计到2030、2060年，终端电气化水平分别达到38%、74%。氢能远期有望填补电能不足，助力能源消费侧深度脱碳。

（3）能源电力关键低碳技术加速突破。技术进步与能源转型相互促进，能源加速低碳转型也将成为能源科技进步的重要驱动力，碳捕集、封存与利用技术（CCUS）、制氢、电化学储能等关键低碳技术作为能源电力转型的手段和路径依赖未来有望加速突破。

（4）新模式新业态涌现，产业链供应链全面升级。我国新能源产业链完整、产能充足，"双碳"发展目标下能够带动储能、综合能源、电氢碳协同转换、分布式交易等新模式新业态蓬勃发展，并推动产业整体向中高端和绿色低碳方向持续升级。

（5）能源治理水平达到新高度。实现"双碳"发展目标，迫切需要深化能源管理体制机制变革，以创新的思维和技术为先导构建新型电力系统，实现跨品种、跨环节的深度融合，不断提升能源发展质量效率和能源安全水平。

5.绿色发展过程中的风险识别和管控

绿色发展过程中，能源安全挑战将从传统油气对外依存度高的资源安全问题逐渐演变为电力系统的供应保障安全问题，能源安全保障的重心将逐渐向电力系统转移，应重点关注电力系统出现的新风险点。

（1）电网安全运行压力显著增加。新能源出力随机性和波动性使电力系统供需平衡难度显著增大，尤其在极端气象条件下会造成供电可靠性明显下降，此外，新能源高比例发展对系统的支撑性和抗扰性较差，容易引发系统连锁反应故障。

（2）电力产业链、供应链面临的安全风险不断增大。整体来看电力产业链、供应链相对稳定，但在复杂多变的国际环境下，由于存在关键设备及零部件依赖进口等短板弱项，相关安全风险不断增大。

（3）信息网络安全逐渐成为防控新的风险点。电力系统网络终端多、涉及范围广，随着先进信息通信技术的广泛应用，电网与新能源等各类终端的信息交互愈发频繁，致使电力系统受网络攻击威胁程度大幅上升。

6.减污降碳和能源安全之间的关系

（1）始终保证能源供应安全稳定充裕，在此基础上加快能源结构调整步伐。防止出现以降低能源安全为代价推进低碳的偏差，积极引导煤电由"电量"供应主体向"电力"供应主体转变，科学把握减污降碳和安全并行发展的关系，防范因缺乏统筹下的急转弯而引发能源系统性风险。

（2）因地制宜、实事求是探索减污降碳实现路径。各地资源禀赋、产业结构不尽相同，要警惕片面抓减污降碳而忽视化石能源保障能力下降，走出一条减污降碳和能源电力可持续供应双赢的路子。

（3）统筹处理好能源技术产业引进与自主创新的关系。积极推进气候变化、能源转型等领域国际科技合作，不断加强能源电力产业基础能力建设，围绕减污降碳要求调整技术路线，补齐核心材料、关键设备及零部件供应受制于人的短板，加快攻克具有自主知识产权的关键核心技术。确保我国能源安全，特别是电力供应安全更多地依靠科技创新的自立自强。

第7章　清洁能源储能工程技术原理与应用

储能及储能技术基本概念、清洁能源储能工程发展综合分析、储能技术及其产业发展应用分析是本章介绍的主要内容。

7.1 储能及储能技术基本概念

储能及储能技术、储能技术原理及分类、我国储能工程技术发展战略是本节介绍的主要内容。

7.1.1 储能及储能技术

1.储能及储能技术的概述

储能主要分为储电与储热。储能是智能电网、可再生能源高占比能源系统、互联网＋智慧能源（以下简称能源互联网）的重要组成部分和关键支撑技术。储能能够为电网运行提供调峰、调频、备用、黑启动、需求响应支撑等多种服务，是提升传统电力系统灵活性、经济性和安全性的重要手段；储能能够显著提高风、光等可再生能源的消纳水平，支撑分布式电力及微电网，是推动主体能源由化石能源向可再生能源更替的关键技术；储能能够促进能源生产消费开放共享和灵活交易、实现多能协同，是构建能源互联网、推动电力体制改革和促进能源新业态发展的核心基础。

近年来，我国储能呈现多元化发展的良好态势：抽水蓄能发展迅速；压缩空气储能、飞轮储能，超导储能和超级电容器，铅酸电池、锂离子电池、钠硫电池、液流电池等储能技术研发应用加速；储热、储冷、储氢技术也取得了一定进展。我国储能技术总体上已经初步具备了产业化的基础。加快储能技术与产业发展，对于构建"清洁低碳、安全高效"的现代能源产业体系，推进我国能源行业供给侧改革，推动能源生产和利用方式变革具有重要战略意义。

储能技术是通过装置或物理介质将能量储存起来以便以后需要时利用的技术。储能技术按照储存介质进行分类，可以分为机械类储能、电气类储能、电化学类储能、热储能和化学类储能。

各种储能技术在其能量密度和功率密度方面均有不同的表现，同时电力系统也对储能系统不同应用提出了不同的技术要求，很少有一种出储能技术可以完全胜任电力系统中的各种应用，因此，必须兼顾双方需求，选择匹配的储能方式与电力应用。

2.储能技术在电力系统中的应用

根据各种储能技术的特点，抽水蓄能、压缩空气储能和电化学电池储能适合于系统调峰、大型应急电源、可再生能源接入等大规模、大容量的应用场合，而超导、飞轮及超级电容器储能适合于需要提供短时较大的脉冲功率场合，如应对电压暂降和瞬时停电、提高用户的用电质量、抑制电力系统低频振荡、提高系统稳定性等。

抽水蓄能电站在电网中可承担调峰填谷、调频、调相、紧急事故备用和黑启动等多种任务，抽水蓄能电站的建设对优化电源结构，提高电网的安全、稳定、经济运行水平，促进电网节能降耗，改善电能质量和供电可靠性等具有不可替代的作用。特别是随着大核电、大水电和大风电的建设，抽水蓄能电站的作用日趋明显。而当前我国的抽水蓄能电站装机容量比重相对较低，远不能满足电网长期安全稳定运行的需要。

铅酸电池尽管目前仍是世界上产量和用量最大的一种蓄电池，但从长远发展看，尚不能满足今后电力系统大规模高效储能的要求。钠硫电池具有的一系列特点使它成为未来大规模电化学储能的两种方式之一，特别是液流电池，它有望在未来的 10 ～ 20 年内逐步取代铅酸电池。而锂离子电池在电动汽车的推动下也有望成为后起之秀。

储能装置的快速功率调节能力使其突破了传统电力系统主要依赖继电保护和自动装置的被动致稳框架，彻底改变了传统电力系统中缺乏快速补偿不平衡功率的手段的状况，形成崭新的主动致稳新思想。

在目前所提出的各种超导电力装置中，储能装置具有较大的技术可行性和经济价值，因此随着高温超导和电力电子技术的不断进步，开展储能装置的研制工作对各国电力事业具有深远的意义，是各国经济发展战略的需要。

储能技术在电力系统中的应用领域包括：

- 电网调峰；
- 系统备用容量；
- 调节电网中的过负荷冲击；
- 提高电力系统稳定性；
- 静止无功补偿；
- 改善电能品质；
- 分布式电源和可再生能源的功率平滑装置。

7.1.2 储能技术原理及分类

1 机械类储能

机械类储能的应用形式主要有抽水蓄能、飞轮储能和压缩空气储能。

1）抽水蓄能

（1）基本原理：

电网低谷时利用过剩电力将作为液态能量媒体的水从低标高的水库抽到高标高的水库，电网峰荷时高标高水库中的水回流到下水库推动水轮发电机发电。

（2）优点：

● 属于大规模、集中式能量储存，技术相当成熟，可用于电网的能量管理和调峰；

● 效率一般为 65% ～ 75%，最高可达 80% ～ 85%；

● 负荷响应速度快（10% 负荷变化只需 10 秒），从全停到满载发电约 5 分钟，从全停到满载抽水约 1 分钟；

● 具有日调节能力，适合于配合核电站、大规模风力发电、超大规模太阳能光伏发电。

（3）缺点：

● 需要上池和下池；

● 厂址的选择依赖地理条件，有一定的难度和局限性；

● 与负荷中心有一定距离，需长距离输电。

（4）应用：

一般来讲，抽水蓄能机组在一个国家总装机容量中所占比重的世界平均水平为3%左右。截至2012年底，全世界储能装置总容量为128吉瓦，其中抽水蓄能为127吉瓦，占99%。我国共有抽水蓄能电站34座，其中，投运26座，投运容量2064.5万千瓦，约占全国总装机容量11.4亿千瓦的1.8%；在建8座，在建容量894万千瓦。

2）飞轮储能

（1）基本原理：

在一个飞轮储能系统中，电能用于将一个放在真空外壳内的转子，即一个大质量的由固体材料制成的圆柱体加速（几万转/分钟），从而将电能以动能形式储存起来（利用大转轮所储存的惯性能量）。

（2）优点：

● 寿命长（15 ～ 30 年）；

● 效率高（90%）；

● 少维护、稳定性好；

● 较高的功率密度；

● 响应速度快（毫秒级）。

（3）缺点：

● 能量密度低，只可持续几秒至几分钟；

● 由于轴承的磨损和空气的阻力，会有一定的自放电率。

（4）应用：

飞轮储能多用于工业和不间断电源（UPS）中，适用于配电系统运行，以进行频率调节，相当于一个不带蓄电池的UPS，当供电电源故障时，快速转移电源，维持小系统的短时间频率稳定，以保证电能质量（供电中断、电压波动等）。

电科院电力电子研究所曾为北京306医院安装了一套容量为250千伏·安，磁悬浮轴承的飞轮储能系统，能运行15秒，于2008年投入运行。

3）压缩空气储能

（1）基本原理：

压缩空气储能采用空气作为能量的载体，大型的压缩空气储能利用过剩电力将空气压缩并储存在一个地下的结构（如地下洞穴），当需要时再将压缩空气与天然气混合，燃烧膨胀以推动燃气轮机发电。

（2）优点：

有调峰功能，适合用于大规模风场，因为风能产生的机械功可以直接驱动压缩机旋转，减少了中间转换成电的环节，从而提高效率。

（3）缺点：

- 需要大的洞穴以存储压缩空气，与地理条件密切相关，适合地点非常有限；
- 需要燃气轮机配合，并需要一定量的燃气作燃料，适合于用作能量管理、负荷调平和削峰；
- 以往开发的是一种非绝热的压缩空气储能技术。空气在压缩时所释放的热，并没有储存起来，通过冷却消散了，而压缩的空气在进入透平前还需要再加热。因此全过程效率较低，通常低于50%。

（4）应用：

至今，只有德国和美国有投运的压缩空气储能站。德国的Hundorf站于1978年投运，压缩功率为60兆瓦，发电功率为290兆瓦（后经改造提高到321兆瓦），机组可连续充气8小时，连续发电2小时，启动过上万次，启动可靠率达97%。此外，德国正在建造绝热型压缩空气储能电站，尚未投运。美国的Mcintosh站于阿拉巴马州1991年投运，压缩功率为110兆瓦，机组可连续充气41小时，在发电时如连续输出100兆瓦可维持26小时，曾因地质不稳定而发生过坍塌事故。此外，美国正在建设几座大型的压缩空气储能电站，尚未投入运行。

2.电气类储能

电气类储能的应用形式主要有超级电容器储能和超导储能。

1）超级电容器储能

（1）基本原理：

根据电化学双电层理论研制而成，又称双电层电容器，两电荷层的距离非常小（一般在0.5mm以下），采用特殊电极结构，使电极表面积成万倍增加，从而产生极大的电容量。

（2）优点：

- 寿命长、循环次数多；
- 充放电时间快、响应速度快；
- 效率高；
- 维护少、无旋转部件；
- 运行温度范围广，环境友好等。

（3）缺点：

- 电介质耐压很低，制成的电容器一般耐压仅有几伏，储能水平受到耐压的限制，因而储存的能量不大；

- 能量密度低；
- 投资成本高；
- 有一定的自放电率。

（4）应用：

超级电容器储能开发已有50多年的历史，近二十年来技术进步很快，使它的电容量与传统电容相比大大增加，达到几千法拉的量级，功率密度可达传统电容的10倍。超级电容器储能将电能直接储存在电场中，无能量形式转换，充放电时间快，适合用于改善电能质量。由于能量密度较低，适合与其他储能手段联合使用。

2）超导储能

（1）基本原理：

超导储能系统是由一个用超导材料制成的、放在低温容器中的线圈、功率调节系统和低温制冷系统等组成。能量以超导线圈中循环流动的直流电流方式储存在磁场中。

（2）优点：

- 由于直接将电能储存在磁场中，并无能量形式的转换，因此能量的充放电非常快（几毫秒至几十毫秒），功率密度很高；
- 极快的响应速度，可改善配电网的电能质量。

（3）缺点：

- 超导材料价格昂贵；
- 维持低温制冷运行需要大量能量；
- 能量密度低（只能维持秒级）；
- 虽然已有商业性的低温和高温超导储能产品可用，但因价格昂贵和维护复杂，在电网中应用很少，大多是试验性的。

（4）应用：

超导储能可提高电能质量、增加系统阻尼、改善系统稳定性能、特别适用于抑制低频功率振荡。但是由于其价格昂贵和维护复杂，虽然已有商业性的低温和高温超导储能产品可用，在电网中实际应用却很少，大多是试验性的。超导储能在电力系统中的应用取决于超导技术的发展（特别是材料、低成本、制冷、电力电子等方面技术的发展）。

3. 电化学类储能

电化学类储能主要包括各种蓄电池，有铅酸电池、锂离子电池、钠硫电池和全钒液流电池等，这些电池多数技术上比较成熟，近年来成为关注的重点，并且还获得许多实际应用。

1）铅酸电池

（1）基本原理：

是世界上应用最广泛的电池之一，将铅酸电池内的阳极（PbO_2）及阴极（Pb）浸到电解液（稀硫酸）中，两极间会产生2伏的电势。

（2）优点：

● 技术很成熟，结构简单、价格低廉、维护方便；

● 循环寿命可达 1000 次左右；

● 效率可达 80% ～ 90%，性价比高。

（3）缺点：

● 深度、快速、大功率放电时，可用容量下降；

● 能量密度较低，寿命较短。

（4）应用：

铅酸电池常常用于电力系统的事故电源或备用电源，以往大多数独立型光伏发电系统配备此类电池。目前有逐渐被其他电池（如锂离子电池）替代的趋势。

2）锂离子电池

（1）基本原理：

锂离子电池实际上是一个锂离子浓差电池，正负电极由两种不同的锂离子嵌入化合物构成。充电时，锂离子从正极脱嵌经过电解质嵌入负极，此时负极处于富锂态，正极处于贫锂态；放电时则相反，锂离子从负极脱嵌，经过电解质嵌入正极，正极处于富锂态，负极处于贫锂态。

（2）优点：

● 锂离子电池的效率可达 95% 以上；

● 放电时间可达数小时；

● 循环次数可达 5000 次或更多，响应快速；

● 锂离子电池是电池中比能量最高的实用型电池，有多种材料可用于它的正极和负极（钴酸锂锂离子电池、锰酸锂锂离子电池、磷酸铁锂锂离子电池、钛酸锂锂离子电池等）。

（3）缺点：

● 锂离子电池的价格依然偏高；

● 有时会因过充电而导致发热、燃烧等安全问题，有一定的风险，所以需要通过过充电保护来解决。

（4）应用：

由于锂离子电池在电动汽车、计算机、手机等便携式和移动设备上的应用，所以已成为世界上应用最为广泛的电池。锂离子电池的能量密度和功率密度都较高，这是它能得到广泛应用和关注的主要原因。它的技术发展很快，近年来，大规模生产和多场合应用使其价格急速下降，因而在电力系统中的应用也越来越多。锂离子电池技术仍然在不断开发中，目前的研究集中在进一步提高它的使用寿命和安全性，降低成本以及新的正、负极材料开发上。

3）钠硫电池

（1）基本原理：

钠硫电池的阳极由液态的硫组成，阴极由液态的钠组成，中间隔有陶瓷材料的贝塔铝管。

电池的运行温度需保持在 300℃ 以上，以使电极处于熔融状态。

（2）优点：

● 循环周期可达 4500 次；

● 放电时间可达 6 ～ 7 小时；

● 周期往返效率约为 75%；

● 能量密度高，响应时间快（毫秒级）。

（3）缺点：

使用了金属钠，而纳是一种易燃物，又运行在高温下，所以存在一定的风险。

（4）应用：

日本的 NGK 公司是世界上唯一能制造出高性能的钠硫电池的厂家。目前采用 50 千瓦的模块，可由多个 50 千瓦的模块组成兆瓦级的大容量的电池组件。在日本、德国、法国、美国等地已建有约 200 多处此类储能电站，主要用于负荷调平、移峰、改善电能质量和可再生能源发电，电池价格仍然较高。

4）全钒液流电池

（1）基本原理：

在液流电池中，能量储存在溶解于液态电解质的电活性物种中，而液态电解质储存在电池外部的罐中，用泵将储存在罐中的电解质打入电池堆栈，并通过电极和薄膜，将电能转化为化学能，或将化学能转化为电能。

（2）优点：

● 全钒液流电池技术已比较成熟；

● 寿命长，循环次数可超过 10 000 次以上。

（3）缺点：

● 能量密度和功率密度与其他电池，如锂离子电池相比，要低；

● 响应时间不很快。

（4）应用：

液流电池有多个体系，其中全钒氧化还原液流电池最受关注。这种电池技术最早为澳大利亚新南威尔士大学发明，后技术转让给加拿大的 VRB 公司，在 2010 年以后被我国普能公司收购，中国普能公司的产品在国内外一些试点工程项目中获得了应用。液流电池的功率和能量是不相关的，储存的能量取决于储存罐的大小，因而可以储存长达数小时至数天的能量，容量可达兆瓦级，适合应用在电力系统中。

4. 热储能

储热即热能储存，是能源科学技术中的重要分支，也是解决能量供求在时间和空间上不匹配的矛盾，提高能源利用率的有效手段。

（1）基本原理：

在一个热储能系统中，热能被储存在隔热容器的媒质中，以后需要时可以被转化回电能，也可直接利用而不再转化回电能。

热储能有多种技术，可进一步分为显热储存和潜热储存等。显热储存方式中，用于储热的媒质可以是液态的水，热水可直接使用，也可用于房间取暖等，运行中热水的温度是有变化的。而潜热储存是通过相变材料来完成的，相变材料即为储存热能的媒质。

（2）缺点：

热储能需要各种高温化学热工质，应用场合比较受限。

（3）应用：

由于热储能储存的热量可以很大，所以在可再生能源发电的利用上会有一定的作用。熔融盐常常作为一种相变材料，用于集热式太阳能热发电站中。此外，还有许多其他类型的储热技术正在开发中，它们有许多不同的作用。

5.化学类储能

化学类储能主要是指利用氢或合成天然气作为二次能源的载体。

（1）基本原理：

利用待弃掉的风电制氢，通过电解水将水分解为氢气和氧气，从而获得氢。以后可直接用氢作为能量的载体，再将氢与二氧化碳反应成为合成天然气（甲烷），以合成天然气作为另一种二次能量载体。

（2）优点：

● 采用氢或合成天然气作为能量载体的好处是储存的能量很大，可达太瓦·时级；
● 储存的时间很长，可达几个月；
● 氢和合成天然气除了可用于发电外，还可有其他利用方式。

（3）缺点：

全周期效率较低，制氢效率只有70%左右，而制合成天然气的效率仅60%～65%，从发电到用电的全周期效率更低，只有30%～40%。

（4）应用：

将氢与二氧化碳合成为甲烷的过程也称为P2G技术。德国热衷于推动此项技术，已有示范项目投入运行。以天然气为燃料的热电联产或冷、热、电联产系统已成为分布式发电和微电网的重要组成部分，在智能配电网中发挥着重要的作用。氢和合成天然气为分布式发电提供了充足的燃料。

6.各种储能技术的性能比较和应用选择

储能技术种类繁多，特点各异，实际应用时，要根据各种储能技术的特点进行综合比较来选择适当的技术。供选择的主要特征包括：①能量密度；②功率密度；③响应时间；④储能效率（充放电效率）；⑤设备寿命（年）或充放电次数；⑥技术成熟度；⑦经济因素（投资成本、运行和维护费用）；⑧安全和环境方面。

在实际工程项目中，要根据储能技术的上述特征、应用的目的和需求来选择其种类、安装地点、容量以及各种技术的配合方案，还要考虑用户的经济承受能力。

1）放电时间对比

储能技术性能如果按放电时间划分，可分为：

- 短放电时间（秒至分钟级），如超级电容器储能、超导储能、飞轮储能；
- 中等放电时间（分钟至小时级），如飞轮储能、各种电池等；
- 较长放电时间（小时至天级），如各种电池、抽水蓄能、压缩空气储能等；
- 特长放电时间（天至月级），如氢和合成天然气。

上述放电时间短的，常常是功率型的，一般可用作 UPS 和提高电能质量；中等放电时间的，可用于电源转接；较长或特长时间的，一般是能量型的，可用于系统的能量管理。目前应用最广泛的大型抽水蓄能可以解决天级的储能要求，如满足周级和月级的储能需求要依靠其他种类的储能手段，如氢和合成天然气。

2）功率对比

大规模、永久储能的应用可分为三类：

（1）对电能质量有要求的：在此类应用中，储存能量仅为几秒或更少的时间，用于确保传输电能的品质。

（2）对应急能量有要求的：在此类应用中，储存的能量可用几秒到几分钟，在从一个电源切换到另一个电源时，用来保证电能的连续性。

（3）对系统能量管理有要求的：在此类应用中，储能系统用于发电和消耗之间的去耦及同步。典型的应用是负载平衡，这意味着在非高峰时储存能量（能量成本低），并在高峰时段使用存储的能量（能量较高的成本）。

3）效率对比

储能的效率和寿命（循环的最大数）是两个重要参数，因为它们影响到存储的成本。

4）投资对比

投资成本是一个重要的经济参数，影响能源生产的总成本。每个循环的成本可能是评估能量存储系统成本的最佳方式。

5）密度对比

存储系统的体积很重要，首先，它可能被安装在一个受限制的或昂贵的空间，例如在城市地区。其次，体积增加，需要更多的材料和更大的施工现场，因而增加了系统的总成本。

7.1.3 我国储能工程技术发展战略

1.发展目标

"十三五"期间，我国建成一批不同技术类型、不同应用场景的试点示范项目；研发一批重大关键技术与核心装备，主要储能技术达到国际先进水平；初步建立储能技术标准体系，形成一批重点技术规范和标准；探索一批可推广的商业模式；培育一批有竞争力的市场主体。储能产业发展进入商业化初期，储能对于能源体系转型的关键作用初步显现。

"十四五"期间，储能项目广泛应用，形成较为完整的产业体系，成为能源领域经济新增长点；全面掌握具有国际领先水平的储能关键技术和核心装备，部分储能技术装备引领国际发展，形成较为完善的技术和标准体系并拥有国际话语权；基于电力与能源市场的多种储能商业模式蓬勃发展，形成一批有国际竞争力的市场主体。储能产业规模化发展，储能在推动能源变革和能源互联网发展中的作用全面展现。

2. 重点任务

1）推进储能技术装备研发示范

集中攻关一批具有关键核心意义的储能技术和材料。加强基础、共性技术攻关，围绕低成本、长寿命、高安全性、高能量密度的总体目标，开展储能原理和关键材料、单元、模块、系统和回收技术研究，发展储能材料与器件测试分析及仿真。重点包括变速抽水蓄能技术、大规模新型压缩空气储能技术、化学储电的各种新材料制备技术、高温超导磁储能技术、相变储热材料与高温储热技术、储能系统集成技术、能量管理技术等。

试验示范一批具有产业化潜力的储能技术和装备。针对不同应用场景和需求，开发分别适用于长时间大容量、短时间大容量、分布式以及高功率等模式应用的储能技术装备。大力发展储能系统集成与智能控制技术，实现储能与现代电力系统协调优化运行。重点包括10兆瓦/100兆瓦·时级超临界压缩空气储能系统、10兆瓦/1000兆焦级飞轮储能阵列机组、100兆瓦级锂离子电池储能系统、大容量新型熔盐储热装置、应用于智能电网及分布式发电的超级电容电能质量调节系统等。

应用推广一批具有自主知识产权的储能技术和产品。加强引导和扶持，促进产学研用结合，加速技术转化。鼓励储能产品生产企业采用先进制造技术和理念提质增效，鼓励创新投融资模式降低成本，鼓励通过参与国外应用市场拉动国内装备制造水平提升。重点包括100兆瓦级全钒液流电池储能电站、高性能铅炭电池储能系统等。

完善储能产品标准和检测认证体系。建立与国际接轨、涵盖储能规划设计、设备及试验、施工及验收、并网及检测、运行与维护等各应用环节的标准体系，并随着技术发展和市场需求不断完善。完善储能产品性能、安全性等检测认证标准，建立国家级储能检测认证机构，加强和完善储能产品全寿命周期质量监管。建立和完善不合格产品召回制度。

2）推进储能提升可再生能源利用水平应用示范

鼓励可再生能源场站合理配置储能系统。研究确定不同特性储能系统接入方式、并网适应性、运行控制、涉网保护、信息交换及安全防护等方面的要求，对于满足要求的储能系统，电网应准予接入并将其纳入电网调度管理。

推动储能系统与可再生能源协调运行。鼓励储能与可再生能源场站作为联合体参与电网运行优化，接受电网运行调度，提升消纳能力，为电网提供辅助服务等功能。电网企业应将联合体作为特殊的"电厂"对待，在政府指导下签订并网调度协议和购售电合同，联合体享有相应的权利并承担应有的义务。

研究建立可再生能源场站侧储能补偿机制。研究和定量评估可再生能源场站侧配置储能设施的价值，探索合理补偿方式。

支持应用多种储能，促进可再生能源消纳。支持在可再生能源消纳问题突出的地区开展可再生能源储电、储热、制氢等多种形式的能源存储与输出利用；推进风电储热、风电制氢等试点示范工程的建设。

3）推进储能提升电力系统灵活性稳定性应用示范

支持储能系统直接接入电网。研究储能接入电网的容量范围、电压等级、并网适应性、运行控制、涉网保护、信息交互及安全防护等技术要求。鼓励电网等企业根据国家或行业标准要求结合需求集中或分布式接入储能系统，并开展运行优化技术研究和应用示范。支持各类主体按照市场化原则投资建设运营接入电网的储能系统。鼓励利用淘汰或退役发电厂既有线路和设施建设储能系统。

建立健全储能参与辅助服务市场机制。参照火电厂提供辅助服务等相关政策和机制，允许储能系统与机组联合或作为独立主体参与辅助服务交易。根据电力市场发展逐步优化，在遵循自愿的交易原则基础上，形成"按效果付费、谁受益谁付费"的市场机制。

探索建立储能容量电费和储能参与容量市场的规则机制。结合电力体制改革，参考抽水蓄能相关政策，探索建立储能容量电费和储能参与容量市场的规则，对满足条件的各类大规模储能系统给予容量补偿。

4）推进储能提升用能智能化水平应用示范

鼓励在用户侧建设分布式储能系统。研究制定用户侧接入储能的准入政策和技术标准，引导和规范用户侧分布式电储能系统建设运行。支持具有配电网经营权的售电公司和具备条件的居民用户配置储能，提高分布式能源本地消纳比例、参与需求响应，降低用能成本，鼓励相关商业模式探索。

完善用户侧储能系统支持政策。结合电力体制改革，允许储能通过市场化方式参与电能交易。支持用户侧建设的一定规模的电储能设施与发电企业联合或作为独立主体参与调频、调峰等辅助服务。

支持微电网和离网地区配置储能。鼓励通过配置多种储能提高微电网供电的可靠性和电能质量；积极探索含储能的微电网参与电能交易、电网运行优化的新技术和新模式。鼓励开发经济适用的储能系统，解决或优化无电人口的供电方式。

5）推进储能多元化应用支撑能源互联网应用示范

提升储能系统的信息化和管控水平。在确保网络信息安全的前提下，促进储能基础设施与信息技术的深度融合，支持能量信息化技术的研发应用。逐步实现对储能的能源互联网管控，提高储能资源的利用效率，充分发挥储能系统在能源互联网中的多元化作用。

鼓励基于多种储能实现能源互联网多能互补、多源互动。鼓励大型综合能源基地合理配置储能系统，实现风光水火储多能互补。支持开放共享的分布式储能大数据平台和能量服务平台的建设。鼓励家庭、园区、区域等不同层次的终端用户互补利用各类能源和储能资源，实现多能协同和能源综合梯级利用。

拓展电动汽车等分散电池资源的储能化应用。积极开展电动汽车智能充放电业务，探索电动汽车动力电池、通信基站电池、不间断电源等分散电池资源的能源互联网管控和储能化应用。完善动力电池全生命周期监管，开展对淘汰动力电池进行储能梯次利用研究。

7.2 清洁能源储能工程发展综合分析

储能及国内外发展概况、抽水蓄能发展及新机投产情况、电化学储能发展情况、我国储能技术及行业未来发展趋势是本节介绍的主要内容。

7.2.1 储能及国内外发展概况

1.储能应用介绍

以新能源大规模开发利用为标志、以再电气化为根本路径的新一轮能源革命已在全球范围内开展。以风电、光伏为代表的可再生能源占比不断提升，给电力系统带来了诸如系统稳定性、可靠性和电能质量等诸多挑战。储能技术是解决这类问题的有效手段。通过对电能的存储和释放可以实现电力在供应端、输送端以及用户端的稳定运行，具体应用场景，一是应用于电网的削峰填谷、平滑负荷、快速调整电网频率等领域，提高电网运行的稳定性和可靠性；二是应用于新能源发电领域降低光伏和风力等发电系统瞬时变化大对电网的冲击，减少"弃光、弃风"的现象；三是应用于新能源汽车充电站，降低新能源汽车大规模瞬时充电对电网的冲击，还可以享受波峰波谷的电价差。

根据能量转换方式的不同可以将储能分为物理储能、电化学储能和其他储能方式：物理储能包括抽水蓄能、压缩空气蓄能和飞轮储能等，其中抽水蓄能容量大、度电成本低，是目前物理蓄能中应用最多的储能方式；电化学储能是近年来发展迅速的储能类型，主要包括锂离子电池储能、铅酸电池储能和液流电池储能，其中锂离子电池具有循环特性好、响应速度快的特点，是目前电化学储能中主要的储能方式；其他储能方式包括超导储能和超级电容器储能等，目前因制造成本较高等原因应用较少，仅建设有示范性工程。

2.储能市场情况

1）全球储能市场情况

储能产业兴起较早且发展稳定，2010年底储能累计装机规模已达到135吉瓦；2010—2015年期间由于受到整体经济低迷影响，整体装机量增速放缓，2015年累计装机规模达到144.8吉瓦；2016—2018年由于受到成本下降和政策推动的双重刺激，全球储能行业快速发展，截止2018年底累计装机规模达到179.1吉瓦。

抽水蓄能占据绝对主导地位，电化学储能增长迅速。截至2018年底全球抽水蓄能装机规模占比达到94.3%，占绝对主导地位，电化学储能达到3.7%，熔融盐蓄热、飞轮储能、压缩空气等其他储能方式作为储能市场多元组成的一部分占比较低，分别占比 1.5% 和 0.2%。

截至 2018 年，中国储能装机规模达到 31.3 吉瓦，占全球装机总量的 17.3%。美国装机规模位列全球第二，但其储能项目数量位列第一。日本市场尽管其国土面积较小，但整体装机规模同样在 30 吉瓦左右，位列全球第三；西班牙、意大利、印度、德国、瑞士、法国、韩国分别排在第四至第十名，但与前三名相比装机规模存在显著差距。

2）中国储能市场情况

中国储能市场发展稳中有进，已成为全球储能市场的重要组成部分。2013 年以前受益于国家对水电站的大力投资建设，抽水蓄能得以快速发展，随后我国储能项目整体进入平稳发展趋势。2017 年发改委、国家科学技术部、能源局、国家财政部和国家工业和信息化部联合发布《关于促进储能技术与产业发展的指导意见》，其中明确提到：①"十三五"期间，建成一批不同技术类型、不同应用场景的试点示范项目，储能行业进入商业化发展初期；②"十四五"期间，储能项目广泛应用，形成较为完整的产业体系，成为能源领域经济新增长点；储能行业进入规模化发展阶段。受此拉动我国储能装机规模快速提升，截至 2018 年底我国储能累计装机规模达到 31.3 吉瓦，是 2010 年累计装机量的 1.7 倍。

抽水蓄能在储能中占据主导地位。截至 2018 年底，我国储能装机总规模中抽水蓄能占比达 95.8%，电化学储能与其他储能方式共存，其中电化学储能市场占比为 3.4%，熔融盐蓄热储能市场占比 0.7%，而飞轮储能市场占比均不足 0.1%。

我国储能装机主要分布在西北和华东地区，两者合计占装机总规模的 49%；其中西北地区主要集中在新疆、甘肃，华东地区主要集中在江苏、浙江等省份。此外西南、华南、华北地区储能装机占比分别为 14%、12% 及 15%；其中西南地区主要集中在云南，华南地区集中在广东，华北地区则主要集中在山东、山西和内蒙古等省份。华中及东北地区的储能装机量极少，占比均为 5%，其储能装机主要集中在湖南、辽宁。

7.2.2　抽水蓄能发展及新机投产情况

1. 抽水蓄能发展情况

抽水蓄能在我国储能方式中占据主导地位。抽水蓄能属于大规模、集中式能量存储，其技术非常成熟，每瓦储能运行成本低廉，可用于电网的能量管理和调峰；但其建设完全依赖于地理条件，即当地水资源的丰富程度，并且一般与电力负荷中心有一定的距离，面临长距离输送问题。2018 年我国抽水蓄能装机规模增速为 5.3%，高于全球水平。随着特高压输电的不断建设，电力损耗有望进一步减少，抽水蓄能成本将更加便宜，抽水蓄能在储能应用中的主导地位短期内仍然不会被动摇。

2. 2018 年以来我国储能电站投运情况

2018 年 7 月，江苏首个规模最大的电网侧储能电站正式并网投运，时隔一年，我国电网侧已呈现江苏、河南、湖南、浙江、北京等多地开花的局面。2018 年新增投运电网侧储能规模为206.8兆瓦，而2019年仅在在江苏地区规划建设中的电网侧储能项目规模就已超过200兆瓦。目前已知的电网侧储能项目都是针对各省电网特点而规划建设，且在系统架构、建设方式、商业模式等方面各具特色。

1）镇江储能电站——我国最大的电池储能电站

镇江谏壁电厂3台33万千瓦煤电机组关停，且丹徒2台44万千瓦燃气机组因故无法按计划建成投运，为了应对夏季用电高峰，江苏省电力公司率先采用电池储能电站进行调峰。

该项目采用"分散式布置、集中式控制"方式在镇江利用8处退役变电站场地和在运变电站空余场地作为建设用地，采用磷酸铁锂电池，总容量为10兆瓦/202兆瓦·时，并由省调统一调控。该项目为电网运行提供调峰、调频、备用、黑启动、需求响应等多种服务，促进江苏电网削峰填谷，缓解夏季电网供电压力。该项目由电网辅业单位投资建设，主业单位租赁运营，租赁费用纳入各省电力公司经营成本。

2019年5月6日，电网侧储能电站运行分析系统在镇江正式投入运行，系统内设五大类运行指标：功率、电量、储能单元、能效和可靠性评价，可高效统计分析电站运行数据、掌握储能电站运行状况，并且能快速准确地侦测设备异常情况、分析产生原因，为电站安全运行提供保障。

2）南京江北储能电站——首个梯次利用的电网侧储能电站

2019年3月6日，南京江北储能电站正式开工建设。该储能电站最大充放电功率可达13.088万千瓦，总存储容量26.86万千瓦·时，是国内容量最大、功率最高的电化学储能电站。它也是我国首个梯次利用的电网侧储能电站。江北储能电站涵盖集中式储能、梯次利用和移动式储能三种模式，通过不同类型、不同功能定位的储能建设，满足丰富的应用场景。

集中式储能远景为18万千瓦，其中本期建设11万千瓦，采用半户内布置方案，户外部分电池采用电池舱布置。每1.26兆瓦/2.2兆瓦·时电池舱背靠背布置，并在中间设置防火墙，形成一组电池组布置。

梯次利用储能（利用废旧动力电池）本期及远景建设2万千瓦，包含1.5万千瓦梯次锂离子电池和0.5万千瓦梯次铅酸电池，再生利用废旧动力电池，延长电池使用寿命，实现动力电池的资源利用最大化。

移动式储能系统远景容量为1.5万千瓦，由能量转换系统、储能系统以及智能监控系统组成，以标准化集装箱为载体，以机动车为运输工具，采用模块化集成设计，实现并/离网双模式运行及无缝切换等功能。

该项目整体工程还应用了物联网等前沿技术，对梯次利用的电池健康状态进行大数据分析，能够及早发现储能电池寿命状态和潜在缺陷，通过优化电池能量转换拓扑结构，最大限度发挥每一个电池的存储能力。江北储能电站后续将规划探索采用变电站+储能站+光伏充电站+数据中心"多站合一"的方式建设运营，以此实现能源、数据的融合共享。

3）苏州——电网侧储能群与多站融合

国家电网苏州供电公司与国网江苏省电力有限公司经济技术研究院着眼城市发展规划，确定在昆山、常熟任阳、张家港乐余建设3座储能电站。3个储能电站充放功率达13.86万千瓦，总容量达24.2万千瓦·时，建成以后将组成电网侧"储能群"，共同接入大规模源网荷储友好互动系统，互联互济、协同运行。此外苏州储能电站规划还融入了泛在电力物联网概念，未来将探索打造具有'储能站＋数据中心＋N'功能的能源综合服务站，实现能源、数据融合共享以及综合能源服务。

4）河南——特高压闭锁

国家电网河南省电力公司在信阳等9个地市选取16个变电站，采用"分布式布置、模块化设计、标准化接入、集中式调控"技术方案，利用空余场地和间隔，综合配置21组模块容量4.8兆瓦/4.8兆瓦·时、总规模为100.8兆瓦/100.8兆瓦·时的河南省电网电池储能示范工程。

工程可以在电网负荷低谷时充电，在电网负荷高峰时放电，较好地平滑新能源的波动性与间歇性，为电网提供紧急功率支撑，有效提升电网安全运行水平。在开展技术研究的同时，国家电网河南省电力公司联合平高集团有限公司，努力创新商业运营模式，开展河南电网10万千瓦电池储能示范工程建设，其中信阳龙山电池储能电站还首次参与2018年开展的电力需求侧响应。

5）浙江——电网侧加入铅酸电池

浙江省电力需求存在较大的电力负荷缺口，分布式能源接入也呈现高比例增长的态势，分布式光伏装机容量已达全国第一，未来新能源发电量的增加给电力系统调节增加了负担，电力系统安全形势比较严峻。此外浙江以"两交两直"特高压电网输送容量呈现强直弱交结构性矛盾，电力系统存在连锁故障风险，而且浙江岛屿众多，对供电可靠性需求明显。

基于以上基本现状，浙江电网存在调峰调频、分布式能源、微网供电可靠性以及未来电动汽车充换电等方面的储能需求，浙江电网提出了电网侧储能一期建设规划目标，共包含宁波、杭州、湖州、衢州四个储能项目：宁波110千伏越瓷变6兆瓦/8.4兆瓦·时储能项目、杭州110千伏江虹变4兆瓦/12.8兆瓦·时储能项目、湖州110千瓦金陵变6兆瓦/24兆瓦·时储能项目、衢州灰坪乡大麦源村30千瓦/450千瓦·时储能项目。宁波和杭州两个项目主要采用磷酸铁锂建设的系统，湖州项目采用铅酸电池。

6）北京怀柔储能电站——消防系统＋多站融合

2019年7月，北京首个电网侧储能怀柔北房储能电站并网成功。本期投产规模为5兆瓦/10兆瓦·时，终期规模为3兆瓦/15兆瓦·时，充满电时可供一万户家庭同时用电2小时。

该储能电站采用电芯级监测、人工智能运检系统等先进技术，实时获取电池管理系统、变流器等设备运行状态数据，准确评估设备健康状态，及时反馈预防性运维通知和运维建议，显著提升了电池安全性、使用寿命和控制水平。在消防设计中配备了七氟丙烷＋高压细水雾灭火装置，可通过温感、烟感和可燃气体感应3类探测器精准感知站内火源情况，有火灾报警时，释放无毒无害的七氟丙烷气体，第一时间消灭火源并避免对设备造成二次损伤。高压细水雾系统以电池簇为单位监测灭火情况，一旦发生复燃，可第一时间防止火势蔓延，相当于增加了一道防护锁，确保火情自动感知、主动隔离、迅速处置。

7）湖南长沙一期电池储能电站

长沙电池储能示范工程总规模为12万千瓦/24万千瓦·时，属国网系统规模最大的电池储能工程。工程分两期建设，一期示范工程建设规模为6万千瓦/12万千瓦·时，分别位于芙蓉、椒梨、延农3个220千伏变电站。其中，芙蓉变电站电池储能电站为国内单体容量最大，且拥有功能最齐全的电池储能毫秒级电源响应系统。项目创新采用电池租赁模式、全室内布置，整体系统设计达到全国领先水平。工程建成后，将有效缓解2018年迎峰度冬期间长沙地区局部供电压力，提升电网安全稳定运行水平。

芙蓉站储能容量为26兆瓦/52兆瓦·时，目前是全国规模最大的室内储能电站。此外芙蓉变还拥有功能最齐全的电池储能毫秒级响应系统，储能站接到电网调度指令后，可在毫秒内执行指令，实现对电网充放电进行调峰等功能，其优势是响应快速、精确，出力及时，可确保电网安全运行。

7.2.3 电化学储能发展情况

1.电化学储能市场总体情况

电化学储能是储能市场保持增长的新动力。2018年我国电化学储能装机规模达到1072.7兆瓦，同比增长175.2%。随着电化学储能技术的不断改进，电化学储能系统的制造成本和维护成本不断下降、储能设备容量及寿命不断提高，电化学储能将得到大规模的应用，成为中国储能产业新的发展趋势。

电化学储能根据所使用的电池不同可分为铅酸电池、锂离子电池和液流电池等。

（1）铅酸电池是目前技术最为成熟的电池，其制造成本低廉，但使用寿命短，不环保，响应速度慢。

（2）锂离子电池能量密度高，电压平台高，制造成本随着新能源汽车市场的规模效应而不断下降，是目前电化学储能项目应用最多的电池。

（3）液流电池是近年来新兴的化学电池，其使用寿命长、充放电性能良好，但由于技术不成熟以及制造成本较高而未得到大规模的应用。

我国电化学储能虽然起步较晚，但近几年发展较快。2011年我国电化学储能装机规模仅为40.7兆瓦，到2017年累计装机规模已经达到389.3兆瓦，约为2011年的9.6倍。受益于电网侧项目的快速推进和电池成本的逐渐下降，2018年我国新增投运规模682.9兆瓦，同比增长464.4%；累计投运规模达到1.073吉瓦·时，首次突破吉瓦级别，约为2017年累计投运总规模的2.8倍。

2.锂离子电池储能装机情况

在2018年我国电化学储能新装机分布中，锂离子电池以70.6%的装机占比占据主导地位；铅酸电池因其较低的成本仍然获得市场青睐，是电化学储能市场的重要补充，其新装机量占比达到27.2%；其余电化学储能方式如液流电池、超级电容、钠硫电池占比合计仅为2.2%。

锂离子电池应用广泛。与传统电池相比，锂离子电池不含铅、镉等重金属，无污染、不含毒性材料，同时具备能量密度高、工作电压高、重量轻、体积小等特点，已经广泛应用于消费电子、新能源汽车动力电池和储能领域。锂离子电池电芯主要由正极材料、负极材料、电解液和隔膜四大材料构成，而从电芯到最后的完整的电池包主要经过两个环节。

（1）将一定数量的电芯组装成电池模组。

（2）电池模组加上热管理系统、电池管理系统（BMS）以及一些结构件组成完整的电池包。

锂离子电池技术路线多，储能更注重安全性和长期成本。与动力锂离子电池相比，储能用锂离子电池对能量密度的要求较为宽松，但对安全性、循环寿命和成本要求较高。从这方面看，磷酸铁锂电池是现阶段各类锂离子电池中较为适合用于储能的技术路线，目前已投建的锂电储能项目中大多采用这一技术。三元聚合物理电池的主要优势在于高能量密度，其循环寿命和安全性较受局限，因而更适合用作动力电池。

锂离子电池储能技术应用主要集中在可再生能源并网和电网侧。在我国，锂离子电池储能技术在可再生能源并网侧应用占比最高，达到37.7%；其次依次是电网侧应用、用户侧、分布式及微网端，占比分别为25.0%、22.1%和15.2%。

锂离子电储能在可再生能源并网和电网侧装机增长显著。在2012年，锂离子电储能在风、光电并网和辅助服务的累计装机量仅为23.9兆瓦、23.7兆瓦。自2016年起，全国各地方储能产业政策不断出炉，推动了储能产业的快速发展，锂离子电储能在风、光电并网和电力辅助服务上装机量攀升，2018年累计装机同比增速分别高达226.74%、115.1%，累计装机量分别为285.9兆瓦、184.3兆瓦。目前仍有大量风、光发电站和热电厂未装备有调峰调频储能设备，锂离子电储能在风、光电并网和辅助服务侧存在广阔的市场。

7.2.4 我国储能技术及行业未来发展趋势

近年来，受政策利好与技术进步拉动，我国储能发展迎来新动能。

1.产业政策持续出台，保障储能快速发展

储能产业政策持续出台，目标集中在可再生能源并网和电网侧，政策红利明显。自《中华人民共和国国民经济和社会发展第十三个五年规划纲要》出台，我国各地方政府部门针对储能产业出台的政策层出不穷，储能产业在密集政策的推动下迅速发展。针对储能产业的政策主要集中在解决可再生能源并网出现的问题和电网侧调峰调频，电化学储能作为快速发展的储能方式，势必将得到较大的政策助力。

2019—2020年行动计划出台，各部门各司其职保障储能产业化应用。2017年国家发展和改革委员会等五部门联合发布《关于促进储能技术与产业发展的指导意见》，其中明确提到在"十三五"期间储能产业发展进入商业化初期，"十四五"期间储能产业规模化发展。2019年7月为进一步的贯彻落实该项指导意见，发改委等四部门发布2019—2020年行动计划，其中对国家发展和改革委员会、科学技术部、工业和信息化部及能源局的工作任务都做了详

细部署，进一步推进我国储能技术与产业健康发展。

2.应用端：电网侧和可再生能源并网齐头并进

1）电网侧——调峰调频是储能企业的主要收入来源

储能电网侧应用的补偿费用普遍由发电厂均分，具体营利机制各地方有所不同。发电企业提供的辅助服务产生的成本费用所需的补偿即为补偿费用。国家能源局南方监管局在2017年出台了《南方区域发电厂并网运行管理实施细则》及《南方区域并网发电厂辅助服务管理实施细则》，这两个细则制定了南方电力辅助服务的市场补偿机制，规范了辅助服务的收费标准，为电力辅助服务市场化开辟了道路。以广东地区为例，目前自动发电量控制（Automatic Generation Control，AGC）服务调节电量的补偿标准可达80元/兆瓦·时，电力辅助服务存在营利空间。

电网辅助服务主要集中在"三北"地区，华中、南方是重要的辅助服务地区。据国家能源局统计，2018年全国除西藏外参与电力辅助服务补偿的发电企业共4176家，装机容量共13.25亿千瓦，补偿费用共147.62亿元，占上网电费总额的0.83%。从电力辅助服务补偿费用比重来看，补偿费用最高的为"三北"地区，即西北、东北和华北，服务补偿费用占上网电费总额比重分别为3.17%、1.82%和0.61%；华中地区占比最低，为0.23%。

调峰、调频与备用是补偿费用的主要组成部分。2018年调峰补偿费用总额为52.34亿元，占总补偿费用的35.5%；调频补偿费用总额41.66亿元，占比28.2%；备用补偿费用总额42.86亿元，占比29%；前三者占补偿费用占比合计超过90%，是电网辅助服务补偿费用的主要组成；调压补偿费用为10.33亿元，占比7%；其他补偿费用为0.43亿元，占比0.3%。

用于电网辅助服务的储能项目中，火电辅助服务装机量最多，补偿费用占比最大。电力生产的构成决定了辅助服务的重要程度，火电作为主要发电单位，辅助服务的重要性不言而喻。2018年火电辅助服务产生补偿费用为210.95亿元，占比高达80.55%；风电、水电分别产生补偿费用23.72亿元、20.94亿元，费用占比依次为9.06%、8%；核电及光伏等辅助服务产生的补偿费用占比仅为2.4%。

2）可再生能源并网侧——限电时段弃电量存储

储能技术在并网侧的应用主要是解决"弃光、弃风"问题，并改善电能质量。我国能源供应和能源需求呈逆向分布，风能主要集中在华北、西北、东北地区，太阳能主要集中在西部高原地区，而绝大部分的能源需求集中在人口密集、工业集中的中、东部地区；供求关系导致新能源消纳上的矛盾，风、光电企业因为生产的电力无法被纳入输电网，而被迫停机或限产。我国弃光、弃风率长期维持在4%以上，仅2018年弃风弃光量合计超过300亿千瓦·时。锂离子电池储能技术能有效帮助电网消纳可再生能源，减少甚至避免弃光弃风现象的发生。风、光发电受风速、风向、日照等自然条件影响，输出功率具有波动性、间歇性的特点，将对局部电网电压的稳定性和电能质量产生较大的负面影响，锂离子电池储能技术在风、光电并网侧的应用主要是平滑风电系统的有功波动，从而提高并网风电系统的电能质量和稳定性。

在可再生能源并网领域，锂离子电储能收益主要依靠限电时段的弃电量存储。储能电站在用电低谷期储存剩余电量，在用电高峰期释放电能，释放电量与指导电价的乘积即为储能电站的收益。目前在青海、辽宁等光、风电资源较丰富的地区已经有对应储能项目投运。

3.成本端——规模效应和梯次利用助推电池成本持续下滑

电池成本是电化学储能的重要成本来源。电化学储能电站初始成本主要包括电池成本、系统硬件成本（包括温度控制、变流器等）、间接成本以及基础设施建设等。2012—2017年储能电站成本已经大幅下降，每千瓦·时成本已经从2100美元下降至587美元。具体来看587美元/千瓦·时的建设成本中，电池成本达到236美元，占成本比重的40%，中国市场由于人工、材料费用相对比较便宜，电池成本占比会更高。如果仅考虑储能系统的成本（排除间接成本和最终的施工成本），整个系统成本为429美元/千瓦·时，此时电池成本占比达55%。电池是储能系统里面主要的成本来源，电池成本对最终储能成本起到举足轻重的作用。

1）动力电池装机量快速上升，推动电池成本持续下降

受益于国家政策驱动，我国新能源汽车产业快速发展。2015年以来我国新能源汽车每年销量增速均在50%以上；2018年我国新能源汽车销量达到125.6万辆，同比增长61.7%，销量为2014年的16倍，2014年至今年均增速超过100%。

下游销量驱动，动力电池装机量快速上升。新能源汽车销量的快速上升拉动了以锂离子电池为代表的动力电池装机量的快速上升，2018年我国动力电池装机量达到56.89吉瓦·时，同比增长56.88%；其中纯电动汽车配套的动力电池装机量累计约53.01吉瓦·时，同比增长55.64%；插电式混合动力汽车配套的动力电池装机量累计约3.82吉瓦·时，同比增长75.34%；燃料电池汽车配套的动力电池装机量约0.07吉瓦·时，同比增长115.11%。2018年动力电池装机量是2015年的3.4倍，2015年至今年均增速达到51%，随着未来新能源汽车销量的继续上升，动力电池装机量有望继续攀升。

规模上升带来锂电价格持续下降。锂离子电池储能系统电池主要包括磷酸铁锂电池和三元聚合物电池，从目前国内的应用磷酸铁锂电池因其循环次数高、成本低的特点应用更为广泛。自2014年至2018年，在新能源汽车产业的带动下动力电池产业发展迅速，磷酸铁锂电池和三元聚合物电池技术不断成熟；同时装机规模的持续上升也使得规模效应逐步凸显。电池价格逐年下降，磷酸铁锂和三元聚合物电池价格从2014年一季度的2.9元/瓦·时、2.9元/瓦·时降至2018年四季度的1.15元/瓦·时、1.2元/瓦·时。此外随着技术的不断进步，电池循环次数也在不断提升，例如宁德时代在2019年即将量产长循环寿命锂离子电池储能系统（磷酸铁锂电池），使用寿命可以超过15年，单体循环超过万次，循环次数的提高也将进一步降低单次的储能成本。

2）蓄电池梯次利用有望进一步带来成本下降

电池梯次利用为动力蓄电池退役找到了新出路。在新能源汽车的使用过程中，动力蓄电池的容量会随着时间逐步衰减，按照当前情况来看，当蓄电池剩余容量低于70%左右的时候，处于安全性和续航里程等方面的考虑，动力蓄电池将不再应用于新能源汽车。退役

动力蓄电池的梯次利用通常包括以下步骤：①废旧动力蓄电池回收；②动力蓄电池组拆解，获得蓄电池单体；③根据电池特性筛选出可使用的蓄电池单体；④蓄电池单体进行配对重组成蓄电池组；⑤加入蓄电池管理系统（BMS）、蓄电池外壳等组成电池包；⑥集成系统、运行维护等。

随着电池退役高峰的到来，国家近年来出台了一系列关于动力锂电池梯次利用的政策，市场机制初步建立。2018年工信部等七部门先后出台了《新能源汽车动力蓄电池回收利用管理暂行办法》和《关于组织开展新能源汽车动力蓄电池回收利用试点工作》政策，明确了动力蓄电池回收责任主体是汽车生产企业，汽车生产企业有义务回收利用退役动力蓄电池；动力蓄电池生产企业切实实行蓄电池产品编码制度，开展动力蓄电池全生命周期管理；落实生产者责任延伸制度，动力蓄电池生产企业不仅负责生产销售，动力蓄电池的退役再利用同样要担负起责任。

动力蓄电池梯次利用要求较高。梯次利用技术现阶段尚不成熟，从而导致在退役动力蓄电池的拆解、可用模块的检测、挑选、重组等方面的成本较高，相对于新蓄电池而言性价比不高。将退役蓄电池梯次利用，不仅需要监测蓄电池电压、内阻，还要通过充放电曲线计算蓄电池的当前容量，对蓄电池健康状态做出评估，为了保证蓄电池的一致性和蓄电池寿命，还需对蓄电池进行均衡性处理，在这一过程中将耗费大量人力、设备成本。目前对退役蓄电池梯次利用布局的企业主要有宁德时代、比亚迪、中兴派能、中航锂电、中天储能等。随着我国动力蓄电池报废高峰期的到来，蓄电池的梯次利用有望进一步得到发展。

4. 储能及储能技术展望

从电力需求来看，预计未来20年内，中国电力需求仍将持续增长。从可再生能源装机规模来看，2035年前，可再生能源将成为第一大电源，迫切需要重新构建调峰体系，具备应对可再生能源5亿千瓦左右日功率波动的调节能力。从电网输送端来看，新能源资源与负荷中心分布不平衡的格局，导致系统频率调节能力显著下降。

储能技术被认为是解决上述问题的优选方案，风电、光伏等新能源电站配置储能系统成为必然趋势。国际上针对储能技术形成三个共识：一是储能技术是推动世界能源清洁化、电气化和高效化，破解能源资源和环境约束，实现全球能源转型升级的核心技术之一；二是面向未来高渗透的新能源接入与消纳，需要构建高比例、泛在化、可广域协同的储能形态，并通过新能源加储能，变革传统电力系统的形态、结构和功能；三是要坚实、有序推动清洁能源可持续发展，需要借助于低边界成本的储能技术。

储能行业发展的利好因素不断出现。储能产业政策持续出台，目标集中在可再生能源并网和电网侧，为储能提供了盈利可能性，政策红利明显；规模效应和梯次利用助推电池成本持续下滑，为电化学储能找到了新出路。同时，到2035年，风、光等可再生能源装机规模预计在当前基础上增加3.6倍，超过70%分布在西部、北部地区，电力跨区优化配置需求由当前的0.8亿千瓦增加到3.8亿千瓦。而我国储能也将迎来飞速发展，未来15年内我国能源互联网储能（非抽水蓄能）需求预计将达1.5亿～2亿千瓦。

7.3 储能技术及其产业发展应用分析

储能系统参与电网调峰技术应用、储能是新型能源电力系统构建的基石、"两个一体化"是新型电力系统高质量发展的必然选择是本节介绍的主要内容。

7.3.1 储能系统参与电网调峰技术应用

1.我国储能系统发展概述

我国是用电大国，电力装机容量在2013年超越美国成为全球第一大国；风电和光伏的装机规模也位列全球首位。就电源结构而言，火电仍是我国最主要的发电电源；在抽水蓄能、燃气电站等调峰电源比例较低的现状下，火电还要承担起电力调峰调频的任务；此外在供暖期火电还要兼顾供热任务。火电的多重角色使其难以发挥调峰作用。随着电源结构调整，可再生能源发电比例持续增高，必然导致"三北"地区供暖季调峰资源匮乏，继而给大规模可再生能源的并网消纳造成一定困难。

我国现有的调峰调频资源有限，储能的参与成为热点。2016年6月，国家能源局正式出台的《关于促进电储能参与"三北"地区电力辅助服务补偿（市场）机制试点工作的通知》，打开了储能参与调峰调频辅助服务市场的大门。在市场需求和政策的双重推动下，与调峰、促进大规模可再生能源消纳相关的一系列大规模储能系统正在规划和部署当中，一些调峰储能电站建设运行的新模式也在探讨中。关于储能系统在新能源并网系统中的应用研究有很多，包括各种储能系统、调度方式及风光互补、风火互补、风水互补等。

在优化控制储能运行辅助调峰方面，国内学者提出了基于超短期预测的变参数斜率控制策略以提高储能系统平滑光伏电站功率波动的能力；研究了储能技术用于电网负荷削峰填谷的控制策略，分别从社会效益和投资者角度研究储能系统投资的经济性问题，提出了储能系统规模化应用的经济条件；研究了削峰填谷中电池储能的在线优化控制问题；通过设计储能系统调峰控制策略减少了火电机组启停调峰次数。

上述方法为储能参与含新能源发电的电力系统调峰提供了良好的技术支持，但真正实现大规模互补的工程项目还很少，储能系统多数应用于平抑光伏、风电等间歇性能源发电功率波动问题，用于负荷的削峰填谷的研究较少。对储能系统用于削峰填谷的研究，均为能量分配或能量管理的研究，没有对实际系统运行进行有效的控制设计。且中国储能在可再生能源发电应用中面临的最主要问题是缺乏营利模式，导致储能电站运营存在困难。

2.配置储热热电机组的调峰能力

当前，因冬季供暖期"风热冲突"所导致的大量弃风问题已经成为全社会关注的问题，冲突的原因在于热电机组在供暖时因"以热定电"约束而导致其调峰能力大幅降低甚至散失。在满足供热的条件下，提高热电机组的调峰能力，即可提高风电的消纳水平。

1）**热电厂配置储热方案**

在热电厂配置储热基本原理的基础上，对大型抽汽式热电机组配置储热后的电热运行特性进行了分析与建模，讨论配置储热后热电机组的灵活运行方式，建立了计算调峰容量增量的数学模型，并对我国电力系统中典型的热电机组通过配置储热提高调峰能力的效果进行了分析。

事实上，热电机组可以通过配置储热解耦其"以热定电"约束实现灵活运行，从而大幅提高调峰能力消纳风电。在丹麦，该方案已经成为实现其未来100%可再生能源系统的一个重要手段，而且也已经受到了欧洲各国的关注。

根据国外经验，储热装置通常是大型蓄热水罐，利用冷热水分层原理进行储热。蓄热罐通常建设在供热系统的热源侧，连接在热电厂与供热网络之间。

根据热电厂中供水温度的不同，蓄热罐可分为常压和承压两类。对于供水温度不超过100℃的系统，可采用常压式蓄热罐存储低于100℃的热水，如丹麦的Fyn电厂和中国左家庄电厂的蓄热罐；对于供水温度超过100℃的系统，需采用承压式蓄热罐以存储温度高于100℃的热水，不过其投资要高于常压式蓄热罐。

由于中国当前主流的抽汽式供热机组，其供水温度往往大于100℃，因此建议可采用承压式蓄热罐。

2）**配置储热后抽汽机组的运行方式**

由于大容量抽汽式热电机组为消纳风电进行启停调峰并不经济，因此建议采用低负荷运行方式进行风电调峰。

当机组在负荷尖峰时段蓄热，而在低谷时段放热时，后者所获得的风电接纳空间要大于机组在尖峰时段因蓄热减少最大出力而导致的风电接纳空间的减少量，故而当腰荷蓄热不足时，可采用在峰荷时段蓄热，而在低谷时段放热的方式提高机组提供的风电接纳空间。因此，根据不同的蓄热情况，可采用不同的运行策略。

（1）若腰荷时段的最大蓄热量大于负荷低谷时段的最大调峰补偿供热需求，则运行时尽可能在腰荷时段多蓄热量，然后优先满足低谷时段的调峰热需求；多余的蓄热再补偿给尖峰时段，以降低尖峰时段汽轮机的供热功率，提高凝汽发电比例，从而增大尖峰时段的发电功率。

（2）若腰荷时段的最大蓄热量低于负荷低谷时段的最大调峰补偿供热需求，则在运行时腰荷、峰荷时段同时进行蓄热（先在腰荷时段尽可能多蓄热，不足部分再在峰荷时段进行蓄热），以尽可能满足低谷时段调峰补偿供热的需求，从而获得最大的调峰增量。

由上面的运行策略可以看出，在上述运行方式下，只要腰荷及峰荷时段能够存储到足够的热量（这就要求蓄热容量和热负荷满足一定条件），即可在电负荷低谷时段尽可能降低电出力到最小水平，从而最大地提高其调峰能力，接纳风电。

3）**配置储热后热电机组的日调峰容量增量**

从整个日运行周期来看，所增加的调峰容量还受到时段间热量耦合约束的影响，包括蓄热罐容量、峰平时段可存储的热量、低谷时段持续时间长度等因素。

为获得最大的调峰容量增量，需要比较蓄热罐在腰荷时段的最大蓄热量和在低谷时段的最大放热需求进而确定蓄热罐运行策略。

7.3.2　储能是新型能源电力系统构建的基石

储能作为新型能源电力系统构建的基石和标志，储能产业已成为能源电力领域的新热点，新型储能技术创新能力显著提高，但产业发展有其必然的规律性，既要积极推动，也要理性地看待储能产业当前发展阶段所面临的问题。因此，需要抓住储能的经济性和安全性，以及应用场景、技术突破、规模化等关键问题，不断破解储能产业发展的瓶颈。

1. 在双碳目标下，发展储能技术及其产业的重要性

2021 年 3 月 15 日，中央财经委员会第九次会议部署了实现"双碳"目标的基本思路和主要举措，提出"十四五"是碳达峰的关键期和窗口期，在要重点要做好的工作中包括："要构建清洁低碳安全高效的能源体系，控制化石能源总量，着力提高利用效能，实施可再生能源替代行动，深化电力体制改革，构建以新能源为主体的新型电力系统。"这一部署指明了能源电力领域未来发展的框架，也是发展储能的指南。

经过几十年的改革发展，我国已建成崭新而强大的能源技术产业支撑体系，我国能源电力发展取得了巨大成就，发电装机、发电量、电网规模均位居世界第一。十多年来，我国可再生能源的大发展与我国拥有一个坚强的电力系统是分不开的。能源转型的核心任务，是推动以化石能源为主导的能源系统，转向以可再生能源为主导的能源系统。发达国家能源转型是沿着石油替代煤炭，再到天然气替代石油的递进规律自然形成的，而我国能源转型并没有完成油气时代就要直接进入可再生能源时代，造成电力灵活性资源先天匮乏。我国要在发达国家由碳达峰到碳中和一半的时间里完成碳中和任务，必然需要在尊重科学规律的前提下，以创新领域转型，寻找"超车"的时机，而加快储能建设是一个重要领域。

把握好"安全""绿色""经济"的能源三角平衡，是人类利用能源的共识，只是在不同的发展阶段、不同的资源禀赋下，其平衡点是不同的。在以低碳发展为核心的"绿色"目标已经确定的前提下，"安全"与"经济"目标的平衡将是能源电力战略布局和技术选择的关键。随着更高比例可再生能源的接入，我国电力系统从较早期煤电和水电的"二元"时代逐步迈向以新能源为主体的多元化低碳发展阶段。近十多年来，风电、光伏的渗透率增大和成本下降态势超出了大多数人的预期，也超出了配套电网的建设速度和灵活性电力资源的配套规模。未来，新型电力系统的构建需要储能发挥更大的作用。储能将在新的安全、低碳、经济要素平衡中成为新型电力系统重要组成部分。

2. 制约储能产业发展的瓶颈及其商业化的难点

储能产业的发展瓶颈及商业化难点，主要是大的关键性储能技术瓶颈未有较大突破，但一般性技术改进在近年来有快速迭代的特点决定的。电力工业一百多年的发展史中，大功率、大容量的储电一直接就是一个世纪难题。

1）储能安全监管亟待加强

近年来国内外公开报导的30多次储能电站火灾事故表明，储能电站安全管理具有特殊性和复杂性。近年来，电化学储能电站发展迅速，大规模集中使用锂离子电池构建储能电站技术不断成熟，但当前储能安全管理的政策法规体系、技术标准规范尚不完善，储能电站未纳入电力系统统一管理，还没有建立类似其他形式电站的产品设备质量与安全强制性的检测认证制度，关键核心部件质量没有形成全环节闭环管理，缺乏针对储能系统整机安全防护的综合检测评估和试验环境，储能电站的设计、施工、验收等环节尚未形成有效的安全准入和技术监督体系，导致很多储能电站"先天不足""带病运行"。

2）储能标准规范体系建设有待加强

当前，电化学储能领域初步建立了标准体系，涵盖基础通用、规划设计、施工验收、运行维护、设备及试验、安全、技术管理等专业技术领域。一方面，随着储能技术的快速更新以及大规模发展，原有的部分标准条款亟待更新完善，施工验收、检修、安全等领域关键技术标准尚不健全。另一方面，目前依然存在有标准不依，执行标准不严的情况，在规划设计、运行维护、设备及试验、技术管理等领域未能严格按照现有标准要求实施，质检、验收、预防性试验、运维等完整的管理体制尚不健全，标准实施落地困难，存在以降低安全性为代价，压低储能项目成本的情况。

3）商业化大规模应用仍面临挑战

当前，我国储能服务缺乏明确量化的市场定价体系和机制，储能发挥的作用体现在电力系统整体，服务于电网、发电以及用户各方，单方投资新建的储能电站难以单靠发电差价弥补成本，同时，电力辅助服务市场和现货市场仍处于建设初期，储能可参与的空间有限，储能多种应用场景中可持续的商业模式不多，距离"独立市场主体"参与市场交易的方式还有差距。

发电侧储能的火储联合调频应用模式方面，该领域呈现明显地域性特点和市场容量有限特点。在山西、广东等地，由于调频市场总量有限，该领域极易出现过度竞争的局面，给参与联合调频项目中的储能投资方的投资分成比例不断下降，投资回报的不确定性增加。储能+新能源的应用模式尚没有较好的商业模式，目前新能源发电公司配建储能电站，按照配建10%比例，投资将增加15%，而带来的平滑负荷和新增出力收益不明显，储能电站未能发挥应有作用，导致储能电站建设出现恶性低价竞争现象，带来安全隐患。电网侧储能项目大都由电网系统内企业作为项目投资方，负责项目整体建设和运营，但目前电储能设施的费用不得计入输配电定价成本，储能项目投资费用无法得到疏导。用户侧储能收益方式难以摆脱峰谷价差依赖，由于储能设备前期投入较大、收益来源单一，成本回收周期较长，电价的降低延长了投资回报周期。

3. 我国储能技术及其产业发展主要路径

（1）安全管理方面，建议更加重视电化学储能电站安全管理，加强行业监管，针对电化学储能的特点，针对性明确建设安全管理各方职责，加强安全顶层设计，完备储能电站建设手续。完善储能电站质量验收机制，加强工程质量监督检查。加强储能电站安全运行和维护管理，建立安全防护及预警机制。建立储能电站安全退出机制，制定退出标准规范，推动制定储能项目环保监测及回收利用管理办法。

（2）标准规范建设方面，建议加快开展新型储能标准体系研究，梳理现有储能领域标准，分析相关领域国内外标准现状，提出下一步标准体系建设的重点领域、重点标准以及标准制修订优先级，研编储能标准路线图及实施计划。跟踪产业技术发展动态，适时开展储能电站建设、关键设备技术要求、检测、安全等重要标准的制修订工作。加强储能设备及系统检验检测，推动标准实施落地，保证储能电站安全稳定运行。

（3）商业化应用方面，根据不同储能技术的特点和应用模式，分类指导和分类支持。按照"谁投资、谁受益"，"谁受益、谁分摊"的原则，按照储能在发电侧、电网侧和用户侧的不同应用场景、发挥的不同作用，充分发挥市场作用和政府作用，有针对性地进行补贴或政策支持，在电力市场尚未完全建立起来之前，通过两部制电价给予适当补贴，建立合理的补贴机制，发挥储能技术的多重价值。

（4）对于电源侧储能，加快推进电力现货市场、辅助服务市场等市场建设进度，通过市场机制，体现电能量和各类辅助服务的合理价值。创新新能源配建储能站形式，因地制宜建设共享储能站，明确新能源参与调峰、调频的责任和义务，积极引导风电光伏项目配置储能，建议建立"储能优先、先到先得"的并网机制，完善其参与电力辅助服务市场机制。对于电网侧储能，明确电网侧储能作为公共基础设施属性，建议加强电网侧储能容量电费、两部制电价、纳入输配电价核定等多种模式研究，保障项目投资能够有效疏导；参照抽水蓄能规划建设模式，编制储能专项规划，报政府审批后实施。对于用户侧储能，积极鼓励用户在电网供电压力较大、峰谷差较大的地区建设用户侧储能系统，有条件的地区可出台专项补贴政策。大力发展综合能源，扩大用户侧储能应用空间。加快试点分布式储能应用。通过储能与新能源、分布式能源等各种资源的优化配置，大力发展电动汽车与电网互动，将储能纳入更大范围的用户侧电力调节资源配置，满足不同的市场需求。深化分布式发电市场化交易试点相关工作，分布式市场化交易将推动大量间歇新能源接入配电网，从电量就地消纳以及提高区域电网稳定性的角度提高对储能的需求，带动储能的发展与推广。

7.3.3　"两个一体化"是新型电力系统高质量发展的必然选择

当前，电力系统综合效率有待提高、源网荷等环节协调不够、各类电源互补互济不足等深层次矛盾日益凸显，为提升能源清洁利用水平和电力系统运行效率，更好指导送端电源基地规划开发和源网荷协调互动，积极探索"风光水火储一体化""源网荷储一体化"（以下统称"两个一体化"）实施路径，加快构建以新能源为主体的新型电力系统。

1.开展"两个一体化"的重要意义

"两个一体化"是实现电力系统高质量发展的应有之义，是提升能源电力发展质量和效率的重要抓手，符合新型电力系统的建设方向，对推进能源供给侧结构性改革，提高各类能源互补协调能力，促进我国能源转型和经济社会发展具有重要的现实意义和深远的战略意义。

（1）符合能源绿色低碳发展方向，有利于全面推进生态文明建设。增加以新能源为主体的非化石能源开发消纳，是提升非化石能源占比的决定性力量。通过优先利用清洁能源资源、充分发挥水电和煤电调节性能、适度配置储能设施、调动需求侧灵活响应积极性，有利于发挥新能源资源富集地区优势，实现清洁电力大规模消纳，优化能源结构，破解资源环境约束，促进能源领域与生态环境协调可持续发展，推进生态文明建设。

（2）符合供给侧结构性改革要求，有利于提升电力发展质量和效益。着力提升供给质量和效率、扩大有效供给、实现多能互补，是电力工业发展的必然要求。通过明确传统电源与新能源、基础电源与调峰电源、源网荷各环节的分工定位，有利于打破各个领域间的壁垒，统筹各类资源的协调开发、科学配置，实现源网荷储统筹协调发展，提高清洁能源利用率、提升电源开发综合效益。

（3）符合合作共享互利共赢理念，有利于促进区域协调发展。扩大电力资源优化配置规模，是电力行业落实区域协调发展战略的重要抓手。通过新能源就地开发消纳，优化电力资源配置结构、扩大电力资源配置规模，有利于促进边疆地区繁荣稳定，推进西部大开发形成新格局，改善东部地区环境质量，提升新能源电量消费比重，实现东西部地区共同发展。

2. "两个一体化"的范畴与内涵

1）风光水火储一体化

"风光水火储一体化"侧重于电源基地开发，结合当地资源条件和能源特点，因地制宜采取风能、太阳能、水能、煤炭等多能源品种发电互相补充，并适度增加一定比例储能，统筹各类电源的规划、设计、建设和运营，积极探索"风光储一体化"，因地制宜开展"风光水储一体化"，稳妥推进"风光火储一体化"。强化电源侧灵活调节作用。挖掘一体化配套电源的调峰潜力，完善电力系统调峰、调频等辅助服务市场机制。优化综合能源基地配套储能规模，充分发挥流域梯级水电站、具有较强调节性能水电站、火电机组、储能设施的调峰能力，减轻送受端系统的调峰压力，力争各类可再生能源利用率在95%以上。优化各类电源规模配比。优化送端配套电源（含储能）规模，结合送受端负荷特性，合理确定送电曲线，提升通道利用效率。结合关键装备技术创新水平、送端资源特性、受端清洁能源电力消纳能力，最大化利用清洁能源，稳步提升存量通道配套新能源比重，增量基地输电通道配套新能源年输送电量比例不低于40%，具体比例可在中长期送电协议中加以明确。确保电源基地送电可持续性。充分考虑送端地区中长期自身用电需求，统筹综合能源基地能源资源禀赋特点和生态环保约束，合理确定中长期可持续外送电力规模。对于煤电开发，必须在确保未来15年近区电力自足的前提下，明确近期可持续外送规模；对于可再生能源开发，以充分利用、高效消纳为目标统筹优化近期开发外送规模与远期留存需求，超前谋划好电力接续。

2）源网荷储一体化

"源网荷储一体化"侧重于围绕负荷需求开展，通过优化整合本地电源侧、电网侧、负荷侧资源要素，以储能等先进技术和体制机制创新为支撑，以安全、绿色、高效为目标，创新电力生产和消费模式，为构建源网荷高度融合的新一代电力系统探索发展路径，实现源、网、荷、储的深度协同，主要包括"区域（省）级源网荷储一体化""市（县）级源网荷储一体化""园区级源网荷储一体化"等具体模式。充分发挥负荷侧的调节能力。依托"云大物移智链"等技术，进一步加强电源侧、电网侧、负荷侧、储能的多向互动，通过一体化管理模式聚合分布式电源、充电站和储能等负荷侧资源组成虚拟电厂，参与市场交易，为系统提供调节支撑能力。实现就地就近、灵活坚强发展。增加本地电源支撑，提升电源供电保障能力、调动负荷响应能力，推进局部电力就地就近平衡，降低对大电网电力调节支撑需求；构建多层次的电力安全风险防御体系，以坚强局部电网建设为抓手，提升重要负荷中心的应急保障能力；降低一次能源转化、输送、分配、利用等各环节的损耗，提高电力基础设施的利用效率。激发市场活力，引导市场预期。以国家和地方相关规划为指导，发挥市场对资源优化配置的决定性作用，通过完善电价和市场交易机制，调动市场主体积极性，引导电源侧、电网侧、负荷侧要素主动作为、合理布局、优化运行，实现科学健康发展。

3.按实施分类开展"风光水火储一体化"建设

（1）开展"风光火储一体化"建设。对于存量煤电发展为"一体化"项目，应结合送端新能源特性、受端系统条件和消纳空间，研究论证消纳近区风光电力、提升配套煤电调节性能、增加储能设施的必要性和可行性，鼓励存量煤电机组通过灵活性改造提升调节能力，明确就近打捆新能源电力的"一体化"实施方案。对于增量基地化开发外送"一体化"项目，按照国家及地方相关环保政策、生态红线、水资源利用政策要求，以大型煤炭（或煤电）基地为基础，优先汇集近区新能源电力，优化配套储能规模，科学论证并严格控制煤电规模，明确风光火储一体化实施方案；对于增量就地开发消纳"一体化"项目，在充分评估当地资源条件和消纳能力的基础上，优先利用近区新能源电力，充分发挥配套煤电和储能设施调节能力，明确风光火储一体化实施方案。

（2）开展"风光水储一体化"建设。对于存量水电基地，结合送端水电出力特性、新能源特性、受端系统条件和消纳空间，在保障可再生能源利用率的前提下，研究论证消纳近区风光电力、增加储能设施的必要性和可行性，鼓励存量水电机组通过龙头电站建设优化出力特性，明确就近打捆新能源电力的"一体化"实施方案。对于增量风光水储一体化，按照国家及地方相关环保政策、生态红线、水资源利用政策要求，严控中小水电建设规模，以西南水电基地为基础，优先汇集近区新能源电力，优化配套储能规模，因地制宜明确风光水储一体化实施方案。

（3）开展"风光储一体化"建设。对于存量新能源外送基地，结合新能源特性、受端系统条件和消纳空间，研究论证增加储能设施的必要性和可行性，明确实施方案。对于增量风光储一体化，积极探索以具备丰富新能源资源条件基地为基础，优化配套储能规模，充分发挥配套储能设施的调峰、调频作用，最小化风光储综合发电成本，提升价格竞争力，明确风光储一体化实施方案。

4.按管理范围，开展"源网荷储一体化"建设

（1）开展"区域（省）级源网荷储一体化"建设。依托区域（省）级电力辅助服务市场、电力中长期和现货市场等市场体系建设，以完善区域（省）级主网架为基础，公平、无歧视引入电源侧、负荷侧、独立电储能等市场主体，全面放开市场化交易，通过价格信号引导各类电源、电力用户、储能和虚拟电厂灵活调节、多向互动，推动建立可调负荷参与承担辅助服务的市场交易机制，培育用户负荷管理能力，提高用户侧调峰积极性。以本地区电力安全、绿色、高效发展为导向，以解决电力供需矛盾为切入点，研究提出源网荷储一体化实施的总体方案；依托现代信息通信及智能化技术，加强全网统一调度，研究建立源网荷储灵活高效互动的电力运行与市场体系，充分发挥区域电网的调节作用，落实各类电源、电力用户、储能、虚拟电厂参与市场的机制。

（2）开展"市（县）级源网荷储一体化"建设。以保障重点城市清洁可靠用能、支持县域经济高质量发展和满足人民多元化美好用能需求为出发点，开展市（县）级源网荷储一体化。在重点城市开展源网荷储一体化坚强局部电网建设，梳理保障城市基本运转的重要负荷，研究局部电网结构加强方案，提出本地保障电源方案以及自备应急电源配置方案；结合清洁取暖和清洁能源消纳工作开展市（县）级源网荷储一体化示范，研究通过热电联产机组、新能源、灵活运行电热负荷一体化运营方案，实现能源的安全高效清洁利用，达到多能互补效果。

（3）开展"园区级源网荷储一体化"建设。以现代信息通信技术、大数据、人工智能、储能等新技术为依托，充分调动负荷侧的调节响应能力。在城市商业区、商业综合体，依托光伏发电、并网型微电网和电动汽车充电基础设施建设等，开展分布式发电与电动汽车灵活充放电相结合的园区级源、网、荷、储一体化建设；在工业负荷规模大、新能源资源条件好的地区，支持分布式电源开发建设和就近接入消纳，结合增量配电网等工作，开展源网荷储一体化绿色供电工业园区建设。研究源、网、荷、储的综合优化配置方案，促进与多能互补示范园区、智慧综合能源服务的融合发展，在经济可行的条件下，提高自我平衡能力，减少对大电网调峰和容量备用需求。

第8章 清洁能源北方供热工程技术原理与应用

清洁能源北方供热工程技术基础知识、利用弃风储热北方供暖技术体系构建、清洁能源北方供热工程实施的保障措施是本章介绍的主要内容。

8.1 清洁能源北方供热工程技术基础知识

清洁能源北方供暖基本概念、北方地区清洁能源供暖情况及存在的问题、清洁能源供暖主要类型及效能分析是本节介绍的主要内容。

8.1.1 清洁能源北方供暖基本概念

1.清洁能源供暖基本含义

清洁能源供暖是指利用天然气、电、地热、生物质、太阳能、工业余热、清洁化燃煤（超低排放）、核能等清洁化能源，通过高效用能系统实现低排放、低能耗的取暖方式，包含以降低污染物排放和能源消耗为目标的供暖全过程，涉及清洁热源、高效输配管网（热网）、节能建筑（热用户）等环节。

供热是指用以传送热量的中间媒介，也称热媒或带热体。现代热工过程中广泛采用的供热介质是水，因为水在自然界中大量存在，热容量大，在换热过程中能经济有效地循环运行。城市集中供热系统也普遍采用水为供热介质，以热水或蒸汽的形态，从热源携带热量，经过热网送至用户。城市集中供热的对象主要是采暖、通风、空调、热水供应等热能用户，一般以热水为供热介质。厂区供热系统主要满足生产工艺用热，通常以蒸汽为供热介质。

我国北方地区，冬季时间比较长，气候变化比较大而且气温低。冬季供暖是我国北方居民的生活需求。供暖是解决我国北方居民冬季供暖的基本生活需求的社会服务。从应用需求方面表述也叫取暖。因此，冬季北方供暖是我国北方地区各级政府十分重要的任务，冬季北方人民群众非常关注的实际问题。

目前，我国北方地区清洁取暖比例低，特别是部分地区冬季大量使用散烧煤，大气污染物排放量大，迫切需要推进清洁取暖，这关系北方地区广大群众温暖过冬，关系雾霾天能不能减少，是能源生产和消费革命、农村生活方式革命的重要内容。为提高北方地区供暖清洁化水平，减少大气污染物排放，推动北方地区冬季清洁能源供暖，提高天然气、电、地热能、生物质能、太阳能、工业余热等清洁能源供暖比例，构建绿色、节约、高效、协调、适用北方地区清洁供暖体系，为建设美丽中国做出贡献。

2. 我国北方供暖的几种主要类型及特点

（1）集中式供暖：城市供暖；适用居所：普通住宅、办公楼。

● 原理：以城市热网、区域热网或集中供暖锅炉房为热源供暖的方式。

● 优点：技术比较成熟、安全、可靠，使用价格较便宜。

● 缺点：供暖的时间和温度不能自己控制，供暖舒适度较差；供暖期前后无热源，供暖收费逐年升高；供暖管网设施须长期维护，修理和更换。

（2）家用燃煤锅炉：家庭供暖。

● 优点：采暖时间自由；采暖炉可以同时提供生活热水。

● 缺点：采暖炉使用寿命为 6 年左右，更新费用要由业主承担；燃烧粉尘严重，存在空气污染问题；管线暖气片占用套内面积，影响美观。

（3）热冷风式空调机：升温快。

● 原理：采用电能供暖。

● 优点：即开即用，升温快；安装方便，可拆移。

● 缺点：产生干燥和静电，不利于人体健康；费用较高。

（4）家用中央空调系统：舒适安全；适用场所：别墅。

● 优点：档次高、外形好、舒适度高；带新风系统的"风冷式"更为舒适；温度与时间可预调；适合面积较大的低密度住宅和别墅。

● 缺点：前期投入较大，运行费用较高；无法享用国家低谷用电优惠政策。

（5）家用电锅炉：自由调温；适用居所：别墅。

● 原理：采用电能供暖。

● 优点：占地面积小，安装简单，操作便利；采暖的同时也能提供生活热水；最先进之处在于具有多种时段、不同温控预设功能。

● 缺点：前期投入较大，运行费用较高，该产品不太适合利用低谷电蓄热供暖。

（6）热水地面采暖：室温由下而上逐渐降低；适用居所：住宅。

● 原理：地暖是通过埋设于地面下的加热管均匀向室内辐射热量而达到采暖效果。可以由分户式燃气采暖炉、工厂锅炉、小区锅炉房等方式提供热源。

● 优点：地面温度均匀，室温自下而上逐渐递减，舒适度高；空气对流减弱，有较好的空气洁净度；与其他采暖方式相比，较为节能，节能幅度约为10%；有利于屋内装修，增加 2%～3% 的室内使用面积；有利于楼板隔音。

● 缺点：对层高有 8～10 厘米左右的占用；地面装修时易损坏地下管线；由于水温调节不够精确，最好选用地砖或复合地板；设定温度不能太高，否则会大大降低输送管道的使用寿命。

（7）能电地暖系统：健康、安全、节能、美观；适用居所：住宅、办公楼。

● 原理：以电为能源，主要用发热电缆加热地面向室内供暖。

● 优点：地面温度均匀，室温自下而上递减，舒适度高，没有传统采暖的燥热感；空气对流减弱，有较好的空气洁净度，无污染，无噪声；与其他采暖方式相比，较为节能，节能幅度为 10% ～ 20%。户内无暖气片，使用面积可增加 2% ～ 3%，便于装修和摆放家具；配有智能化温控器，可根据作息时间设置升降温时间及温度。

- 缺点：不能同时供应热水。

3.我国北方冬季供暖区域时间

北方冬季供暖地区包括北京、天津、河北、山西、内蒙古、辽宁、吉林、黑龙江、山东、陕西、甘肃、宁夏、新疆、青海等14个省（自治区、直辖市）以及河南省部分地区，涵盖了京津冀大气污染传输通道的"2+26"个重点城市（含雄安新区，下同），具体包括北京市，天津市，河北省石家庄、唐山、廊坊、保定、沧州、衡水、邢台、邯郸市，山西省太原、阳泉、长治、晋城市，山东省济南、淄博、济宁、德州、聊城、滨州、菏泽市，河南省郑州、开封、安阳、鹤壁、新乡、焦作、濮阳市的行政区域。

冬季取暖时间因地域不同有所差异，华北地区一般为4个月，东北、西北地区一般为5～7个月。

4.清洁能源取暖工程技术条件

1）地热供暖发展路线及适用条件

中深层地热能供暖：具有清洁、环保、利用系数高等特点，主要适于地热资源条件良好、地质条件便于回灌的地区，重点在松辽盆地、渤海湾盆地、河淮盆地、江汉盆地、汾河—渭河盆地、环鄂尔多斯盆地、银川平原等地区，代表地区有京津冀、山西、陕西、山东、黑龙江、河南等。

浅层地热能供暖：适用于分布式或分散供暖，可利用范围广，具有较大的市场和节能潜力。在京津冀鲁豫的主要城市及中心城镇等地区，优先发展再生水源（含污水、工业废水等），积极发展地源（土壤源），适度发展地表水源（含河流、湖泊等），鼓励采用供暖、制冷、热水联供技术。

2）生物质能清洁供暖发展路线及适用条件

生物质能区域供暖：采用生物质热电联产和大型生物质集中供热锅炉，为500万平方米以下的县城、大型工商业和公共设施等供暖。其中，生物质热电联产适合为县级区域供暖，大型生物质集中供热锅炉适合为产业园区提供供热供暖一体化服务。直燃型生物质集中供暖锅炉应使用生物质成型燃料，配置高效除尘设施。

生物质能分散式供暖：采用中小型生物质锅炉等，为居民社区、楼宇、学校等供暖。采用生物天然气及生物质气化技术建设村级生物燃气供应站及小型管网，为农村提供取暖燃气。

3）太阳能供暖发展路线及适用条件

太阳能供暖：适合与其他能源结合，实现热水、供暖复合系统的应用，是热网无法覆盖时的有效分散供暖方式。特别适用于办公楼、教学楼等只在白天使用的建筑。

太阳能热水：适合小城镇、城乡接合部和广大的农村地区。太阳能集中热水系统也可应用在中大型城市的学校、浴室、体育馆等公共设施和大型居住建筑。

4）天然气供暖发展路线及适用条件

燃气热电联产机组：在气源充足、经济承受能力较强的条件下，可作为大中型城市集中供热的新建基础热源，应安装脱硝设施降低氮氧化物排放浓度。

热电冷三联供分布式机组：结合电负荷及冷、热负荷需求，适用于政府机关、医院、宾馆、综合商业及办公、机场、交通枢纽等公用建筑。

燃气锅炉（房）：适合作为集中供热的调峰热源，与热电联产机组联合运行，鼓励有条件的地区将环保难以达到超低排放的燃煤调峰锅炉改为燃气调峰锅炉。大热网覆盖不到、供热面积有限的区域，在气源充足、经济承受能力较强的条件下也可作为基础热源。应重点降低燃气锅炉氮氧化物排放浓度。

分户燃气壁挂炉：适合热网覆盖不到区域的分散供热，作为集中供热的有效补充，也适用于独栋别墅或城中村、城郊村等居民用户分散的区域。

5）电供暖发展路线及适用条件

分散式电供暖：适合非连续性供暖的学校、部队、办公楼等场所，也适用于集中供热管网、燃气管网无法覆盖的老旧城区、城乡接合部、农村或生态要求较高区域的居民住宅。

电锅炉供暖：应配套蓄热设施，适合可再生能源消纳压力较大，弃风、弃光问题严重，电网调峰需求较大的地区，可用于单体建筑或小型区域供热。

空气源热泵：对冬季室外最低气温有一定要求（一般高于−5℃），适宜作为集中供热的补充，承担单体建筑或小型区域供热（冷），也可用于分户取暖。

水源热泵：适用于水量、水温、水质等条件适宜的区域。优先利用城镇污水资源，发展污水源热泵，对于海水或者湖水资源丰富地区根据水温等情况适当发展。

对于有冷热需求的建筑可兼顾夏季制冷。适宜作为集中供热的补充，承担单体建筑或小型区域供热（冷）。

地源热泵：适宜于地质条件良好，冬季供暖与夏季制冷基本平衡，易于埋管的建筑或区域，承担单体建筑或小型区域供热（冷）。

6）工业余热供暖发展路线及适用条件

供暖区域内，存在生产连续稳定并排放余热的工业企业，回收余热，满足一定区域内的取暖需求。余热供暖企业应合理确定供暖规模，不影响用户取暖安全和污染治理、错峰生产、重污染应对等环保措施。

7）清洁燃煤集中供暖发展路线及适用条件

大型抽凝式热电联产机组：适合作为大中型城市集中供热基础热源，应充分利用存量机组的供热能力，扩大供热范围，鼓励进行乏汽供热改造。做好热电机组灵活性改造工作，能够提升电网调峰能力。

背压式热电联产机组：适合作为城镇集中供热基础热源，新建热电联产应优先考虑背压式热电联产机组。

大型燃煤锅炉（房）：适合作为集中供热的调峰热源，与热电联产机组联合运行。在大热网覆盖不到、供热面积有限的区域（如小型县城、中心镇、工矿区等），也可作为基础热源。

重点提升燃煤锅炉环保水平，逐步淘汰环保水平落后、能耗高的层燃型锅炉。

5.北方地区冬季供暖总体情况

1）供暖面积

截至2016年底，我国北方地区城乡建筑供暖总面积约为206亿平方米。其中，城镇建筑供面积为141亿平方米，农村建筑供暖面积为65亿平方米。"2+26"城市城乡建筑供暖面积约为50亿平方米。

2）用能结构

我国北方地区供暖使用能源以燃煤为主，燃煤供暖面积约占总供暖面积的83%，天然气、电、地热能、生物质能、太阳能、工业余热等合计约占17%。供暖用煤年消耗约4亿吨标准煤，其中散烧煤（含低效小锅炉用煤）约2亿吨标准煤，主要分布在农村地区。北方地区供热平均综合能耗约22千克标准煤/平方米，其中，城镇约19千克标准煤/平方米，农村约27千克标准煤/平方米。

3）供暖热源

在北方城镇地区，主要通过热电联产、大型区域锅炉房等集中供暖设施满足取暖需求，承担供暖面积约70亿平方米，集中供暖尚未覆盖的区域以燃煤小锅炉、天然气、电、可再生能源等分散供暖作为补充。城乡接合部、农村等地区则多数为分散供暖，大量使用柴灶、火炕、炉子或土暖气等供暖，少部分采用天然气、电、可再生能源供暖。

4）热网系统

截至2016年底，我国城镇集中供热管网总里程达到31.2万千米，其中供热一级网长度约9.6万千米，供热二级网长度约21.6万千米。集中供热管网主要分布在城市，城市集中热管网总长约23.3万千米，占城镇集中供热管网总里程的74.6%，县城集中供热管网总里程约7.9万千米，占城镇集中供热管网总里程的25.4%。

5）热用户

热用户取暖系统包括室内末端设备和取暖建筑。室内末端设备主要有散热器、地面辐射、发热电缆或电热膜、空调等，以散热器为主。北方地区城镇新建建筑执行节能强制性标准比例基本达到100%，节能建筑占城镇民用建筑面积比重超过50%。农村取暖建筑中仅20%采取了一定的节能措施。

6.推动清洁能源供暖基本原则

1）坚定不移贯彻创新、协调、绿色、开放、共享的发展理念

紧扣新时代我国社会主要矛盾变化，推动能源生产和消费革命、农村生活方式革命，以保障北方地区广大群众温暖过冬、减少大气污染为立足点，按照企业为主、政府推动、居民可承受的方针，宜气则气，宜电则电，尽可能利用清洁能源，加快提高清洁供暖比重，构建绿色、节约、高效、协调、适用的北方地区清洁供暖体系，为建设美丽中国做出贡献。

2）坚持清洁替代，安全发展

以清洁化为目标，在确保民生取暖安全的前提下，统筹热力供需平衡，单独或综合采用各类清洁供暖方式，替代城镇和乡村地区的取暖用散烧煤，减少取暖领域大气污染物排放。坚守安全底线，构建规模合理、安全可靠的热力供应系统。

3）坚持因地制宜，居民可承受

立足本地资源禀赋、经济实力、基础设施等条件及大气污染防治要求，科学评估，根据不同区域自身特点，充分考虑居民消费能力，采取适宜的清洁供暖策略，在同等条件下选择成本最低和污染物排放最少的清洁供暖组合方式。

4）坚持全面推进，重点先行

综合考虑大气污染防治紧迫性、经济承受能力、工作推进难度等因素，全面统筹推进城市城区、县城和城乡接合部、农村三类地区的清洁取暖工作。同一类别地区，经济条件、基础设施条件较好的优先推进。以京津冀大气污染传输通道的"2+26"个重点城市为重点，在城市城区、县城和城乡接合部、农村地区全面推进清洁供暖。

5）坚持企业为主，政府推动

充分调动企业和用户的积极性，鼓励民营企业进入清洁供暖领域，强化企业在清洁取暖领域的主体地位。发挥各级政府在清洁取暖中的推动作用，按照国家统筹优化顶层设计、推动体制机制改革，省级政府负总责并制定实施方案，市县级及基层具体抓落实的工作机制，构建科学高效的政府推动责任体系。

6）坚持军民一体，协同推进

地方政府与驻地部队要加强相互沟通，建立完善清洁取暖军地协调机制，确保军地一体衔接，同步推进实施。军队清洁取暖一并纳入国家规划，享受有关支持政策。

8.1.2　北方地区清洁能源供暖情况及存在的问题

1.清洁能源供暖方式

1）天然气供暖

天然气供暖是以天然气为燃料，使用脱氮改造后的燃气锅炉等集中式供暖设施，或壁挂炉等分散式供暖设施向用户供暖的方式，包括燃气热电联产、天然气分布式能源、燃气锅炉、分户式壁挂炉等，具有燃烧效率较高、基本不排放烟尘和二氧化硫的优势。截至2016年底，我国北方地区天然气供暖面积约22亿平方米，占总取暖面积的11%。

2）电供暖

电供暖是利用电力，使用电锅炉等集中式供暖设施或发热电缆、电热膜、蓄热电暖器等分散式电供暖设施，以及各类电驱动热泵，向用户供暖的方式，布置和运行方式灵活，有利于提高电能占终端能源消费的比重。蓄热式电锅炉还可以配合电网调峰，促进可再生能源消纳。截至2016年底，我国北方地区电供暖面积约4亿平方米，占比为2%。

3）清洁燃煤集中供暖

清洁燃煤集中供暖是对燃煤热电联产、燃煤锅炉房实施超低排放改造后（即在基准氧含量6%条件下，烟尘、二氧化硫、氮氧化物排放浓度分别不高于10、35、50毫克/立方米），通过热网系统向用户供暖的方式，包括达到超低排放的燃煤热电联产和大型燃煤锅炉供暖，环保排放要求高，成本优势大，对城镇民生取暖、清洁取暖、减少大气污染物排放起主力作用。截至2016年底，我国北方地区清洁燃煤集中供暖面积约为35亿平方米，均为燃煤热电联产集中供暖，占比为17%。

4）可再生能源等其他清洁供暖

可再生能源等其他清洁供暖包括地热供暖、生物质能清洁供暖、太阳能供暖、工业余热供暖，合计供暖面积约8亿平方米，占比4%。地热供暖是利用地热资源，使用换热系统提取地热资源中的热量，向用户供暖的方式。截至2016年底，我国北方地区地热供暖面积约5亿平方米。生物质能清洁供暖是指利用各类生物质原料，及其加工转化过程中形成的固体、气体、液体燃料，在专用设备中燃烧供暖的方式，主要包括达到相应环保排放要求的生物质热电联产、生物质锅炉等。截至2016年底，我国北方地区生物质能清洁供暖面积约为2亿平方米。

5）太阳能供暖

太阳能供暖指利用太阳能资源，使用太阳能集热装置，配合其他稳定性好的清洁供暖方式向用户供暖。太阳能供暖主要以辅助供暖形式存在，配合其他供暖方式使用，目前供暖面积较小。

6）工业余热供暖

工业余热供暖指回收工业企业生产过程中产生的余热，经余热利用装置换热提质，向用户供暖的方式。截至2016年底，我国北方地区工业余热供暖面积约为1亿平方米。

2. 清洁能源供暖发展面临的问题

总的来看，我国北方地区清洁取暖比例低（占总取暖面积约34%），且发展缓慢。

1）缺少统筹规划与管理

长期以来，北方地区供热缺乏对煤炭、天然气、电、可再生能源等多种能源形式供热的统筹策划，热力供需平衡不足，导致供热布局不科学、区域优化困难。现役纯凝机组供热改造无统筹优化，改造后电网调峰能力下降，加剧部分地区弃风、弃光等现象。部分地区将清洁取暖等同于"一刀切"去煤化，整体效果较差。此外，清洁取暖工作涉及面广，职能分散，缺少统一管理部门，在具体推进过程中存在协调联动不足的问题。

2）体制机制与支持政策需要改进

部分供热区域热源不能互相调节。热电联产供热范围内小锅炉关停缓慢的情况比较普遍，供热能力未充分发挥。热价、天然气价、电价等均执行地方政府统一定价，市场化调节能力不足。风电供暖项目没有实现直接电量交易，不能发挥富余风电低价优势。天然气供应中间环节过多，导致成本偏高，制约推广应用。集中供暖按面积计费的方式不科学，浪费严重。除京津冀等地区出台了力度较大的支持措施外，大部分地区支持政策，特别是资金、价格、市场交易等具有实质性推动作用的政策仍然较少。

3）清洁能源供应存在短板且成本普遍较高

天然气季节性峰谷差较大（最大峰谷差超过10倍），造成天然气供暖期存在缺口、非供暖期供大于求的情况。燃气管网存在薄弱环节，农村地区燃气管网条件普遍较差。部分地区配电网网架依然较弱，改造投资较大。部分集中供热管网老化腐蚀严重，影响了供热系统安全与供热质量。清洁供暖成本普遍高于普通燃煤供暖，很难同时保证清洁供暖企业盈利且用户可承受。

4）技术支撑能力有待提升

很多清洁供暖技术应用范围还不广，相关技术标准和规范仍不完善，造成市场标准不统一，操作不规范，产品质量和性能不够稳定，导致用户体验较差。

5）商业模式创新不足

受历史上计划经济下的供暖模式影响，供暖行业仍处于向市场化运作转变的过程中，投资运行依靠补贴，服务方式单一，在经营管理模式、融资方式、服务范围和水方面有待进一步提升。

6）建筑节能水平较低

北方地区大部分建筑特别是广大农村地区建筑，围护结构热工性能较差，导致取暖过程中热量损耗较大，不利于节约能源和降低供暖成本。

7）取暖消费方式落后

受长期以来的观念、习惯等因素影响，相当数量取暖用户仍依赖传统、落后的供暖方式满足取暖需求，对新的清洁供暖方式接受度较低。

3. 工作目标

1）总体目标

到 2019 年，北方地区清洁取暖率达到 50%，替代散烧煤（含低效小锅炉用煤）7400 万吨。

到 2021 年，北方地区清洁取暖率达到 70%，替代散烧煤（含低效小锅炉用煤）1.5 亿吨。供热系统平均综合能耗降低至 15 千克标准煤 / 平方米以下。热网系统失水率、综合热损失明显降低。新增用户全部使用高效末端散热设备，既有用户逐步开展高效末端散热设备改造。北方城镇地区既有节能居住建筑占比达到 80%。

力争用 5 年左右时间，基本实现雾霾严重城市化地区的散煤供暖清洁化，形成公平开放、多元经营、服务水平较高的清洁供暖市场。

2）"2+26" 重点城市发展目标

北方地区冬季大气污染以京津冀及周边地区最为严重，"2+26" 重点城市作为京津冀大气污染传输通道城市，且所在省份经济实力相对较强，有必要、有能力率先实现清洁取暖。在 "2+26" 重点城市形成天然气与电供暖等替代散烧煤的清洁取暖基本格局，对于减轻京津冀及周边地区大气污染具有重要意义。

2019 年，"2+26" 重点城市城区清洁取暖率要达到 90% 以上，县城和城乡接合部（含中心镇，下同）达到 70% 以上，农村地区达到 40% 以上。

2021 年，城市城区全部实现清洁取暖，35 蒸吨以下燃煤锅炉全部拆除；县城和城乡接合部清洁取暖率达到 80% 以上，20 蒸吨以下燃煤锅炉全部拆除；农村地区清洁取暖率 60% 以上。

3）其他地区发展目标

按照由城市到农村分类全面推进的总体思路，加快提高非重点地区清洁取暖比重。

（1）城市城区优先发展集中供暖，集中供暖暂时难以覆盖的，加快实施各类分散式清洁供暖。

2019年，清洁取暖率达到60%以上。

2021年，清洁取暖率达到80%以上，20蒸吨以下燃煤锅炉全部拆除。新建建筑全部实现清洁取暖。

（2）县城和城乡接合部构建以集中供暖为主、分散供暖为辅的基本格局。

2019年，清洁取暖率达到50%以上。

2021年，清洁取暖率达到70%以上，10蒸吨以下燃煤锅炉全部拆除。

（3）农村地区优先利用地热、生物质、太阳能等多种清洁能源供暖，有条件的发展天然气或电供暖，适当利用集中供暖延伸覆盖。

2019年，清洁取暖率达到20%以上。

2021年，清洁取暖率达到40%以上。

推进策略清洁取暖方式多样，适用于不同条件和地区，且涉及热源、热网、用户等多个环节，应科学分析，精心比选，全程优化，有序推进。

8.1.3 清洁能源供暖主要类型及效能分析

1.可再生能源供暖

1）地热供暖

地热能具有储量大、分布广、清洁环保、稳定可靠等特点。我国北方地区地热资源丰富，可因地制宜作为集中或分散供暖热源。

积极推进水热型（中深层）地热供暖。按照"取热不取水"的原则，采用"采灌均衡、间接换热"或"井下换热"技术，以集中式与分散式相结合的方式推进中深层地热供暖，实现地热资源的可持续开发。在经济较发达、环境约束较高的京津冀鲁豫和生态环境脆弱的青藏高原及毗邻区，将地热能供暖纳入城镇基础设施建设范畴，集中规划、统一开发。

大力开发浅层地热能供暖。按照"因地制宜，集约开发，加强监管，注重环保"的方式，加快各类浅层地热能利用技术的推广应用，经济高效地替代散煤供暖。

完善地热能开发利用行业管理。建立健全管理制度和技术标准，维护地热能开发利用市场秩序。制定地热能开发利用管理办法，理顺地热探矿权许可证办理、地热水采矿许可证办理、地热水资源补偿费征收与管理等机制。

完善地热行业标准规范，确保地热回灌率100%，依法推行资格认证、规划审查和许可制度。

2）生物质能清洁供暖

生物质能清洁供暖布局灵活，适应性强，适宜就近收集原料、就地加工转换、就近消费、分布式开发利用,可用于北方生物质资源丰富地区的县城及农村取暖,在用户侧直接替代煤炭。

大力发展县域农林生物质热电联产。在北方粮食主产区,根据新型城镇化进程,结合资源条件和供热市场,加快发展为县城供暖的农林生物质热电联产。鼓励对已投产的农林生物质纯凝发电项目进行供热改造,为周边区域集中供暖。

稳步发展城镇生活垃圾焚烧热电联产。在做好环保、选址及社会稳定风险评估的前提下,在人口密集、具备条件的大中城市稳步推进生活垃圾焚烧热电联产项目建设。加快应用现代垃圾焚烧处理及污染防治技术,提高垃圾焚烧发电环保水平。加强宣传和舆论引导,避免或减少邻避效应。加快发展生物质锅炉供暖。鼓励利用农林剩余物或其加工形成的生物质成型燃料,在专用锅炉中清洁燃烧用于供暖。加快20蒸吨以上大型先进低排放生物质锅炉区域供暖项目建设。积极推动生物质锅炉在中小工业园区、工商业及公共设施中的应用。在热力管网、天然气管道无法覆盖的区域,推进中小型生物质锅炉项目建设。

在农村地区,大力推进生物质成型燃料替代散烧煤。积极推进生物沼气等其他生物质能清洁供暖。加快发展以畜禽养殖废弃物、秸秆等为原料发酵制取沼气,以及提纯形成生物天然气,用于清洁取暖和居民生活。积极推进符合入网标准的生物天然气并入城镇燃气管网,加快生物天然气产业化发展进程。推动大中型沼气工程为周边居民供气,建设村级燃气供应站及小规模管网,提升燃气普遍服务水平。积极发展各种技术路线的生物质气化,实施秸秆热解气化清洁能源利用工程。严格生物质能清洁供暖标准要求。提高生物质热电联产新建项目环保水平,加快已投产项目环保改造步伐,实现超低排放(在基准氧含量6%条件下,烟尘、二氧化硫、氮氧化物排放浓度分别不高于10、35、50毫克/立方米)。城市城区生物质锅炉烟尘、二氧化硫、氮氧化物排放浓度要达到天然气锅炉排放标准。推进生物质成型燃料产品、加工机械、工程建设等标准化建设。加快大型高效低排放生物质锅炉、工业化厌氧发酵等重大技术攻关。加强对沼气及生物天然气全过程污染物排放监测。

3)太阳能供暖

太阳能热利用技术成熟,已广泛用于生活及工业热水供应。在资源丰富地区,太阳能适合与其他能源结合,实现热水、供暖复合系统的应用。

大力推广太阳能供暖。积极推进太阳能与常规能源融合,采取集中式与分布式结合的方式进行建筑供暖。鼓励在条件适宜的中小城镇、民用及公共建筑上推广太阳能供暖系统。在农业大棚、养殖场等用热需求大且与太阳能特性匹配的行业,充分利用太阳能供热。

进一步推动太阳能热水应用。在太阳能资源适宜地区,加大太阳能热水系统推广力度。以小城镇建设、棚户区改造等项目为依托,推动太阳能热水规模化应用。支持农村和小城镇居民安装使用太阳能热水器,在农村推行太阳能公共浴室工程。在城市新建、改建、扩建的有稳定热水需求的公共建筑和住宅建筑上,推动太阳能热水系统与建筑的统筹规划、设计和应用。

2. 天然气供暖

"煤改气"要在落实气源的前提下有序推进,供用气双方要签订"煤改气"供气协议并严格履行协议,各级地方政府要根据供气协议制订"煤改气"实施方案和年度计划。按照"宜管则管、宜罐则罐"的原则,综合利用管道气、罐装液化天然气(LNG)、压缩天然气(CNG)、非常规天然气和煤层气等多种气源,强化安全保障措施,积极推进天然气供暖发展。以"2+26"城市为重点,着力推动天然气替代散烧煤供暖。

有条件的城市城区和县城优先发展天然气供暖。在北方地区城市城区和县城,加快城镇天然气管网配套建设,制定时间表和路线图,优先发展燃气供暖。因地制宜适度发展天然气热电联产,对于环保不达标、改造难度大的既有燃煤热电联产机组,优先实施燃气热电联产替代升级(热电比不低于60%)。在具有稳定冷热电需求的楼宇或建筑群,大力发展天然气分布式能源。加快现有燃煤锅炉天然气置换力度,积极推进新建取暖设施使用天然气。充分利用燃气锅炉启停灵活的优势,鼓励在集中供热区域用作调峰和应急热源。

城乡接合部延伸覆盖。在城乡接合部,结合限煤区的规划设立,通过城区天然气管网延伸以及LNG、CNG点对点气化装置,安装燃气锅炉房、燃气壁挂炉等,大力推广天然气供暖。

农村地区积极推广。在农村地区,根据农村经济发展速度和不同地区农民消费承受能力,以"2+26"城市周边为重点,积极推广燃气壁挂炉。在具备管道天然气、LNG、CNG供气条件的地区率先实施天然气"村村通"工程。

3.电供暖

结合采暖区域的热负荷特性、环保生态要求、电力资源、电网支撑能力等因素,因地制宜发展电供暖。统筹考虑电力、热力供需,实现电力、热力系统协调优化运行。

积极推进各种类型电供暖。以"2+26"城市为重点,在热力管网覆盖不到的区域,推广碳晶、石墨烯发热器件、电热膜、蓄热电暖器等分散式电供暖,科学发展集中电锅炉供暖,鼓励利用低谷电力,有效提升电能占终端能源消费比重。根据气温、水源、土壤等条件特性,结合电网架构能力,因地制宜推广使用空气源、水源、地源热泵供暖,发挥电能高品质优势,充分利用低温热源热量,提升电能取暖效率。

鼓励可再生能源发电规模较大地区实施电供暖。在新疆、甘肃、内蒙古、河北、辽宁、吉林、黑龙江等"三北"可再生能源资源丰富地区,充分利用存量机组发电能力,重点利用低谷时期的富余风电,推广电供暖,鼓励建设具备蓄热功能的电供暖设施,促进风电和光伏发电等可再生能源电力消纳。

4.工业余热供暖

继续做好工业余热回收供暖。开展工业余热供热资源调查,对具备工业余热供热的工业企业,鼓励其采用余热余压利用等技术进行对外供暖。因地制宜,选择具有示范作用、辐射效应的园区和城市,统筹整合钢铁、水泥等高耗能企业的余热余能资源和区域用能需求,实现能源梯级利用。大力发展热泵、蓄热及中低温余热利用技术,进一步提升余热利用效率和范围。

5.清洁燃煤集中供暖

清洁燃煤集中供暖是实现环境保护与成本压力平衡的有效方式,未来较长时期内,在多数北方城市城区、县城和城乡接合部应作为基础性热源使用。

充分利用存量机组供热能力。加强热电联产供热范围内燃煤小锅炉的关停力度，提高热电联产供热比重。扩大热电机组供热范围，经技术论证和经济比较后，稳步推进中长距离供热。鼓励热电联产机组充分利用乏汽余热、循环冷却水余热，进一步增加对外供暖能力，降低机组发电煤耗。统筹考虑区域用热需求和电力系统运行情况，经科学评估，确保民生供暖和电力系统安全后，可对城市周边具备改造条件且运行未满15年的纯凝发电机组实施供热改造，必要的需同步加装蓄热设施等调峰装置。鼓励生物质成型燃料在燃煤热电联产设施中的科学混烧，多渠道消化生物质资源。

科学新建热电联产机组。新建燃煤热电联产项目要优先考虑背压式热电联产机组，省会（直辖）城市限制新建抽凝式热电联产机组。

着力提升热电联产机组运行灵活性。全面推动热电联产机组灵活性改造，实施热电解耦，提升电网调峰能力。通过技术改造，使热电联产机组增加20%额定容量的调峰能力，最小技术出力达到40% ~ 50%额定容量。

重点提高环保水平。进一步提高热电联产机组和燃煤锅炉的环保要求，热电联产机组和城市城区的燃煤锅炉必须达到超低排放（即在基准氧含量6%条件下，烟尘、二氧化硫、氮氧化物排放浓度分别不高于10、35、50毫克/立方米）。推进燃煤锅炉"以大代小"（大型高效节能环保锅炉替代低效分散小锅炉）和节能环保综合改造，开展燃煤锅炉超高能效和超低排放示范，推广高效节能环保粉锅炉。

提高供热燃煤质量，优先燃用低硫份、低灰分的优质煤。联合运行提高供热可靠性。整合城镇地区供热管网，在已形成的大型热力网内，鼓励不同类型热源一并接入，实现互联互通。

提高供热可靠性。热电联产机组与调峰锅炉联网运行，热电联产机组为基础热源，锅炉为调峰热源。

6.全面提升热网系统效率

1）加大供热管网优化改造力度

有条件的城镇地区要采用清洁集中供暖。优化城镇供热管网规划建设，充分发挥清洁热源供热能力。加大老旧一、二级管网、换热站及室内取暖系统的节能改造。

对存在多个热源的大型供热系统，应具备联网运行条件，实现事故时互相保障。一、二级供热管网新建或改造工程优先采用无补偿直埋技术。对于采用管沟敷设方式的管网，根据现场实际对管沟进行必要的防水和排水改造；经评估运行不良且具备改造条件的管网，宜改为直埋式敷设。鼓励采用综合管廊方式建设改造城市地下管网，对已经建有综合管廊的地段，应将供热管网纳入综合管廊。二级网及用户引入口应设有水力平衡装置及热计量装置。

2）加快供热系统升级

积极推广热源侧运行优化、热网自动控制系统、管网水力平衡改造、无人值守热力站、用户室温调控及无补偿直埋敷设等节能技术措施。通过增设必备的调节控制设备和热计量装置等手段，推动供热企业加快供热系统自动化升级改造，实现从热源、一级管网、热力站、二级管网及用户终端的全系统的运行调节、控制和管理。利用先进的信息通信技术和互联网平台的优势，实现与传统供热行业的融合，加强在线水力优化和基于负荷预测的动态调控，推进供热企业管理的规范化、供热系统运行的高效化和用户服务多样化、便捷化，提升供热的现代化水平。新建或改造热力站应设有节能、控制系统或设备。

7.有效降低用户取暖能耗

1）提高建筑用能效率

城镇新建建筑全面执行国家65%建筑节能强制性标准，推动严寒及寒冷地区新建居住建筑加快实施更高水平节能强制性标准。引导重点地区抓紧制定75%或更高节能要求的地方标准。提高建筑门窗等关键部位节能性能要求，稳步推进既有建筑节能改造。积极开展超低能耗建筑、近零能耗建筑建设示范。鼓励农房按照节能标准建设和改造，提升围护结构保温性能，在太阳能资源条件较好的省份推动被动式太阳房建设。

2）完善高效供暖末端系统

根据供热系统所在地的气候特征、建筑类型、使用规律、舒适度要求和控制性能，按照节约能源、因地制宜的原则，合理确定室内供暖末端形式，逐步推广低温采暖末端形式。

3）推广按热计量收费方式

大力推行集中供暖地区居住和公共建筑供热计量。新建住宅在配套建设供热设施时，必须全部安装供热分户计量和温控装置，既有住宅要逐步实施供热分户计量改造。配套制定计量计费标准。不断提高居民分户计量、节约能源的意识，建立健全用热监测体系，实现用户行为节能。

8.2 利用弃风储热北方供暖技术体系构建

利用弃风储热北方供暖技术发展趋势、利用弃风储热北方供暖技术体系构建方法、构建北方供暖技术体系实施步骤是本节介绍的主要内容。

8.2.1 利用弃风储热北方供暖技术发展趋势

1.目的和意义

在当前全球能源安全问题突出、环境污染问题严峻的大背景下，大力发展风电、光伏等可再生能源，实现能源生产向可再生能源转型，是中国乃至全球能源与经济实现可持续发展的重大需求。世界能源加快向多元化、清洁化、低碳化转型。2050年全球清洁能源占比将达到55%，其中非化石能源占比为28%。中国一次能源消费结构要呈现清洁、低碳化特征。依据《国家能源局关于开展风电清洁供暖工作的通知》，做好风电清洁供暖方案的制定和实施，进一步创新体制机制，因地制宜研究风电供暖的扶持政策，结合新城镇建设和新城区开发规划，积极推广应用风电清洁供暖技术，优先解决存量风电项目的消纳需求。风电供暖对提高北方风能资源丰富地区消纳风电能力，促进城镇能源利用清洁化，减少化石能源消费，改善北方地区冬季大气环境质量意义重大。

与传统电源相比，可再生能源大多具有间歇性、随机性和波动性等特点，是目前制约可再生能源高效利用的瓶颈之一。由于可再生能源存在上述问题，我国的弃风弃光现象正在逐年减少。国家能源局发布的风电统计数据显示，2017年，全年弃风、弃光电量分别为419亿、73亿千瓦·时，同比分别减少78亿、3亿千瓦·时。2018年，全国弃风电量和弃风率实现双降，全国弃风电量277亿千瓦·时，同比减少142亿千瓦·时，全国弃风率7%，同比下降5个百分点。得益于并网消纳形势持续好转，2018年，全国风电平均利用小时数2095小时，较2017年增加147小时，为2011年以来最高值。虽然储热供暖减少弃风效果明显，但是弃风储热供暖技术体系在空间分布、时间尺度及调度策略等方面还不够完善，亟需进一步完善。

构建包含热-电网模型、调度策略、评价机制的整套弃风储热供暖技术体系，解决弃风储热供暖的关键技术难题，为最终实现清洁能源电网合理规划、运行提供理论依据，从超短期调控层面来提高清洁能源的消纳比例。通过分析近3年来全国各省份弃风、弃光小时数据，重点根据弃风弃光数据总结不同地区小时级弃风弃光规律特性，并研究弃风弃光之间的相互关联特性，为超短期调度提供依据。基于上述特性分析结果，建立含多热源的供暖区域热电特性模型，研究热电联合系统多时间尺度的优化调度策略，最后建立储热消纳风电能力与经济性评估模型，综合考虑储热消纳弃风量与经济性两个指标，为提高热、电网联合系统运行效率提供参考依据。

2. 相关技术发展情况

1）弃风储热供暖的发展现状

弃风供暖是利用风力发电场因弃风限电无法消纳送出的电量加热电锅炉，提供热源实现供暖。到供暖季节，热电联产机组需保持供暖负荷，此时正值风电大风速季节，发电负荷大量叠加，造成系统调峰困难，弃风限电不断发生。由于北方地区的热电耦合问题，不少学者在弃风供热优化调度方面有较多研究，对于弃风储热其研究可分为如下几个方向：第一是针对热电解耦，有学者通过增加电锅炉、储热等设备解耦"以热定电"约束，通过在热电联产电厂加装储热装置，实现热电联产机组与风电场的联合调度，并利用储热装置提高热电联产机组运行的灵活性，从而为风电上网提供接纳空间。针对含电能和热能的电网调度，有学者提出通过滚动调度提升电网调峰空间，将电能与热能同时考虑的电热联合调度是经济效益最好的一种调度方式；第二是考虑热网特性及建筑物蓄热特性，考虑到建筑物或热网具有的蓄热惯性，供热量和热负荷不必完全实时平衡，可以有一定的偏差，从而通过对热电厂蓄热罐和储热装置制定最优运行策略，以实现风电消纳最大化。然而，上述研究关于弃风、弃光特性对储热装置运行的影响等内容缺乏考虑。

2）小时弃风、弃光特性研究的发展情况

目前，关于弃风、弃光特性，国内外学者进行了如下研究：一是对不同地区、不同季节、不同时间段、不同电厂进行弃风统计分析，对风电、光伏发电的规律性进行了分析。二是对于北方地区（寒带、亚寒带）结合当地的供暖系统，冬季消纳当地的弃风、光，其他季节储存弃风、光以有效调峰。但以上研究中只对弃风、弃光的季节特性进行了一定的分析，没有深入考虑对储热运行的影响以及弃风、弃光之间的关联特性。因此对小时的弃风、弃光相关特性研究较少，且不具有普遍性。

3）多源热-电网模型的发展情况

在多热源联合集中供热方面，目前已有的模型中总结了供热系统年采暖供热量的计算方法，提供了计算方法的可行性研究并且验证了设计阶段的技术经济性。同时还对以热电厂为基本热源、区域锅炉房为调峰热源的多源互补供热系统的设计及运行调度进行了深入的研究，确定了不同形式的热源所提供的负荷性质，并通过水力计算为供热管网的优化设计和多热源运行调度提供指导。在互补利用新能源方面，目前设计了一种同时将风能、太阳能、天然气以及电能互补用于热电联供的互补系统，分别建立了各子系统的数学模型，对分布式供热系统全工况的性能模拟分析，以系统运行成本最小为目标进行优化，给出相应的优化运行策略，并将正拟耦合循环概念引入到太阳能与化石燃料互补系统的设计中，提升系统整体热力性能。然而，这些数学模型在弃风、弃光的小时特性方面没有深入研究。

4）储热系统容量配置的发展情况

储热系统合理的优化配置使得主动配电网区域经济可靠运行，若储热系统的输出功率或系统的容量不足会导致清洁能源发电存储量不够，不能很好地满足用户热负荷需求；但若以扩大容量为解决问题的途径，又会增大初始和运维成本。对储热装置进行合理配置时通常采用的方法是建立模型及通过算法求取最优解这两个步骤，前者主要是为了确定目标函数及一系列的等式或不等式约束条件，对储热装置进行容量配置时，以平衡分布式发电及热负荷需求为约束进行优化配置，以经济性为优化目标；有文献在风电场、弃风供热企业、热电厂和电网公司作为主体的供热模式下，提出了基于合作博弈的相变储热容量优化配置模型。对储热装置进行容量配置时，多在满足供电可靠性的同时考虑储热系统运行的经济性，利用优化算法得到储热单元的容量配置组合。合理优化配置储热装置，并在此基础上进行能量管理，发挥其特定的优势是需要解决的关键问题。特别是在主动配电网中高渗透率的可再生能源波动较大、负荷突变乃至运行模式切换频繁，而储热装置调节速度有一定缺陷的情况下对储热系统进行合理的优化配置是最需要解决的关键问题之一。

5）储热超短期调控的发展情况

目前，对储热超短期调控国内外已有大量研究成果，提出的技术包括热电机组解耦技术、风电供热技术及电-热联合系统优化运行技术。热电机组解耦技术包括热电厂配置储热、热电厂加装电锅炉以及热电厂配置储热与电锅炉三种方案。第一种方案是储热仅储存热量而自身不产热，储热依靠储热能力在运行中起到热负荷平移的作用。储热运行控制方式为：白天电负荷大而热负荷小时段热电机组增加功率储热，夜间电负荷低谷时段减少发电功率和供热功率，机组向下调峰，储热补偿供热不足。第二种方案是配置电锅炉可以分担部分热电厂热负荷，增加机组的调峰空间，也可在夜间低谷时段消纳夜间过剩的风电电量。电锅炉运行控制方式为：风电大发时段，机组降低供热出力接纳部分弃风，同时电锅炉消纳另一部分弃风满足供热不足的部分。第三种方案对风电消纳具有双重作用，由于储热罐成本低于电锅炉，所以应优先考虑储热的运行。运行控制方式为：系统弃风较少时仅储热运行，弃风严重时电锅炉同时运行。该方案运行方式十分灵活，适应各种弃风情况和热负荷条件，但经济性上无足够优势。风电供热技术包括风电供暖和风-热能源系统两种方案，第一种方案运行方式分为多种，运行控制策略大多相似。运行控制方式为：夜间电负荷低谷时段，电锅炉利用弃风加热同时进行储热，在白天电负荷高峰时段电锅炉退出运行，由储热放热进行供暖。这样既可以增加风电接纳，又可以降低燃煤污染。第二种方案是借助风热发电的成功经验，运行控制方式为：通过风力机将机械能转化成热能存储，还可以将热能转化为电能送入电网，如果系统实现热电联合供给，其能源效率将大大提高。电-热联合系统的运行一般以电力系统为主，热力系统只考虑热量平衡。电-热联合系统优化运行不仅要考虑电力系统网络约束，还要考虑热力网络的复杂约束。

　　同时，当风电、光伏大幅度随机波动时，会对热电联产造成较大的调节压力，严重危及机组的安全运行，从而制约了电网对风电、光伏的消纳水平。目前对储热系统的调控方法一般为多时间尺度调节，长时间尺度协调控制根据日前负荷和风电、光伏功率的预测，以系统运行成本最小和风电、光伏消纳电量最大为控制目标，得到最优的含储热出力，从而在可行范围内最大程度地消纳弃风、弃光。短时间尺度协调控制基于长时间协调控制得到的风电、光伏计划调度出力，属于实时跟踪控制，根据风电、光伏的不同幅度的波动情况，需要充分得到弃风、弃光的规律特性，要求调节速度较快，从而达到平抑波动的目的。

6）风电消纳评估机制的发展情况

　　目前，专家学者已经对地区电网的风电消纳能力评估方法作了大量的研究，从评估手段和评估角度进行划分，主要可分为工程化方法、制约因素法、时域仿真法和数学优化法等。其中工程化方法常参照历史经验，并通过估算来衡量地区电网的风电消纳能力。在工程化方法中，风电场短路容量比和风电穿透功率极限为估算过程中需要用到的两个指标。工程化方法具有使用简单、易于理解等优点，但由于其并未考虑到系统运行方式的多变性，也未考虑到其他限制地区电网消纳风电的因素，仅使用此方法评估地区电网可消纳最大风电容量时往往误差较大。制约因素法从制约电网风电消纳能力的主要因素出发，如系统的调峰能力、联络线的传输能力等，进而对地区电网的风电消纳能力进行评估。总体来说，利用制约因素法进行风电消纳评估时，常常从全网的角度出发，但忽视了风电接入对局部电网的影响，也未考虑因大规模风电接入对系统备用容量的影响。时域仿真法物理概念明确，只要搭建的仿真模型与实际相符便可进行计算，考虑影响地区电网消纳风电的主要因素并设置相应的工况，通过仿真即可得到电网的最大可消纳风电容量。但时域仿真法研究的往往是风电接入对系统某几个节点的影响，难以评估风电接入对整个电网的影响。此外，时域仿真法也存在建模工作量大、计算量大、耗时长等问题。数学优化法通常以消纳风电容量最大为目标函数，以系统中各节点满足静态安全判据为约束条件，借助某一数学模型对目标函数进行求解，得到电网最大可消纳风电容量。该方法兼顾了满足电网安全运行的多个限制条件，计算结果反映了电网安全范围内可消纳风电的极限。但由于数学优化法中构建的方程式大多为非线性的不等式，存在求解困难的不足。此外，由于涉及的不等式过多，这可能会导致评估结果过小的问题。

3. 国内外研究现状和发展趋势

目前，全球配电网的发展面临着分布式可再生能源渗透率不断提高，并网可靠性要求逐步增加等问题。清洁能源大多是具有随机性和间歇性出力的可再生能源电源，其与储能单元、负荷以及其他可控、可调电源组合在一起构成清洁能源电网，可互动的需求侧资源和发电侧资源被调度和控制，从而提高清洁利用率，充分展现分布式发电并网后为用户和电网带来的效益和经济价值。

在我国将近有 70% 的地区需要供暖，而这些地区大部分的主要燃料是煤，这在为人类提供舒适环境的同时，也加剧了化石能源的消耗和对环境的污染。风电出力的波动性增加了系统调节负担，通过充分利用储热装置可提高系统调节能力。其中，储热装置是通过在时间上平移热负荷，使夜间热电机组出力下降，为风电提供消纳空间，因而具有广阔的应用前景。由于对弃风储热供暖的研究起步较晚，无论在规模还是在技术成熟度上都与欧美等发达国家存在较大的差距，但由于政府的大力支持，发展速度十分迅猛。为了促进可再生能源的发展，优化能源结构，我国开始了大规模提高可再生能源消纳的研发与应用。国家发展改革委员会通过颁布《可再生能源中长期发展规划》来促进可再生能源的推广和应用。同时，全国科研院所和高校，如中国电力科学研究院、清华大学、浙江大学等也积极参与提高可再生能源消纳的研究和应用。

中国政府已经向国际社会做出 2030 年非化石能源占一次能源消费比重提高到 20% 的承诺。实施以清洁能源替代化石能源，进一步加快开发风电和太阳能利用，是中国完成以上目标的重要途径，也是优化能源结构、保障能源持续供应的重要手段。目前，弃风弃光已成为社会各界关注的焦点，如何破解弃风弃光困局，特别是"三北"地区的弃风弃光问题，事关中国今后新能源的健康发展和节能减排目标的顺利实现。储热供暖系统在宏观上表现出一定的可控性，作为可互动的需求侧资源和发电侧资源被调度和控制，从而提高可再生能源利用率，充分挖掘储热供暖为电网和用户带来的价值和效益。通过自主协调地控制间歇式新能源与储能装置等单元的优化运行，运行人员可以通过改变配电网的网络拓扑结构、控制网内潮流，从而提高电网的经济优化运行，提高新能源的利用率、提高电能质量和可靠性，保证配电网络的安全高效运行。

提高可再生能源发电比例是集中式供电系统的重要补充和有效支撑，是提高我国资源综合利用效率的重要手段。但是可再生能源的大量接入将对配电网造成广泛的影响，主要表现在改变电网的电压水平、提高配电网的短路容量、继电保护策略的复杂度加大、影响网络的供电可靠性以及加剧电能质量的恶化等方面。在这样的背景下，研究如何提高可再生能源消纳、解决可再生能源发电装置大量接入、合理调控储热实现可再生能源的最大利用、提高电网的运行效率是配电网亟待解决的问题之一。

8.2.2 利用弃风储热北方供暖技术体系构建方法

1. 技术体系构建的关键和难点分析

1）各省份小时弃风数据预处理及有效样本库的建立

由于气象、地理等原因，风电数据波动难以准确测量，进而导致各省份弃风数据难以准确获得，这为各省超短期的小时级弃风数据的样本库建立带来很大困难。弃风数据存在错误、丢失等情况，因此有必要对获得的数据进行预处理。根据数据的不同类型，如何选取兼具精确度和求解效率的数据预处理算法，有效地对数据进行清洗、补全，为后续制定弃风储热供暖调度策略提供依据。

2）供热管网、热负荷、热电机组、储热装置的热电特性建模方法

制定符合实际需求的弃风储热供暖调度策略的基础是建立准确的热源-热负荷装置的热电特性模型。因此，针对供暖区域的供暖管网、热负荷、供热机组、储热装置的热电特性建模是技术的关键。由于供热管网、热负荷种类结构多样，且热特性影响因素众多且数据量大，对其采用基于数据的建模方法是技术的难点。在热源侧，影响供热机组热电特性的因素众多，难以明确指出不同因素对机组热电特性的影响程度。因此采用基于数据驱动的建模方法对供热机组、储热装置进行热电特性建模也是技术的难点。

3）供暖需求约束下的储热供暖消纳风电优化调度策略

弃风储热供暖技术是一种多元大规模优化调度技术，也是一个兼顾风电消纳与经济性的多目标优化问题。研究优化调度策略的重要前提，是满足居民供暖期供暖需求这一约束。因此，如何在满足复杂约束条件的同时，实现多个优化目标的最优解求解，具有一定的理论难度和深度。

同时，不同地域、气候条件、不同供热机组类型、不同网架结构造成不同供暖区域内可调度的弃风储热供暖资源差异较大，居民供暖需求也存在较大差异，因此，如何利用这些高维海量数据，进行优化调度也是技术的一个难点。

2. 技术体系的总体框架研究的内容和实施方案

针对弃风弃光小时电量的统计与处理，从多个方面深入研究弃风、弃光对储热运行的影响，总结弃风、弃光与储热的特性规律，为热电网模型、热源规划及储热运行策略提供理论基础；进一步，研究含多热源的多时间尺度优化调度策略，并建立综合评估方法，完善弃风储热供暖体系。

1）各省份弃风弃光小时电量统计与处理

统计并分析近3年各省小时级的弃风弃光数据，采用聚类、回归、主元分析等方法，结合当地的地理数据和气候数据修正对数据的初步分析。对于数据中存在的错误、空白等情况，采用基于人工智能、时间序列预测等方法进行数据清洗、数据补充。

（1）数据采集。通过现有电网设备对电网用电的实时数据进行测量、记录并反馈至数据库进行储存。采集数据的好坏对于数据分析起到至关重要的作用。但由于现阶段智能电网

发展还不够完善导致数据采集存在问题。

（2）数据清洗。检测数据中存在冗余、错误、不一致等负荷数据。由于数据采集带来的问题，数据清洗主要包括不完整数据和噪声数据。不完整的数据用于数据分析，会影响分析结果的正确性和得到规则的准确性。当错误的数据应用于决策时，会导致决策分析结果和执行决策出现严重偏差，产生影响巨大的故障，影响整个系统的运行。

（3）数据分类。通过对数据的真实工况的分析对数据所处的类别进行标记（如储能、高负荷、夜间负荷等的标记）。同一数据的标记可以重复，根据需求提出多个类别。分类方法有很多，包括决策树神经网络、贝叶斯网络、粗糙集理论、最近邻分类法等。

（4）气候、地域数据采集。对负荷的气候、地域数据进行记录。不同的地区气候在同一时间差异很大，不同时间同一地区的气候差异也很大。气候、地域问题很大程度上影响负荷的用电情况。

（5）数据补齐。根据所处的类别和当时的负荷情况通过算法对数据进行补齐处理。现有的补齐方法很多，如采用统计学方法填充缺失值，分析数据集，获取数据集的统计信息，利用数值信息填充缺失值，其中最简单的方法是平均值填充；采用分类、聚类方法填充缺失值，分类是在已有类标号的基础上，通过输入训练样本数据集，构造出分类器（如分类函数或者分类模型）。

2）研究有弃风弃光省份的弃风弃光特性

基于各省弃风弃光小时电量的数据处理结果，结合不同地域、不同气候条件、不同负荷分布特点等多时间尺度数据，采用机器学习的方法，研究包含弃风弃光省份的小时级弃风弃光特性。对于同时存在弃风弃光的省份，对其进行相关性分析，研究弃风弃光量之间的联系。鉴于弃风、弃光在日内各时段的分布特性会影响到风电供热项目的运行策略，弃风、弃光过程的持续时间影响储热消纳量，非弃风、弃光过程的持续时间影响用于供热的纯凝电量，弃风弃光关联特性对预测、建模及调控有影响，因此从这四个方面对弃风弃光特性进行研究。

（1）时间分布特性及其对运行策略的影响。弃风、弃光在夜间低谷时段、腰荷时段甚至峰荷时段均可能存在，分析弃风、弃光发生次数多、功率大的时段，合理安排储热供暖系统运行时间，对减少弃风、弃光以及火电纯凝电量消耗具有重要指导意义。

（2）弃风弃光过程持续时间及其对风、光消纳效果的影响。在供暖期弃风、弃光次数较多，单次弃风、弃光过程持续时间长短不一致，研究弃风弃光持续时间对储热供暖有较大的影响。当持续弃风弃光超过一定时间后，储热装置存在储满停运的状态。当持续弃风弃光时间较短时，储热装置又无法蓄满。因此，需要研究不同弃风弃光持续时间与储热消纳的对应关系。

（3）非弃风弃光过程持续时间及其对消耗纯凝电量的影响。单次非弃风弃光过程（两次弃风弃光过程间隔）持续时间分布会影响弃风储热项目使用纯凝电量供热的情况。当非弃风弃光过程持续时间低于储热放热时间时，储热可满足热负荷的需求。但当非弃风弃光过程持续时间超过储热放热时间时，储热装置放热完毕后需要基本制热模块消耗纯凝电量供热。因此，需要研究非弃风弃光持续时间与纯凝电量的对应关系。

（4）弃风、弃光关联特性分析。风电、光伏本身具有互补特性，白天光伏与夜晚风电共同向电网馈电。分析白天弃风、弃光各时段的关联性，对风电、光伏预测、热电网建模及调控具有重要的作用。

3）储热供暖提升风电消纳多时间尺度优化调度策略

（1）在热源侧，对多时间尺度下的热电机组、储热装置热电特性的建模方法进行研究，为制定热电机组联产计划提供依据。为了制定储热供暖消纳风电优化调度方案，需要对储热装置的热电特性分析方法进行研究。所研究的分析方法涵盖热源侧储热装置,如热电机组、电锅炉侧储热装置的储热前后热电特性，储热过程、放热过程的最小出力分析等内容。

（2）在热负荷侧，对供热管网、热负荷的热特性进行多时间尺度下的建模方法研究，以为制订多时间尺度下的供热计划提供依据。结合区域气候等自然条件、供热管网的不同结构类型、用户侧热负荷类型，对需要进行消纳风电储热供暖的区域的热负荷特性进行分析，形成区域内的综合热负荷需求热特性模型，以与区域内热电机组、电锅炉等热源一起，为储热供暖消纳风电优化调度方案的制定提供依据。

（3）根据预测天气情况、弃风电量、用电负荷预测信息，以及所建立的热源侧模型、热负荷侧模型。研究多时间尺度下的储热供暖调峰优化调度策略，建立电力系统、供热系统约束条件，风电消纳目标函数，选择合适的优化问题求解方法，最终形成热电系统联合优化调度策略。

4）储热消纳风电供暖技术的综合评估方法

采用储热供暖消纳风电技术，需要建立综合的评估方法，在多时间尺度内对该技术的风电消纳能力、经济性进行综合评估。风电消纳能力的评估应包含采用储热消纳风电供暖技术前后消纳能力的对比。经济性的评估应对调度周期内风电供热综合效益进行评估，含风电供热用电成本评估、节煤效益、消纳弃风效益、风电供热投资及维护费用等。进而研究使用该技术的热电厂日运行效益、风电场日运行效益、风电供热企业日运行效益的测算方法。

8.2.3　构建北方供暖技术体系实施步骤

1.全国各省份弃风弃光小时电量统计与处理

- 对不同数据的量进行多样的提取，如增加电流、电压等。在数据问题点可根据不同方式的组合进行分析和还原。

- 对不完整的数据，采用线性插值、基于概率估计等方法对数据进行补全，补全的数据包含气候、地域等信息，根据不同的因素综合的对数据缺失点进行校正，使其更加接近于真实情况。

- 采用主元分析、聚类方法，对数据进行分类，并对同类数据进行统计学指标的计算，得到不同区域、时间段弃风弃光的均值、方差等统计学信息。

- 根据同类数据的统计学分类结果对缺失较大的数据进行校对，设定指标表现其补齐的合理性，并对较差结果与统计学结果结合修正。

- 采用统计学方法，对数据进行偏差分析，找出异常数据，并对其进行修正。如果遇到偏差数据是连续、大量的情况,可同时进行补齐处理,并与偏差修正进行对比。

2.研究有弃风弃光现象省份的弃风弃光特性

- 利用各省份小时级弃风弃光电量数据、气候信息、当地负荷数据,运用基于人工神经网络的机器学习方法建立各省小时级弃风弃光特性的时间序列模型。
- 弃风、弃光在日内各时段的分布特性会影响到风电供热项目的运行策略,应充分评估储热装置运行策略的合理性,并针对不足之处给出对应的具体建议。
- 集中研究其中一个典型省份的弃风弃光特性,分析弃风弃光过程的持续时间及弃电量对储热消纳量的影响,分析非弃风弃光过程的持续时间长度影响用于供热的纯凝电量,并考虑弃风弃光时段不同储热运行方式对分析结果的影响。
- 进一步研究相邻省份之间的相关特性,基于全国各省份弃风弃光特性,考虑其不同的运行负荷及电网架构等因素,充分挖掘弃风弃光的普遍性规律。
- 研究弃风弃光数据之间的关联特性,形成量化的关联函数关系,为弃风弃光预测、热-电网模型建立及调控策略提供理论支撑。

3.储热供暖是提升风电消纳在多时间尺度优化上的调度策略

- 利用实际运行数据,采用机器学习等方法研究多时间尺度热电机组、储热装置的热源侧热电特性建模方法,为制订热电机组联产计划提供依据。
- 利用实际运行数据,使用人工神经网络等机器学习方法,对之前建立的供暖管网、热负荷的理论模型进行修正,研究建立供暖区域的管网、热负荷模型,为进行储热供暖调峰优化调度策略提供依据。
- 根据所建立的热源侧热点特性模型、管网及热负荷模型,结合风功率预测结果、气象信息,研究以最大化利用弃风电量和最大化经济效益为目标的电网优化调度策略。

4.储热消纳风电供暖技术的综合评估方法

结合风电出力曲线研究确定风电电量消纳情况,当系统的调峰容量裕度大于风电实时出力时,风电电量可全部消纳;风电理论出力大于系统可提供的调峰容量裕度时,需要弃风。弃风功率对应弃风时段的积分值即为弃风电量。根据逐日的弃风电量分析,确定逐月和全年的弃风电量。月弃风电量可根据每日负荷曲线、开机安排和风电出力曲线来计算。全年弃风电量为逐月弃风电量之和。对热电厂配置储热装置后电力系统的弃风情况进行评估。

根据含配置储热装置热电厂的电力系统弃风评估流程,建立评估模型,具体如下。

(1)输入原始数据。

①给定系统发电负荷、风电功率,二者均可通过预测或历史数据拟合获得;

②设计参数包括机组最小电出力、最小热出力、最大热出力等;

③根据热电机组的能力公平分摊弃风消纳任务。

(2)计算原始弃风及原始弃风电量。

计算热电厂未配置储热装置时电力系统各时段的原始弃风功率，对各时段的原始弃风功率求和可得原始弃风电量。

（3）循环计算热电厂配置储热装置后系统各时刻的弃风功率。

计算系统原始弃风功率时所确定的各火电机组的最小发电功率、供热功率，对热电厂配置储热装置后各供热机组的供热功率及其热定电的强迫出力进行调整。

5.经济性评估方法

针对储热供暖调峰所需建设项目的投资力度进行评估，电力项目的经济效益评价指标包括投资回收期、年费用、净现值、内部收益率、投资利润率和投资利税率等，主要考虑投资经济效率的净现值、内部收益率两个指标。采用基于数据的时间序列预测方法，将风电消纳所产生的经济效益与项目建设投资指标的预测相结合，评估采用储热供暖调峰的项目经济性。

8.3　清洁能源北方供热工程实施的保障措施

加快清洁能源北方供热体制机制变革、构建清洁取暖产业体系及能源供应、清洁能源供热工程技术典型应用是本节介绍的主要内容。

8.3.1　加快清洁能源北方供热体制机制变革

1.加快集中供暖方式改革

（1）大力发展供热市场。放开能源生产、供暖等方面的准入限制，鼓励民营企业进入清洁供暖领域，多种模式参与集中供热设施建设和运营。引导各集中供热特许经营区经营主体通过兼并、收购、重组等方式合并，形成专业化、规模化的大型企业集团，扩大集中供热面积，淘汰不符合环境要求的小锅炉。推动以招投标等市场化方式选择供热主体。支持和鼓励企业发展源、网、站及热用户一化的经营管理模式，减少中间管理环节，降低供热成本。

（2）改进集中供暖方式。在适合集中供暖的区域，优先以热电联产满足取暖需求，加快推进热电联产替代燃煤锅炉。按照《热电联产管理办法》（发改能源〔2016〕617号）要求，优先发展背压式热电联产机组，并落实背压机组两部制电价等支持政策，结合电力系统运行情况严格管理纯凝机组供热改造。热电联产供热区域内，热电联产机组承担基本热负荷，调峰锅炉承担尖峰热负荷，确保热电联产供热区域内热电联产供热率高于80%以上。城市城区燃煤锅炉房须达到超低排放，并安装大气污染源自动监控设施，达不到要求的锅炉要制定替代措施（方案），明确关停淘汰计划并取消补贴。

2. 多种渠道提供资金支持

（1）精准高效使用财政资金。中央财政充分利用现有可再生能源发展、大气污染防治等资金渠道，加大对清洁取暖的支持力度。以"2+26"城市为重点开展清洁取暖城市示范，中央财政通过调整现有专项支出结构对示范城市给予奖补激励，中央预算内投资加大支持力度。鼓励各地方创新体制机制、完善政策措施，引导企业和社会加大资金投入，构建"企业为主、政府推动、居民可承受"的运营模式。地方政府有关部门应结合本地实际，研究出台支持清洁取暖的政策措施，统筹使用相关政府资金，加大对清洁取暖工作的支持力度，并向重点城市倾斜。

（2）多方拓宽资金渠道。鼓励银行业金融机构在风险可控、商业可持续的前提下，依法合规对符合信贷条件的清洁取暖项目给予信贷支持。通过发展绿色金融、开展政府和社会资本合作（PPP）等方式支持清洁供暖项目建设运营。鼓励社会资本设立产业投资基金，投资清洁取暖项目和技术研发。支持符合条件的清洁供暖企业首次公开发行（IPO）股票并上市，鼓励符合条件的已上市企业依法依规进行再融资。鼓励和支持符合条件的清洁供暖企业通过发行企业（公司）债券、短期融资券、中期票据、中小企业集合票据等多种债务融资工具，扩大直接融资的规模和比重。研究支持煤改清洁能源供暖项目参与温室气体自愿减排交易项目。

3. 完善价格与市场化机制

（1）创新优化取暖用电价格机制。对具备资源条件，适宜电供暖的地区，综合采取完善峰谷分时价格制度、优化居民用电阶梯价格政策、扩大市场化交易等支持政策，降低电供暖成本。对于通过市场化交易实施电供暖的，电力调度部门要根据电供暖直接交易需要，优化电力调度机制，以最大程度促进可再生能源消纳、最低供热煤耗等为目标，科学搭配用于供暖的可再生能源电力与火电比例，调剂余缺，保障电供暖直接交易切实可行。鼓励建设蓄热式电锅炉等具有调峰功能的电供暖设施，参与提供电力系统辅助服务，促进电力运行削峰填谷，按规定获得收益。

（2）多措并举完善取暖用气价格机制。对天然气资源有保障，适宜天然气供暖的地区，通过完善阶梯价格制度、推行季节性差价政策、运用市场化交易机制等方式，降低天然气取暖成本，促进北方地区天然气供暖发展。

（3）因地制宜健全供热价格机制。在居民承受能力范围内，兼顾考虑供热清洁化改造和运行成本，合理制定清洁取暖价格，疏导清洁取暖价格矛盾，不足部分通过地方财政予以支持。

4. 加强取暖领域排放监管

（1）继续推进燃煤热电超低排放改造。到2020年，全国所有具备改造条件的燃煤热电联产机组实现超低排放（在基准氧含量6%条件下，烟尘、二氧化硫、氮氧化物排放浓度分别不高于10、35、50毫克/立方米）。对现役燃煤热电联产机组，东部地区2017年前总体完成超低排放改造，中部地区力争在2018年前基本完成，西部地区在2020年前完成。逐步扩大改造范围，没有列入关停计划的集中供暖小型热电联产机组，也要实施超低排放改造。

（2）提高燃煤集中供暖锅炉排放监管力度。所有燃煤集中供暖锅炉必须达标排放，安装大气污染源自动监控设施。对城市城区的燃煤锅炉进行超低排放改造（在基准氧含量6%条件下，烟尘、二氧化硫、氮氧化物排放浓度分别不高于10、35、50毫克/立方米），并纳入超低排放监管范围。鼓励其余燃煤锅炉参照超低排放和天然气锅炉标准提高环保排放水平。出台限制和淘汰类燃煤锅炉设备技术和装备目录，明确更新淘汰时限，推动更新换代，推广高效节能环保锅炉。

（3）建设地热能开发利用信息监测统计体系。建立浅层及水热型地热能开发利用过程中的水质、水位、水温等地热资源信息监测系统。建立全国地热能开发利用监测信息系统，利用现代信息技术，对地热能勘查、开发利用情况进行系统的监测和动态评价。

（4）明确天然气壁挂炉、生物质锅炉排放标准与监管要求。从设备、销售环节提高天然气壁挂炉氮氧化物的排放标准和监管要求。生物质锅炉（含热电联产）必须配套布袋除尘设施，达到相应环保排放标准要求，并安装大气污染源自动监控设备。城市城区生物质锅炉烟尘、二氧化硫、氮氧化物排放浓度要达到天然气锅炉排放标准。

（5）严格散烧煤流通监管。从煤炭销售流通环节开始加强散烧煤监管，制定严格的散烧煤质量标准，对硫分、灰分、挥发分、有害元素等进行更严格的限制，对不符合要求的煤炭经销商业务资质予以取消，严控劣质煤流向农村消费市场。

5. 推动技术装备创新升级

（1）加强清洁供暖科技创新。跟踪清洁供暖技术前沿发展，形成清洁供暖关键技术研发目录，有序组织研发工作。依托骨干企业、科研院所和高校，建设一批有影响力的清洁供暖技术研究基地。加大科研力量投入，增强原始创新、集成创新能力，在先进相变储热和化学储热等各类储热技术、智能供热技术、大气污染物排放控制技术、多能互补技术等专项技术上取得突破。研究探索核能供热，推动现役核电机组向周边供热，安全发展低温泳池堆供暖示范。

（2）推动清洁供暖装备升级。集中攻关高效热泵、低氮天然气供暖设施、煤炭清洁高效利用设施等关键设备，推动清洁供暖装备升级。提升热电联产机组灵活性，满足清洁取暖和电力系统调峰需求。推动智能供热研究及应用示范，重点研究先进传感技术、控制技术、信息技术、通信技术、大数据技术等新技术，促进供热设备和运行方式升级，推动供热装备行业向高效化、自动化、信息化发展。

（3）着力提高清洁供暖设备质量。推进供热行业强制性节能标准编制和修订，充分发挥其节能准入作用。清洁供暖设备生产企业要加强内部质量管理体系建设，强化质量控制，向市场提供优质产品。各相关部门要加强市场各类清洁供暖设备监督检查力度，对存在不符合产品功效宣传、未达到设计寿命等各类质量问题的企业给予严肃处罚。地方各级政府有关部门在清洁供暖设备招标过程中，要注意产品质量，并跟踪用户使用情况，将产品较差的企业列入黑名单。供热企业要加强在役设备能效实时监督，对清洁供暖设备开展能效检测和项目后评价。

8.3.2 构建清洁供暖产业体系及能源供应

1.保障清洁取供能源供应

（1）加快天然气供应能力建设。一是多方开拓气源。中石油、中石化、中海油等主要供气企业要按计划做好气源供应，各省市要推动民营企业、城镇燃气企业开辟新供应渠道。加快推动非常规天然气开发，鼓励煤层气开发利用，研究给予致密气开发一定支持政策。二是加快天然气基础设施建设。推动已纳入规划的长输管道和LNG接收站加快建设，加快中俄东线、进口LNG等气源引进和建设步伐，推进全国长输管道互联互通。具备扩建条件的已有接收均要建储罐，扩建增压、气化设施，按实际接收LNG能力进行核定。三是建立储气调峰辅助服务市场机制。落实《天然气基础设施建设与运营管理办法》，到2020年，县级以上地区至少形成不低于本行政区域平均3天需求量的应急储气能力。推动建设供用气双方共同承担调峰责任的体制机制。鼓励承担储气调峰义务的企业从第三方购买储气调峰服务和气量。鼓励更多投资主体投资建设地下储气库。四是加强监管完善法规。北方地区推进燃气清洁取暖的地方政府要以试点等方式，加强对本地区燃气特别是农村燃气取暖工作的指导，督促相关企业加强供用气安全管理。相关企业要承担安全供气的主体责任，制定完善的企业规范和操作规程。

（2）加强配电网建设。一是电网企业应加强与相关城市"煤改电"规划的协调配合，加快配电网改造。结合国家配电网建设行动计划和农网改造计划，有效利用农网改造中央预算内投资、电网企业资金等资金渠道，满足电供暖设施运行对配套电网的需求。二是将地下电力管线建设纳入地方重点工程，加大协调支持力度。结合重点部队电网升级改造工程，为电供暖部队营区进行配套电网改造。三是加快研究出台电力普遍服务补偿机制，支持企业在偏远地区做电网建设和运行维护工作。四是结合配售电改革，调动社会资本参与配电网建设的积极性。

（3）组织开展北方地区地热资源潜力勘查与选区评价。在全国地热资源开发利用现状普查的基础上，查明我国北方地区主要水热型地热区（田）及浅层地热能、干热岩开发区地质条件、热储特征、地热资源的质量和数量，并对其开采技术经济条件做出评价，为合理开发利用提供依据。

（4）建立健全生物质原料供应体系。以县为单位进行生物质资源调查，明确可作为能源化利用的资源潜力。适应各地区不同情况，支持企业建立健全生物质原料收集体系，推进收储运专业化发展，提高原料保障程度。因地制宜，结合生态建设和环境保护要求，建设生物质原料基地。

（5）加强余热资源需求调查评价和利用体系建设。各有关地区要深入开展余热资源和热负荷需求调查摸底，全面梳理本地区相关行业余热资源的种类、品质、数量、连续性、稳定性、分布和利用状况。加快建设高效率的余热采集、管网输送、终端利用供热体系，按照能源梯级利用原则，实现余热资源利用最大化。

（6）加强节能环保锅炉清洁煤供应能力建设。以提高煤炭清洁高效利用水平为重点，推进与节能环保锅炉配套的清洁煤制备、配送、储存、使用等环节的设施建设与升级改造。推进清洁煤制备储运专业化发展，统一规划、合理布局建设清洁煤制备储运中心。完善清洁煤质量要求和检测标准。

（7）加强集中供热管线建设与维护。一是积极推进老旧热力网优化改造，对城市既有供热管网系统进行认真梳理，结合城市道路及管线改造，对运行年限较长及存在安全隐患的管线制订改造计划。鼓励供暖企业将符合接入技术条件的部队纳入集中供暖。二是加强热网整合，形成多热源联合供热环状热网，提高热力网安全可靠性。充分利用热电联产的供热优势，因地制宜发展长距离输送高温水热网。三是合理确定多热源联合供热环状热网的水力工况、热力工况，设置热力网泄漏检测，做好热力网自动化、智能化控制，提高热力网从热源到热用户的自动化、智能化控制水平，降低热力网热耗、电耗、水耗。

（8）适当给予中央企业业绩考核政策支持。为支持中央企业做好北方地区冬季清洁取暖能源供应保障工作，对于中央企业在偏远地区建设天然气管道、配电网等方式支持北方地区冬季清洁取暖造成的亏损，在业绩考核中予以适当考虑。

2. 构建清洁供暖产业体系

（1）建立健全行业标准体系建设。根据清洁供暖需求，结合能源革命与"互联网+"技术发展，及时健全清洁供暖标准、统计和计量体系，修订和完善相关设备、设计、建设、运行标准，从标准体系上保障清洁供暖可持续发展。构建国家清洁供暖大数据研究平台，综合运用互联网、大数据、云计算等先进手段，集成产学研交流和管理、宣传等多功能，加强清洁供暖需求形势分析研判和预警，显著提高清洁供暖数据统计分析和决策支持能力。

（2）创新经营模式。在清洁供暖领域积极引入合同能源管理、设备租赁、以租代建等新模式。强调市场引领，创新商业模式，鼓励有关企业结合自身优势，突出核心业务，采用合同能源管理、工程总包、政府和社会资本合作、融资租赁、能源托管、以租代建等商业模式，引导社会共同参与实施清洁供暖项目的市场化建设运营，保障合理投资收益，带动产品升级和产业发展。

（3）提供多元化综合能源服务。结合市场需求，鼓励企业提供多样化的综合能源解决方案。鼓励因地制宜采用天然气、电、地热能、工业余热、太阳能等多种清洁供暖方式配合互补的方式，满足不同地区供暖需求。支持地方政府有关部门采用项目招标、购买服务等市场化方式，引导有关企业和社会资本积极参与清洁供暖，提供技术咨询、方案设计、设备研制、投资建设、运营管理等清洁供暖工程（项目）整体解决方案。支持公共建筑率先实施综合能源解决方案。

3. 提升农村地区清洁供暖水平

农村是北方地区清洁供暖的最大短板，是散烧煤消费的主力地区，必须加大力度，提升农村地区清洁取暖水平。

（1）建立农村供暖管理机制。改变农村供暖无规划、无管理、无支持的状况，地方各级政府明确责任部门，建立管理机制，加强各部门协调，保障农村供暖科学有序发展。

（2）选择适宜推进策略。农村供暖具有用户分散、建筑独立、经济承受能力弱等特点，应因地制宜，将农村炊事、养殖、大棚用能与清洁供暖相结合，充分利用生物质、沼气、太阳能、罐装天然气、电等多种清洁能源供暖。对于偏远山区等暂时不能通过清洁供暖替代散烧煤供暖的，要重点利用"洁净型煤＋环保炉具""生物质成型燃料＋专用炉具"等模式替代散烧煤供暖。通过集中供煤等方式提高供暖用煤质量，采用先进的专用炉具，并明确大气污染物排放标准，尽可能减少供暖污染物排放。推进现有农村住房建筑节能改造，不断完善政策和监管措施，提高北方地区农村建筑节能水平。

（3）保障重点地区农村清洁供暖补贴资金。对于"2+26"城市的农村地区，要享受与城市地区同等的财政补贴政策，探索农村清洁供暖补贴机制，保障大气污染传输通道散烧煤治理工作顺利完成。

8.3.3 清洁能源供热工程技术典型应用

地源热泵是陆地浅层能源通过输入少量的高品位能源（如电能）实现由低品位热能向高品位热能转移的装置。也就是地源热泵利用地下水、江河湖水、水库水、海水、城市中水、工业尾水、坑道水等各类水资源以及土壤源作为地源热泵的冷、热源。地源热泵供暖空调系统主要分三部分：室外地源换热系统、地源热泵主机系统和室内末端系统。

1.地源热泵主要特点

（1）地源热泵技术属可再生能源利用技术。地源热泵是利用了地球表面浅层地热资源（通常小于400m）作为冷热源，进行能量转换的供暖空调系统。地表浅层地热资源可称之为地能，是指地表土层、地下水或河流、湖泊中吸收太阳能、地热能而蕴藏的低温位热能。地表浅层是一个巨大的太阳能集热器，收集了47%的太阳能量，比人类每年利用能量的500倍还多。它不受地域、资源等限制，真正是量大面广、无处不在。这种储存于地表浅层近乎无限的可再生能源，使得地能也成为一种清洁的可再生能源。

（2）地源热泵属经济有效的节能技术。地源热泵机组利用土层或水体温度冬季为12℃～22℃，温度比环境空气温度高，使热泵循环的蒸发温度提高，能效比也提高；土层或水体温度夏季为18℃～32℃，温度比环境空气温度低，制冷系统冷凝温度降低，使得冷却效果好于风冷式和冷却塔式，机组效率大大提高，可以节约30%～40%的供热制冷空调的运行费用，1千瓦的电能可以得到4千瓦以上的热量或5千瓦以上冷量。

（3）地源热泵环境效益显著。其装置的运行没有任何污染，可以建造在居民区内，没有燃烧，没有排烟，也没有废弃物，不需要堆放燃料废物的场地，且不用远距离输送热量。与锅炉（电、燃料）供热系统相比，锅炉供热只能将90%以上的电能或70%～90%的燃料内能转换为热量，供用户使用，因此地源热泵要比电锅炉加热节省2/3以上的电能，比燃料锅炉节省约1/2的能量。由于地源热泵的热源温度全年较为稳定，一般为10℃～25℃，其制冷、制热系数可达3.5～4.4，与传统的空气源热泵相比，要高出40%左右，其运行费用仅为普通中央空调的 50% ～ 60%。

（4）地源热泵一机多用，应用范围广。地源热泵系统可供暖、调节空气，还可提供生活热水，一机多用，一套系统可以替换原来的锅炉加空调的两套装置或系统，可用于宾馆、商场、办公楼、学校等建筑，更适合别墅、住宅的采暖。

（5）地源热泵空调系统维护费用低。地源热泵的机械运动部件非常少，所有的部件不是埋在地下便是安装在室内，从而避免了室外的恶劣气候，机组紧凑、节省空间；自动控制程度高，可无人值守。

（6）地源热泵系统的能量来源于自然。它不向外界排放任何废气、废水、废渣，是一种理想的"绿色空调"，被认为是目前可使用的对环境最友好和最有效的供热、供冷系统。该系统无论严寒地区或热带地区均可应用。

2.地源热泵工作原理

在自然界中，水总是由高处流向低处，热量也总是从高温传向低温。人们可以用水泵把水从低处抽到高处，实现水由低处向高处流动，热泵同样可以把热量从低温传递到高温。

地源热泵是热泵的一种，是以大地或水为冷热源对建筑物进行冬暖夏凉的调节，地源热泵只是在大地和室内之间"转移"能量，利用极小的电力来维持室内所需要的温度。

在冬天，1千瓦的电力，将土壤或水源中 4 ～ 5 千瓦的热量送入室内；在夏天，过程相反，室内的热量被热泵转移到土层或水中，使室内得到凉爽的空气。而地下获得的能量将在冬季得到利用。如此周而复始，将建筑空间和大自然联成一体。以最小的代价获取了最舒适的生活环境。

1）制冷原理

在制冷状态下，地源热泵机组内的压缩机对冷媒做功，使其进行汽-液转化的循环。通过冷媒/空气热交换器内冷媒的蒸发将室内空气循环所携带的热量吸收至冷媒中，在冷媒循环的同时再通过冷媒/水热交换器内冷媒的冷凝，由水路循环将冷媒所携带的热量吸收，最终由水路循环转移至地下水或土壤里。在室内热量不断转移至地下的过程中，通过冷媒-空气热交换器，以13℃以下的冷风的形式为建筑供冷。

2）制热原理

在制热状态下，地源热泵机组内的压缩机对冷媒做功，并通过四通阀将冷媒流动方向换向。由地下的水路循环吸收地下水或土壤里的热量，通过冷媒/水热交换器内冷媒的蒸发，将水路循环中的热量吸收至冷媒中，在冷媒循环的同时再通过冷媒/空气热交换器内冷媒的冷凝，由空气循环将冷媒所携带的热量吸收。地源热泵将地下的热量不断转移至室内的过程中，以35℃以上热风的形式向室内供暖。

3.热泵机组装置及分类

热泵机组装置主要由压缩机、冷凝器、蒸发器和膨胀阀四部分组成，通过让液态工质（制冷剂或冷媒）不断完成蒸发（吸取环境中的热量）→压缩→冷凝（放出热量）→节流→再蒸发的热力循环过程，从而将环境里的热量转移到水中。

压缩机：起着压缩和输送循环工质从低温低压处到高温高压处的作用，是热泵（制冷）系统的心脏；蒸发器：是输出冷量的设备，它的作用是使经节流阀流入的制冷剂液体蒸发，以吸收被冷却物体的热量，达到制冷的目的；冷凝器：是输出热量的设备，从蒸发器中吸收的热量连同压缩机消耗功所转化的热量在冷凝器中被冷却介质带走，达到制热的目的；膨胀阀或节流阀：对循环工质起到节流降压作用，并调节进入蒸发器的循环工质流量。根据热力学第二定律，压缩机所消耗的功（电能）起到补偿作用，使循环工质不断地从低温环境中吸热，并向高温环境放热，周而复始地进行循环。

热泵机组制热时需要冷凝器的热量，蒸发器则从环境中吸热，此时从环境中取热的对象称为热源；制冷时需要蒸发器的冷量，冷凝器则向环境排热，此时向环境排热的对象称为冷源。

蒸发器和冷凝器根据循环工质与环境换热介质的不同，主要分为空气换热和水换热两种形式。

热泵根据与环境换热介质的不同，可分为水-水式、水-空气式、空气-水式和空气-空气式共四类。利用空气作为冷热源的热泵，称为空气源热泵。空气源热泵有着悠久的历史，而且安装和使用都很方便，应用较广泛。但由于地区空气温度的差别，在我国典型应用范围是长江以南地区。在华北地区，冬季平均气温低于0℃，普通空气源热泵不仅运行条件恶劣、稳定性差，而且因为存在结霜问题，效率低下。新款的超低温空气源热泵是专门针对华北地区设计的，稳定性好，效率高，具有高效除霜功能。利用水或地热作为冷热源的热泵，称为地源热泵。水和地热是一种优良的热源，其热容量大，传热性能好，一般地源热泵的制冷供热效率或能力高于空气源热泵，但地源热泵的应用常受到水源或地热的限制。

地源热泵系统按其循环形式可分为闭式循环系统、开式循环系统和混合循环系统。对于闭式循环系统，大部分地下换热器是封闭循环，所用管道为高密度聚乙烯管。管道可以通过垂直井埋入地下150～200英尺（1英尺合0.3048m）深，或水平埋入地下4～6英尺处，也可以置于池塘的底部。在冬天，管中的流体从地下抽取热量，带入建筑物中，而在夏天则是将建筑物内的热能通过管道送入地下储存；对于开式循环系统，其管道中的水来自湖泊、河流或者竖井中的水源，在以与闭式循环相同的方式与建筑物交换热量之后，水流回到原来的地方或者排放到其他的合适地点；对于混合循环系统，地下换热器一般按热负荷来计算，夏天所需的额外的冷负荷由常规的冷却塔来提供。

第9章　清洁能源消纳工程技术原理与应用

清洁能源消纳工程技术基础知识、新时代我国清洁能源发展现状与趋势、辽宁省清洁能源消纳工程技术案例分析是本章介绍的主要内容。

9.1 清洁能源消纳工程技术基础知识

清洁能源消纳工程基本概念、清洁能源消纳工程技术实施方法、对电网及电源应采取的主要措施、电网企业推动构建新型电力系统是本节介绍的主要内容。

9.1.1 清洁能源消纳工程基本概念

1.清洁能源消纳基本涵义

清洁能源消纳是指新能源（含风电、太阳能、生物质、地热发电等）上网发电消纳。由于新能源资源具有波动性和随机性，发电设备具有低抗扰性和弱支撑性，因此，新能源的有效消纳和安全运行是世界难题。大力发展新能源是我国经济社会可持续发展的客观要求，也是国家的重大战略决策，对于保障能源供应、优化能源结构、治理环境污染、建设生态文明，具有重要意义。

2015年我国在政府工作报告中明确提出了要"完善风能、太阳能、生物质能等发展扶持政策，提高清洁能源比重"。而发展清洁能源最重要的是做好消纳工作。只有依托特高压大电网，将水电、风电、太阳能发电等季节性、随机性、间歇性电源容量在电网总负荷中的比重控制在可接受范围内，才能够有效保障清洁能源的并网消纳，从根本上解决弃水、弃风、弃光问题。

我国的资源禀赋是"多煤、贫油、少气"，基本国情是"总量大、人均量不足"，决定了清洁能源发展必须走"大基地、大电网、大市场"的路子；网源发展不协调，与大型清洁能源基地开发配套的电网送出项目的规划、核准相对滞后。例如"三北"地区，目前新能源装机合计超过1.7亿千瓦，但该地区电力外送能力仅有5200万千瓦，缺口很大；加之我国电力供需仍以省内平衡和就地消纳为主，缺乏促进清洁能源跨区跨省消纳的强有力政策、合理的电价和辅助服务等必要的补偿机制，省间壁垒突出，跨区跨省调节电力供需难度大成为当前制约清洁能源消纳的重要因素。

面对我国能源资源与负荷中心逆向分布的现实难题，逐步建立以清洁能源为主体的安全、经济、高效、可持续的新型能源体系，取代以化石能源为主体的高碳、高排放能源体系，需解决清洁能源消纳不充分问题。构建全国统一的电力市场，打破省间壁垒，可以在更大范围内统筹消纳清洁能源，促进清洁能源高效开发利用，进而实现全国范围内的压煤减排，推动能源结构转型升级，实现市场配置资源效益最大化。构建全国统一的电力市场，发挥市场在资源配置中的决定性作用，能够有效解决清洁能源与常规电源之间的利益补偿问题、清洁能源送端与受端省（区）之间的利益平衡问题。清洁能源是能源转型发展的重要力量，积极消纳清洁能源是贯彻能源生产和消费革命战略，建设清洁低碳、安全高效的现代能源体系的有力抓手，也是加快生态文明建设，实现美丽中国的关键环节。

近年来，我国清洁能源产业不断发展壮大，产业规模和技术装备水平连续跃上新台阶，为缓解能源资源约束和生态环境压力做出了突出贡献。但同时，清洁能源发展不平衡不充分的矛盾也日益凸显，特别是清洁能源消纳问题突出，已严重制约能源行业健康可持续发展。从现在到2020年，是我国全面建成小康社会的关键决胜期，也是能源发展转型的重要战略机遇期。为贯彻落实习近平新时代中国特色社会主义思想和党的十九大精神，全面促进清洁能源消纳，以促进能源生产和消费革命、推进能源产业结构调整、推动清洁能源消纳为核心，坚持远近结合、标本兼治、安全优先、清洁为主的原则，贯彻"清洁低碳、安全高效"的方针，形成政府引导、企业实施、市场推动、公众参与的清洁能源消纳新机制，切实践行"绿水青山就是金山银山"的理念，为建设美丽中国而奋斗。

2016年全年"弃风"电量497亿千瓦·时，超过三峡电站全年发电量的1/2，全国平均"弃风"率达到17%；"弃光"电量70.42亿千瓦·时；全国'弃水、弃风、弃光'电量近1100亿千瓦·时，超过当年三峡电站发电量约170亿千瓦·时，造成清洁能源投资的极大浪费。近年我国加大解决清洁能源大规模开发的送出和消纳问题，仍将是今后一个时期需要高度重视、着力解决的突出问题。截至2018年我国弃风电量277亿千瓦·时，同比减少142亿千瓦·时，弃风率同比下降5个百分点；2018年全国弃光电量达到54.9亿千瓦·时，弃光电量同比减少18亿千瓦·时，弃光率同比下降2.8个百分点。2018年末，我国可再生能源发电装机达到7.28亿千瓦，同比增长12%。可再生能源全年发电量1.87万亿千瓦·时，同比增长约1700亿千瓦·时，可再生能源的清洁能源替代作用日益突显。

2.清洁能源上网发电的特点及分析

（1）风电出力随风速和风向的变化而变化。根据测风数据，风速在一年中的大部分时间，在接近零到额定风速之间变化，与此相对应，风电出力也在从零到额定出力之间变化。

（2）风电出力呈现明显的季节特性。不同地区风电年出力的季节特性不同，东北、华北地区风电平均出力呈现冬春季较大、夏秋季较小的特点，西北则呈现冬春季较小、夏秋季较大的特点。

（3）光伏电站日出力主要受天气影响。在晴朗天气，光伏电站在白天中午时分出力达到最大，且曲线比较平滑，出力分布较规律；在多云天气，出力的白天时段分布没有规律。

（4）受光照强度和温度影响，光伏电站一般在春季、冬季发电出力较大。从甘肃、青海地区光伏电站的年出力分布来看，平均出力呈现春秋季较大、夏冬季较小的特点。由于用电负荷一般在夏冬季较大，因此，光伏电站对于满足高峰负荷的贡献度有所降低。

（5）风电、光伏发电等新能源发电具有随机性、波动性等特点，新能源并网带来的振荡问题已对电力系统安全运行产生显著影响，未来，高比例新能源接入电网后，将会加剧振荡问题。大规模新能源接入电网，不仅对电力系统安全稳定运行带来影响，而且显著影响电力系统运行经济性。

（6）新能源并网后大量常规同步发电机组被风电、光伏发电机组替代，导致系统转动惯量减小、频率调节能力降低。与常规火电设备相比，新能源设备涉网性能标准偏低，其频率、电压耐受能力较差，极易引发脱网问题。

3.清洁能源消纳工程实施基本原则

清洁能源消纳工程实施基本原则包括：

（1）强化能源相关规划的约束力和目标执行力，加强事中事后监管，建立健全可再生能源电力消纳监督考核机制。着力完善市场体系和市场机制，发挥市场配置资源的决定性作用，鼓励以竞争性市场化方式实现可再生能源充分利用。

（2）进一步加强可再生能源电力生产地区与消费地区协调联动，在全国层面统筹好电力供需之间、各电力品种之间、各地区之间的衔接平衡。充分挖掘可再生能源电力生产地区用能需求，加快推进电能替代，鼓励可再生能源电力优先本地消纳。

（3）坚持集中式与分布式并举，着力优化可再生能源电力开发布局，统筹火电与可再生能源电力发展，合理把握可再生能源电力发展规模和节奏。推进可再生能源电力开发基地与电力输送通道同步规划、同步建设，加快调峰电源建设，促进电网与电源协调发展。

（4）加快促进可再生能源与信息技术深度融合，全面提升电源、电网、用电各环节消纳可再生能源电力的技术水平，探索可再生能源消费新业态、新模式。加快电力市场建设步伐，完善促进可再生能源电力消纳的交易机制、辅助服务机制和价格机制，不断提高可再生能源发电的市场竞争力。

9.1.2 清洁能源消纳工程技术实施方法

1.完善可再生能源开发利用机制

（1）全面树立能源绿色消费理念。各级政府能源管理部门、电网企业、可再生能源开发企业均要遵循能源生产和消费革命战略，坚持能源绿色发展，把提高可再生能源利用水平作为能源发展的重要任务。可再生能源资源富集地区要加大本地消纳可再生能源力度，采取多种措施扩大可再生能源电力消费。具备可再生能源电力消纳市场空间的省（自治区、直辖市）要结合跨省跨区输电通道，尤其是特高压输电通道积极接纳区外输入的可再生能源电力，主动压减本地区燃煤发电，为扩大可再生能源利用腾出市场空间。

（2）完善可再生能源开发利用目标监测评价制度。各省（自治区、直辖市）能源管理部门应根据国家发展和改革委员会、国家能源局发布的《能源发展"十三五"规划》及各有关能源专项规划和经国家能源局批复的本地区能源发展"十三五"规划确定本地区可再生能源发展目标，按年度提出能源消费总量中的可再生能源比重指标，将其作为本地区国民经济发展年度计划的重要指标并保持逐年提升。

国家能源局将根据全国非化石能源占一次能源消费比重到2020年、2030年分别达到15%、20%的目标,对各地区可再生能源比重指标完成情况进行监测和评价。

(3)实行可再生能源电力配额制。国家根据《中华人民共和国可再生能源法》、能源战略和发展规划、非化石能源占能源消费比重目标,综合考虑各省(自治区、直辖市)可再生能源资源、电力消费总量、跨省跨区电力输送能力等因素,按年度确定各省级区域全社会用电量中可再生能源电力消费量最低比重指标。各类电力相关市场主体共同承担促进可再生能源利用的责任,各省级电网企业及其他地方电网企业、配售电企业(含社会资本投资的增量配电网企业、自备电厂)负责完成本供电区域内可再生能源电力配额,电力生产企业的发电装机和年发电量构成应达到规定的可再生能源比重要求。完善可再生能源电力绿色证书及交易机制,形成促进可再生能源电力生产和消费的新发展模式。《可再生能源电力配额及考核办法》另行发布。

(4)落实可再生能源优先发电制度。各电网企业应会同有关电力交易机构,按照电力体制改革关于可再生能源优先发电的政策,根据《可再生能源发电全额保障性收购管理办法》(发改能源〔2016〕625号)、《国家发展和改革委员会关于做好风电、光伏发电全额保障性收购管理工作的通知》(发改能源〔2016〕1150号)、《国家能源局关于有序放开发用电计划的通知》(发改运行〔2017〕294号)和优先发电、优先购电有关管理规定,落实好可再生能源发电项目最低保障收购年利用小时数内的电量按国家核定的上网电价或经招标确定的电价全额收购的政策。省级电力运行管理部门在编制年度优先发电、优先购电计划时,要预留规划内可再生能源发电保障性收购电量,并会同能源管理部门做好可再生能源发电保障性收购与电力市场化交易的衔接。

(5)推进可再生能源电力参与市场化交易。在国家核定最低保障收购年利用小时数的地区,对最低保障收购年利用小时数之外的可再生能源电量,鼓励通过市场化交易促进消纳利用。充分挖掘跨省跨区输电通道的输送能力,将送端地区解决弃水弃风弃光问题与受端地区压减燃煤消费相衔接,扩大跨省跨区消纳可再生能源电力现货交易。有关省(自治区、直辖市)能源管理部门、电力运行管理部门要积极协调可再生能源发电企业与大用户、拥有自备电厂的企业开展可再生能源电力市场化交易,主动与受端地区政府及主管部门进行可再生能源电力外送和市场化交易的衔接。北京电力交易中心、广州电力交易中心及各省级电力交易中心和电网企业要协同组织开展好可再生能源电力市场化交易。有关地区要尽快取消跨省跨区可再生能源电力交易送受端不合理的限价规定,支持可再生能源电力提高市场竞争力。

2.加快完善市场机制与政策体系

(1)加快电力市场建设步伐。充分挖掘跨省跨区输电通道能力,继续扩大跨区域省间可再生能源电力增量市场化交易规模,推进更大范围的区域电力市场建设。围绕日内分时电价形成机制,启动南方(以广东起步)、蒙西、浙江、山西、山东、福建、四川、甘肃等第一批电力现货市场试点,逐步构建中长期交易与现货市场相结合的电力市场体系。在电力市场机制设计和交易规则制定中，要将共同承担可再生能源利用责任作为重要内容。

（2）建立可再生能源电力消纳激励机制。总结东北电力辅助服务试点经验，完善电力调峰辅助服务补偿机制，建立风光水火协调运行的激励机制。充分衔接发用电计划有序放开与可再生能源发电保障性收购机制，有序放开省级区域内发用电计划及用户和售电企业的省外购电权，组织电力企业拓展合同电量转让交易，丰富电力市场建设过渡阶段的交易品种。研究电力受端市场激励政策。研究做好可再生能源电力消纳与碳排放、节能减排、能源消费总量控制等各种考核政策的衔接。

（3）完善可再生能源发电价格形成机制。完善可再生能源上网电价形成机制，加快新建可再生能源发电项目补贴强度降低。积极开展上网侧峰谷分时电价试点和可再生能源就近消纳输配电价试点，鼓励各类用户消纳可再生能源电量。抓紧对跨省跨区输电工程开展成本监审和重新核定输电价格，在发电计划完全放开前，允许对超计划增量送电输电价格进行动态调整。抓紧完善各省（自治区、直辖市）输配电价格，加强对各地区输配电价日常监管，并指导个别地区适时合理地调整输配电价结构，允许在监管周期内保持电价整体水平不变情况下，动态调整各电压等级输电价格。

9.1.3 对电网及电源应采取的主要措施

1.充分发挥电网的关键平台作用

（1）提升可再生能源电力输送水平。加强可再生能源开发重点地区电网建设，加快推进西南和"三北"地区可再生能源电力跨省跨区配置的输电通道规划和建设，优先建设以输送可再生能源为主且受端地区具有消纳市场空间的输电通道。充分利用已有跨省跨输电通道输送可再生能源电力并提高运行水平。研究提高可再生能源电力输送能力的技术措施，加快柔性直流输电技术研究与应用，积极推进张家口可再生能源电力柔性直流输电示范工程。2017年，"三北"地区投产晋北—南京、酒泉—湖南、锡盟—泰州、扎鲁特—青州直流输电工程，西南地区投产川渝第三通道。2018年，"三北"地区投产准东—皖南、上海庙—临沂直流输电工程，西南地区投产滇西北—广东直流输电工程。"十三五"后期加快推进四川水电第四回外送输电通道以及乌东德水电站、白鹤滩水电站和金沙江上游水电外送输电通道建设。研究提高哈密—郑州、酒泉—湖南等以输送可再生能源为主要功能的特高压输电通道输送能力。

（2）完善跨区域可再生能源电力调度技术支持体系。尽快形成适应可再生能源电力特性的调度运行体系，出台节能低碳电力调度办法。完善跨区域配置可再生能源电力的技术支撑体系，实现送端可再生能源电力生产与受端地区负荷以及通道输电能力的智能化匹配及灵活调配。对西南地区水电等可再生能源发电集中的区域，建立覆盖全区域的中长期与短期相结合的发电预测预报体系。国家电网公司、南方电网公司等电网企业要联合共享相关信息，形成全国性的可再生能源电力发输用监测调配平台。

（3）优化电网调度运行。充分发挥省际联络线互济作用，完善省级电网企业间调度协调和资源共享，建立省际调峰资源和备用的共享机制，充分利用跨省跨区输电通道开展送端地区与受端地区调峰资源互济。因地制宜开展跨区跨流域的风光水火联合调度运行，实现多种能源发电互补平衡。加强电网企业与发电企业在可再生能源发电功率预测方面的衔接协同。利用大数据、云计算、"互联网＋"等先进技术，开展流域综合监测，建立以水电为主的西南调度监控模型，实现跨流域跨区域的统筹优化调度以及四川和云南等周边省区的水电枯平丰调节。加快微电网、储能、智慧能源、新型调相机等关键技术的攻关和应用。

（4）提高现有输电通道利用效率。充分挖掘现有跨省跨区输电通道输送能力，在满足系统运行安全、受端地区用电需求的前提下，减少网络冗余，提高线路运行效率和管理水平，对可再生能源电力实际输送情况开展监测评估。充分利用已有跨省跨区输电通道优先输送水电、风电和太阳能发电。在进行一定周期的监测评估基础上，明确可再生能源电力与煤电联合外送输电通道中可再生能源占总输送电量的比重指标。

（5）综合施策提高新能源消纳能力。新能源消纳涉及电力系统发、输、配、用多个环节，与发展方式、技术进步、电力体制改革、市场交易机制、政策措施等密切相关，实现新能源高效消纳，既要"源、网、荷"技术驱动，也需要政策引导和市场机制配合。

促进新能源消纳，需要多措并举、综合施策。近期，应加强电网统一调度，充分挖掘系统潜力，优先解决存量、严格控制增量，有效缓解弃风弃光；建设完善市场机制，提高系统平衡能力，根本解决新能源消纳问题。远期，应突破前瞻性技术，适应高比例大规模新能源发展需要。

2. 加快优化电源结构与布局

（1）统筹煤电与可再生能源电力发展。把防范化解煤电产能过剩风险与促进可再生能源电力有序发展有机结合，积极落实《关于推进供给侧结构性改革防范化解煤电产能过剩风险的意见》（发改能源〔2017〕1404号），可再生能源弃电严重地区要切实完成2017年淘汰、停建、缓建煤电任务。根据电力供需形势变化，继续做好防范化解煤电产能过剩风险后续任务分解，确保2020年全国投产煤电装机控制在11亿千瓦以内。

（2）优化可再生能源电力发展布局。坚持集中式与分布式并举，统筹可再生能源电力开发建设与市场消纳，积极支持中东部分散资源的开发，合理把握限电严重地区可再生能源电力发展节奏，督促各地区严格执行风电、光伏发电投资监测预警机制。实行可再生能源电力消纳预警机制，国家能源局对各地区年度可再生能源电力限电情况进行评估，在确保限电比例下降的前提下合理确定年度新增建设规模。

（3）加快龙头水库电站建设，统筹流域运行协调。充分发挥龙头水库作用，提高西南水电流域梯级水电站的调节能力，加快建设雅砻江两河口、大渡河双江口水电站。在统筹考虑金沙江中游龙盘水电站涉及少数民族、文化保护和生态环保问题的基础上，积极推进相关前期工作。研究建立流域各方共同参与、共同受益的利益共享机制。统筹水电运行协调，完善主要流域及大区域水能利用监测体系，科学开展流域梯级联合调度和跨流域水电联合调度，提高流域综合效益。

（4）切实提高电力系统调峰能力。2017年，"三北"地区开展1635万千瓦火电灵活性示范项目改造，增加系统调峰能力4809万千瓦，并继续扩大火电机组灵活性改造范围，大幅提升火电调峰能力。认定一批火电机组作为可再生能源消纳调峰机组，在试点示范的基础上，落实火电机组深度调峰补偿机制，调动火电机组调峰积极性。按照经济技术合理原则，"十三五"期间开工抽水蓄能电站共计约6000万千瓦，其中"三北"地区约2800万千瓦。在华北、华东、南方等地区建设一批天然气调峰电站，新增装机容量500万千瓦以上。

3. 多渠道拓展可再生能源电力本地消纳

（1）推行自备电厂参与可再生能源电力消纳。合理引导自备电厂履行社会责任参与可再生能源电力消纳，并通过市场化手段对调峰成本给予经济补偿，使其在可再生能源电力限电时段积极主动压减发电出力。同时，充分发挥政府宏观调控作用，采取统筹管理、市场交易和加强监管相结合的措施，深入挖掘自备电厂调峰潜力，有效促进可再生能源电力消纳。有关省级电网企业要制定企业自备电厂参与系统调峰的技术方案，在有关省级政府的支持下将自备电厂纳入电网统一调度运行。新疆、甘肃要把减少企业自备电厂出力、参与系统调峰作为解决其严重弃风弃光问题的一个重要途径。鼓励各地区组织建设可再生能源消纳产业示范区，促进可再生能源电力就近利用。

（2）拓展电网消纳途径和模式。结合增量配电网改革试点，扩大可再生能源电力消费，积极开展新能源微电网建设，鼓励发展以消纳可再生能源等清洁能源为主的微电网、局域网、能源互联网等新模式，提高可再生能源、分布式电源接入及消纳能力，推动可再生能源分布式发电发展。开展分布式发电市场化交易试点，分布式可再生能源在同一配电网内通过市场化交易实现就近消纳。

（3）加快实施电能替代。鼓励可再生能源富集地区布局建设的电力制氢、大数据中心、云计算中心、电动汽车及配套设施等优先消纳可再生能源电力。重点在居民采暖、生产制造、交通运输、电力供应与消费四个领域，试点或推广电采暖、各类热泵、工业电锅炉（窑炉）、农业电排灌、船舶岸电、机场桥载设备、电蓄能调峰等电力消纳和利用设施。2017年，"三北"地区完成电能替代450亿千瓦·时，加快推动四川、云南电能替代，鼓励实施煤改电，扩大本地电力消费途径。"十三五"期间全国实现电能替代电量4500亿千瓦·时。

（4）提升电力需求侧响应能力。挖掘电力需求侧管理潜力，建立需求侧参与市场化辅助服务补偿机制，培育灵活用电负荷，引导负荷跟随系统出力调整，有效减少弃电率。鼓励出台促进可中断、可调节的负荷政策，适当拉大峰谷差价，提高用户消纳可再生能源电力的积极性。加快推广综合性储能应用，加快推进电动汽车智能充放电和灵活负荷控制，提升需求侧对可再生能源发电的响应能力。发挥电能负荷集成商作用，整合分散需求响应资源，建立用于可再生能源电力消纳的虚拟电厂。

（5）大力推广可再生能源电力供热。在风能、太阳能和水能资源富集地区，积极推进各种类型电供热替代燃煤供热。推广碳晶、石墨烯发热器件，电热膜等分散式电供暖，重点利用低谷电力发展集中电供热，鼓励建设具备蓄热功能的电供热设施，因地制宜推广可再生能源电力与地热能、生物质能、太阳能结合的综合性绿色供热系统。鼓励风电等可再生能源电力富集地区开展可再生能源电力供暖专项交易，实现可再生能源电力消纳与北方地区清洁供暖相互促进。

9.1.4 电网企业推动构建新型电力系统

1.目的和意义

2021年3月15日，中央财经委员会第九次会议召开，研究了实现碳达峰、碳中和的基本思路和主要举措。习近平总书记强调，实现碳达峰、碳中和是一场广泛而深刻的经济社会系统性变革，要把碳达峰、碳中和纳入生态文明建设整体布局，如期实现2030年前碳达峰、2060年前碳中和的目标。有关数据显示，能源系统碳排放量占碳排放总量的80%以上，电力碳排放量占能源系统碳排放量的40%左右。可以说，能源系统是实现碳达峰、碳中和目标的主战场，电力系统则是其中的主力军。

中央财经委员会第九次会议提出，要把握好"十四五"的关键期和窗口期，构建清洁低碳、安全高效的能源体系，控制化石能源总量，着力提高利用效能，实施可再生能源替代行动，深化电力体制改革，构建以新能源为主体的新型电力系统。

这一能源领域的重要工作部署，首次明确了新能源在未来电力系统中的主体地位，也充分说明新型电力系统将在我国实现碳达峰、碳中和目标的过程中发挥至关重要的作用。

2.新型电力系统与国家能源安全的关系

构建以新能源为主体的新型电力系统是推动"四个革命、一个合作"国家能源安全新战略落地的创新实践。能源事关国家经济社会发展大局，确保能源安全具有重大的战略意义。2014年6月，习近平总书记提出要推动能源消费、能源供给、能源技术和能源体制4个方面的革命，同时强调要全方位加强国际合作，为我国能源事业改革发展指明了方向。

"贫油、少气、富煤"和太阳能、风能富集的资源禀赋，中东部负荷中心与西北部能源资源中心逆向分布的特征，未来社会电气化、智能化程度越来越高的发展趋势，决定了电力系统在我国能源事业发展中扮演的角色和发挥的作用会越来越重要。近年来，在"四个革命、一个合作"国家能源安全新战略的指引下，我国电网建设得更加坚强智能，光伏发电和风能发电等新能源快速发展，煤电也更加清洁高效，电力市场化改革不断实现新突破，消费领域电能替代加速推进，电力领域改革发展取得了显著成就。

要实现我国应对全球气候变化挑战、实现全人类可持续发展福祉和进一步推动能源电力领域改革发展的双重任务目标，构建以新能源为主体的新型电力系统是最佳解决方案。加快建设新型电力系统，将推动我国能源消费更加科学节约，能源供给更加清洁高效，能源技术更加绿色先进，能源体制更加符合市场发展规律；同时，在碳达峰、碳中和的共同愿景下，推动我国能源电力领域与国际社会开展更加紧密的全方位合作。

3.以新能源为主体的新型电力系统的特征

以新能源为主体的新型电力系统，将推动电源侧清洁化、电网侧智能化、用户侧电气化，加快以电力为中心的清洁低碳高效、数字智能互动的能源体系建设。与现有电力系统相比，新型电力系统在内部电气特征和外部表现形式上有所不同。

从内部电气特征方面来看，新型电力系统将由高碳电力系统向深度低碳或零碳电力系统转变，由以机械电磁系统为主向以电力电子器件为主转变，由确定性可控连续电源向不确定性随机波动电源转变，由高转动惯量系统向弱转动惯量系统转变。

从外部表现形式方面来看，新型电力系统将通过广泛互联互通推动电网向能源互联网演进，现代数字技术与传统电力技术深度融合将使得电力系统发输配用等各领域、各环节整体智能化、互动化，虚拟电厂、抽水蓄能电站、多种形式的新型储能、电力辅助服务等将让电力调度和"源网荷储"互动更加灵活智能，安全智能可控的技术手段成为交流电网与直流电网、电网和电源协调发展的关键保障。

构建以新能源为主体的新型电力系统的新形势和新任务，使得新能源的发展边界条件、发展逻辑及发展机制都发生了重大变化。综合来看，"十四五"期间，新能源发展进入了一个新阶段，呈现大规模、高比例、市场化、多能互补4个特征。

（1）新能源年均装机规模将大幅度提升。到"十四五"末，以新能源为主体的可再生能源发电装机占我国总电力装机的比例将超过50%，新能源新增装机将成为新增电力装机的主要来源。

（2）新能源高比例入网消纳。到"十四五"末，以新能源为主体的可再生能源新增发电量在全社会用电量增量中的比重将达到2/3，在一次能源消费增量中的比重将超过50%，成为能源电力消费增量的主体。

（3）市场在能源资源配置中的决定性作用进一步发挥。从今年开始，光伏发电、风能发电进入平价阶段，将摆脱对财政补贴的依赖，实现市场化发展、竞争化发展。

（4）高比例新能源接入需要构建火电、水电、储能等多种能源互补和协同互动机制，提升新能源消纳能力，推动"源网荷储"深度融合。

当前，我国的电力系统向新型电力系统的转型已经起步。电源侧、电网侧、用户侧都有了一些积极的实践探索，彼此之间也有了一些互动，比如推动数字化转型、开展虚拟电厂试点、建设新能源云促进新能源消纳、进行电力需求侧管理等。

未来，新能源发电将成为主要电源，而分布式光伏和储能等充分发展会让很多用户侧主体兼具发电和用电双重属性，发电侧和用户侧的界限将模糊化。发电侧、电网侧、用户侧会成为智能互动、有机统一的整体，推动我国能源电力发展实现整体效率、效益最大化。这需要电力系统各环节数据信息内部深度共享互动、彼此融会贯通，不断提高电力系统弹性，提升新能源消纳能力。新能源要成为电力供应的主要来源，还有很长的路要走，面临不少问题和挑战。

快速推进以新能源为主体的新型电力系统建设，必须大力推进电力科技创新，深入推进电力体制机制改革。一方面，我们要深化数字化转型发展，通过"大云物移智链"等现代信息和通信技术，推动发电侧、电网侧、用户侧智能化，并实现有机融合，形成一个整体、高效、科学、互动的智能系统。这样将有效解决新能源随机性与波动性带来的问题，实现电力系统运行、企业运营、客户服务各环节关键信息的全息感知、动态采集和高效处理。另一方面，我们要加强市场化体制机制建设，充分发挥电力系统各环节、各参与主体的积极性、主动性和创造性，为构建新型电力系统营造良好的政策、制度和市场环境。比如，进一步建立健全辅助服务机制，提升新能源消纳水平；加强虚拟电厂建设研究和探索，探索符合市场化发展规律，实现多方共赢的商业模式和运行机制等。

4.新能源大发展，给电网发展带来的挑战

新能源出力随机性、波动性、不确定性强，具有"极热无风""晚峰无光"的反调峰特性。目前，新能源"大装机、小电量"特点也比较突出，风电、光伏多年平均利用小时数分别为1922、1206小时。最新数据显示，2020年我国新能源装机容量占比24.3%，发电量占比为9.5%。

基于新能源的这些特性、特点，近年来，如何在确保电网安全稳定运行的前提下，更快更好更多地消纳新能源，一直是电网企业面临的问题和社会关注的焦点。

随着新型电力系统建设的深入推进，新能源接入电网的规模将越来越大，对电网自动化、智能化、互动化的要求也越来越高，电网发展面临的挑战更艰巨。安全、效率和新技术应用是三个需要重点关注的方面。

新型电力系统必须做到供需实时平衡和瞬间响应，还要以新能源为主体，这给作为电力系统核心和枢纽的电网的安全稳定运行带来了极大的考验。比如，电网调峰调频的难度加大，同时电力电子设备具有强非线性、脆弱性等特点，一旦出故障有可能产生连锁反应，造成连锁事故；要尽可能多消纳新能源，需要加大电网和常规电源的投资建设，需要火电、储能甚至用户等提供相应的辅助服务与之相配套，这就涉及效率和成本的问题；要保证电力系统的安全和效率，传统的手段已经不能适应这个要求了，必须加快推进数字化技术与传统电力技术深度融合，实现智能化、自动化，在这些方面有很多难题亟待破解。

5.国家电网公司已经开展的一些创新实践

电网企业连接发电企业和用户，在开展能源资源大范围优化配置，促进水火风光互补互济，推动"源网荷储"协同互动等方面发挥着引领和统筹作用。

近年来，国家电网公司始终高度重视、全力服务新能源发展，通过推动电源结构和布局优化，构建多元化清洁能源供应体系；加快电网向能源互联网转型升级，打造清洁能源优化配置平台；推动全社会节能提效，提升终端电气化水平；推进电力系统技术装备创新，提升系统安全和效率水平；推动健全市场机制和政策体系，完善电力市场机制，推动出台相关支持政策等，促进新能源大规模并网、大范围配置和高比例消纳。截至2020年年底，全国新能源装机5.3亿千瓦，其中国家电网并网达到4.5亿千瓦，占全国新能源总装机的85%，新能源利用率达到97.1%，全面完成国家清洁能源消纳三年行动计划目标。

服务碳达峰、碳中和，构建新型电力系统，是公司发展的重点工作之一。近期，公司先后发布服务碳达峰、碳中和行动方案，出台加快抽水蓄能开发建设重要措施，发布国家电网新能源云，充分发挥了落实"双碳"目标，探索建设新型电力系统的引领者、推动者和先行者作用。

公司明确了建设具有中国特色国际领先的能源互联网企业战略目标。这一战略目标的本质，是以能源互联网为平台和手段，充分发挥电网在能源汇集传输和转换利用中的枢纽作用，以及作为能源配置平台、综合服务平台和新业务、新业态、新模式发展平台的价值作用，汇聚各类资源，促进供需对接、要素重组、融通创新，支撑构建以新能源为主体的新型电力系统和清洁低碳安全高效的现代能源体系。可以说，推动战略目标落地落实，就是公司推动构建以新能源为主体的新型电力系统的具体实践。

9.2 新时代我国清洁能源发展现状与趋势

我国清洁能源发展历程与成就，变革能源消费方式、建设清洁能源供应体系，发挥科技创新作用、深化能源体制改革是本节介绍的主要内容。

9.2.1 我国清洁能源发展历程与成就

我国坚定不移推进能源革命，能源生产和利用方式发生重大变革，能源发展取得历史性成就。能源生产和消费结构不断优化，能源利用效率显著提高，生产生活用能条件明显改善，能源安全保障能力持续增强，为服务经济高质量发展、打赢脱贫攻坚战和全面建成小康社会提供了重要支撑。

1.能源供应保障能力不断增强

2019年中国一次能源生产总量达39.7亿吨标准煤，为世界能源生产第一大国。煤炭仍是保障能源供应的基础能源，2012年以来原煤年产量保持在34.1亿～39.7亿吨。努力保持原油生产稳定，2012年以来原油年产量保持在1.9亿～2.1亿吨。天然气产量明显提升，从2012年的1106亿立方米增长到2019年的1762亿立方米。电力供应能力持续增强，累计发电装机容量20.1亿千瓦，2019年发电量7.5万亿千瓦·时，较2012年分别增长75%、50%。可再生能源开发利用规模快速扩大，水电、风电、光伏发电累计装机容量均居世界首位。截至2019年底，在运与在建核电装机容量6593万千瓦，居世界第二，在建核电装机容量世界第一。

能源储备体系不断健全。建成9个国家石油储备基地，天然气产供储销体系建设取得初步成效，煤炭生产运输协同保障体系逐步完善，电力安全稳定运行达到世界先进水平，能源综合应急保障能力显著增强。

2.能源节约和消费结构优化成效显著

2012年以来单位国内生产总值能耗累计降低24.4%，相当于减少能源消费12.7亿吨标准煤。2012年至2019年，以能源消费年均2.8%的增长支撑了国民经济年均7%的增长。

截至2019年底，中国可再生能源发电总装机容量7.9亿千瓦，约占全球可再生能源发电总装机的30%。其中，水电、风电、光伏发电、生物质发电装机容量分别达3.56亿千瓦、2.1

亿千瓦、2.04亿千瓦、2369亿千瓦,均位居世界首位。2010年以来中国在新能源发电领域累计投资约8180亿美元,占同期全球新能源发电建设投资的30%。

可再生能源供热广泛应用。截至2019年底,太阳能热水器集热面积累计达5亿平方米,浅层和中层地热能供暖面积超过11亿平方米。

2019年煤炭消费占能源消费总量比重为57.7%,比2012年降低10.8个百分点;天然气、水电、核电、风电等清洁能源消费量占能源消费总量比重为23.4%,比2012年提高8.9个百分点;非化石能源占能源消费总量比重达15.3%,比2012年提高5.6个百分点,已提前完成到2020年非化石能源消费比重达到15%左右的目标。新能源汽车快速发展,2019年新增量和保有量分别达120万辆和380万辆,均占全球总量一半以上;截至2019年底,全国电动汽车充电基础设施达120万处,建成世界最大规模充电网络,有效促进了交通领域能效提高和能源消费结构优化。

3. 能源科技水平快速提升

持续推进能源科技创新,能源技术水平不断提高,技术进步成为推动能源发展动力变革的基本力量。建立完备的水电、核电、风电、太阳能发电等清洁能源装备制造产业链,成功研发制造全球最大单机容量100万千瓦水电机组,具备最大单机容量达10兆瓦的全系列风电机组制造能力,不断刷新光伏电池转换效率世界纪录。建成若干应用先进三代技术的核电站,新一代核电、小型堆等多项核能利用技术取得明显突破。油气勘探开发技术能力持续提高,低渗原油及稠油高效开发、新一代复合化学驱等技术世界领先,页岩油气勘探开发技术和装备水平大幅提升,天然气水合物试采取得成功。发展煤炭绿色高效智能开采技术,大型煤矿采煤机械化程度达98%,掌握煤制油气产业化技术。建成规模最大、安全可靠、全球领先的电网,供电可靠性位居世界前列。"互联网+"智慧能源、储能、区块链、综合能源服务等一大批能源新技术、新模式、新业态正在蓬勃兴起。

4. 能源与生态环境友好性明显改善

我国把推进能源绿色发展作为促进生态文明建设的重要举措,坚决打好污染防治攻坚战、打赢蓝天保卫战。煤炭清洁开采和利用水平大幅提升,采煤沉陷区治理、绿色矿山建设取得显著成效。落实修订后的《大气污染防治法》,加大燃煤和其他能源污染防治力度。推动国家大气污染防治重点区域内新建、改建、扩建用煤项目实施煤炭等量或减量替代。能源绿色发展显著推动空气质量改善,二氧化硫、氮氧化物和烟尘排放量大幅下降。能源绿色发展对碳排放强度下降起到重要作用,2019年碳排放强度比2005年下降48.1%,超过了2020年碳排放强度比2005年下降40%～45%的目标,扭转了二氧化碳排放量快速增长的局面。

煤炭清洁开采水平大幅提升。积极推广充填开采、保水开采等煤炭清洁开采技术,加强煤矿资源综合利用。截至2019年底,实现超低排放煤电机组达8.9亿千瓦,占煤电总装机容量86%土地复垦率达52%。

5. 能源治理机制持续完善

全面提升能源领域市场化水平,不断优化营商环境,使得市场活力明显增强,市场主体和人民群众办事创业更加便利。进一步放宽能源领域外资市场准入,民间投资持续壮大,投资主体更加多元。发用电计划有序放开、交易机构独立规范运行、电力市场建设深入推进。加快推进油气勘查开采市场的放开与矿业权流转、管网运营机制改革、原油进口动态管理等改革,完善油气交易中心建设。推进能源价格市场化,进一步放开竞争性环节价格,初步建立电力、油气网络环节科学定价制度。协同推进能源改革和法治建设,能源法律体系不断完善。覆盖战略、规划、政策、标准、监管、服务的能源治理机制基本形成。

6.能源惠民利民成果丰硕

把保障和改善民生作为能源发展的根本出发点,保障城乡居民获得基本能源供应和服务,在全面建成小康社会和乡村振兴中发挥能源供应的基础保障作用。2016—2019年,农网改造升级总投资达8300亿元,农村平均停电时间降低至15小时左右,农村居民用电条件明显改善。2013—2015年,实施解决无电人口用电行动计划,2015年底完成全部人口都用上电的历史性任务。实施光伏扶贫工程等能源扶贫工程建设,优先在贫困地区进行能源开发项目布局,实施能源惠民工程,促进了贫困地区经济发展和贫困人口收入增加。完善天然气利用基础设施建设,扩大天然气供应区域,提高民生用气保障能力。北方地区清洁取暖取得明显进展,改善了城乡居民用能条件和居住环境。截至2019年底,北方地区清洁取暖面积达116亿平方米,比2016年增加51亿平方米。

9.2.2 变革能源消费方式,建设清洁能源供应体系

坚持节约资源和保护环境的基本国策,坚持节能优先方针,树立节能就是增加资源、减少污染、造福人类的理念,把节能贯穿于经济社会发展全过程和各领域。立足基本国情和发展阶段,确立生态优先、绿色发展的导向,坚持在保护中发展、在发展中保护,深化能源供给侧结构性改革,优先发展非化石能源,推进化石能源清洁高效开发利用,健全能源储运调峰体系,促进区域多能互补协调发展。

1.实行能耗双控制度,健全节能法律法规和标准体系

实行能源消费总量和强度双控制度,按省、自治区、直辖市行政区域设定能源消费总量和强度控制目标,对各级地方政府进行监督考核。把节能指标纳入生态文明、绿色发展等绩效评价指标体系,引导转变发展理念。对重点用能单位分解能耗双控目标,开展目标责任评价考核,推动重点用能单位加强节能管理。

修订实施《中华人民共和国节约能源法》,建立完善工业、建筑、交通等重点领域和公共机构节能制度,健全节能监察、能源效率标识、固定资产投资项目节能审查、重点用能单位节能管理等配套法律制度。强化标准引领约束作用,健全节能标准体系,实施百项能效标准推进工程,发布实施340多项国家节能标准,其中近200项强制性标准,实现主要高耗能行业和终端用能产品全覆盖。加强节能执法监督,强化事中事后监管,严格执法问责,确保节能法律法规和强制性标准有效落实。

2.完善节能低碳激励政策，提升重点领域能效水平

实行促进节能的企业所得税、增值税优惠政策。鼓励进口先进节能技术、设备，控制出口耗能高、污染重的产品。健全绿色金融体系，利用能效信贷、绿色债券等支持节能项目。创新完善促进绿色发展的价格机制，实施差别电价、峰谷分时电价、阶梯电价、阶梯气价等，完善环保电价政策，调动市场主体和居民节能的积极性。在浙江等4省市开展用能权有偿使用和交易试点，在北京等7省市开展碳排放权交易试点。大力推行合同能源管理，鼓励节能技术和经营模式创新，发展综合能源服务。加强电力需求侧管理，推行电力需求侧响应的市场化机制，引导节约、有序、合理用电。建立能效"领跑者"制度，推动终端用能产品、高耗能行业、公共机构提升能效水平。

积极优化产业结构，大力发展低能耗的先进制造业、高新技术产业、现代服务业，推动传统产业智能化、清洁化改造。推动工业绿色循环低碳转型升级，全面实施绿色制造，建立健全节能监察执法和节能诊断服务机制，开展能效对标达标。提升新建建筑节能标准，深化既有建筑节能改造，优化建筑用能结构。构建节能高效的综合交通运输体系，推进交通运输用能清洁化，提高交通运输工具能效水平。全面建设节约型公共机构，促进公共机构为全社会节能工作作出表率。构建市场导向的绿色技术创新体系，促进绿色技术研发、转化与推广。推广国家重点节能低碳技术、工业节能技术装备、交通运输行业重点节能低碳技术等。推动全民节能，引导树立勤俭节约的消费观，倡导简约适度、绿色低碳的生活方式，反对奢侈浪费和不合理消费。

3.推动终端用能清洁化，优先发展非化石能源

以京津冀及周边地区、长三角、珠三角、汾渭平原等地区为重点，实施煤炭消费减量替代和散煤综合治理，推广清洁高效燃煤锅炉，推行天然气、电力和可再生能源等替代低效和高污染煤炭的使用。制定财政、价格等支持政策，积极推进北方地区冬季清洁供暖，促进大气环境质量改善。推进终端用能领域以电代煤、以电代油，推广新能源汽车、热泵、电窑炉等新型用能方式。加强天然气基础设施建设与互联互通,在城镇燃气、工业燃料、燃气发电、交通运输等领域推进天然气高效利用。大力推进天然气热电冷联供的供能方式，推进分布式可再生能源发展，推行终端用能领域多能协同和能源综合梯级利用。

开发利用非化石能源是推进能源绿色低碳转型的主要途径。中国把非化石能源放在能源发展优先位置，大力推进低碳能源替代高碳能源、可再生能源替代化石能源。

按照技术进步、成本降低、扩大市场、完善体系的原则，全面推进太阳能多方式、多元化利用。统筹光伏发电的布局与市场消纳，集中式与分布式并举开展光伏发电建设，实施光伏发电"领跑者"计划，采用市场竞争方式配置项目，加快推动光伏发电技术进步和成本降低，光伏产业已成为具有国际竞争力的优势产业。完善光伏发电分布式应用的电网接入等服务机制，推动光伏与农业、养殖、治沙等综合发展，形成多元化光伏发电发展模式。通过示范项目建设推进太阳能热发电产业化发展，为相关产业链的发展提供市场支撑。推动太阳能热利用不断拓展市场领域和利用方式，在工业、商业、公共服务等领域推广集中热水工程，开展太阳能供暖试点。

按照统筹规划、集散并举、陆海齐进、有效利用的原则，在做好风电开发与电力送出和市场消纳衔接的前提下，有序推进风电开发利用和大型风电基地建设。积极开发中东部分散风能资源。积极稳妥发展海上风电。优先发展平价风电项目，推行市场化竞争方式配置风电项目。以风电的规模化开发利用促进风电制造产业发展，风电制造产业的创新能力和国际竞争力的不断提升，以及产业服务体系逐步完善。

坚持生态优先、绿色发展，在做好生态环境保护和移民安置的前提下，科学有序推进水电开发，做到开发与保护并重、建设与管理并重。以西南地区主要河流为重点，有序推进流域大型水电基地建设，合理控制中小水电开发。推进小水电绿色发展，加大对实施河流生态修复的财政投入，促进河流生态健康。完善水电开发移民利益共享政策，坚持水电开发促进地方经济社会发展和移民脱贫致富，努力做到"开发一方资源、发展一方经济、改善一方环境、造福一方百姓"。

中国将核安全作为核电发展的生命线，坚持发展与安全并重，实行安全有序发展核电的方针，加强核电规划、选址、设计、建造、运行和退役等全生命周期管理和监督，坚持采用最先进的技术、最严格的标准发展核电。完善多层次核能、核安全法规标准体系，加强核应急预案和法制、体制、机制建设，形成有效应对核事故的国家核应急能力体系。强化核安保与核材料管制，严格履行核安保与核不扩散国际义务，始终保持着良好的核安保记录。迄今为止正在运行的核电机组总体安全状况良好，未发生国际核事件分级2级及以上的事件或事故。

因地制宜发展生物质能、地热能和海洋能。采用符合环保标准的先进技术发展城镇生活垃圾焚烧发电，推动生物质发电向热电联产转型升级。积极推进生物天然气产业化发展和农村沼气转型升级。坚持不与人争粮、不与粮争地的原则，严格控制燃料乙醇加工产能扩张，重点提升生物柴油产品品质，推进非粮生物液体燃料技术产业化发展。创新地热能开发利用模式，开展地热能城镇集中供暖，建设地热能高效开发利用示范区，有序开展地热能发电。积极推进潮流能、波浪能等海洋能技术研发和示范应用。

全面提升可再生能源利用率。完善可再生能源发电全额保障性收购制度。实施清洁能源消纳行动计划，多措并举促进清洁能源利用。提高电力规划整体协调性，优化电源结构和布局，充分发挥市场调节功能，形成有利于可再生能源利用的体制机制，全面提升电力系统灵活性和调节能力。实行可再生能源电力消纳保障机制，对各省、自治区、直辖市行政区域按年度确定电力消费中可再生能源应达到的最低比重指标，要求电力销售企业和电力用户共同履行可再生能源电力消纳责任。发挥电网优化资源配置平台作用，促进源网荷储互动协调，完善可再生能源电力消纳考核和监管机制。可再生能源电力利用率显著提升，2019年全国平均风电利用率达96%、光伏发电利用率达98%、主要流域水能利用率达96%。

4.清洁高效开发利用化石能源

根据国内资源禀赋，以资源环境承载力为基础，统筹化石能源开发利用与生态环境保护，有序发展先进产能，加快淘汰落后产能，推进煤炭清洁高效利用，提升油气勘探开发力度，促进增储上产，提高油气自给能力。

推进煤炭安全智能绿色开发利用。努力建设集约、安全、高效、清洁的煤炭工业体系。推进煤炭供给侧结构性改革，完善煤炭产能置换政策，加快淘汰落后产能，有序释放优质产能，煤炭开发布局和产能结构大幅优化，大型现代化煤矿成为煤炭生产主体。2016—2019年，累计退出煤炭落后产能9亿吨/年以上。加大安全生产投入，健全安全生产长效机制，加快煤矿机械化、自动化、信息化、智能化建设，全面提升煤矿安全生产效率和安全保障水平。推进大型煤炭基地绿色化开采和改造，发展煤炭洗选加工，发展矿区循环经济，加强矿区生态环境治理，建成一批绿色矿山，资源综合利用水平全面提升。实施煤炭清洁高效利用行动，煤炭消费中发电用途占比进一步提升。煤制油气、低阶煤分质利用等煤炭深加工产业化示范取得积极进展。

坚持清洁高效原则发展火电。推进煤电布局优化和技术升级，积极稳妥化解煤电过剩产能。建立并完善煤电规划建设风险预警机制，严控煤电规划建设，加快淘汰落后产能。截至2019年底，累计淘汰煤电落后产能超过1亿千瓦，煤电装机占总发电装机比重从2012年的65.7%下降至2019年的52%。实施煤电节能减排升级与改造行动，执行更严格能效环保标准。煤电机组发电效率、污染物排放控制达到世界先进水平。合理布局适度发展天然气发电，鼓励在电力负荷中心建设天然气调峰电站，提升电力系统安全保障水平。

加强基础地质调查和资源评价，加强科技创新、产业扶持，促进常规天然气增产，重点突破页岩气、煤层气等非常规天然气勘探开发，推动页岩气规模化开发，增加国内天然气供应。完善非常规天然气产业政策体系，促进页岩气、煤层气开发利用。以四川盆地、鄂尔多斯盆地、塔里木盆地为重点，建成多个百亿立方米级天然气生产基地。2017年以来，每年新增天然气产量超过100亿立方米。

加强国内勘探开发，深化体制机制改革、促进科技研发和新技术应用，加大低品位资源勘探开发力度，推进原油增储上产。发展先进采油技术，提高原油采收率，稳定松辽盆地、渤海湾盆地等东部老油田产量。以新疆地区、鄂尔多斯盆地等为重点，推进西部新油田增储上产。加强渤海、东海和南海等海域近海油气勘探开发，推进深海对外合作，2019年海上油田产量约4000万吨。推进炼油行业转型升级。实施成品油质量升级，提升燃油品质，促进减少机动车尾气污染物排放。

5. 加强能源储运调峰体系建设

统筹发展煤电油气多种能源输运方式，构建互联互通输配网络，打造稳定可靠的储运调峰体系，提升应急保障能力。

持续加强跨省跨区骨干能源输送通道建设，提升能源主要产地与主要消费区域间通达能力，促进区域优势互补、协调发展。提升既有铁路煤炭运输专线的输送能力，持续提升铁路运输比例和煤炭运输效率。推进天然气主干管道与省级管网、液化天然气接收站、储气库间互联互通，加快建设"全国一张网"，初步形成调度灵活、安全可靠的天然气输运体系。稳步推进跨省跨区输电通道建设，扩大西北、华北、东北和西南等区域清洁能源配置范围。完善区域电网主网架，加强省级区域内部电网建设。开展柔性直流输电示范工程建设，积极建设能源互联网，推动构建规模合理、分层分区、安全可靠的电力系统。

建立国家储备与企业储备相结合、战略储备与商业储备并举的能源储备体系，提高石油、天然气和煤炭等储备能力。完善国家石油储备体系，加快石油储备基地建设。建立健全地方政府、供气企业、管输企业、城镇燃气企业各负其责的多层次天然气储气调峰体系。完善以企业社会责任储备为主体、地方政府储备为补充的煤炭储备体系。健全国家大面积停电事件应急机制，全面提升电力供应可靠性和应急保障能力。建立健全与能源储备能力相匹配的输配保障体系，构建规范化的收储、轮换、动用体系，完善决策执行的监管机制。

坚持供给侧与需求侧并重，完善市场机制，加强技术支撑，增强调峰能力，提升能源系统综合利用效率。加快抽水蓄能电站建设，合理布局天然气调峰电站，实施既有燃煤热电联产机组、燃煤发电机组灵活性改造，改善电力系统调峰性能，促进清洁能源消纳。推动储能与新能源发电、电力系统协调优化运行，开展电化学储能等调峰试点。推进天然气储气调峰设施建设，完善天然气储气调峰辅助服务市场化机制，提升天然气调峰能力。完善电价、气价政策，引导电力、天然气用户自主参与调峰、错峰，提升需求侧响应能力。健全电力和天然气负荷可中断、可调节管理体系，挖掘需求侧潜力。

6.支持农村及贫困地区能源发展

落实乡村振兴战略，提高农村生活用能保障水平，让农村居民有更多实实在在的获得感、幸福感和安全感。

加快完善农村能源基础设施，让所有人都能用上电，是全面建成小康社会的基本条件。实施全面解决无电人口问题三年行动计划，2015年底全面解决了无电人口用电问题。中国高度重视农村电网改造升级，着力补齐农村电网发展短板。实施小城镇中心村农网改造升级、平原农村地区机井通电和贫困村通动力电专项工程。2018年起，重点推进深度贫困地区和抵边村寨农网改造升级攻坚。加快天然气支线管网和基础设施建设，扩大管网覆盖范围。在天然气管网未覆盖的地区推进液化天然气、压缩天然气、液化石油气供应网点建设，因地制宜开发利用可再生能源，改善农村供能条件。

能源不仅是经济发展的动力，也是扶贫的重要支撑。中国合理开发利用贫困地区能源资源，积极推进贫困地区重大能源项目建设，提升贫困地区自身"造血"能力，为贫困地区经济发展增添新动能。在革命老区、民族地区、边疆地区、贫困地区优先布局能源开发项目，建设清洁电力外送基地，为所在地区经济增长做出重要贡献。在水电开发建设中，形成了水库移民"搬得出、稳得住、能致富"的可持续发展模式，让贫困人口更多分享资源开发收益。加强财政投入和政策扶持，支持贫困地区发展生物质能、风能、太阳能、小水电等清洁能源。推行多种形式的光伏与农业融合发展模式，实施光伏扶贫工程，建成了成千上万座遍布贫困农村地区的"阳光银行"。

北方地区冬季清洁取暖关系广大人民群众生活，是重大民生工程、民心工程。以保障北方地区广大群众温暖过冬、减少大气污染为立足点，在北方农村地区因地制宜开展清洁取暖。按照企业为主、政府推动、居民可承受的方针，稳妥推进"煤改气""煤改电"，支持利用清洁生物质燃料、地热能、太阳能供暖以及热泵技术应用。截至2019年底，北方农村地区清洁取暖率约31%，比2016年提高21.6个百分点；北方农村地区累计完成散煤替代约2300万户，其中京津冀及周边地区、汾渭平原累计完成散煤清洁化替代约1800万户。

9.2.3 发挥科技创新作用，深化能源体制改革

抓住全球新一轮科技革命与产业变革的机遇，在能源领域大力实施创新驱动发展战略，增强能源科技创新能力，通过技术进步解决能源资源约束、生态环境保护、应对气候变化等重大问题和挑战。充分发挥市场在能源资源配置中的决定性作用，更好发挥政府作用，深化重点领域和关键环节市场化改革，破除妨碍发展的体制机制障碍，着力解决市场体系不完善等问题，为维护国家能源安全、推进能源高质量发展提供制度保障。

1.完善能源科技创新政策顶层设计，建设多元化多层次能源科技创新平台

中国将能源作为国家创新驱动发展战略的重要组成部分，把能源科技创新摆在更加突出的地位。《国家创新驱动发展战略纲要》将安全清洁高效的现代能源技术作为重要战略方向和重点领域。制定能源资源科技创新规划和面向2035年的能源、资源科技发展战略规划，部署了能源科技创新重大举措和重大任务，努力提升科技创新引领和支撑作用。制定能源技术创新规划和《能源技术革命创新行动计划（2016—2030年）》，提出能源技术创新的重点方向和技术路线图。深化能源科技体制改革，形成政府引导、市场主导、企业为主体、社会参与、多方协同的能源技术创新体系。加大重要能源领域和新兴能源产业科技创新投入，加强人才队伍建设，提升各类主体创新能力。

依托骨干企业、科研院所和高校，建成一批高水平能源技术创新平台，有效激发了各类主体的创新活力。布局建设40多个国家重点实验室和一批国家工程研究中心，重点围绕煤炭安全绿色智能开采、可再生能源高效利用、储能与分布式能源等技术方向开展相关研究，促进能源科技进步。布局建设80余个国家能源研发中心和国家能源重点实验室，围绕煤炭、石油、天然气、火电、核电、可再生能源、能源装备重点领域和关键环节开展研究，覆盖当前能源技术创新的重点领域和前沿方向。大型能源企业适应自身发展和行业需要，不断加强科技能力建设，形成若干专业领域、有影响力的研究机构。地方政府结合本地产业优势，采取多种方式加强科研能力建设。在"大众创业、万众创新"政策支持下，各类社会主体积极开展科技创新，形成了众多能源科技创新型企业。

2.开展能源重大领域协同科技创新，依托重大能源工程提升能源技术装备水平

实施重大科技项目和工程，实现能源领域关键技术跨越式发展。聚焦国家重大战略产业化目标，实施油气科技重大专项，重点突破油气地质新理论与高效勘探开发关键技术，开展页岩油、页岩气、天然气水合物等非常规资源经济高效开发技术攻关。实施核电科技重大专项，围绕三代压水堆和四代高温气冷堆技术，开展关键核心技术攻关，持续推进核电自主创新。面向重大共性关键技术，部署开展新能源汽车、智能电网技术与装备、煤矿智能化开采技术与装备、煤炭清洁高效利用与新型节能技术、可再生能源与氢能技术等方面研究。

面向国家重大战略任务，重点部署能源高效洁净利用与转化的物理化学基础研究，推动以基础研究带动应用技术突破。

在全球能源绿色低碳转型发展趋势下，加快传统能源技术装备升级换代，加强新兴能源技术装备自主创新,清洁低碳能源技术水平显著提升。依托重大装备制造和重大示范工程，推动关键能源装备技术攻关、试验示范和推广应用。完善能源装备计量、标准、检测和认证体系，提高重大能源装备研发、设计、制造和成套能力。围绕能源安全供应、清洁能源发展和化石能源清洁高效利用三大方向，着力突破能源装备制造关键技术、材料和零部件等瓶颈，推动全产业链技术创新。开展先进能源技术装备的重大能源示范工程建设，提升煤炭清洁智能采掘洗选、深水和非常规油气勘探开发、油气储运和输送、清洁高效燃煤发电、先进核电、可再生能源发电、燃气轮机、储能、先进电网、煤炭深加工等领域装备的技术水平。

3.构建有效竞争的能源市场，完善主要由市场决定能源价格的机制

大力培育多元市场主体，打破垄断、放宽准入、鼓励竞争，构建统一开放、竞争有序的能源市场体系，着力清除市场壁垒，提高能源资源配置效率和公平性。

培育多元能源市场主体。支持各类市场主体依法平等进入负面清单以外的能源领域，形成多元市场主体共同参与的格局。深化油气勘查开采体制改革，开放油气勘查开采市场，实行勘查区块竞争出让和更加严格的区块退出机制。支持符合条件的企业进口原油。改革油气管网运营机制，实现管输和销售业务分离。稳步推进售电侧改革，有序向社会资本开放配售电业务，深化电网企业主辅分离。积极培育配售电、储能、综合能源服务等新兴市场主体。深化国有能源企业改革，支持非公有制发展，积极稳妥开展能源领域混合所有制改革，激发企业活力动力。

建设统一开放、竞争有序的能源市场体系。根据不同能源品种特点，搭建煤炭、电力、石油和天然气交易平台,促进供需互动。推动建设现代化煤炭市场体系,发展动力煤、炼焦煤、原油期货交易和天然气现货交易。全面放开经营性电力用户发用电计划,建设中长期交易、现货交易等电能量交易和辅助服务交易相结合的电力市场。积极推进全国统一电力市场和全国碳排放权交易市场建设。

按照"管住中间、放开两头"总体思路，稳步放开竞争性领域和竞争性环节的价格，促进价格反映市场供求、引导资源配置;严格政府定价成本监审，推进科学合理定价。

有序放开竞争性环节价格。推动分步实现公益性以外的发售电价格由市场形成，电力用户或售电主体可与发电企业通过市场化方式确定交易价格。进一步深化燃煤发电上网电价机制改革，实行"基准价+上下浮动"的市场化价格机制。稳步推进以竞争性招标方式确定新建风电、光伏发电项目上网电价。推动按照"风险共担、利益共享"原则协商或通过市场化方式形成跨省跨区送电价格。完善成品油价格形成机制,推进天然气价格市场化改革。坚持保基本、促节约原则，全面推行居民阶梯电价、阶梯气价制度。

科学核定自然垄断环节价格。按照"准许成本+合理收益"原则，合理制定电网、天然气管网输配价格。开展两个监管周期输配电定价成本监审和电价核定。强化输配气价格监管,

开展成本监审，构建天然气输配领域全环节价格监管体系。

4.创新能源科学管理和优化服务

进一步转变政府职能，简政放权、放管结合、优化服务，着力打造服务型政府。发挥能源战略规划和宏观政策导向作用，集中力量办大事。强化能源市场监管，提升监管效能，促进各类市场主体公平竞争。坚持人民至上、生命至上理念，牢牢守住能源安全生产底线。

激发市场主体活力。深化能源"放管服"改革，减少中央政府层面能源项目核准，将部分能源项目审批核准权限下放到地方，取消可由市场主体自主决策的能源项目审批。减少前置审批事项，降低市场准入门槛，加强和规范事中事后监管。提升"获得电力"服务水平，压减办电时间、环节和成本。推行"互联网+政务"服务，推进能源政务服务事项"一窗受理""应进必进"，提升"一站式"服务水平。

引导资源配置方向。制定实施《能源生产和消费革命战略（2016 － 2030）》以及能源发展规划和系列专项规划、行动计划，明确能源发展的总体目标和重点任务，引导社会主体的投资方向。完善能源领域财政、税收、产业和投融资政策，全面实施原油、天然气、煤炭资源税从价计征，提高成品油消费税，引导市场主体合理开发利用能源资源。构建绿色金融正向激励体系，推广新能源汽车，发展清洁能源。支持大宗能源商品贸易人民币计价结算。

促进市场公平竞争。理顺能源监管职责关系，逐步实现电力监管向综合能源监管转型。严格电力交易、调度、供电服务和市场秩序监管，强化电网公平接入、电网投资行为、成本及投资运行效率监管。加强油气管网设施公平开放监管，推进油气管网设施企业信息公开，提高油气管网设施利用率。全面推行"双随机、一公开"监管，提高监管的公平公正性。加强能源行业信用体系建设，依法依规建立严重失信主体名单制度，实施失信惩戒，提升信用监管效能。包容审慎监管新兴业态，促进新动能发展壮大。畅通能源监管热线，发挥社会监督作用。

筑牢安全生产底线。健全煤矿安全生产责任体系，提高煤矿安全监管监察执法效能，建设煤矿安全生产标准化管理体系，增强防灾治灾能力，煤矿安全生产形势总体好转。落实电力安全企业主体责任、行业监管责任和属地管理责任，提升电力系统网络安全监督管理，加强电力建设工程施工安全监管和质量监督，电力系统安全风险总体可控，未发生大面积停电事故。加强油气全产业链安全监管，油气安全生产形势保持稳定。持续强化核安全监管体系建设，提高核安全监管能力，核电厂和研究堆总体安全状况良好，在建工程建造质量整体受控。

9.3　辽宁省清洁能源消纳工程技术案例分析

清洁能源装机及机组运行特性、用电负荷特性及负荷预测、各类型机组发电成本分析、未来几年清洁能源消纳特点分析是本节介绍的主要内容。

9.3.1 清洁能源装机及机组运行特性

1.风电装机及运行特性

1)风电装机

截至2018年底，辽宁省风电装机容量为760.74万千瓦，同比增长7.1%；"十三五"以来风电装机增速放缓，共增长121.9万千瓦，年均增长6.0%，装机占比基本维持在15%左右。

由于受地形的影响，辽东半岛西侧渤海沿岸、辽北地区中部、辽西地区的风能较为丰富，辽宁省风电装机主要分布在辽宁省西部、北部地区和沿海地区，其中铁岭、朝阳、阜新、锦州地区风电占辽宁省风电总装机的70%以上。

2)运行特性

辽宁省地区每年春季（3—5月）、秋季（10—11月）为大风月，冬季（12月至来年2月）次之，夏季（6—9月）风力最小，发电量仅为最大风月的30%～50%。辽宁电网大风期与供暖期处同一时期（主要集中在11月至来年4月，除4月外，其余均为供暖期），冬季供暖期负荷峰谷差大，受供暖影响，火电调峰能力下降，电网风电消纳能力不足，约占总弃风电量的80%。春、秋与夏季负荷峰谷差减小，火电机组调峰能力增强，电网风电消纳能力大幅提升。

2018年辽宁省电网风电日最大接纳电力576万千瓦，占全省供电负荷的25.14%（12月2日）；日最大接纳电量1.197亿千瓦·时，占当日全口径用电量的23.86%（4月17日）。受辽宁省负荷快速增长，鲁固直流输送电力增加、火电机组陆续完成灵活性改造等因素影响，新能源消纳水平有了较大提升，2018年辽宁省风电利用小时为2169小时，弃风率为0.97%。

2.光伏装机及运行特性

1)光伏装机

截至2018年底，辽宁省光伏装机容量为302.0万千瓦，同比增长35.7%；在国家产业政策的引导下，"十三五"前两年光伏装机呈现爆发式增长，年均增长270%；随着政策的调控，2018年光伏发展势头放缓，装机增速仅为35.7%。"十三五"以来光伏装机容量共增长285.7万千瓦，装机占比由2015年的0.4%迅速增长至2018年的5.8%。目前，辽宁省光伏装机容量已超出国家能源局2020年250万千瓦的规划装机规模。

2)运行特性

辽宁省年太阳能总辐射量平均值约为5000兆焦/平方米，年日照小时数为2100～2600小时。加之大陆季风性气候的规律性，历年变化相对平稳，各年代呈小幅波动：春夏季好，秋冬季差，5月份最好，12月份最差。根据典型日出力曲线，光伏发电9—18点出力较大，呈标准抛物线分布。

从地域分布来看，辽宁省除东部山区外，总体上属于太阳能资源比较丰富地区，由东向西逐渐增加。尤其是整个朝阳地区以及盘锦、营口、大连的沿海地带，太阳能资源最为丰富。

2018年辽宁电网光伏日最大接纳电力183万千瓦，占全省供电负荷的7.99%（9月9日）；日最大接纳电量1331万千瓦·时，占当日全口径用电量的2.65%（9月8日）。2018年辽宁电网太阳能利用小时为1057小时，没有弃光情况发生。

3.核电装机及运行特性

1）核电装机

辽宁红沿河核电站规划建设6台百万千瓦级核电机组,其中一期规模为4台111.8万千瓦机组,首台核电机组于2013年6月6日投入商业运行,2016年4台机组全部投运,总装机447.2万千瓦。二期红沿河5、6号机组计划2021年、2022年投运,总装机容量为223.8万千瓦。

2）运行特性

辽宁红沿河核电站是压水堆核电站,在实际操作中功率渐增每分钟不得超过额定功率的5%,阶跃一次不得超过额定功率的10%;在更换新燃料或长期停堆后重新起动的情况下功率增长限制为每小时额定功率的3%;功率密度高、结构紧凑、安全易控。

辽宁红沿河机组在2015年11月—2016年5月期间,进行日调峰运行13台次,日调峰运行能力论证和安全分析已经在最终安全分析报告和相关核设计报告中完成,并得到国家核安全局批准。但核电机组长时间降负荷运行对堆芯安全、燃料包壳应力、机组稳定控制等均有不利影响,并且将会产生大量硼废水,增加了环境影响及处理成本;此外,在国家发展改革委2019年6月下发的《国家发展和改革委员会关于全面放开经营性电力用户发用电计划的通知》中提出:核电机组发电量纳入优先发电计划,按照偶先发电优先购电计划管理有关工作。从政策上促进核电按基本负荷方式运行,确保核电满发、多发。

2018年红沿河核电利用小时达到6739小时,同比增加1466小时。2018年一季度供暖期,核电机组三台机运行,4—5月大风期,考虑核燃料不足安排一台机器停运、一台机检修;6月份起,随着500千伏红南二线送电,期间除4号机组检修换料外,核电机组至11—12月供暖期均保持四台机组连续运行。

9.3.2　用电负荷特性及负荷预测

1.用电负荷特性

辽宁电网负荷呈现明显的季节性特点,从年负荷曲线来看,冬季负荷一般高于夏季负荷。2018年夏季出现极端高温天气,不同于往年,全年最大负荷出现在夏季,迎峰度夏期间负荷明显高于往年。综合考虑辽宁地区在负荷特性方面仍是以采暖为主,降温为辅。每年有7—8月迎峰度夏和11—12月冬季供暖两个尖峰,峰谷差为500万～600万千瓦;5—6月份春夏交替期间电网供电负荷最小,峰谷差为300万～400万千瓦。

2018年,辽宁电网调度最大用电负荷为2918万千瓦,同比增长6.96%,发生在8月3日,创历史新高。

2018年夏季典型日(2018-7-4星期三)的日最高负荷为2458万千瓦;2017年夏季典型日(2017-7-14星期五)的日最高负荷为2382万千瓦。

2018年冬季典型日(2018-12-19星期三)的日最高负荷为2645万千瓦;2017年冬季典型日(2017-12-15星期五)的日最高负荷为2529万千瓦。

从典型日负荷曲线可以看出:辽宁由于高耗能产业夜间用电抬高基荷,因此负荷变化幅度不大，相对平稳。其中夏季负荷有三个高峰，第一个高峰时段为9：00—11：00，此时段各公司、工厂开始开工，商场开始营业。第二个高峰时间段为14：00—17：00，此时段为下午工作时段。第三个高峰时间段为21：00—23：00，此时间段电解铝、电熔镁等高耗能产业工厂开始工作。一个低谷时间段2：00—4：00，低谷不明显。冬季负荷曲线与夏季负荷曲线相比，从高峰时段来看，17：00—19：00出现高峰主要是因为辽宁作为高纬度地区冬季日落时间较早而产生的照明负荷。

2. 负荷预测方法

截至2019年5月底，辽宁省全社会累计最大用电负荷3300万千瓦，同比增长4.86%；辽宁省全社会用电量累计984.51亿千瓦·时，同比增长5.02%。从2019年来辽宁省全社会用电量和全社会最大用电负荷增长情况来看，未来其仍将呈现稳步增长态势。

采用点负荷+自然增长法、弹性系数法和行业用电量占比预测法三种方法对2020—2025年辽宁省全社会用电量和最大负荷进行预测。

预测2020年全社会用电量和最大负荷分别为2563亿千瓦·时和3810万千瓦。2025年分别达到3358亿千瓦·时和5099万千瓦。"十三五"期间全社会用电量和最大负荷增速分别为5.24%和6.99%，"十四五"期间增速分别为5.55%和6.00%。

3. 清洁能源装机预测

1）调峰平衡边界条件

（1）根据辽宁省实际供热情况，考虑11—3月为供暖期，其中12—2月为供暖中期。

（2）低谷负荷按照2019—2020年均增长率6.2%，2021—2022年均增长率5%，2023—2025年均增长率4.5%，午间腰荷高于低谷负荷200万千瓦计算。

（3）抽水蓄能机组最小出力按-100%考虑。蒲石河抽水蓄能电站120万千瓦容量分配辽宁电网56万千瓦。建设中的180万千瓦清原抽水蓄能电站预计2024年开机容量60万千瓦，2025年按额定容量运行。

（4）省调火电机组开机容量：以2018年最小开机方式为基础，按新增火电装机70%考虑。

（5）火电机组最小发电出力综合考虑《东北区域火电厂最小运行方式（2019）》，以及火电机组参与辅助市场调峰实际运行情况，按调峰39%～45%区间进行计算。

（6）省间送受电规模：联络线低谷（腰荷）受入电力按尖峰电力80%计算，即供暖初末期640万千瓦，供暖中期672万千瓦容量。

（7）红沿河核电站一期4台核电机组供暖中期按满功率运行，二期两台核电从2022年起投运一台，2024年起两台运行。

（8）供热燃煤机组、核电机组和联络线低谷受入电力考虑98.73%的线损率。

（9）2018年省内完成灵活性改造的火电机组初步估算增加电网调峰能力94千瓦；预计2019年完成所有灵活性改造将新增电网调峰能力144万千瓦。

（10）对设计水平年（2019—2025年）供暖中期进行调峰平衡计算。

2）风电装机容量预测

按照前述边界条件进行风电调峰平衡计算。

按照弃风率1%、5%计算：

（1）2019年辽宁电网可接纳风电装机容量分别为680万千瓦和943万千瓦。

（2）2020年辽宁电网可接纳风电装机容量分别为755万千瓦和1048万千瓦。

（3）2025年辽宁电网可接纳风电装机容量分别为1308万千瓦和1814万千瓦。

3）光伏装机容量预测

按照前述边界条件进行调峰平衡计算。

按照不弃光计算：

（1）2019年，辽宁电网最大可接纳光伏装机容量为426万千瓦；

（2）2020年，辽宁电网最大可接纳光伏装机容量为427万千瓦；

（3）2025年，辽宁电网最大可接纳光伏装机容量为435万千瓦。

按照弃光率1%、5%计算：

（1）2019年，辽宁电网最大可接纳光伏装机容量分别为454万千瓦和524万千瓦；

（2）2020年，辽宁电网最大可接纳光伏装机容量分别为456万千瓦和526万千瓦；

（3）2025年，辽宁电网最大可接纳光伏装机容量分别为464万千瓦和535万千瓦。

9.3.3　各类型机组发电成本分析

1.风电发电成本

风电机组发电成本包括初始投资成本和运维成本。初始投资成本约占总成本的70%左右，运维成本在风电设备使用初期约占项目总成本的10%～15%；随着风电机组运行年限的增加，越来越多的风电机组出现诸如漏油等设备故障，在接近风电机组使用寿命时，其运维成本约占项目总成本的20%～35%。据研究报告显示，2018年中国陆上风电的成本为0.41元/千瓦·时，并有望在2023年降低至0.33元/千瓦·时。

另外，考虑到我国的海域面积和海岸线长度优势，海上风电会是未来风电发展的重点方向。2018年中国海上的风电成本为0.5元/千瓦·时，并有望在2023年降低至0.41元/千瓦·时。

1）投资建设成本

投资建设成本主要包括风机购置费、安装工程费、建筑工程费、建设期贷款利息费、预备费等其他费用，其中风电机组购置费主要包括购买风力发电设备、升压站主变及配套设备、控制保护设备及其他设备的价格、投标采购途中产生的费用，一般为初始投资的65%～75%。

2）运行和维护成本

运维成本主要由运行成本、维护成本、故障成本三个部分组成。运行成本指的是风电场运行期间所花费用的综合，包括管理费用、保险费用、材料费用。维护成本具体指对风电机组进行日常保养、检修以及对其零部件的替换，在不中断发电的情况下，对设备的测试和专业大修理花费的费用。故障成本产生的原因是风电场所在地极端风速变化，导致设备的组件非正常运行，组件出现故障产生故障维修费和故障损失费。

2.光伏发电成本

光伏发电项目发电成本包括初始投资成本和运维成本。初始投资成本包括光伏组件成本、基础建设成本、土地租赁费用、安装费用等，运行维护成本包括员工薪酬、零件耗材、日常维护管理等，以及财务费用和税费。根据研究报告显示，2018年中国集中式光伏电站的度电成本为0.43元/千瓦·时，并有望在2023年降低至0.32元/千瓦·时。

1）投资建设成本

光伏发电的投资建设成本主要包括光伏组件成本、基础建设成本、土地购置费用、安装费用等成本以及贷款利息和税费等财务费用，其中光伏组件占光伏系统成本比例达到50%～60%。

2）运行和维护成本

运维成本是光伏发电站运营期内产生的光伏电站管理与维护费用，因光伏发电站的运营中不需要购买发电原材料，耗材为逆变器及控制器低成本设备，因此通常一个10兆瓦并网光伏发电站仅需要3～7名运行维护人员，光伏发电站的运行维护成本仅占年均投资成本的2%左右。

3.核电发电成本

我国核电机组发电成本的构成要素及其比例包括投资建设成本（约占总成本的65%，含建设贷款利息）、燃料成本（约占总成本的20%）、运行维护成本（约为15%）。此外，核电机组发电成本构成有其特殊性，如退役成本和乏燃料处置成本等强制性成本。与此同时，核发电技术仍处在不断更新换代的发展进程中，不同技术路线的核电站成本差异也较大。根据国际能源署（IEA）和核电能源机构（NEA）联合发布的关于平准化发电成本（LCOE）的调查报告显示，2018年中国核电度电发电成本为每千瓦·时3.7～4.8美分（折合人民币为0.25～0.32元/千瓦·时）。

1）投资建设成本

目前，核电技术仍处在不断发展变化的过程中，因此，不同技术路线的核电建设成本差异较大。我国新建核电（M310）机组单位千瓦静态投资大约在10 000～14 000元之间，第三代核电（AP1000、华龙一号）机组首堆单位千瓦静态投资约在18 000元左右（可行性研究阶段），批量化、国产化后将力争控制在15 000元以内。

2）燃料成本

相对于煤电、油电、气电等发电形式，较为低廉的燃料成本是核电吸引投资者的主要原因之一。核电的燃料成本仅约为煤电的1/3，约为天然气发电（联合循环机组）的1/4或1/5。

3）运行和维护成本

核电机组的运行维护成本（不含燃料费）占总发电成本的比重较小，往往容易被忽视。

绝大部分运行维护成本为固定成本，不会随着发电量的改变而发生明显的变化。

4）退役和乏燃料处置成本

退役和乏燃料处置成本通常被分别计入投资建设成本和燃料成本中。核电退役成本是指核电机组在运营期满，退出运行后，为保证退出运行的核反应堆安全可靠所必须的资金投入。国际核能协会（WNA）报告显示退役资金约占核电站初始投资的9%～15%，目前国内核电机组一般按项目总投资的10%计提。

乏燃料处置成本应当包括核燃料反应过程中产生的放射性废料以及使用过的核燃料的储存和管理成本。目前我国的征收标准是0.026元千瓦·时。

4.市场化交易情况

2018年核电基数小时数为4200小时，较2016年下降700小时，降幅为14.3%，较2017年上升435小时。2018年风电基数小时数为1452小时，较2016年下降356小时，降幅为19.7%，较2017年下降9小时，降幅为0.6%。

1）电力直接交易

组织电供暖交易2次，成交100笔，成交电量7亿千瓦·时，总供热面积约700万平方米，参与的均为核电和风电企业。

2）送华北和鲁固直流送电交易

2018年共组织4次省内发电企业参与送华北跨区交易，辽宁电网中标电量为58.26亿千瓦·时，占全部电量的28.99%，其中火电中标35.53亿千瓦·时，核电中标9.92亿千瓦·时，风电中标12.81亿千瓦·时。组织20次省内风电企业参与鲁固特高压调试送电交易，中标电量15.45亿千瓦·时。

送华北交易辽宁发电企业中标电量占交易总量的28.99%，比2017年低5.97个百分点；鲁固直流送电交易辽宁发电企业中标电量占总成交电量的9.65%，远低于装机占比。由于省内电价较高，清洁能源参与跨区消纳意愿不强。

9.3.4　未来几年清洁能源消纳特点分析

1.电源结构清洁化发展

1）清洁能源占比稳步增长

2019—2025年清洁能源装机总容量及占比情况：2019—2025年新能源装机增长空间为1677.7万千瓦，占比增长8个百分点，至2025年清洁能源装机占比达到43.63%。其中风电、光伏装机容量及占比情况：2019—2025年风电、光伏装机增长空间为1195.9万千瓦，占比增长5.78个百分点，至2025年达到30.99%。

2）风电占比逐年提升

风电装机总容量及占比情况：2019—2025年风电装机增长空间为1053万千瓦，占比增长6.95个百分点。其中2019—2024年增幅较小，年均增长1.04%，2025年由于清原抽水蓄能电站满功率投运，因此增幅为1.75%。

3）光伏占比有所回落

光伏装机总容量及占比情况：2019—2025年光伏装机增长空间为142.9万千瓦，占比在2020年达到巅峰9.20%后逐年下降，至2025年低至6.31%。

2.清洁能源装机分布区域差异明显

受风电、光伏电平价上网政策的影响，在市场自由程度逐步增加的背景下，风电、光伏电站投资商对于全网的风电、光伏电站分布不具备充分的全局性掌握，风电新增装机将继续集中在风资源条件较好的朝阳、阜新等辽西北地区；光伏新增装机则分布在朝阳地区以及盘锦、营口、大连的沿海地带。风电、光伏新增装机将带来更大的电源送出压力，对清洁能源接入后电网企业的网架完善和送出通道建设提出了新的要求。

3.分布式能源迅速发展

在能源转型的背景下，通过能源互联网平台实现碎片化能源的绿色、高效协同，同时考虑辽宁省内部的风、光电源集中分布造成的网架约束和电源送出压力，持续发展可就地消纳电力的分布式光伏和分散式风电等分布式能源是能源转型的重要方向。

当前政策鼓励不需要国家补贴、平价上网的分布式光伏项目，而根据国家能源局发布的《分散式风电项目开发建设暂行管理办法》（国能发新能〔2018〕30号），鼓励各类企业及个人作为项目单位，在符合土地利用总规划的前提下，投资、建设、经营分布式风电项目。同时要意识到的是，分布式风电由于风机覆冰、噪声、动植物影响等环境影响评价限制，审批难度比分布式光伏发电大，且运维技术专业化要求更高。但是与分布式光伏发电新增用户无补贴相比，分布式风电上网电量所在地风电标杆上网电价与燃煤机组标杆上网电价差额部分由可再生能源发展基金补贴，以及与无补贴收益率大幅下降的相比，分布式风电内部收益率（IRR）可达10%左右，有一定的投资前景。

4.保持新能源高水平消纳

积极打造坚强智能电网，发挥国家电网大电网调剂优势，在电力市场环境下保持新能源消纳水平。充分发挥特高压鲁固直流、高岭直流跨区输电能力，实现省内过剩的新能源跨区消纳。同时在调度技术支持系统、火电机组灵活性改造、电网运行方式优化、完善辅助服务市场、储能储热新技术等方面再创佳绩，为新能源消纳提供技术支撑。

5.市场化政策加重消纳压力

市场化政策加重消纳压力，以下是清洁能源消纳相关政策要求。

（1）《国家发展改革委 国家能源局关于建立健全可再生能源电力消纳保障机制的通知》（发改能源〔2019〕807号）要求：电网企业承担经营区消纳责任权重实施的责任。

（2）《国家发展改革委办公厅 国家能源局综合司关于公布2019年第一批风电、光伏发电平价上网项目的通知》（发改办能源〔2019〕594号）要求：电网企业应确保平价上网项目所发电量全额上网。

（3）《国家发展改革委关于完善光伏发电上网电价机制有关问题的通知》（发改价格

〔2019〕761号）、《国家发展改革委关于完善风电上网电价政策的通知》（发改价格〔2019〕882号）要求：完善上网电价机制，将现行的可再生能源发电上网标杆电价改为指导价，同时下调风电、光伏发电指导价并设定补贴关门时间。

（4）《国家发展改革委关于全面放开经营性电力用户发用电计划的通知》（发改运行〔2019〕1105号）要求：重点考虑核电、水电、风电太阳能等发电清洁能源的保障性收购。核电机组发电量纳入优先发电计划并对平价上网项目和低价上网项目，将全部点亮纳入优先发电计划予以保障。

（5）国家发展改革委国家能源局关于印发《清洁能源消纳行动计划（2018—2020年）》的通知，发改能源规〔2018〕1575号要求：以促进能源生产和消费革命、推进能源产业结构调整、推动清洁能源消纳为核心，贯彻"清洁低碳、安全高效"方针，形成政府引导、企业实施、市场推动、公众参与的清洁能源消纳新机制，清洁能源消纳取得显著成效。

根据以上政策要求，由电网企业承担经营区消纳责任权重实施的责任、确保平价上网项目所发电量全额上网以及对风电光伏平价上网和低价上网项目全部电量纳入优先发电计划的政策要求可能造成新能源发电项目投资商忽略市场风险和区域消纳能力盲目投资，同时明确风电项目补贴退坡时间的情况下，可能造成"抢装潮"。而将核电机组发电量纳入优先发电计划使得核电不再参与电网调峰，使得清洁能源消纳面临更大的压力。

6.主要结论和建议

（1）2020年全社会用电量和最大负荷分别为2563亿千瓦·时和3810万千瓦。2025年分别达到3358亿千瓦·时和5099万千瓦。"十三五"期间电量和电力增速分别为5.2%和7.0%，"十四五"期间增速分别为5.6%和6.0%。

（2）2017年全球陆上风电的度电成本已低至每千瓦·时6.7美分（折合人民币0.45元/千瓦·时）；2017年全球光伏度电成本已低至每千瓦·时8.6美分（折合人民币0.58元/千瓦·时）；2018年中国核电度电发电成本为每千瓦·时3.7美分～4.8美分（折合人民币0.25～0.32元/千瓦·时）。

（3）从清洁能源市场交易情况看，采取市场化交易方式组织清洁电力外送，辽宁省没有价格优势，电源外送意愿不高，如果维持现有方式，辽宁省清洁电力外送不足的情况或将长期存在。

（4）辽宁省与其他有核电省份在经济总量、发展速度、发展质量等各方面均存在较大的差距，用电市场增速总体仍然较为缓慢。同时，辽宁省也是唯一有着长达5个月供暖期的省份，全省供热机组装机占比高达44%，风电装机占比在7个核电省份中最大，因此近年来辽宁省核电利用小时数偏低。未来几年辽宁省在电源结构清洁化发展的同时，40%以上的清洁能源装机占比将给电网安全运行和清洁能源消纳带来更大的压力，为保证弃风率和弃光率指标，2025年之前辽宁省核电总体消纳能力和发电小时水平仍将落后于其他省份。

（5）可再生能源电力消纳责任权重，风电、光伏平价上网，清洁能源保障性收购等政策在放开风、光发电市场的同时，对清洁能源消纳提出了更高的要求。

（6）点负荷+自然增长法。辽宁省用电历史数据表明，2010—2018年间，第一产业电量增速为5.0%；第二产业增速为2.7%；第三产业增速为8.6%；居民生活用电增速为5.3%。

预计"十四五"期间第一产业增速为5.0%，除去大型点负荷外的第二产业增速为1%、第三产业增速为8.6%、居民生活用电增速为5.3%。

预计"十四五"期间投产的大型点负荷主要有营口忠旺三期和四期项目共210万千瓦、石钢京诚20万千瓦、五矿中板43.3万千瓦，大连富力制镍项目44.9万千瓦，盘锦忠旺120万吨板带铂12万千瓦、宝来化工90万千瓦、华锦兵器86.3万千瓦、浩业化工三期25.1万千瓦，葫芦岛忠旺铝加工项目17万千瓦，辽阳石化百万吨乙烯项目12万千瓦，鞍山菱镁产业基地80万千瓦，共640.6万千瓦负荷。

预计"十四五"期间新增795亿千瓦·时电量，其中第一产业增加约11亿千瓦·时、除去大型点负荷外第二产业增加86亿千瓦·时、点负荷增加电量402亿千瓦·时、第三产业增加209亿千瓦·时、城乡居民生活用电增加89亿千瓦·时。

2011年辽宁省最大负荷利用小时数为7458小时，2017年达到为6823小时，减少635小时。随着产业结构不断调整升级，第三产业和居民生活用电量将保持较快增速，兼顾第二产业比重高的特点，对历史最大负荷利用小时数采用趋势外推曲线拟合方法进行预测。预计现在至"十四五"末期，辽宁省未来最大负荷利用小时数将呈现逐步降低趋势，"十三五"期间总体在6800小时左右，"十四五"期间将进一步降低至6500小时，以此作为测算全社会最大用电负荷的依据。

（7）弹性系数预测法。从辽宁省用电量历史增长情况来看，目前用电量处于第三个周期上升阶段。结合未来经济上行的宏观环境，未来五年用电需求将保持良好增长态势。用电量增长率有望达到全国平均水平（2018年全国用电量增速为8.5%）。

我国弹性系数发展规律及工业化初期弹性系数较低；随着工业化进程推进，用电量增速将超过GDP增速，电力弹性系数升高，经济发展遭遇瓶颈；工业化后期供给侧结构性改革深入推进，产业结构调整初见成效，企业转型升级加快，单位GDP耗电量将呈下降趋势，电力弹性系数也随之下降。

2018年全国电力消费弹性系数为1.29，辽宁省电力弹性系数为1.16，处于工业化中期经济发展遭遇瓶颈，亟待转型升级的阶段。综合考虑全国经济环境及辽宁省实际情况，预计"十四五"期间辽宁省平均电力消费弹性系数约为1.04，经济增速将保持在6%左右，用电量增速将达到6.25%左右，预计2025年全社会用电量将达到3530亿千瓦·时。

第10章 电力物联网工程技术原理与应用

电力物联网工程基本理论、电力物联网工程技术在电网中的应用、电力物联网在电网企业应用分析是本章介绍的主要内容。

10.1 电力物联网工程基本理论

物联网工程技术基础知识、电力物联网基本概念、互联网与物联网比较分析是本节介绍的主要内容。

10.1.1 物联网工程技术基础知识

1. 物联网的基本概念

物联网是在"互联网概念"的基础上将其用户端延伸和扩展到任何物品与物品之间，进行信息交换和通信的一种网络。物联网的定义是：通过射频识别（RFID）、红外感应器、全球定位系统、激光扫描器等信息传感设备，按约定的协议，把任何物品与互联网相连接，进行信息交换和通信，以实现智能化识别、定位、跟踪、监控和管理的一种网络。自2009年物联网被正式列为国家五大新兴战略性产业之一，写入政府工作报告，物联网在中国受到了全社会极大的关注，其受关注程度是在美国、欧盟，以及其他各国不可比拟的。

我国对物联网有着最简洁的定义：物联网指的是将无处不在的末端设备和设施，包括具备"内在智能"的传感器、移动终端、工业系统、楼控系统、家庭智能设施、视频监控系统等，和"外在使能"的，如贴上RFID的各种资产、携带无线终端的个人与车辆等"智能化物件或动物"或"智能尘埃"，通过各种无线或有线的长距离或短距离通信网络实现互联互通、应用大集成以及基于云计算的SaaS营运等模式，在内网、外联网或互联网环境下，采用适当的信息安全保障机制，提供安全可控乃至个性化的实时在线监测、定位追溯、报警联动、调度指挥、预案管理、远程控制、安全防范、远程维保、在线升级、统计报表、决策支持、领导桌面等管理和服务功能，实现对"万物"的"高效、节能、安全、环保"的"管、控、营"一体化。可以将物联网定义理解为把所有物品通过信息传感设备与互联网连接起来，以实现智能化识别和管理。

从发展趋势看，物联网成为新的生产消费模式，所产生的海量数据已成为新的生产资料，并带动社会资源广泛参与，日益成为价值再造的核心要素与经济发展的新动能。从技术角度看，物联网应用存在三种形态，一是数据单向采集，二是"采集+集中控制"，三是"采集+集中控制+区域自治"。从生态角度看，物联网逐步从"垂直封闭"模式向"水平开放"模式转变，包括以资源共享为特征的一次水平化和以能力开放为特征的二次水平化。

2. 全球范围内物联网的产业实践方向

全球范围内物联网的产业实践集中于三大方向：

第一个实践方向被称作"智慧尘埃"，主张实现各类传感器设备的互联互通，形成智能化功能的网络。

第二个实践方向即是广为人知的基于 RFID 技术的物流网，主张通过对物品的标识，强化物流及物流信息的管理，同时通过信息整合，形成智能信息挖掘。

第三个实践方向被称作数据"泛在聚合"意义上的物联网，认为互联网造就了庞大的数据海洋，应通过对其中每个数据进行属性的精确标识，全面实现数据的资源化，这既是互联网深入发展的必然要求，也是物联网的使命所在。

比较而言，"智慧尘埃"意义上的物联网属于工业总线的泛化。这样的产业实践自从机电一体化和工业信息化以来，实际上在工业生产中从未停止过，只是那时不叫物联网而是叫工业总线。这种意义上的物联网将因传感技术、各类局域网通信技术的发展，依据其内在的科学技术规律，坚实而稳步地向前进，并不会因为人为的一场运动而加快发展速度。

RFID 意义上的物联网，所依据的 EPC Global（一个中立的、非赢利性标准化组织的标准）在推出时，即被定义为未来物联网的核心标准，但是此标准及其唯一的方法 RFID 电子标签固有的局限性，使它难以真正指向物联网所提倡的智慧星球。原因在于，物和物之间的联系所能告知人们的信息是非常有限的，而物的状态与状态之间的联系，才能使人们真正挖掘事物之间普遍存在的各种联系，从而获取新的认知，获取新的智慧。

"泛在聚合"即是要实现互联网所造就的无所不在的浩瀚数据海洋，实现彼此相识即意义上的聚合。这些数据既代表物，也代表物的状态，甚至代表人工定义的各类概念。数据的"泛在聚合"将能使人们极为方便的任意检索所需的各类数据，在各种数学分析模型的帮助下，不断挖掘这些数据所代表的事务之间普遍存在的复杂联系，从而实现人类对周边世界认知能力的革命性飞跃。

物联网领域关键技术涉及感知类、网络通信类、平台应用类及信息安全类等，其已广泛应用于制造、金融、互联网等多个行业，电力行业仍需要借助这些关键技术支撑业务的发展。

1）感知类技术

电力行业加强智能传感方向的创新研究势在必行，将围绕传感与采集技术、传感器技术、边缘物联代理技术、智能终端技术等智能传感关键技术来探讨智能传感技术在电力行业的应用。

2）网络通信技术

为支撑海量数据的实时接入和传输需求，建设"高带宽、低时延、广覆盖、大连接"的一体化泛在通信网，需要进一步加强传输网技术、数据网技术、接入网技术及卫星网技术的建设与应用。

3）平台应用技术

未来系统建设应立足现有电网实体与通信技术，将不同能源系统物理互联、时空信息互联、商业互联相融合，打造以平台服务和数据共享为核心的平台层。借助云计算、数据中台及物联管理平台等技术支撑平台方面的能力建设，解决部门交流协同问题，从源端统一数据管理，实现跨部门、跨专业数据共享业务流程贯通，支撑企业多样化、个性化的业务应用。

4）安全防护技术

安全防护技术一方面可以保证系统连续、可靠和正常地运行，服务不会中断，另一方面可使物联网系统中的软件、硬件和系统中的数据受到保护，不受人为的恶意攻击、破坏和更改。由于感知信息的多样性、网络环境的复杂性和应用需求的多样性，使其安全面临新的严峻的考验，加强安全防护的建设与应用势在必行。

10.1.2 电力物联网基本概念

电力物联网（SG-eIoT）实时连接电力公司能源生产、传输、消费各环节设备、客户、数据，与智能电网不可分割、深度融合，共同构成能源互联网，承载电网业务和新兴业务，为公司以互联网思维开展新业务、新业态、新模式，"再造一个国网"奠定物质基础，推动电力公司从电网企业向"三型"（"三型"指枢纽型、平台型、共享型）能源互联网企业转型。

电力物联网是建设世界一流能源互联网企业的重要物质基础，是与智能电网协同并进、相辅相成、融合发展，具有智慧化、多元化、生态化特征的公司"第二张网"，是多方参与、合作共赢、开放共享的产业生态，是"三型"现代企业的核心支撑体系，支撑管理创新、业务创新、业态创新和新的更高水平的价值创造。

泛在物联是指任何时间、任何地点、任何人、任何物之间的信息连接和交互。电力物联网是泛在物联网在电力行业的具体表现形式和应用落地；不仅是技术的变革，更是管理思维的提升和管理理念的创新，对内重点是质效提升，对外重点是融通发展。

"泛在"除了表现为全面感知外，还指全时空人与物的互联互通，体现电力物联网的广覆盖、大连接的特性。但目前卫星通信连接技术在带宽和时延方面仍存在不足，往返时延及偏差大等问题都制约了卫星通信技术在电网中的应用。因此，开发卫星通信的新协议技术，与其他通信网络融合形成"空—天—地"一体化通信系统，将促进广域互联电网的大数据采集、传输和在各个专业领域的开放共用。

充分应用"大云物移智链"等现代信息技术、先进通信技术，实现电力系统各个环节万物互联、人机交互，大力提升数据自动采集、自动获取、灵活应用能力，对内实现"数据一个源、电网一张图、业务一条线""一网通办、全程透明"，对外广泛连接内外部、上下游资源和需求，打造能源互联网生态圈，适应社会形态、打造行业生态、培育新兴业态，支撑"三型两网（"两网"指电力物联网和智能电网）、世界一流"能源互联网企业建设。

电力物联网将电力用户及其设备、电网企业及其设备、发电企业及其设备、供应商及其设备，以及人和物连接起来，产生共享数据，为用户、电网、发电企业、供应商和政府、社会服务；以电网为枢纽，发挥平台和共享作用，为全行业和更多市场主体发展创造更大机遇，提供价值服务。为此，需加快电力物联网建设，在现有基础上，从全息感知、泛在连接、开放共享、融合创新四个方面进行提升，支撑"三型两网、世界一流"的战略目标。

具体来说，一方面，需要将没有连接的设备、客户连接起来，没有贯通的业务贯通起来，没有共享的数据即时共享出来，形成跨专业数据共享共用的生态，把过去没有用好的数据价值挖掘出来；另一方面，电网存在被"管道化"风险，需要利用公司电网基础设施和数据等独特优势资源，大力培育发展新兴业务，在新的更高层次形成核心竞争力。

在传统电网领域，电力物联网的应用场景总体上可分为控制和采集两大类。控制领域将从当前的星形集中连接模式向点到点分布式连接切换，主站系统将逐步下沉，出现更多的本地就近控制和边缘计算。采集类应用，在采集频次、内容、双向互动等各方面均将有较大变化。在新兴领域，电力物联网将在统一感知、实物 ID 应用、精准主动抢修、虚拟电厂、智慧能源服务一站式办理、大数据应用等领域，为电网企业和新兴业务主体赋能。

电力物联网充分应用移动互联、人工智能等现代信息技术和先进通信技术，实现电力系统各个环节万物互联、人机交互，打造状态全面感知、信息高效处理、应用便捷灵活的电力物联网，为电网安全经济运行、提高经营绩效、改善服务质量，以及培育发展战略性新兴产业，提供强有力的数据资源支撑，为管理创新、业务创新和价值创造开拓一条新路。承载电力流的坚强智能电网与承载数据流的电力物联网，相辅相成、融合发展，形成强大的价值创造平台，共同构成能源流、业务流、数据流"三流合一"的能源互联网。

电力物联网通过全面感知对企业及电网全过程、全业务进行数字化刻画与描述，充分应用大云物移智链等现代信息技术、先进通信技术，整合内外部数据，深入数据挖掘分析，驱动物理电网的高度智能，实现电网物理世界与数字世界双平面并行，从而支撑"三型两网"战略。建设电力物联网主要需要在智能传感与融合通信、边缘智能与泛在物联、大数据与人工智能应用、电力物联网全场景安全防护等方面展开技术攻关。

电力物联网以数据为中心，需要智能物联网终端全面采集电力系统静态和动态数据，因此，全面感知技术是电力物联网的基石。智能电网中设备种类和数量更多，电网覆盖地域范围广阔，系统运行状态高度复杂，这都对全面感知技术和传感器装置提出了更高要求。为更准确、精细、全面地获知电力设备和系统的运行状态，需要研究研发新的传感技术，进一步提升可靠性、稳定性和信噪比，为系统决策和协同调控提供大数据支持。

在海量数据采集的基础上，利用大数据技术充分挖掘数据内在价值，在有效提升电力系统运行经济性和安全性的同时，采用数据情境化技术来增强客户的体验感和参与度，有效地支撑起电网侧与用户侧的数据互动，促进用电数据深化应用，助力构建清洁低碳、高效安全的综合能源体系。在配用电侧，电力物联网应采用边缘计算、软件定义终端、站端协同等关键技术，实现配电网设备的灵活接入、互联互通和就地智能决策。

10.1.3 互联网与物联网比较分析

互联网（Internet），又称网际网路或音译为因特网，是网络与网络之间串连成的庞大网络，这些网络以一组通用的协议相连，形成逻辑上的单一巨大国际网络。这种将计算机网络互相联接在一起的方法可称作"网络互联"，在这基础上发展出覆盖全世界的全球性互联网络称为"互联网"，即是"互相连接一起的网络"。互联网并不等同万维网（World Wide Web），万维网只是一建基于超文本相互链接而成的全球性系统，且是互联网所能提供的服务其中之一。

物联网是物与物、人与物之间的信息传递与控制，和传统的互联网相比，物联网有其鲜明的特征。

首先，它是各种感知技术的广泛应用。物联网上部署了海量的多种类型传感器，每个传感器都是一个信息源，不同类别的传感器所捕获的信息内容和信息格式不同。传感器获得的数据具有实时性，按一定的频率周期性采集环境信息，不断更新数据。

其次，它是一种建立在互联网上的泛在网络。物联网技术的重要基础和核心仍旧是互联网，通过各种有线和无线网络与互联网融合，将物体的信息实时准确地传递出去。在物联网上的传感器定时采集的信息需要通过网络传输，由于其数量极其庞大，形成了海量信息，在传输过程中，为了保障数据的正确性和及时性，必须适应各种异构网络和协议。

还有，物联网不仅仅提供了传感器的连接，其本身也具有智能处理的能力，能够对物体实施智能控制。物联网将传感器和智能处理相结合，利用云计算、模式识别等各种智能技术，扩充其应用领域。从传感器获得的海量信息中分析、加工和处理出有意义的数据，以适应不同用户的不同需求，发现新的应用领域和应用模式。

根据物联网的实质用途可以归结为三种基本应用模式：

（1）对象的智能标签。通过二维码、RFID等技术标识特定的对象，用于区分对象个体，例如在生活中人们使用的各种智能卡，条码标签的基本用途就是用来获得对象的识别信息；此外通过智能标签还可以用于获得对象物品所包含的扩展信息，例如智能卡上的金额余额、二维码中所包含的网址和名称等。

（2）环境监控和对象跟踪。利用多种类型的传感器和分布广泛的传感器网络，可以实现对某个对象实时状态的获取和特定对象行为的监控，如使用分布在市区的各个噪音探头监测噪声污染，通过二氧化碳传感器监控大气中二氧化碳的浓度，通过GPS标签跟踪车辆位置，通过交通路口的摄像头捕捉实时交通流量等。

（3）对象的智能控制。物联网基于云计算平台和智能网络，可以依据传感器网络用获取的数据进行决策，改变对象的行为进行控制和反馈。例如根据光线的强弱调整路灯的亮度，根据车辆的流量自动调整红绿灯间隔等。

10.2　电力物联网工程技术在电网中的应用

能源互联网工程技术应用、电力物联网技术在智能电网技术中的应用、基于物联网的电力系统应用分析、电网GIS与物联网工程技术应用是本节介绍的主要内容。

10.2.1 能源互联网工程技术应用

1. 能源互联网的基本定义

能源互联网是一种互联网与能源生产、传输、存储、消费以及能源市场深度融合的能源产业发展新形态，具有设备智能、多能协同、信息对称、供需分散、系统扁平、交易开放等主要特征。在全球新一轮科技革命和产业变革中，互联网理念、先进信息技术与能源产业深度融合，正在推动能源互联网新技术、新模式和新业态的兴起。能源互联网是推动我国能源革命的重要战略支撑，对提高可再生能源比重，促进化石能源清洁高效利用，提升能源综合效率，推动能源市场开放和产业升级，形成新的经济增长点，提升能源国际合作水平具有重要意义。

能源互联网技术是综合运用先进的电力电子技术，信息技术和智能管理技术，将大量由分布式能量采集装置，分布式能量储存装置和各种类型负载构成的新型电力网络、石油网络、天然气网络等能源节点互联起来，以实现能量双向流动的能量对等交换与共享网络。

美国学者杰里米·里夫金（Jeremy Rifkin）于 2011 年在其著作《第三次工业革命》中预言，以新能源技术和信息技术的深入结合为特征，一种新的能源利用体系即将出现，他将所设想的这一新的能源体系命名为能源互联网（Energy Internet）。杰里米·里夫金认为，"基于可再生能源的、分布式、开放共享的网络，即能源互联网"。随后，随着中国政府的重视，杰里米·里夫金及其能源互联网概念在中国得到了广泛传播。2014 年，中国提出了能源生产与消费革命的长期战略，并以电力系统为核心试图主导全球能源互联网的布局。2016 年 3 月全球能源互联网发展合作组织成立，由国家电网独家发起成立，是中国在能源领域发起成立的首个国际组织，也是全球能源互联网的首个合作、协调组织。

物联是基础：能源互联网用先进的传感器、控制和软件应用程序，将能源生产端、能源传输端、能源消费端的数以亿计的设备、机器、系统连接起来，形成了能源互联网的"物联基础"。大数据分析、机器学习和预测是能源互联网实现生命体特征的重要技术支撑：能源互联网通过整合运行数据、天气数据、气象数据、电网数据、电力市场数据等，进行大数据分析、负荷预测、发电预测、机器学习，打通并优化能源生产和能源消费端的运作效率，需求和供应将可以进行随时的动态调整。

能源互联网将有助于形成一个巨大的"能源资产市场"，实现能源资产的全生命周期管理，通过这个"市场"可有效整合产业链上下游各方，形成供需互动和交易，也可以让更多的低风险资本进入能源投资开发领域，并有效控制新能源投资的风险。

能源互联网还将实时匹配供需信息，整合分散需求，形成能源交易和需求响应。每一个家庭都可以变成能源的消费者和供应者，无时无刻不在交易电力，比如屋顶分布式光伏电站发电或者为电动汽车充放电。

2. 国内能源互联网发展历程

2015 年 09 月 26 日，中国国家主席习近平在纽约联合国总部出席联合国发展峰会，发表题为《谋共同永续发展 做合作共赢伙伴》的重要讲话。在讲话上，习近平主席宣布：中国倡议探讨构建全球能源互联网，推动以清洁和绿色方式满足全球电力需求。

2016年2月，国家发展改革委、国家能源局、工业和信息化部联合制定的《关于推进"互联网+"智慧能源发展的指导意见》（简称"意见"）29日发布。《意见》提出，能源互联网建设近中期将分为两个阶段推进，先期开展试点示范，后续进行推广应用，并明确了10大重点任务。《意见》明确了能源互联网建设的目标：2016—2018年，着力推进能源互联网试点示范工作，建成一批不同类型、不同规模的试点示范项目。2019—2025年，着力推进能源互联网多元化、规模化发展，初步建成能源互联网产业体系，形成较为完备的技术及标准体系并推动实现国际化。

2017年9月26日，在全球能源互联网推动下，中国与周边国家能源互联互通初具规模。费志荣表示，下一步，中国将稳步推进国内能源互联网建设，优化电网布局，提高国内能源资源优化配置能力。加快能源互联网示范项目建设，积极研究提出配套政策措施，为能源互联网新模式、新业态发展预留充足发展空间。

2017年7月，为落实《关于推进"互联网+"智慧能源发展的指导意见》（发改能源〔2016〕392号）和国务院第138次常务会议的部署，有效促进能源和信息深度融合，推动能源领域结构性改革，国家能源局以《国家能源局关于组织实施"互联网+"智慧能源（能源互联网）示范项目的通知》（国能科技〔2016〕200号）公开组织申报"互联网+"智慧能源（能源互联网）示范项目。

2017年7月，国家能源局正式公布包括北京延庆能源互联网综合示范区、崇明能源互联网综合示范项目等在内的首批55个"互联网+"智慧能源（能源互联网）示范项目，其中城市能源互联网综合示范项目12个、园区能源互联网综合示范项目12个、其他及跨地区多能协同示范项目5个、基于电动汽车的能源互联网示范项目6个、基于灵活性资源的能源互联网示范项目2个、基于绿色能源灵活交易的能源互联网示范项目3个、基于行业融合的能源互联网示范项目4个、能源大数据与第三方服务示范项目8个、智能化能源基础设施示范项目3个。

3. 能源互联网的基本功能

能源是现代社会赖以生存和发展的基础。为了应对能源危机，各国积极研究新能源技术，特别是太阳能、风能、生物能等可再生能源。可再生能源具有取之不竭、清洁环保等特点，受到世界各国的高度重视。可再生能源存在地理上分散、生产不连续、随机性、波动性和不可控等特点，传统电力网络集中统一的管理方式，难于适应可再生能源大规模利用的要求。对于可再生能源的有效利用方式是分布式的"就地收集、就地存储、就地使用"。

但分布式发电并网并不能从根本上改变分布式发电在高渗透率情况下对上一级电网电能质量、故障检测、故障隔离的影响，也难于实现可再生能源的最大化利用，只有实现可再生能源发电信息的共享，以信息流控制能量流，实现可再生能源所发电能的高效传输与共享，才能克服可再生能源不稳定的问题，实现可再生能源的真正有效利用。

能源互联网是信息技术与可再生能源相结合的产物，为解决可再生能源的有效利用问题，提供了可行的技术方案。与目前开展的智能电网、分布式发电、微电网研究相比，能源互联网在概念、技术、方法上都有一定的独特之处。因此，研究能源互联网的特征及内涵，探讨实现能源互联网的各种关键技术，对于推动能源互联网的发展，并逐步使传统电网向能源互联网演化，具有重要理论意义和实用价值。

从政府管理者视角来看，能源互联网是兼容传统电网的，可以充分、广泛和有效地利用分布式可再生能源、满足用户多样化电力需求的一种新型能源体系结构；从运营者视角来看，能源互联网是能够与消费者互动并且存在竞争的一个能源消费市场，只有提高能源服务质量，才能赢得市场竞争；从消费者视角来看，能源互联网不仅具备传统电网所具备的供电功能，还为各类消费者提供了一个公共的能源交换与共享平台。

4.能源互联网具备五大特征

（1）可再生。可再生能源是能源互联网的主要能量供应来源。可再生能源发电具有间歇性和波动性，其大规模接入对电网的稳定性产生冲击，从而促使传统的能源网络转型为能源互联网。

（2）分布式。由于可再生能源的分散特性，为了最大效率的收集和使用可再生能源，需要建立就地收集、存储和使用能源的网络，这些能源网络单个规模小且分布范围广，每个微型能源网络构成能源互联网的一个节点。

（3）互联性。大范围分布式的微型能源网络并不能全部保证自给自足，需要联起来进行能量交换才能平衡能量的供给与需求。能源互联网关注将分布式发电装置、储能装置和负载组成的微型能源网络互联起来，而传统电网更关注如何将这些要素"接进来"。

（4）开放性。能源互联网应该是一个对等、扁平和能量双向流动的能源共享网络，发电装置、储能装置和负载能够"即插即用"，只要符合互操作标准，这种接入是自主的，从能量交换的角度看没有一个网络节点比其他节点更重要。

（5）智能化。能源互联网中能源的产生、传输、转换和使用都应该具备一定的智能。

能源互联网与其他形式的电力系统相比，具有以下4个关键技术：

（1）可再生能源高渗透率。能源互联网中将接入大量各类分布式可再生能源发电系统，在可再生能源高渗透率的环境下，能源互联网的控制管理与传统电网之间存在很大不同，需要研究由此带来的一系列新的科学与技术问题。

（2）非线性随机特性。分布式可再生能源是未来能源互联网的主体，但可再生能源具有很大的不确定性和不可控性，同时考虑实时电价、运行模式变化、用户侧响应、负载变化等因素的随机特性，能源互联网将呈现复杂的随机特性，其控制、优化和调度将面临更大挑战。

（3）多源大数据特性。能源互联网工作在高度信息化的环境中，随着分布式电源并网，储能及需求侧响应的实施，包括气象信息、用户用电特征、储能状态等多种来源的海量信息。

而且，随着高级量测技术的普及和应用，能源互联网中具有量测功能的智能终端的数量将会大大增加，所产生的数据量也将急剧增大。

（4）多尺度动态特性能源互联网是一个物质、能量与信息深度耦合的系统，是物理空间、能量空间、信息空间乃至社会空间耦合的多域、多层次关联，包含连续动态行为、离散动态行为和混沌有意识行为的复杂系统。作为社会、信息、物理相互依存的超大规模复合网络，与传统电网相比，具有更广阔的开放性和更大的系统复杂性，呈现出复杂的、不同尺度的动态特性。

能源互联网其实是以互联网理念构建的新型信息能源融合"广域网"，它以大电网为"主干网"，以微网为"局域网"，以开放对等的信息能源一体化架构，真正实现能源的双向按需传输和动态平衡使用，因此可以最大限度地适应新能源的接入。微网是能源互联网中的基本组成元素，通过新能源发电、微能源的采集、汇聚与分享以及微网内的储能或用电消纳形成"局域网"。大电网在传输效率等方面仍然具有无法比拟的优势，将来仍然是能源互联网中的"主干网"。虽然电能源仅仅是能源的一种，但电能在能源传输效率等方面具有无法比拟的优势，未来能源基础设施在传输方面的主体必然还是电网，因此未来能源互联网基本上是互联网式的电网。能源互联网把一个集中式的、单向的电网，转变成和更多的消费者互动的电网。

5.全球能源互联网

全球能源互联网是集能源传输、资源配置、市场交易、信息交互、智能服务于一体的"物联网"，是共建共享、互联互通、开放兼容的"巨系统"，是创造巨大经济、社会、环境综合价值的和平发展平台。它以特高压电网为骨干网架、全球互联的坚强智能电网，是清洁能源在全球范围大规模开发、配置、利用的基础平台，实质就是"特高压电网+智能电网+清洁能源"。特高压电网是关键，智能电网是基础，清洁能源是重点。

全球能源互联网作为世界最大的能源配置系统，能够将具有时区差、季节差的各大洲电网联接起来，解决长期困扰人类发展的能源和环境问题，保障能源安全、清洁、可持续供应，创造巨大经济、社会、环境价值，让世界成为能源充足、天蓝地绿、亮亮堂堂、和平和谐的"地球村"。

10.2.2 电力物联网技术在智能电网技术中的应用

将电力物联网工程技术应用到智能电网当中是现代电力通信技术发展的必然结果，通过对通信基础设施和电力系统基础设施等资源的整合，提高电力系统的信息化水平。为发电、输电、变电、配电、用电、调度等环节提供技术支撑，最终形成一个以电力设备为基础的高效电力网络平台——电力物联网。

1.各国电网对物联网的应用侧重点各有不同

虽然各国在建设现代电网的过程中都用到了物联网，但由于各国电力发展的实际情况不同，对物联网的应用侧重点也各有不同。

在欧洲，提升供电安全性、节能减排、发展低碳经济是各国积极发展智能电网的主要原因，在这种驱动力下，欧洲电力行业对物联网的应用更倾向于清洁能源和环保方向。

在日本，可再生能源接入、节能降耗和需求响应是日本发展智能电网的主要驱动力，日本电力行业对于物联网的应用主要在于对新能源发电的监控和预测、智能电表计量、微电网系统监控等领域。

在中国，物联网技术为提高电网效率、供电可靠性提供了技术支撑，RFID技术、各类传感器、定位技术、图像获取技术等使仓库管理、变电站监控、抢修定位与调度、巡检定位、故障识别等业务实现灵活、高效、可控。

通过对比可以看出，中国的电力物联网应用主要侧重在：为电网提供技术支持及进行智能监控、监测，融汇于电网各个环节，提高电网的智能化水平。

2.电力物联网在智能电网各环节的应用

电力物联网为电网提供基础运行业务和企业现代化运营模式的全方位支撑，重点从感知、网络和应用三个层面展开。这三个层面在电网各环节的表现也各有不同，具体表现为：

（1）发电。电力物联网在发电环节主要表现在传感器的应用及对发电机等设备的监测。电容传感器可以监测电机引出线传输的局部放电脉冲信号，同样地，定子槽耦合器监测定子槽的局部放电电流脉冲信号，电流传感器监测空间传播的局部放电射频脉冲信号。把相关数据进行压缩，通过无线网传到监测中心。通过分析平台对数据进行综合分析，将数据通过报表、统计图等形式显示给发电企业，使其可从整体把握发电状态及可能受到的影响，为电力生产和防灾减灾提供依据。

（2）输电。电力物联网在输电环节主要表现在对输电线路的在线监测。在输电线路上部署温、湿度传感器及拉力传感器等，在高压杆塔上布设斜度传感器等，对输电线路进行实时监测，传回数据中心形成三维图像，从而对电力输送线路的运行情况有一个全面的把握，及时预防或排除可能发生的故障。同时，通过电力通信网络技术、传感器、RFID技术，对输电设备进行全方位的保护和保电支撑，主要表现在对设备履历、设备标识的收集，现场作业的视频监控、防误报警等方面。

（3）变电。变电站是整个电网各环节中比较复杂的部分之一，电力物联网在这一环节的应用表现形式也具有多样性。首先是对变电站周围环境及设备零件的状态监测，通过传感器收集由于局部放电而产生的爆裂状声发射、设备内的短路及过负荷等异常现象、高频电流等的相关数据。通过对这些数据的分析，从整体上把握变电站的运行情况。其次是变压器的状态监测，如变压器的内部压力情况。通过振动传感器、噪声传感器还可以看到铁芯松动或变形情况，从而掌握变压器运行情况。最后是对整个变电站设备的智能巡视，对母线、避雷器、高压开关、电流互感器、断路器、继电保护等所有相关设备都进行内部标签部署和收集整理，形成统一的数据资料。这样就能对变电站设备有一个系统的把握，对设备的运行限、生产厂家和品牌、可能出现的故障等都可以在需要的时候第一时间了解。

（4）配电。配电网是直接与电力用户相连接的一环，起到承上启下的作用，在整个电网系统中起到枢纽作用。与输电和变电环节相同，对配电相关设备和现象的监测手法也相似。所不同的是，配电网要对上游传输的电能量和下游电力用户的用电情况进行整体分析，并做出配电决策。在这个过程中,物联网中云计算和大数据分析技术发挥着十分重要的作用。只有做出准确的数据分析,才能在配电时提高供电可靠性,实现配电智能化。

用电、调度:这部分的主要表现形式为供电公司对用户用电信息的采集及智能用电系统。通过智能电表,对用户的用电情况进行采集,抄表周期从过去的一个月到一周再到2分钟,实现了实时抄收和高速、双向互动。而随着通信技术的提高,实现了无线传感和电力线宽带的复合应用。供电公司和物业管理中心能通过以太网对用户的智能终端进行数据监测,及时了解用户家中设备的运行情况和应用需要,为用户提供相应的服务业务。同时还可以对可能出现的问题进行提前预警,比如电费使用情况、电压稳定情况等。

3. 物联网技术在电力行业应用产生的优势

(1)在输配电调度方面,通过物联网技术的应用,通过遍布电网的传感器及时感知电网内部的运行情况,反馈给调度系统全局系统电能的损耗情况,并能够辅助调度人员对系统的运行方式,在保证安全运行的前提下优化网络的运行,提高输电环节的智能化水平和可靠性程度,节省能源消耗。

(2)在配电网现场作业管理方面,物联网技术的应用主要包括身份识别、电子标签与电子工作票、环境信息监测、远程监控等。搭建配电网现场作业管理系统,实现确认对象状态,匹配工作程序和记录操作过程的功能,减少误操作风险和安全隐患,真正实现调度指挥中心与现场作业人员的实时互动。

利用物联网技术,可以提高对配电线路等电网设备的感知能力,并很好地结合信息通信网络,实现联合处理、数据传输、综合判断等功能,提高配电网的技术水平和智能化水平。配电线路状态监测是其重要应用环节之一,主要包括气象环境监测、线路微风震动等,这些都需要物联网技术的支持,包括传感器技术、智能分析和处理技术、数据融合技术及可靠通信技术。

利用物联网技术可提高配电网设备的自动化和数字化水平、设备检修水平及自动诊断水平,通过物联网可对设备环境状态信息、机械状态信息、运行状态信息进行实时监测和预警诊断,提前做好故障预判、设备检修等工作。由于各种原因,电力设备运行时会出现发热现象,其各部位温度是表征设备运行是否处于正常运行状态的重要参数,采用无线传感网络技术,可实现对设备温度的实时监控。

(3)在安全监控与继电保护方面,通过物联网技术的应用,一方面可以实时感知在外界气象条件下,杆塔、线路等运行部件的受力情况,将信息及时反馈。物联网技术可用于电力杆塔或重要设施的全方位防护,通过在杆塔、配电线路或重要设备上部署各种智能传感器和感知设备,组成多传感器协同感知的物联网网络,实现目标识别、侵害行为的有效分类和区域定位,从而达到对配网设备全方位防护的目标。在恶劣的气象条件下,在杆塔、线路受力接近临界状态的情况下实时报警,并通过杆塔上调节装路的动作来缓解受力严重部位的情况,等待工作人员更换。甚至,在覆冰情况下,自动感知冰层的厚度,进行危害评估,并自动融冰,增强了抵御灾害的能力。

另一方面，实时感知电网内部的运行状况，比如电压、电流的变化，预测故障的发生，通过网络重构，改变潮流的分布将故障遏制在萌芽状态，并实时将信息反馈给调度中心。

系统具有"自愈"功能。在不用人员赶到现场的情况下，通过工业现场总线技术和软件技术，使系统迅速恢复到正常运行状态。

4.我国电力物联网的应用发展前景

电力物联网的应用发展迎合了电力行业的需求，率先发展起来的智能电网，其核心在于构建具备智能判断与自适应调节能力的多种能源统一入网和分布式管理的智能化网络系统，可对电网与用户用电信息进行实时监控和采集，且采用最经济与最安全的输配电方式将电能输送给终端用户，实现对电能的最优配置与利用，提高电网运行的可靠性和能源利用效率。

随着我国智能电网建设，电力物联网在其中的作用也日益突出。未来电力物联网在技术发展上会显著增强，初步形成较为完善的产业链，应用规模和水平也会有显著提升。广泛应用于智能电网各环节，形成较为成熟的、可持续发展的、统一的电力物联网建设及运营模式，实现电力物联网与智能电网同步建设。全面开展电力物联网综合应用及公共服务平台建设，实现智能电网与物联网的全面融合。

电力物联网发展应用是电力行业的一次革命，是现代电力行业发展的必然结果。电力物联网核心技术研发与产业化、关键标准研究与制定、产业链条建立与完善、重大应用示范与推广等将取得显著成效，初步形成创新驱动、应用牵引、协同发展、多方共赢的电力物联网产业发展格局。

10.2.3 基于物联网的电力系统应用分析

1.概述

电力行业是关系国民经济发展和人民生活的基础行业，随着信息化和网络技术的发展，电力系统的信息化进程也得到了进一步发展。从早期的生产过程自动控制，到电力系统信息综合管理，再到"智能电网"的建设热潮，通过结合计算机技术、网络技术、自动化控制技术以及管理技术，电力系统在物理结构、物理性能、人员状况、经济管理等各方面的信息采集与控制技术日趋完善，其最终目的是为了优化电力的生产、传输和使用，提高系统的安全性和可靠性。物联网将物与物通过互联网连接起来，通过对各环节物品信息的感知和汇集，来实现智能化、精细化管理。接下来，就基于物联网电力系统应用（电力物联网）的基本架构和关键技术来探讨电力物联网与智能电网融合的发展趋势，并进一步总结出融合建设中需注意的关键问题。

电力物联网的概念和关键技术。对比智能电网与电力物联网各自的特点和异同，在此基础上讨论电力物联网与智能电网的融合建设问题，以及具体应用场景和建设要点，可以看出，物联网概念在智能电网中的应用，切实提高了当前电力系统的洞察力和决策分析能力。随着传感器技术和决策分析技术的进步，物联网技术必将继续推进电力系统的发展与完善，电力物联网课题将具有持续的经济价值和研究价值。

具体到电力行业，人们可以把传感器嵌入到电力生产设备、电力传输网络以及电力使用设备等各个环节中，去捕获、收集设备的运行状况以及技术人员的管理信息，进而通过软件应用系统进行处理和分析，提出辅助决策或预案，整合电力系统中的基础设施、电气设备以及人员的控制和管理，使人们可以更加精细和动态地管理电力的生产、传输和使用。

2.电力物联网应用现状

我国目前正在大力进行智能电网的建设，而物联网与智能电网有相似的地方，也有不同的侧重。因此将电力物联网建设与智能电网相结合，既能利用智能电网已有的建设成果，又可以在物联感知方面弥补智能电网的不足，增加电力系统的控制力和洞察力，确实起到良好的完善效果。根据物联网概念的体系架构，可以将电力物联网分为感知层、网络层、平台层和应用层几部分。

（1）电力物联网的感知层是利用 RFID 等技术实现对智能电网各环节的电气设备、人员等相关信息的采集和捕获。其信息采集的完整度和准确度很大程度上依赖于各类传感器的性能和质量。传感器设计和生产技术依附于材料、生产工艺和计测技术等，对基础技术要求非常高。目前在电力系统某些环节下需使用的传感器在检测信息类型、精度、可靠性和低成本、低功耗方面还没有达到规模应用水平，成为物联网发展的瓶颈之一。此方面的提高还需依靠传感技术的进步和生产工艺的提高。

（2）电力物联网的网络层可以借助于智能电网来实现，无须单独建设。经过多年的网络建设，我国目前已建成三纵四横的主干网络，形成了以光纤通信为主，微波、载波等多种通信方式并存的电力通信网络格局。相对完善的通信网络为电力物联网的实际应用提供了坚强的信息传输保障。同时，经过多年的信息化建设，电网企业已建成了 ERP、办公自动化、营销管理、生产管理等各类信息系统，覆盖了电网企业的生产、经营各环节，为物联网的应用的开展提供了较好的切入点和良好的基础。相对于感知层和应用层，电力物联网的网络层是比较成熟的。

具体到实际应用中，电力系统采用多种通信传输方式对感知层采集、汇聚的信息进行远程传输。其中电力传输网的监控数据传输基本采用光纤进行通信，也有少量业务数据通过无线或电力线载波通信方式。在输电线路的在线监测、电气设备状态监测方面，除了主要的光纤传输外，无线技术也在某些方面得到应用，如基于无线网络的输电线路在线监测系统、无线数字测温系统等。在使用端，用电信息采集和智能用电方面，应用的通信技术较为广泛，主要包括窄带电力线通信、宽带电力线通信、短距离无线通信等。

（3）电力物联网的应用层是指利用各种计算机、数据仓库和数据挖掘等技术，对从感知层和网络层传输过来的海量系统运行状态和管理数据进行分析处理，从而实现对各环节的智能化控制，为用户的最终决策提高辅助参考或预案。

（4）电力物联网平台层的重点是实现超大规模终端的统一物联管理，深化全业务，统一数据中心建设，完成云资源管理、数据资源管理、云端产品、虚拟化软件的自主研发和试点验证，建成管理、公共服务和生产控制三朵云。推广"国网云"平台建设和应用；利用大数据和人工智能技术提升数据高效处理和协同能力，完成专业数据融合集中及各新型业务的建设。

目前，电力物联网应用的研究还处于起步阶段，但根据物联网概念的特点，在感知层和网络层主要依靠硬件设施的建设和投入，一旦形成物联网的规模化应用，随着感知范围的扩大，其接入的终端信息将呈现爆炸式增长，由此产生海量的数据和信息，对于这些信息的存储、转换、计算、分析、检索等处理将变得非常复杂。因此，电力物联网中的应用层是最具有发展潜力的一层，也必将成为物联网发展应用的核心组成部分。

3. 物联网在电力系统运行与规划中的应用场景

1）电力设备监测

在电力生产端，基于物联网的概念，在常规生产机组内部部署传感监测点，捕获机组的运行状态信息，包括电力设备的技术指数和运行参数，提高智能电网的状态监测水平。对水电企业来说，通过在水电站坝体设置感知网络，可以监测坝体变化情况，对水库可能存在的风险进行预警。同理，物联网的技术也可对风能、太阳能等新能源发电进行监测、控制和功率预测。

利用物联网技术，进一步提高了电力传输物理网络的感知能力和洞察力，实现联合处理、综合判断等功能，提高了电力生产的技术水平和智能化水平。在输电线路状态的在线监测中，通过在塔基下、杆塔上及输电线路上安装地埋振动传感器、壁挂振动传感器、倾斜传感器、距离传感器、防拆螺栓等装置采集传输线路环节的状态信息。其可监测的主要内容包括气象环境、导地线微风振动、导线温度和弧垂、输电线路风偏、覆冰、杆塔倾斜等状态信息。

2）电力生产管理

由于电力生产技术的复杂性和多样性，导致电力生产现场的管理难度较大。管理不善往往会带来误操作、误进入等安全隐患。利用物联网技术可以采取工作人员的身份识别、电子工作票管理、工作环境监测、远程视频监控等手段，实现指挥中心与现场技术人员的实时通信。在巡检管理方面，通过 RFID、GPS 定位、GIS 系统以及无线通信网，监控设备运行环境，掌握各电力设备的运行状态数据。同时，通过识别设备，实现人员的到位监督，指导巡检人员按照标准化和规范化的工作流程进行检修和工作等。

在日常的资产管理方面，将 RFID 技术和电子标签系统应用于电力资产，进行资产的身份管理、状态监测以及资产全寿命周期管理，从而科学地提高管理水平，实现管理人员能够在统一平台上进行各方面的管理工作。

3）电力使用管理

智能电网本身可以实现智能用电双向交互和富裕电力的回售，使用户的用电情况有所反馈，结合物联网技术，可以对用电信息进行采集、促进家居智能化和家庭能效的管理，为供电可靠性、用电效率以及节能减排提供技术保障。

在家居智能化方面，通过在各类家用电器中内嵌智能采集模块和通信模块，使家用电器形成一个智能化网络，完成对家用电器运行状态的监测、统计分析以及控制。在具体应用中，通过建立门磁报警、窗磁报警、红外周界报警、可燃气体监测、有害气体监测等感知系统，实现家庭安全防护；通过结合光纤复合低压电缆、智能交互终端、无线通信技术和电力线载波技术，可以实现水、电、气表自动抄收和自主缴费以及用户与电网的交互功能。

4）规划、设计和实施阶段的注意事项

在以上应用场景中，可以看出运用电力物联网的建设思想，确实地提高了智能电网的实际性能、运行状态洞察力，丰富了管理手段。但由于物联网与智能电网的相似性，尤其是在网络层，所以在实际的系统融合建设中应注意避免重复建设问题。要将物联网与智能电网进行有机整合，需要统筹规划，合理安排设计和建设计划。在电力系统的规划设计和实施阶段应注意以下要点：

（1）在规划阶段需要注重电力系统的协调发展。如在智能电网的初步规划中应注意对物联网采集、通信、线路等各类拟建系统的设备或接口进行预留，在应用层需要注意相似业务的整合和集成。

（2）在电力系统的设计阶段需要注重传输协议与体系的兼容性。目前网络层的两个体系可以通过TCP/IP等协议进行数据包的结合，但在接入层面的具体标准、协议则过于分散。如何将传感技术、RFID技术、配网自动化技术、低压集抄与负控技术、M2M技术等各类技术协议统一结合，是在设计阶段需重点考虑的内容。

（3）在系统的实施阶段，重点需考虑的是统筹规范，实现建设成果的共享和业务优势的互补，避免重复建设和浪费。如将智能电网成熟的网络通信方案与电力物联网的功率、电能量、运行环境等信息采集、控制技术相结合，保证电能量信息的可靠性；将物联网的"全面感知"与智能电网的节能控制、需求侧管理结合，保证电能的合理调度与分配以及分布式电源的有序接入等。

10.2.4 电网 GIS 与物联网工程技术应用

1.电网 GIS 的定义

电网GIS是将电力企业的电力设备、变电站、输配电网络、电力用户与电力负荷和生产及管理等核心业务连接，形成电力信息化的生产管理的综合信息系统。它提供的电网设备设施信息、电网运行状态信息、电网技术信息、生产管理信息、电力市场信息与山川、河流、地势、城镇、公路街道、楼群以及气象、水文、地质、资源等自然环境信息集中于统一系统中。通过GIS可查询有关数据、图片、图像、地图、技术资料和管理知识等。

2.电网 GIS 的特点

1）开放性

具有开放式环境及很强的可扩充性和可连接性。GIS技术支持多种数据库管理系统，如

Oracle、Sybase、SQL Server等大型数据库；运行多种编程语言和开发工具；支持各类操作系统平台；为各应用系统提供标准化接口，如SCADA、EMS、CRM、ERP、MIS、OA等；可嵌入非专用编程环境。

2）先进性

GIS平台采用与世界同步的计算机图形技术、数据库技术、网络技术以及地理信息处理技术。系统设计采用目前最新技术，支持远程数据和图纸查询，利用系统提供的强大图表输出功能，可以直接打印地图、统计报表、各类数据等。可分层控制图纸、无级缩放、支持漫游、直接选择定位等功能。系统具备完善的测量工具、现场勘查数据、线路杆塔等设备的初步设计，并可直接进行线路设备迁移与相关计算等，实现线路辅助设计与设备档案修改。具有线路的方位或区域分析判断功能，为用户提供可靠的辅助决策以及综合统计分析，为管理决策人员提供依据。特别是把可视化技术和移动办公技术纳入GIS系统的总体设计范围。地图精度高，省级地图的比例尺达到1 ∶ 10000或1 ∶ 5000，市级地图比例尺达到1 ∶ 1000或1 ∶ 500，地图能分层显示山川、水系、道路、建筑物和行政区域等。

3）发展性

具有很强的可扩充性和可连接性。在应用开发过程中，考虑系统成功后进一步发展，包括维护性扩展功能和与其他应用系统的衔接与整合的方便。开发工具一般采用J2EE、XML等。

4）电网GIS具备GIS的基本特点外的其他特点

（1）电力系统运行参数实时性及信息的动态变化性，需要对瞬间信息及时收集、处理和分析。电网GIS对数据处理、存储容量和传输速度均有较高的要求。

（2）电网的多属性数据要求GIS具备足够的稳定性和可靠性。根据电力行业技术标准及电网企业业务需求，系统具有良好的可维护性。电网GIS能够实现数据的一次输入和多次输出，以保证数据的一致性操作，实现数据的统一管理和多层保护等，构建高可靠性和高准确性的业务系统。

（3）电力系统是一个庞大复杂系统，电力网的广域性和电力设施的分散性及设备的多样性，导致了实时信息量大、系统接口复杂和信息的覆盖面广，电网的各种电压等级及多用户连接等需要GIS具备拓扑分析和转换能力。

（4）电网GIS的单机工作站方式已经落后，且不适合电力企业信息系统实际需要。电力行业目前应用的GIS平台安装在局域网环境下，在网络的应用和开发上整合信息，实现资源共享。

（5）电网GIS具备安全保护的特点，电网设备的高精确度测量得到的经纬度坐标数据是国家基础信息资源，是国家安全的信息。

3.电网GIS的主要功能

面向对象的数据建模，具有建模规则库、电网图的编辑及输出工具。电网GIS平台包括基本构件层、系统环境层、数据库连接层、图形与数据接口工具层和应用系统层等。分层建立各种数据模型，并建立各层的连接关系。

10.3 电力物联网在电网企业应用分析

电力企业发展面临的形势与挑战、电力物联网企业应用与发展现状、电力物联网应用与发展的重点领域是本节介绍的主要内容。

10.3.1 电力企业发展面临的形势与挑战

1.国内外科技技术产业发展新形势

当前，全球科技创新和产业竞争进入空前密集的活跃期，新一轮科技革命和产业变革正在重构全球创新版图、重塑全球产业结构。近年来，我国科技产业发展取得了很大成就，科技创新与产业化能力显著提升，但我国科技发展水平特别是关键核心技术创新能力同国际先进水平相比还有很大差距。同时，经济全球化和世界多极化在曲折中深入发展，当今世界正面临百年未有之大变局。因此，当前必须增强紧迫感和危机感，切实提高我国关键核心科技创新能力，把科技产业发展主动权牢牢掌握在自己手里，为我国发展提供有力科技产业保障。

2.电力信息基础设施面临的挑战

1）感知层的建设形势与挑战

电力物联网的发展背景下，多种类型的感知设备结合信息流关键技术实现了对电网信息的全面感知，这是未来发展的重要趋势同时也是感知层的建设形势。通过泛在感知所获取的海量数据使控制决策单元能够以前所未有的广度和深度获知电网各个环节的运行状态，使电网能够实时掌握系统状态，及时发现故障隐患，评估安全运行风险；同时，通过灵活调整电网拓扑，从而提高了电网对高比例分布式新能源与新型负荷的接纳能力，强化了电网应对突发故障的容灾性。感知层的建设要顺应电力物联网的时代背景及历史潮流，传感与"智能和数据"结合是大势所趋，实现云-端交互与协同计算，提高传感终端智能水平。液态金属等柔性制造技术能够推动柔性传感器发展，可解决传感器微型化、自供能、自冷却等问题。今后，我国将深入挖掘电力传感的特殊需求，加强多学科、多领域的联合攻关，开展与外部单位多维度合作，共同建设电力物联网。

智能传感技术将成为电力物联网感知层的核心基础技术，是实现"全面感知、泛在互联"的重要支撑。感知层在电力系统应用主要面临三方面挑战：一是感知技术研究不扎实，传感量无法有效反映设备运行状态；二是在强电磁场环境下，传感器运行可靠性和使用寿命问题还没有得到有效解决；三是传感器安装数量有限，有效感知数据匮乏，难以支撑物联网应用。电力系统同步相量测量装置等终端的应用为电网提供了物理量测手段，而电力物联网的建设必将进一步提升电网的状态感知水平。建设电力物联网就要克服当前电力传感器覆盖面不全、时效性不强、连接互动不足等问题，应充分考虑电力传感特定需求，加强宽频带、高频响、多参量专用传感器研发，同时注重感知数据与人工智能技术的融合应用，开展长程数据与关联数据的高阶分析，促进智能传感器在电力物联网背景下的价值再挖掘。

2）网络层的建设形势与挑战

电力物联网网络层技术应用已经具备一定规模，但与全面支撑电网传统业务和新兴业务的泛在接入需求、建成国内一流能源互联网企业目标仍存在一定距离，主要体现在：

（1）数据通道回传以窄带 PLC 为主，制约采集应用。

（2）大容量骨干 OTN 为单一平面，仅覆盖 50 万伏变电站及以上层面，不具备"N-1"安全保护体系。一旦设备发生故障，OTN 设备上承载的地市公司大颗粒业务将全部中断，存在一定的安全隐患。

（3）供电所、营业厅等基层网络带宽较低，无法满足海量数据接入需求。

现有接入网部分虽然有电力光纤专网技术、光纤工业以太网技术、PLC 技术、电力无线专网及 4G 等无线公网通信技术可供选择，但综合传输容量、满足差异化和个性化传输需求性能、工程造价等各方面因素来看，上述任何一项技术均不能完全解决泛在电力物联接入的需求，而 5G 技术的应用尚未有效落地。

（4）电力物联网网络层建设应以多网络架构、多通信协议并存的智能泛在骨干网和接入网建设为重点，统一数据传输，建设作业现场全覆盖、大带宽、低时延的 5G 基站，实现高移动性、高带宽的终端接入；推进 PLC、无线专网、低功耗广域网、北斗通信卫星的低成本、大范围应用，实现小数据、大连接的终端接入；采用高速、稳定的传统光纤+有线接入方式实现高稳定性、高带宽的办公类终端接入；建设骨干网第二传输平面，提升大容量、高带宽的网络传输能力，满足各类终端接入的网络需求。

3）平台层的建设形势与挑战

电力物联网平台层建设目前面临的挑战主要有以下四个方面：

一是业务壁垒，电网各个部门都有独立的系统，独立的业务，如何使构建的平台能够对海量数据统一分析，互补融合，打破业务壁垒，降低信息冗余，实现运维、检修、调度、营销、计量、财务、资产等不同业务贯通是其面临的建设挑战。

二是信息安全，因为电力物联网需要处理大量的信息，信息安全也是需要解决的问题，电力物联网的核心是海量数据在电力系统的应用，海量数据的采集必须通过通信传输至统一平台，进而在统一物联平台上对数据进行处理分析，因此保障网络安全是至关重要的：一方面要保障数据能够可靠、快速地从远端传输至平台，另一方面还要防止数据泄露、抵御网络攻击。因此如何研发新型的信息安全防护技术及系统，实现电力物联网信息互联、数据统一处理是一项挑战。

三是数据统一，目前的数据分析技术对数据的统一性要求较高，而电力大数据来源各异、数据长短不同、包含时间尺度不同，使得传统数据分析技术不能直接应用于电力物联网；并且由于电力系统建设的阶段性、运行的实时性，导致电力物联网平台上将会积累大量控制、监测、计量等历史和实时数据，它们构成了电力物联网平台层的多源异构数据源；此外，以电能替代为代表的用电侧设备一般市场准入门槛较低，不同类型、不同厂家、不同批次设备的数据格式、控制逻辑、接口规则等差别迥异。因此,如何对海量多源异构数据进行统一分析、深层挖掘也是一项挑战。

四是商业模式,目前的电网商业模式匮乏,仅有的基于电力服务的商业模式仍然是以电网为主体的统一分配、计划调度、试点运行。这样的商业模式已经不利于电网公司的业务增值需求,不满足用户参与电力的愿景需求,更不符合快速发展的市场需求。因此,迫切需要依据现有电力服务,借鉴互联网理念,通过法律政策保护、电价政策补偿、税收政策优惠,建立涵盖多部门、多行业的商业模式,是泛在物联网平台建设的一大挑战,也是最终能否落地实施的关键。

4)应用层的建设形势与挑战

应用层的建设对内以营配贯通优化提升、多维精益管理体系变革等工作为核心,开展各专业、各层级业务应用,重点实现停电事件校验、精准抢修和实时线损管理等应用拓展,降低运营成本,提升核心竞争能力;对外通过智慧能源综合服务平台促进业务扩展,加快推进公司"枢纽型、平台型、共享型"建设工作。同时,现有业务应用缺乏互联网思维,专业壁垒凸显、跨专业流程不贯通、目标不协同、操作不规范;业务应用探索与创新不足;数据在提高电网安全运行水平、工作效率和质量等方面价值发挥不充分、创造能力不足,数据共享开放程度不高;客户友好用电与供需互动过程中的参与度和满意度有待提升。

要实现区域级智能配电管控新模式,需要综合运用采集数据,开发面向各专业、各层级、各场景的功能应用,这给技术整合带来了挑战;要实现以客户为导向、前端融合、专业支撑、过程管控的现代供电服务新体系,需要不断完善智能协作;要实现输、变、配、用全业务环节的实时全景可视及智能化安全监察与管理,需要将各类智能机器人、监拍装置、移动作业终端与业务数据平台系统整合,这需要信息融合技术的合理运用;要实现对公司工程资产核心资源的"全天候、全方位、全流程"分析展示,提升公司整体运营效率,需要公司各个部门明确各自的流程并及时准确地上报相关指标,这为企业运行模式带来了挑战;要解决电力物联网电力上下游客户边界防护、终端可信、通信加密等安全问题,完善综合防御能力,这给如何解决物联网设备入网、物与物交互所带来的各类攻击、越权访问等风险带来挑战;要打造一个可支撑营销专业各层级全业务过程管控的应用,需要"智能营销全业务终端"的配合应用,这给技术人员在软硬件升级与调试方面带来一定困难。

5)安全防护建设形势与挑战

随着电力物联网的建设推进,网络安全呈现出点多、面广的特点,现网络边界模糊、防护难度大。部分感知层设备由于计算、储存受限,传统的安全防护措施无法满足电力物联网要求;万物互联新形态下,数据交互共享需求增大,跨专业数据贯通,数据泄露和非法访问等风险进一步加剧。电力网络安全防护建设方面面临新的挑战。

(1)在感知方面,随着电力物联网终端的广泛部署,现场环境不受控制,安全监测和入网管理手段不足,缺少统一管理体系,大量的设备接入导致现有安全设备的防护压力增大。

(2)在网络方面,新业务模式改变了原有业务的交互模式,对传统的安全防护体系提出了新的挑战。

在物联网中，当前的 IPv4 网和下一代的 IPv6 网都是物联网信息传输的核心载体，绝大多数信息要经过互联网传输。传统的互联网受到的 DoS 攻击和 DDoS 攻击依然存在，因此需要有更好的防范措施和灾难恢复机制。物联网中感知层所获取的感知信息通常由无线传感器网络传输到系统，与互联网相比，恶意程序在无线网络环境和传感网络环境中有更多入口，这些暴露在公共场所之中的感知信息，如不进行合适的保护，就很容易被入侵。这就对电力物联网的整体统筹管理、严格规范、运维监管带来了巨大挑战。

（3）在平台方面，专业数据融合集中及各新型业务的建设，如数据中台、三站融合中，数据安全防护重要性凸显。电力物联网场景下，数据存储量、存储类别及使用方式都发生了较大的变化，对数据安全管理和防护提出了新的挑战；各类基础平台、中台、组件存在安全漏洞，可能导致非授权访问、非法远程等风险。同时，随着电力物联网的建设落地，各种新型潜在威胁及风险逐渐暴露，需建立适用于电力物联网的网络安全风险分析能力。

（4）在应用方面，以客户为中心，开展电力物联网营销服务应用建设，优化客户服务、计量计费等供电服务业务。客户使用"网上国网"App，一次填写身份信息，即可一键办理买车、买桩、安桩、接电等多类业务，但目前国网公司推广的互联网应用，身份鉴别方式采用传统的用户名和口令、图形密码以及短信验证码等方式，现需构建适用于物联网的生物特征识别功能，如指纹识别、人脸识别等。

10.3.2　电力物联网企业应用与发展现状

1. 企业信息化发展概述

在提升客户服务水平方面，深化"互联网+"营销服务，推行供电服务积分制，线上办电率由 70.25%提升到 95.98%，应用企业网银渠道交费额首超亿元，14 家地市公司全面建成供电服务指挥中心，停电信息分析到户率达到 100%，现场服务预约率达到 90%以上；试点建设网格化城区供电中心，打造"三型一化"营业厅服务新模式；更换智能电表 2371.01 万只，实现信息采集 2369.42 万只，采集成功率 99.82%，自动化抄表应用率达到 90%。

在提升企业经营绩效方面，依托实物 ID 建设内容，支撑资产全寿命周期管理。基本实现了对公司运营资源的全面管理，对公司各业务流程的整体管控。以 ERP、人财物、规划计划和基建管理为核心，建成了一体化企业级信息系统，集成 61 套主要业务应用系统，覆盖 23 个专业、1445 个业务流程、1928 个功能模块，实现了纵向到底、横向到边，全口径、全业务、全人员的深度覆盖应用，为企业运营高效、集中、集约管理提供了有力支撑。

在提升电网安全经济运行水平方面，依托生产管理、配电自动化、智能电网调度控制等系统，管理各级变电站 1822 座、线路 3095 条，线路总长度 58 415.12 千米，目前已实现了生产管理、电网运行向精益化转变，有效支撑了公司运维一体化、检修专业化、设备全方位监控、状态全过程监测、业务全流程管控、输配电设备集中监控、调度业务高度融合、配网故障研判与抢修指挥高效运行的电网运行体系。其中，以何家智能变电站为代表，开展了集保护、测量、控制、计量为一体的高度集成智能变电站，建设配有一键式控制、智能告警、全景信息共享的变电站高度集成系统,为电网生产、运行的精益化管理提供全面保障。

在促进清洁能源消纳方面,公司清洁能源装机超1500万千瓦,装机占比达到了35%,发电占比达到28.29%,为促进清洁能源消纳,公司从发电机组深度调峰、电网电池储能、电制热储热、主动负荷控制等技术方向开展系列攻关,先后牵头承担国家、国网公司及公司级等科研项目30余项,建成集风、光、水、火、核、电池储能和电制热储热于一体的源网荷协调运行省级电网。成功获批国内第一批120万千瓦平价上网光伏发电项目,有效破解新能源送出约束,累计消纳清洁能源301.10亿千瓦·时,同比增长20.72%,新能源综合利用率为99.51%,保持国际先进水平。

在打造智慧能源综合服务平台方面,公司智慧能源综合服务工作尚处于业务起步阶段,重点开展了辽宁省大连城市能源互联网综合示范、沈阳城市能源互联网综合示范和海城菱镁矿产业园区综合能源示范建设工作,大连城市能源互联网综合示范等工程已被列入国网试点项目,逐步探索智慧能源综合服务模式,打造智慧能源综合服务平台。

2. 基础支撑

在感知层方面,终端设备已经覆盖到运行、检修、营销等方面,内网共接入终端26种,其中作业类终端6种,采集类终端10种,办公类终端10种,接入终端约2420万个。作业终端共包括38家厂商品牌、66种型号产品,对内嵌操作系统和通信协议等信息开展了统计工作;采集类终端包括88家厂商品牌、115种型号产品(由于测控、PMU、电能量采集、火警消防、智能电表等终端种类繁多,未细化统计),对内嵌操作系统和通信协议等信息开展了统计工作;办公类终端包括55家厂商品牌、72种型号产品,对内嵌操作系统和通信协议等信息开展了统计工作。

在网络层方面,现已初步建成能有效支撑公司各项业务的坚强稳定、运行高效的高可靠、大带宽信息通信网,实现信息资源集中管理、按需分配。信息设备总量为1908台,全网注册用户数65297人;骨干通信网已全部覆盖66千伏及以上变电站、供电所、营业厅,拥有5.4万千米光缆、传输设备3000余台,已形成"OTN+SDH"双平面光传输网络架构,核心网络速率达400Gb/s;接入网方面在沈阳、大连、朝阳试点开展了电力无线专网、中压宽带载波、光纤专网的混合组网建设,形成可推广的典型示范。

在平台层方面,完成了云资源管理、数据资源管理、云终端产品、虚拟化软件的自主研发和试点验证,建成管理、公共服务、生产控制三朵云,为公司23个部门357个专业的业务开展提供了有效支撑。

3. 数据共享

试点建成了全业务统一数据中心,完成了95TB数据的归集,应用物联网技术日均采集数据约120GB,其中80%存入全业务统一数据中心。依托全业务统一数据中心建设,完成了核心业务系统数据的接入和应用验证,开展了协同共享专项建设,完成覆盖10个主题域的概念、逻辑、物理模型应用,完成全量数据整合实施。营配贯通数据共享方面,依托配电网大数据平台,初步实现数据自动采集与整理,营配数据贯通率为73%,规划基础数据准确率达到95%，初步实现了对营配贯通业务的支撑。

为支撑基层单位数据应用，公司率先提出"1个省级数据中心+14个区域边缘计算中心+N个边缘代理"云边协同的数据管理架构，以数据的分层、分级、分域、分类管理为目标，提升数据的集中管控、就地存储计算和一线数据融通共享能力，在管理上拟组建基层单位数据采集中心，做到数据"使用权"的"放管服"，为基层班组减负和基层单位大数据创新提供了技术支撑。大连供电公司作为区域边缘计算中心建设的试点单位，实现了数据的同源采集和同步分发，实现了源端采集数据的"就地使用、就近集成"，利用省数据中心远程业务数据同步服务，提高供电服务指挥、移动配网抢修、实时线损管理等本地化应用的实时性、安全性和实用性，保证数据精准维护。

4.安全防护

公司建立了企业级安全态势感知预警体系，实现了对各级信息网络与系统安全威胁的动态感知与实时预警，在工控、业务和数据安全方面做到了梯级防护、全时监测、及时处置；推进"大数据"技术在信息安全监测预警方面的应用，建成了信息安全统一监控分析平台、安全认证平台、网络安全接入平台、信息预警与分析中心及防病毒管理中心，建立了全方位安全监测预警体系和密码管理体系，实现信息安全集中监控和深度动态防御。

公司以"优化安全分区，收缩网络边界，强化感知能力，增强基础支撑"为总体防护策略，面向终端层海量物联设备，构建了基于CPK密码基础设施与"国网芯"加密板卡的身份认证机制，实现了"可信互联"；面向网络层及边界，部署新一代安全接入网关与安全隔离装置，实现了"安全互动"；面向应用层新业务及平台层新功能，建设生物识别、一体化数据安全等平台，实现"精准防护"；开展适用于电力物联网四个层级的安全态势感知平台建设，实现对"端-场-边-管-云"的"智能防御"。公司作为全场景网络与信息安全防护试点单位，全面推进牵头承担的配网低压台区终端安全监测、基于FIDO的密钥标识应用的建设工作。在感知层的安全防护工作中，依托国家工信部"电力行业泛终端一体化安全防护系统建设"综合示范项目，建成泛终端安全准入、终端异常行为监测等基础平台，实现了13类、3万余台终端的安全接入、2000余种行为事件的异常分析，全面提升终端侧安全防护水平，泛终端一体化安全管理体系项目获得国资委表彰。

10.3.3　电力物联网应用与发展的重点领域

1.生产经营管理

（1）同期线损监测治理和全达标样板工程建设。公司全面开展了异常线损分析与负损专项治理，挖掘线损与电量大数据价值，深化"站、线、台、户"拓扑关系的建设，推动营配调贯通与业务管理提升。创新线损助手、边缘计算、拓扑识别等新技术新手段，综合运用管理手段和技术手段，加强同期线损相关基础数据治理与采集运维，完善业务协同机制，在试点区域（大连金州）实现电表全覆盖、采集全成功、数据全自动、档案全同步、关系全贯通、指标全达标、异常全监控。

（2）营配贯通与优化提升。公司围绕"三型两网、世界一流"战略目标,充分应用移动互联、人工智能等现代信息通信技术,基于 SG-CIM4.0 标准,迭代完善营配基础数据模型和维护标准,夯实营配基础数据同源维护机制,推动基于智能配变终端、集中器、智能电表等设备集约融合的配用电状态感知网络建设,进一步挖潜提升专业协同效力。有力支撑客户服务工作,实现客户故障主动上报、可视化抢修、停电信息自动向客户推送。满足客户新型用电诉求和新能源、新设备并网需求,支撑电网业务与新兴业务发展。

（3）多维精益管理体系变革。多维精益管理体系变革坚持精益、协同、高效、共享等先进理念,以价值信息互联互通为纽带,促进内部管理各环节深度融合、广泛互联;对内同步推进业务和价值管理细化到"每一个员工、每一台设备、每一个客户、每一项工作",实现人员、设备和业务投入产出动态评价分析;对外主动链接发电侧、用户侧和供应商等外部合作伙伴,有效提升客户服务感知能力;促进能源生态共享,形成具有内外部广泛互联、数据全面交互、应用智慧共享特征的价值信息网;在建设理念、建设内容与实施路径上与公司新时代战略目标高度契合,有效支撑公司"三型两网、世界一流"的战略目标实现。

（4）实物 ID 推广应用。2019年,在"14+2"类设备赋码实施基础上,按照"整站整线、整供电区域"的原则,扩展开展变电站交流一次设备,换流站直流一次设备以及输配电、通信等设备赋码贴签工作。年底前,公司主网14类设备在2018年基础上增加20%达到总量的40%覆盖,完成20%其他变电一次设备、50%换流站一次设备、60%配网2类设备及部分输电线路、信息通信设备及50%保护设备等赋码贴签工作。2020年,持续推进设备赋码贴签工作,完成全部500千伏变电站、全部换流站存量设备赋码,积极推动输电线路、配网设备赋码。

（5）现代（智慧）供应链体系构建。以电力物联网为依托,以资产全寿命周期管理为主线,围绕智慧供应链建设蓝图和物资九大核心业务,以（ERP、ECP、电子商城）三个平台为核心,协同公司各专业,整合供应链上下游资源,充分应用"大云物移智"信息技术,在总部统一领导、统一管理、统一规划的基础上,构建符合国网公司特点的,具有数字化、网络化和智能化特征,"质量第一、效益优先、智慧决策、行业引领"的现代（智慧）供应链体系,搭建智慧采购、数字物流、全景质控等三大智能业务链及一个智慧决策中心,实现供应链全过程数字化的深度融合、网络化协同的全面覆盖、多维视角的智能化支持,推动物力集约化持续向智慧、卓越模式发展。

（6）新一代电力交易平台建设。依据公司全国统一电力市场深化设计方案,按照"统一设计、安全可靠、配置灵活、智能高效"的原则,遵循"一平台、一系统、多场景、微应用"的公司信息化建设理念,遵从公司统一技术架构,在充分继承前期建设成果的基础上,按照"需求导向、统一设计、集中研发、云端部署、稳步实施"的整体思路,基于一体化"国网云"平台和全业务统一数据中心,实现各专业数据高效交互和价值挖掘,构建"业务运作实时化、市场出清精益化、交易规则配置化、市场结算高效化、基础服务共享化、数据模型标准化"的新一代电力交易平台,支撑"四全""三统筹""三提升"的全国统一电力市场建设。

（7）新一代电费结算应用建设。电力物联网方案——新一代电费结算平台结合购电结算流程优化与功能改造，借助财务智能机器人，实现购电结算数据核定、购电费台账管理、发票终端交收与校验、智能发票核对、自动发起购电支付申请；解决现有业务中人工处理痛点，打通购电结算自动化流程，减少财务人员低价值重复性工作，实现电费结算业务全面、高效处理，提升购电费结算管理水平；实现各电量成分自动集成统计结算；实现购电费结算在线全过程、一体化管理，提高报表出具的准确性和及时性；构建购电量电价月度分析模型，依托信息化手段实现月度电量电价预算、同期对比，分析电价变动趋势和原因；构建电价专项分析模型，提供专项电量、电价的深度分析，提供经营决策支持；构建电价分析可视化展现，通过直观立体展示，提供辅助决策。

（8）安全生产风险管控平台建设与应用。一是实现作业现场全过程管控。安全生产风险管控平台建成实施后，可实现变电站、作业现场实时全景展示和调阅；实现对"作业计划、风险预控、现场勘查、到岗到位、安全交底、工器具管理、现场作业、违章查处、验收及工作总结、班后会"等各环节的可视化安全监管与资料存档，为作业现场全流程信息化管控提供强力支撑。

二是实现智能化安全监察与管理。平台将整合视频终端采集信息、新增功能信息进行大数据综合分析，并结合气象预警、承载力、作业队伍安全施工能力评价指标等因素，对作业风险进行智能分析评估，辅助生产作业决策等。同时，还可实现现场人脸识别、违章行为自动辨识告警等远期功能，从而打造具有辽电特色的"智能安全"管控平台。

（9）人力资源2.0建设。以公司"三型两网"战略目标为引领，以组织体系创新和人力资源转型变革需求为导向，以"服务全员、数据智慧"为主线，按照公司"一平台、一系统、多场景、微应用"的总体要求，科学设计一体化、智能化和契约化的人力资源信息化框架体系，构建人物互联、人人互联的人力资源数据服务新生态，为管理决策提供智能支持，为员工提供一站式服务，与其他专业横向贯通融合，支持泛在人力资源管理新模式，建成具有柔性开放、共享智能、互联互通特性的新一代人力资源管理信息应用。

（10）电力物联网技术在电网小型基建项目上的应用。以电力物联网为依托，将电力物联网技术在电网小型基建项目中全方位应用，以改良办公环境、提升办公效率、增强楼宇设备设施运行安全、整合办公楼宇资源综合利用为目标，促进小型基建项目资产全寿命周期精益化管理水平的提升，实现小型基建项目与电力物联网的全方位贯通。建设满足工程审计从项目立项、审前组织、项目实施，到项目终结等全流程环节的审计过程管理管控的审计质量管控，从而规范公司工程项目决（结）算审计工作，强化工程项目内部监督和风险控制。为审计部门对工程项目决（结）算的真实性、合规性和效益性进行审计监督和评价。

（11）基于泛在感知全价值链的智慧资金管控示范工程。根据国网公司组织制定的《国家电网公司资金管控优化提升实施方案》，要求建设"1233"卓越资金管理体系，持续提升资金保障能力、运作效益、安全水平。公司作为2019年国网公司全面推广现金流"按日排程"和扩大收付款"省级集中"试点单位，资金管控优化提升工作成为践行电力物联网建设的落地工程。

（12）基于物联网体系下的工程全过程评价管理。按照"全面覆盖、突出重点、准确定位、强化协同"四项原则,分析影响工程投资预算执行、工程成本过程管控、工程竣工决算转资和长期挂账工程清理四个关键因素,提高投资预算编制准确性和工程成本入账及时性,按照工程概算和总投资预算合理管控工程支出。推动工程竣工投产后及时办理成本暂估、转增资产,并按规定计提折旧。加快工程物资清理和工程竣工结算,提高工程竣工决算编制及时性,并建立资产卡片,加快预留尾工实施。适应输配电价改革和成本监审工作要求,加大长期未完在建工程清理力度,强化工程各关键环节管控能力,提高工程完工转资效率,压降在建工程余额,确保及时增加公司有效资产。督促各单位按时编制完成工程竣工决算,规范工程前期费用和往来核算工程项目管理,按要求完成清理工作,提升工程财务管理水平。实现对项目立项、开工、建设、竣工、结算、决算等全过程分析指标的一键式动态展示。

(13)经营质效多维价值考评应用建设。承接电力物联网应用层部署实施规划,落实公司多维精益管理体系变革要求,按照"单位全覆盖、价值全分解、过程全监控"的原则,将市场化运行机制引入企业内部,将各部门分别视为独立的经营主体,模拟市场化运作,从而深化经营电网理念、提升公司经营效益和发展质量,让公司内部各类主体认识自身的价值责任与贡献,主动提质增效。通过多维价值考评体系建设,实现公司目标层层分解,明确各层级工作人员目标,提升工作组织性,提高全员凝聚力;配置客观的评价基准及激励机制,提升工作协同性,提高管理效率与质量;监控公司价值链关键点,督促各类主体在职责范围内发挥工作主动性,实现业财的高度融合,提高价值创造能力。

(14)面向泛在物联与业财智联的有效资产智能管控。为精准衡量和评价各类资产及各单位投入产出价值贡献水平,实现有效资产信息全过程、全链条、智能化跟踪管理,提升公司电网经营效益和资产运营效率,基于公司对全业务电力物联网建设指导思想,及电力体制改革对有效资产精益管理要求,积极开展"财-物"互联研究。应用大数据分析、人工智能、微应用管理、地理信息应用,建立有效资产智能管控平台,推动现代信息技术在资产管理中的融合应用。将全业务数据中心作为数据来源,建立分单位分电压等级的有效资产投入产出评价,客观反映资产安全、运行、经济效益的管理情况,科学绩效考核与电网资源投入,动态滚动监测输配电价监管周期内有效资产核心评价指标异动。合理预测企业风险,建立电网资产3D地图查询和展示,突破资产价值管理局限,将资产的价值信息、实物信息及地理信息三者有机结合,打造泛价值链的有效资产智能管控,推动公司投资优化、运营改善、管理提升。

(15)营销2.0建设。以"网上国网"建设及电力物联网营销服务系统顶层设计成果为基础,进一步融合交易、产业、金融业务需求,打造客户服务业务中台,支撑试点单位典型应用。完成营销2.0设计和技术验证,提升市场需求快速响应能力和集成创新活力。在业务层面将营销业务运营标准、机制和业务能力进行提炼、微服务化和共享,形成业务能力中心,进行多层次、多视角、立体化的客户全景画像,把握开拓市场、服务客户主线,优化电力接入、客户服务、计量计费等供电服务业务,联结供需双方,发挥能源枢纽作用,促进营销数字化转型。

(16)配电物联网建设。基于实物"ID"的配网设备资产管理需求,结合设备部以智能配变终端为核心的建设要求，研究并提出基于智能配变终端与实物"ID"的配网资产全寿命周期管理方案。针对上海建设方案中提出的部署具备近场通信能力的综合传感器实现开关站、配电室、开关柜、环网柜、电缆通道及井盖监测需求，研发具备标准信息模型、统一通信规约能力的系列传感器。针对上海建设方案中提出的充电站、充电桩、分布式能源接入需求，研发智能配变终端充电桩有序充电 App、分布式能源接入 App。

（17）新一代电力调度自动化系统建设。依托现有的生产运行数据，综合运用成熟适用的先进技术，强化全系统信息的综合应用，全面融入人工智能技术手段，切实提升分析决策的在线化、实用化水平和大电网一体化协同控制能力，构建适应新一代电力系统需求的调度控制技术支撑体系，实现监视控制、分析预警、计划决策、综合评估及仿真模拟等五大类应用功能建设工作。

依托电力物联网技术，研发源网荷储多元协调调度系统。源网荷储多元协调调度系统是能源互联网的物理载体，以电能为主体形式，利用互联网和现代信息通信、大数据分析等技术手段，开展分布式电源类业务、储能类业务、用户侧资源类业务等，对各种能源的产生、传输与分配（供能网络）、转换、存储、消费、交易等环节实施有机协调与优化，进而形成的能源产供销一体化系统。

（18）输变电物联网建设。开展特高压直流密集通道线路通道检测感知和预警传感站建设；完成一、二级高压电缆及通道 RFID 电子标签、二维码安装与覆盖；在换流站重点开展温湿度等多类型传感器安装和试点建设工作，提高换流站精益化管理水平。构建线路走廊空－天－地智能感知体系，规范设备终端互联基础，扩大数据采集范围，深化设备走廊状态感知；贯通设备、调度和发展部门输电 GIS 和检测数据的融合共享，提供标准化数据服务，实现便捷应用交付。

（19）"两网"融合规划研究。研究确定"两网"融合发展规划的指导思想、原则目标、实施步骤、内容体系与工作机制，建立起与能源互联网企业相适应的公司发展规划体系，配套制定相应的规划管理办法及内容深度规定；基于智能电表实采数据开展同期售电量统计与分析用电的准实时分析，建立电力与经济关联分析模型。

2. 智慧能源综合服务平台建设

以"网上国网"和企业能效综合服务平台为基础，打造涵盖政府、终端客户、产业链上下游的"一站式服务"智慧能源综合服务平台作为统一门户和入口，逐步整合各类对外供电服务及综合能源服务移动端 App，面向政府、能源生产商、能源运营商、能源消费者等主体，连通地方政务平台，拓展电动汽车、分布式能源、金融、交易、物资等各类客户，探索智慧能源商业模式；结合气、水、热、冷等其他能源信息，加强设备监控、电网互动、账户管理、客户服务等共性能力中心建设，为电网企业和新兴业务主体引流和赋能，支撑"平台＋生态"智慧能源服务体系。在辽宁省范围内选择能源等行业的企业及园区为示范点、示范区，逐步开展大用户能耗服务、多能互补优化、虚拟电厂、新能源场站运营辅助决策、智能运维等综合能源服务示范工程，探索绿色能源交易、车联网和互联网＋电力零售模式。

构建"客户聚合、数据融合、业务融通、开放共享"的新能源大数据公共服务云平台，涵盖环境载力分析、资源分布、新能源设备厂商、新能源全过程管理、用户服务、负荷预测、消纳能力分析、新技术、政策研究、大数据分析等，对内服务公司新能源管理、支撑公司生产经营；对外服务国家能源发展战略，为政府制定规划和政策提供参考，为全国新能源电力消纳预警平台、国家可再生能源信息管理平台提供支撑；深化光伏云网功能应用，聚合产业链资源，为新能源发电项目业主提供规划选址、设备选型、并网接电、电费结算、运维监测、金融服务、数据分析等线上线下全流程一站式服务；为新能源设备厂商提供信息发布、设备运行工况、设备性能评估等服务。

利用资源互补特性，实现系统智能运行管理，研究提出促进虚拟电厂应用的政策、市场机制及虚拟电厂典型商业模式，设计聚合分布式电源的虚拟电厂市场运营框架和业务流程，实现虚拟电厂的分布式终端协调控制优化和交易辅助决策，利用市场化手段推进虚拟电厂交易业务发展，推动源网荷储互动能力的提高，为新兴市场主体营造活跃、便捷、共享的生态圈。

3. 源网荷储互动的市场化清洁能源消纳

依托电力物联网，挖掘源网荷储环节多元主体的差异化需求，研究建立基于清洁能源出力特性的多元主体互动市场化交易机制和关键技术，研究建立智慧能源综合服务平台、客户侧储能云网等聚合网内电力用户和分布式储能开展市场化需求响应机制和关键技术，建设可支撑数万户市场交易主体需求的实时共享和泛在互联的枢纽型交易平台，探索电力物联网商业运营模式，实现泛在源网荷储互动资源的大范围汇集、多向交易、集中响应，进一步促进清洁能源消纳。

4. 数据共享

以公司"三型两网、世界一流"战略目标为指导，基于一体化国网云平台及全业务统一数据中心建设成果，以数据分析应用需求为导向，按需推动数据接入和整合贯通，沉淀共性数据服务能力，建设数据中台，健全数据管理体系，强化统一数据模型和企业级主数据应用，面向各专业、各基层单位和外部合作伙伴提供开放共享服务。

5. 安全防护

开展终端设备的可视化安全管控、各类生产设施的集中监控、输电线路的智能化故障定位、安全态势的动态感知、预警信息的自动分发、安全威胁的智能分析、响应措施的联动处置等多方面研究及示范工程建设，完成电力物联网安全防护体系试点研究。

开展适应泛在互联的全场景网络安全防护体系、端到端安全框架和典型业务防护方案设计工作；开展感知层防护建设，终端芯片升级改造；开展网络层防护建设，实现数据可信互联；开展平台层防护建设，实现全景监测、态势感知和安全处置；开展应用层防护建设，实现泛在物联网全环节的安全保障。

在国网公司建设"三型两网"的新形势下，公司需要构建与电力物联网相适应的全场景网络安全防护体系，以平台服务、数据共享和新兴业务发展为核心，把强化网络安全贯彻到建设运营全过程，规范电力物联网的终端安全管控原则，牢固"安全+业务"防护理念，构建基于密码基础设施的快速、灵活、互认的身份认证机制，落实分类授权和数据防泄露措施。强化 App 防护和安全交互技术，实现"物-物""人-物""人-人"安全互动。对物联网安全态势的动态感知、预警信息的自动分发、安全威胁的智能分析、响应措施的联动处置。通过电力物联网可信入网、安全互动、智能防御的工程建设，完善感知层、网络层、平台层、应用层的综合防御能力，解决物联网设备入网、物与物交互所带来的各类攻击、越权访问等风险。

第11章　绿色能源低碳工程技术原理与应用

绿色能源低碳工程基础知识、绿色低碳经济发展的主要工程方法、我国实现碳达峰与碳中和的主要目标及途径是本章介绍的主要内容。

11.1　绿色能源低碳工程基础知识

绿色能源低碳工程，碳源与碳汇，碳排放、碳达峰与碳中和是本节介绍的主要内容。

11.1.1　绿色能源低碳工程

1. 低碳

低碳：是指较低或更低的温室气体（二氧化碳为主）排放。随着世界工业经济的发展、人口的剧增、人类欲望的无限上升和生产生活方式的无节制，世界气候面临越来越严重的问题。二氧化碳排放量越来越大，地球臭氧层正遭受前所未有的危机，全球灾难性气候变化屡屡出现，已经严重危害到人类的生存环境和健康安全，即使人类曾经引以为傲的高速增长或屡创新高的 GDP 也因为环境污染、气候变化而大打折扣。因此，各国曾呼吁"绿色 GDP"的发展模式和统计方式。自工业革命以来，由于人类活动，特别是开采、燃烧煤炭等化石能源，使大气中的二氧化碳气体含量急剧增加，导致以气候变暖为主要特征的全球气候变化。大气中的水蒸气、臭氧、二氧化碳等气体可透过太阳短波辐射，使地球表面升温，同时阻挡地球表面向宇宙空间发射长波辐射，从而使大气增温。由于二氧化碳等气体的这一作用与"温室"的作用类似，所以被称为温室气体。

除二氧化碳外，其他气体还包括甲烷、氧化亚氮、氢氟碳化物、全氟碳化物、六氟化硫等。二氧化碳全球排放量大、增温效应高且生命周期长，是对气候变化影响最大的温室气体。美国橡树岭实验室研究报告显示，自 1750 年以来，全球累计排放了 1 万多亿吨二氧化碳，其中发达国家排放约占 80%。

2. 低碳经济与低碳生活

低碳经济是指在可持续发展理念指导下，通过技术创新、制度创新、产业转型、新能源开发等多种手段，尽可能地减少煤炭、石油等高碳能源消耗，减少温室气体排放，达到经济社会发展与生态环境保护双赢的一种经济发展形态。低碳经济的特征是以减少温室气体排放为目标，构筑低能耗、低污染为基础的经济发展体系，包括低碳能源系统、低碳技术和低碳产业体系。低碳能源系统是指通过发展清洁能源，包括风能、太阳能、核能、地热能和生物质能等替代煤、石油等化石能源以减少二氧化碳排放。低碳技术包括清洁煤技术和二氧化碳捕捉及储存技术等等。低碳产业体系包括火电减排、新能源汽车、节能建筑、工业节能与减排、循环经济、资源回收、环保设备、节能材料等。

低碳经济的理想形态是充分发展阳光经济、风能经济、氢能经济、核能经济和生物质能经济。它的实质是提高能源利用效率和清洁能源结构,追求绿色GDP,其核心是能源技术创新、制度创新和人类生存发展观念的根本性转变。低碳经济的发展模式,是人类社会继农业文明和工业文明之后的又一次重大进步;为节能减排,发展循环经济、构建和谐社会提供了操作性诠释;是落实科学发展观,建设节约型社会的综合创新与实践;是实现中国经济可持续发展的必由之路;是不可逆转的划时代潮流;是一场涉及生产方式、生活方式和价值观念的全球性革命。低碳经济是目前最可行的、可量化的、可持续发展模式。从世界范围看,预计到2030年太阳能发电也只能达到世界电力供应的10%左右,而全球已探明的石油、天然气和煤炭储量将分别在今后40、60和100年左右耗尽。

低碳经济和低碳生活的重要含义之一,就是节约化石能源的消耗,为新能源的普及和利用提供时间保障。发展低碳经济,一方面是积极承担环境保护责任,完成国家节能降耗指标的要求;另一方面是调整经济结构,提高能源利用效率,发展新兴工业,建设生态文明。特别从中国能源结构看,低碳意味着节能,低碳经济就是以低能耗和低污染为基础的经济。低碳经济几乎涵盖了所有产业的领域。著名学者林辉称之为"第五次全球产业浪潮",并首次把低碳内涵延伸为:低碳社会、低碳经济、低碳生产、低碳消费、低碳生活、低碳城市、低碳社区、低碳家庭、低碳旅游、低碳文化、低碳哲学、低碳艺术、低碳音乐、低碳人生、低碳生存主义和低碳生活方式。

生态资源可持续性发展的低碳经济,就是摒弃以往先污染后治理、先低端后高端、先粗放后集约的发展模式的现实途径,是实现经济发展与资源环境保护双赢的必然选择。低碳经济的实质是能源高效利用、清洁能源开发、追求绿色GDP的问题,核心是能源技术和减排技术创新、产业结构和制度创新以及人类生存发展观念的根本性转变。低碳经济提出的大背景,是全球气候变暖对人类生存和发展的严峻挑战。随着全球人口和经济规模的不断增长,化石能源使用带来的环境问题及其诱因不断地为人们所认识,不只是烟雾、光化学烟雾和酸雨等的危害,大气中二氧化碳浓度升高带来的全球气候变化也是不争的事实。

所谓低碳生活,就是把生活作息时间所耗用的能量要尽量减少,从而减低二氧化碳的排放量。低碳生活对于普通人来说是一种生活态度,也成为人们推进低碳潮流的新方式。它给人们提出的是一个愿不愿意和大家共创造低碳生活的问题。人们应该积极提倡并去实践低碳生活方式,要注意节电、节气、熄灯一小时……并从这些点滴做起。除了植树,有的人通过购买运输里程很短的商品,有人坚持爬楼梯等形形色色的方法践行低碳生活方式。

在工业领域,利用木炭独特的微孔结构和超强的吸附能力,来对食品、药品、酒类、油类、水净化、贵重金属回收等,进行吸附、去胶、除异味以及环保领域进行气体净化和污水处理等。

在农业领域,通过对土壤中施加炭粉,利用黑色炭粒吸收太阳热能的特性,可使土壤温度提高,促进种子的提早发芽。在土壤中施加炭粉后,由于炭的吸收能力使炭表面可生成根瘤菌,因而形成适合植物栽培的农业土壤,避免了所谓的"连续耕作障碍",并且炭粉对谷物、豆类和蔬菜的生长、色泽、味道都有改善。炭粉的吸附能力还能使土壤保持较多的水分。

炭粉还能作为农药和肥料的缓释剂，使土壤中的农药和有机肥含量保持一个平衡状态，可起到农药或肥料缓慢释放的效果，而且不易随雨水流失。炭粉还可改变土壤的酸碱度，增加土壤二氧化碳的含量，吸附土壤中的有害毒素，提高土壤中微生物的活力。

在畜牧业领域，利用木炭吸附臭气的功能，用它填垫畜棚畜舍，可以除臭并改善畜禽生长环境，促进畜禽生长；炭粉还具有增加畜禽消化能力的作用，在饲料中添加少量炭粉，能加速畜禽生长发育，提高肉和奶的质量。

人类社会伴随着生物质能、风能、太阳能、水能、地热能、化石能和核能等清洁能源的开发和利用，逐步从农业文明走向了现代化的工业文明。然而随着全球人口数量的上升和经济规模的不断增长，化石能源等常规能源的使用造成的环境问题及后果不断地为人们所认识。随着废气污染、光化学烟雾、水污染和酸雨等危害以及大气中二氧化碳浓度升高带来的全球气候变化，已被确认是由人类破坏自然环境、不健康的生产生活方式和常规能源的利用所带来的严重后果。在此背景下，碳足迹、低碳经济、低碳技术、低碳发展、低碳生活方式、低碳社会、低碳城市、低碳世界等一系列新概念和新政策应运而生。能源、经济乃至价值观的大变革，可能将为逐步迈向生态文明走出一条新路，即摒弃20世纪及以前的传统增长模式，直接应用新世纪的创新技术与创新机制，通过低碳经济模式与生活方式，实现社会可持续发展。

在全球气候变暖的背景下，以低能耗、低污染为基础的低碳经济已成为全球热点。欧美发达国家大力推进以高能效、低排放为核心的低碳革命，着力发展低碳技术，并对产业、能源、技术、贸易等政策进行重大调整，以抢占先机和产业制高点。低碳经济的争夺战，已在全球悄然打响。

11.1.2 碳源与碳汇

碳源与碳汇是两个相对的概念，即碳源是指自然界中向大气释放碳的母体，碳汇是指自然界中碳的寄存体。减少碳源一般通过减排二氧化碳来实现，增加碳汇则主要采用固碳技术。

1. 碳源

碳源是指产生二氧化碳之源。它既来自自然界，也来自人类生产和生活过程。低碳经济的起点是统计碳源和碳足迹。二氧化碳有三个重要的来源，其中，最主要的碳源是火电排放，占二氧化碳排放总量的41%；增长最快的则是汽车尾气排放，占比25%，特别是在我国汽车销量开始超越美国的情况下，这个问题越来越严重；建筑碳排放占比27%，随着房屋数量的增加导致碳排放稳定增加。内涵低碳经济：是一种从生产、流通、消费到废物回收这一系列社会活动中实现低碳化发展的经济模式。具体来讲，低碳经济就是在可持续发展理念指导下，通过理念创新、技术创新、制度创新、产业结构创新、经营创新、新能源开发利用等多种手段，提高能源生产和使用效率，增加低碳或非碳燃料的生产和利用的比例，并尽可能地减少对于煤炭石油等高碳能源的消耗，同时积极开展碳封存技术的研发和利用途径，从而实现减缓大气中二氧化碳浓度增长的目标，最终达到经济社会发展与生态环境保护双赢的一种经济发展模式。

2. 碳汇

碳汇是指通过植树造林、植被恢复等措施，吸收大气中的二氧化碳，从而减少温室气体在大气中浓度的过程、活动或机制。碳汇主要是指森林吸收并储存二氧化碳的数量或能力。森林通过光合作用吸收二氧化碳，相对工业而言，碳汇成本较低，有"绿色黄金"之称。2020年，全球碳市场交易额达3000亿美元。

碳汇造林是指在确定了基线的土地上，以增加碳汇为主要目的，对造林及其林木生长过程实施碳汇计量和监测而开展的有特殊要求的造林活动。与普通的造林相比，碳汇造林突出森林的碳汇功能，具有碳汇计量与监测等特殊技术要求，强调森林的多重效益。

森林碳汇是指森林植物通过光合作用将大气中的二氧化碳吸收并固定在植被与土壤当中，从而减少大气中二氧化碳浓度的过程。土壤是陆地生态系统中最大的碳库，在降低大气中温室气体浓度以及减缓全球气候变暖中，具有十分重要的独特作用。

森林面积虽然只占陆地总面积的1/3，但森林植被区的碳储量几乎占到了陆地碳库总量的一半。树木通过光合作用吸收了大气中大量的二氧化碳，减缓了温室效应。这就是通常所说的森林碳汇作用。二氧化碳是林木生长的重要营养物质，它把吸收的二氧化碳在光能作用下转变为糖、氧气和有机物，为植物的枝叶、茎根、果实和种子，提供最基本的物质和能量来源。这一转化过程，就形成了森林的固碳效果。森林是二氧化碳的吸收器、贮存库和缓冲器。反之，森林一旦遭到破坏，则变成了二氧化碳的排放源。

《波恩政治协议》《建立世界贸易组织的马拉喀什协议》将造林、再造林等林业活动纳入《京都议定书》确立的清洁发展机制，鼓励各国通过绿化、造林来抵消一部分工业源二氧化碳的排放，原则同意将造林、再造林作为第一承诺期合格的清洁发展机制项目，意味着发达国家可以通过在发展中国家实施林业碳汇项目抵消其部分温室气体排放量。

林业碳汇是指利用森林的储碳功能，通过植树造林、加强森林经营管理、减少毁林、保护和恢复森林植被等活动，吸收和固定大气中的二氧化碳，并按照相关规则与碳汇交易相结合的过程、活动或机制。通过市场化手段参与林业资源交易，从而产生额外的经济价值，包括森林经营性碳汇和造林碳汇两个方面。其中，森林经营性碳汇针对的是现有森林，通过森林经营手段促进林木生长，增加碳汇。造林碳汇项目由政府、部门、企业和林权主体合作开发，政府主要发挥牵头和引导作用，林草部门负责项目开发的组织工作，项目企业承担碳汇计量、核签和上市等工作，林权主体是收益的一方，有需求的温室气体排放企业购买碳汇。

到2020年，我国年均造林育林面积500万公顷以上，森林覆盖率增加到23%，森林蓄积量达到140亿立方米，森林碳汇能力进一步提高；到2050年，比2020年净增森林面积4700万公顷，森林覆盖率达到并稳定在26%以上。我国森林固碳能力将随着森林面积的增加大大增强。此外，我国宜林荒山荒地面积广阔，随着人们对生态环境的重视，林业发展速度加快，造林面积不断扩大，具有造林碳汇项目所需的土地资源优势。另外，对现有森林资源实施科学有效的经营管理，也将提高我国森林整体的固碳能力。我国发展林业碳汇产业具有广阔的市场前景。

1）草地碳汇

国内仍没有学者对草地碳汇进行界定，因为大多学者认为草地的固碳具有非持久性，很容易泄漏。尽管草地固碳容易泄漏，但是随着我国退耕还林、还草工程的实施，草地土壤的固碳量在增加，因此从增量角度看草地还是起到了固碳的作用。

2）耕地碳汇

耕地固碳仅涉及农作物秸秆还田固碳部分，原因在于耕地生产的粮食每年都被消耗了，其中固定的二氧化碳又被排放到大气中，部分秸秆在农村被燃烧了，只有作为农业有机肥的部分秸秆将二氧化碳固定到了耕地的土壤中。

3）海洋碳汇

海洋碳汇是指在一定时间周期内海洋储碳的能力或容量。海洋储碳的形式包括无机的、有机的、颗粒的和溶解的碳等各种形态。海洋中95%的有机碳是溶解有机碳（DOC），而其中95%又是生物不能利用的惰性溶解有机碳（RDOC），世界大洋中RDOC的储碳量大约是6500亿吨，储碳周期约5000年，它们与大气二氧化碳的碳量相当，其数量变动影响到全球气候变化。海洋中存在着数量巨大的微型生物，它们是海洋RDOC的主要生产者——它们可以利用活性溶解有机碳（LDOC）支持自身的代谢，同时产生RDOC。生物来源的RDOC构成了海洋RDOC库的主体，由于RDOC在海水中的代谢周期很长，所以相当于将大气中的二氧化碳封存在海水里面。在海水中LDOC的浓度较低，而RDOC的浓度较高，微型生物的这一作用将低浓度的LDOC转化为高浓度的RDOC就像将水从低水位抽到了高水位，所以这一机制被形象地称为微型生物碳泵。生物碳和绿色碳是由海洋生物（浮游生物、细菌、海草、盐沼植物和红树林）捕获的，单位海域中生物固碳量是森林的10倍，是草原的290倍。

11.1.3 碳排放、碳达峰与碳中和

1.碳排放

碳排放是指人类在生产生活中向自然界排放温室气体的过程，这些温室气体包括二氧化碳、甲烷等。大量科学证据表明，人类活动产生的温室气体，尤其是工业革命以来排放的大量温室气体是造成目前全球气候异常的重要原因。气候变化是一种全球性非传统安全问题，全球平均温度持续上升、山地冰川物理量明显减少、北极海冰范围显著缩减、海平面上升、极端天气事件增多增强等气候变化的事实，强烈警示并呼唤人类采取紧急行动。在此背景下，世界各国共同努力达成的《巴黎协定》，是人类近代史上少有的理性成果，是应对气候变化与治理的里程碑和新起点。

现代气候变化的主因是人类活动排放的温室气体。大气中的温室气体包括二氧化碳、甲烷和氮氧化物等，但主要是二氧化碳（约占73%），而二氧化碳排放的90%来自化石燃料（煤炭、石油及天然气）的燃烧。当前，全球一次能源利用中84%来自化石能源，其中二氧

化碳排放375亿吨（2018年），其次是甲烷排放等。从2006年后中国成为世界二氧化碳第一排放大国，2019年我国二氧化碳排放近98.26亿吨，超过了美国（49.65亿吨）和欧盟（41.11亿吨）的总和。

根据荷兰环境评估署（PBL）2020年发布的数据，自2010年以来，全球温室气体排放总量平均每年增长1.4%。2019年创下历史新高，不包括土地利用变化的排放总量达到524亿吨二氧化碳当量，分别比2000年和1990年高出44%和59%。世界资源研究所的研究表明，全球已经有57个国家实现了碳排放（温室气体排放的简称）达峰，占全球碳排放总量的36%，预计到2030年实现碳排放达峰的国家将有59个，将占到全球碳排放总量的2/3。根据2018年，联合国政府间气候变化专门委员会（IPCC）"全球升温1.5℃特别报告"的主要结论，要实现《巴黎协定》下2℃目标，要求全球在2030年比2010年减排25%，在2070年左右实现碳中和。而实现1.5℃目标，则要求全球在2030年比2010年减排45%，在2050年左右实现碳中和。同时，根据联合国环境规划署最新发布的《排放差距报告2020》，要实现2℃和1.5℃的温控目标，则2030年全球温室气体排放量必须比各国的自主贡献再多减少150亿吨和320亿吨，整体减排力度须在现有的《巴黎协定》承诺基础上有更大决心的提升，因此各国要在2021年气候大会上给出更进一步的目标，我国主动提出碳减排双目标，这是一个大背景。

2. 实现碳减排目标的主要途径

1）从人类文明形态进步的高度来认识能源革命

现代非化石能源的巨大进步正在推动人类由工业文明走向生态文明，这是又一轮深刻的能源革命。"能源低碳化事关人类未来"已经是全球的高度共识。

3）树立新的能源安全观

能源安全很重要的方面是供需安全，要以"科学供给"满足"合理需求"。除此之外，环境安全、气候安全以及能源造成的环境问题（大气、水、可持续等）和气候问题要解决好。

3）重新认识我国的能源资源禀赋

丰富的非化石能源资源是我国能源资源禀赋的重要组成部分。重新认识我国的能源资源禀赋，是正确认识本国国情的要素。对于确保国家长远的能源安全、引导能源转型具有方向性、战略性的意义。

4）能源转型中的化石能源

化石能源要尽可能为适应能源转型做出贡献。应坚持清洁、高效利用的原则，并以发电为主，通过技术进步，减少非发电用煤；发展清洁供暖，更大力度地替代散烧煤；与非化石能源协调互补，支持能源结构优化。

5）实现碳减排双目标的九个抓手

"能源减碳"与"蓝天保卫战"协同推进，大力推进节能提效。做好电力行业、交通行业及工业领域减排工作。推行超低能耗建筑，打造一体化新型建筑配电系统。发展循环经济，促进固废的资源化利用；发展碳汇，鼓励CCUS等碳移除和碳循环技术。用好碳交易、气候投融资等引导碳减排的政策工具。

3.碳达峰

碳达峰是指二氧化碳排放量达到历史最高值，然后经历平台期进入持续下降的过程，是二氧化碳排放量由增转降的历史拐点，标志着碳排放与经济发展实现脱钩，达峰目标包括达峰年份和峰值。

1）2030年前达到碳达峰的重大意义

第一项重大意义是促进绿色低碳转型，首先利用十年左右的时间实现碳达峰，根本扭转温室气体排放持续增长的局面；其次是破解环境约束，改善生态环境质量，减少对高碳产业和化石能源的依赖；最后是树立绿色低碳发展旗帜，彰显大国担当，促进气候治理等多方面国际合作。

第二项重大意义是推进经济高质量发展。首先是倒逼经济社会转型，推动供给侧结构改革，加快能源结构调整和产业转型升级；其次，推动技术装备市场金融创新，提升产业绿化现代化能力，要以从要素驱动向创新驱动的经济新旧动能转换推进。

第三项重大意义是促进能源安全供应。首先是促进能源生产消费革命与绿色方式，满足能源电力需求，减少经济社会发展对化石能源的依赖；其次，破解能源供给约束，全面提高能源发展水平；最后，增强能源供给的稳定性安全性可持续性，提升国家能源安全水平。

2）中国2030年前达到碳达峰面临的挑战

第一个挑战是能源需求持续增长的挑战，由于中国经济持续较快增长，年均增长速度预计5%左右，能源需求也持续增长，预计年均增长能源需求在2%左右。既要控制排放，又要保增长，给碳达峰带来巨大的挑战。

第二个挑战是高碳化能源结构带来的挑战。目前化石能源占一次能源消费总量比例占到85%，其中煤炭占比58%，呈现一煤独大的局面。清洁能源占一次能源比例仅为15%，亟待进一步的加强。

中国能源消费碳排放强度比世界平均水平高出30%以上，能源结构调整面临高碳能源资产累计规模总量相对较大、转型困难等一系列问题和挑战。

从目前看，如果延续现有发展模式，我国化石能源总量将在2030年达到50亿吨标准煤，其中煤炭总量达到29亿吨标准煤，石油总量达到9.2亿吨标准煤，铀9.21吨，天然气总量6310亿立方米，全社会碳排放增长到121亿吨，2030年前无法实现碳达峰，必须扭转发展方向问题。

2019年，我国能源活动碳排放占整个社会碳排放总量的87%，因此，控制能源生产和能源消费碳排放是实现全社会碳达峰目标的关键。我国从国情出发，遵循能源的发展规律，根本出路是以能源生产清洁化和能源消费电动化为方向来构筑能源结构，提升能源效率，严控化石能源总量，构建清洁能源为导向，以电为中心的现代化能源结构。

中国汽车行业起步较晚，要想在短期内使汽车保有量达到峰值并实现碳达峰是不现实的。因此必须实现能源革命，用电动车加速替代燃油车实现碳达峰。

4.碳中和

碳中和是指某个地区在一定时间内（一般指一年）人为活动直接或间接排放的二氧化碳，与通过植树造林等方法吸收的二氧化碳相互抵消，实现二氧化碳"净零排放"。意味着全球"净"温室气体排放需要大致下降到零，即在进入大气的温室气体排放和吸收的温室气体之间达到平衡。实现碳中和一般有两种方法：一是通过特殊的方式去除温室气体；二是使用可再生能源，减少碳排放。碳达峰与碳中和紧密相连，前者是后者的基础和前提，达峰时间的早晚和峰值的高低直接影响碳中和实现的时长和实现的难度。

实现碳中和的三要素。第一，节能提效，降低能源消费总量。在以化石能源为主的今天，节能提效是全球和中国降碳的首要措施，交通、工业、电力、建筑这些领域的潜力都很大。第二，替代。在能源结构中降低化石能源（特别是煤炭）占比，高比例发展非化石能源，使它成为高质量的能源。第三，移除。增加碳汇（及CCUS）。

我国将由化石能源为主转向非化石能源为主，这是又一轮深刻的能源革命。要重新认识我国的能源资源禀赋，在化石能源"富煤、缺油、少气"的现状下，一定要把丰富的非化石能源资源作为我国能源结构的重要组成部分。按照碳中和目标测算，我国到2030年非化石能源在总能源需求中占比要达到25%，这将促使我国逐步建成以非化石能源为主的低碳能源体系，长期以火电为主的电力行业将逐步减排。

近10年来，我国光伏、风电等新能源电力生产成本在不断下降，我国将拥有一个以非化石能源电力为主的新能源电力系统，这也要求电力系统的体制、机制、管理运行等方面随之做出一系列革命性变革。

与直接燃烧化石燃料相比，非化石能源电力无疑是不产生碳排放的清洁能源。对碳排放的"大户"—工业，碳中和目标将促使我国工业走向电气化，轻工业中的锅炉、重工业如钢铁行业的高炉都将逐步被电炉取代，各个地方也将抑制发展高耗能产业的冲动，节能、高效将成为产业发展的关键词。

对于交通运输而言也是如此。近年来，新能源汽车在我国发展迅速，随着碳中和目标的确立，新能源汽车推广的步伐只会越来越快。交通行业减排有赖于绿色出行，我们将逐步建成美丽中国脱碳的交通能源体系。

建筑行业同样要实现碳减排。未来，各地的居住和办公建筑的建造和运行都要实现电气化。各类建筑的表面将尽可能安装光伏设备，实现光能发电，并在建筑中采用分布式蓄电，同时利用周边停车场通过智能充电桩与新能源汽车连接。建筑内部将建成直流配电系统，并实现建筑的柔性用电。而对于我国北方冬季集中采暖所造成的大量碳排放，也要通过技术探索来逐步进行电气化取代，实现冬季供热的零碳热源。

实现建筑减排，电气化是关键。未来供暖、制冷、照明、烹饪、家电都要转向电气化，将催生更多节能减排的智能家居，甚至可以实现电力的自发自用。通过以上方式，将有一大批能源"产消者"，不仅能改变和优化能源结构，还将培育新的业态和格局。

垃圾分类、节能减排将彻底融入生活。随着碳中和目标的明确，人人减排、绿色低碳的行为习惯无疑将进一步深度融入所有中国人的生活中。减少碳排放需要发展循环经济，每座城市固体废弃物的资源化利用程度是其现代化的一个必备标志。因此,为了减少垃圾填埋,令其高度资源化,源头上的垃圾分类必须做好。

实现碳中和目标的路径中除了减排,还有增汇。植树造林、增加森林碳汇就是一条有力举措。可以预见的是,"加强植树造林,提升植被覆盖,让大自然成为碳的搬运工"这样的环保理念将更加深入人心,并体现在行动中。此外,碳交易、气候投融资、能源转型基金、碳移除和碳利用技术等引导碳减排的政策工具和新技术,也将形成新的投资热点和产业发展机遇,影响着广大公众的生活。

碳达峰、碳中和目标的确立所涉及的社会层面极其广泛,早已超越了能源、交通等具体领域,未来对人类社会带来的变革甚至不亚于蒸汽机、电力、原子能和电子计算机的诞生意义。而目标的达成,需要的是整个社会自上而下的共同努力。

11.2　绿色低碳经济发展的主要工程方法

二氧化碳的捕集、固定与利用技术,电力与工业领域是绿色低碳经济结构转型重点,碳达峰与碳中和背景下工业企业的减碳措施、绿色低碳循环发展经济体系的新模式是本节介绍的主要内容。

11.2.1　二氧化碳的捕集、固定与利用技术

二氧化碳的排放控制和捕集(CCS)仍是全球环境的一大挑战,而碳捕集的高成本和地质埋存的高生态环境风险是阻碍CCS技术大规模应用的瓶颈。近年来,将二氧化碳封存和固定一直是学者们努力的方向和研究重点,并试图为实现更加彻底高效的碳捕集和封存引入新的方法——二氧化碳捕集、封存与利用(CCUS)。面对不断恶化的温室效应所带来的危机,各国同意采取措施减少二氧化碳的排放量,中国也已经承诺2030年左右碳排放达到峰值。

CCUS技术由碳捕集、碳封存和利用三部分组成,碳捕集技术目前大体上分作三种:燃烧前捕集、燃烧后捕集和富氧燃烧捕集。燃烧前捕集技术主要是在燃料煤燃烧前,先将煤气化得到一氧化碳和氢气,然后再把一氧化碳转化为二氧化碳,再通过分离得到二氧化碳;燃烧后捕集是将燃料煤燃烧后产生的烟气分离,得到二氧化碳;富氧燃烧捕集是将二氧化碳从空气中分离出来,得到高浓度的氧气,再使燃料煤进行充分燃烧后捕获较为充足的二氧化碳。

碳封存是指将捕捉到的二氧化碳通过公路、铁路、管道和船舶等方式运输,而管道运输被认为适用于大批量的二氧化碳运送,经济性较好。封存二氧化碳,一般要求注入距离地面至少800米的合适地下岩层,在这样的深度下压力才能将二氧化碳转换成"超临界流体",使其不易泄漏;也可注入废弃煤层和天然气、石油储层等,达到埋存二氧化碳和提高油气采收率的双重目的。

1.二氧化碳捕集技术

1）生物法吸收二氧化碳

工业革命以前，地球大气层中的温室气体含量保持稳定，此时在生态系统中，植物的光合作用是吸收 CO_2 的主要手段。该方法具有固有的有效性和可持续性，类似于传统的生物废水处理，因为生物过程仅需要食物源（碳）、环境温度和日光来维持。

早在 2007 年，H.T.Hsueh 等提出除光合作用的限制外，二氧化碳传质也是微藻生长过程中的关键因素，其尝试使用高性能碱性吸收剂及藻类光合作用再生碱性溶液来增强填充塔吸收 CO_2 循环过程中的传质。出于二氧化碳封存和废水修复的双重目的，W.T.Chang 等研究了二氧化碳捕获和光生物反应（含有极大螺旋藻的微藻细胞）结合的可行性。通过此方法不仅去除了废水中的部分有机污染物（COD，BOD）和养分（NH4+，PO43-)，经处理的废水还可以再用作原料废水的稀释剂。该研究还表明，总无机碳（TIC）浓度与吸附液中吸收的 CO_2 量成正比，并且溶液 pH 可用作光生物反应器和生物质培养阶段的控制参数。

2014 年 R.Ramaraj 等利用天然水介质模拟实验室中的天然水体来用于藻类生长，并展示藻类生物固定 CO_2 的潜力，对解决全球变暖和能源危机问题很有研究价值。F.G. Acien Fernandez 和 S.Judd 等研究了藻类光生物反应器（PBRs）在减少二氧化碳和在废水中去除营养物方面的应用，研究显示即使是最简单的 PBR 配置（高速藻类池，HRAP）去除 CO_2 的效率也比传统的生物营养素（BNR）植物至少高两个数量级，但是 PBR 技术的经济案例在很大程度上依赖于生成高价值产品所带来的成本效益，而且藻类生物反应器是碳捕集应用领域一个相对较新的研究方向。

虽然植物吸收法具有很好的可持续性，但该过程受光合作用影响大，而且在工厂的集中排放处理上，需要更大的场地和更高的成本，极大地限制了它的应用。

2）物理法吸收二氧化碳物

物理吸收法主要是利用水、甲醇、碳酸丙烯酯等溶液作为吸收剂，根据亨利定律，利用 CO_2 在这些溶液中的溶解度随压力改变来吸收或解吸。

物理吸收法大多在低温高压下进行，具有吸收气体量大、吸收剂再生不需要加热、不腐蚀设备等优点。物理吸收法主要有膜分离法、催化燃烧法、变压吸附法（PSA），其中的变压吸附法是一种新型气体吸附分离技术，因操作简单和低成本的特点，是一种有效的方式。

2012 年 H.Z.Martunus 等提出了原位捕获矿化二氧化碳法。该方法使用耐高温的吸附剂，将捕获的二氧化碳转化为苏打灰，并可以利用压力摆动系统连续运行。该过程原料仅需要二氧化碳、氯化钠和氨，可以再生和再循环，具有高度可持续性。

2014 年 C.O.Arean 等通过吸附量热法和变温红外光谱，研究了质子沸石中二氧化碳的吸附热力学，其 CO_2 吸附焓的绝对值较小，表示其在 PSA 循环中再生吸附需要很少的能源成本。

物理吸附 CO_2 主要采用变压吸附法，并且需要良好的吸附剂，但由于工业烟气成分复杂多变，吸附二氧化碳的同时也会吸附大量其他无用组分，造成能耗高和成本高的问题，目前在工业化应用上还有一定的局限性。

3）化学法吸收二氧化碳

生物法吸收 CO_2 很大程度上取决于光合作用和气液间传质，物理吸收法只有在 CO_2 分压较高时才适用，两种方法对于工业应用来说比较难以实现。

化学吸收法具备选择性好、吸收效率高、能耗及投资成本较低等优点，应用最为广泛，在 CO_2 捕集技术中是最为成熟的，90%的脱碳技术都是采用该法。

4）典型吸收法

典型的化学溶剂吸收法有氨吸收法、热钾碱法及有机胺法等。

众多学者将氨吸收法、热钾碱法和有机胺法这3种方法进行了综合比较，包括吸收速率与气液平衡等，发现有机胺法效果最佳。有机胺法出现于20世纪30年代，经过几十年的发展，技术路线和工艺条件愈加成熟。有机醇胺类化合物的分子结构中，包含一个氨基用于促进吸收 CO_2，至少包含一个羟基可起到降低饱和蒸汽压、促进水溶性作用。由于有机胺法对 CO_2 选择性好、分离效率高、经济性好，因此可以用于处理低浓度、CO_2 大规模分离的情况。

近些年相关学者对使用胺溶液作 CO_2 吸收剂开展了大量研究。S.Park 等提出了一种结合 CCS 和 CO_2 固定过程的新方法。在含 Ca^{2+} 的 CO_2 饱和溶液中加入3种胺溶液（质量分数为10%或30%）：伯胺（MEA）、仲胺（DEA）和叔胺（MDEA）。结果显示，超过84%（质量分数）的 CO_2 转化为碳酸盐沉淀物。相比之下，MDEA 的摩尔产率高于其他胺（MEA 和 DEA），该过程比在工业和自然界中应用其他 CO_2 固定过程更快、效果更好。

D.Kang 等利用氧化钙水溶液与质量分数为5%和30%的链烷醇胺吸收剂发生沉淀反应进行碳固定。通过将吸收的 CO_2 转化为固体 PCC（沉淀碳酸钙），可以减少溶液再生能量，其占 CCS 工艺中总能量消耗的50% ~ 80%。除了传统的用钙和镁离子作金属离子源外，S.Park 等还研究了碳酸钡的溶液作为金属离子源，与含水 CO_2 反应，并迅速形成沉淀，证明钡离子与钙和镁离子具有类似的 CO_2 固定潜力。

D.Kang 等利用工业废水作来源，使用预处理后的盐水溶液来供应钙离子，在常温常压下进行形成碳酸钙盐的沉淀实验，并提出如果在该 CCU 工艺中加入纯化步骤，则可以除去沉淀物中的残留污染物，获得纯净的碳酸钙盐，这将带来巨大的经济效益。

5）新型吸收法

通过含水胺类吸收 CO_2 是应用最广泛的技术之一，然而该技术已显示出严重的缺点，例如在吸收到气流中的水后需要额外的干燥步骤并会导致严重的腐蚀。挥发性胺的损失增加了操作成本，用于释放 CO_2 加热时水的蒸发需要更高的能耗。用于 CO_2 分离的胺也会分解，不仅浪费而且能引起环境问题。因此，非常需要一种新的溶剂，既可以促进从气体混合物中分离 CO_2 又不会损失溶剂。在这方面，离子液体（ILs）作为替代品显示出巨大的潜力。

离子液体是一种新型的完全由阳离子和阴离子组成的绿色介质，其独特的性质，如可调极性、非挥发性、高稳定性等，引起了人们的广泛关注。

为了提高离子液体的吸收能力，Y.Huang 等在分子识别的基础上，提出了预组织和互补性概念的新策略，前者决定识别过程的键合能力，后者决定识别过程的选择性。首次设计了基于酰亚胺的离子液体捕获低浓度 CO_2 的方法，通过在含有10%（体积分数）CO_2 的 N_2 中，使用具有预组织阴离子的离子液体，首次实现了高达22%（质量分数）（1.65mol/mol）的CO_2吸收容量，并表明了良好的可逆性。

Y.J.Xu等成功地实现了由质子离子液体（PIL）催化的CO_2化学吸收，发现带有[Pyr]-的PILs表现出更强的碱度和更大的自由空间，提高了CO_2捕获能力，证明了CO_2的吸收行为在其活化和转化中起着重要作用。

目前在工业应用的众多脱碳方法中，使用MDEA为主体的混合胺溶液吸收CO_2法仍然具有一定优越性。在今后的研究中，研发吸收能力大、吸收速率快、腐蚀性低、再生能耗低的吸收体系是完善CO_2吸收工艺的主要目标。在CCS中，理想的吸收剂应该同时具有较大的吸收能力及较低的再生能量，其中生物酶CA，离子液体与MDEA混合胺溶液等新型吸收体系的研发或将成为今后的发展方向。

2.二氧化碳封存与利用技术

大规模储存与固定CO_2仍然是减排的主要途径，主要包括地质储存、海洋储存及矿物碳酸化固定。然而传统的地质储存有泄漏的风险，甚至会破坏贮藏带的矿物质，改变地层结构；海洋储存运输成本高昂，以及会对海洋生态系统带来影响，这使得研究者们的目光转向矿石碳化。

1）二氧化碳矿石碳化

矿石碳化是利用存在于天然硅酸盐矿石（如橄榄石）中的碱性氧化物，如菱镁矿（$MgCO_3$）和方解石（$CaCO_3$），将CO_2转化成稳定的无机碳酸盐，主要是模仿自然界中钙/镁硅酸盐矿物的风化过程，以此实现CO_2的矿石碳化。

在自然界中矿物碳酸化所使用的矿物储量丰富，如蛇纹石、滑石或橄榄石等，可供二氧化碳的长期捕获，但其高耗能使之无法获得可接受的成本效益。而且气固之间的碳酸化反应需要在高温高压等苛刻条件下进行，存在成本高、耗能高、无法回收具有高附加值产品等缺点。例如，粉碎硅酸盐岩石，将其溶解在HCl中，以碱为催化剂与CO_2反应，每捕获1千克的CO_2会消耗23兆焦的能量，同时产生1.3千克的CO_2。因此，现有技术存在CO_2矿化反应速率低、反应条件苛刻、产物附加值低等问题，导致CO_2矿化技术难以工业化实施。为了避免矿化的巨大影响，近几年国内外专家提出CO_2矿化利用，其认为真正解决CO_2末端减排的固碳技术应该开展CO_2捕获和利用，特别是利用富含镁、钙、钾、硫等人类所需资源的天然矿物或工业废料与CO_2反应，将CO_2封存为碳酸钙或碳酸镁等固体碳酸盐，同时联产高附加值的化工产品，是CO_2利用的新途径。

2）海水碳固定和利用技术

虽然固体矿物已有多种选择，但仍有必要利用可能出现的新机会，以促进CCU技术发展。与固体材料相比，富含Mg^{2+}/Ca^{2+}的水溶液可以节约Mg^{2+}和Ca^{2+}浸出过程的操作成本。因此通过富含Mg^{2+}/Ca^{2+}的水溶液进行矿化，可能成为解决二氧化碳问题的另一种有前途的方法。尤其是海水/浓海水对二氧化碳的利用非常具有吸引力，因为它能够同时解决两个问题，一方面能解决CO_2的固定，另一方面还能解决来自海水淡化厂的海水预处理或卤水废弃物问题。

W.Wang 等通过对富 Mg^{2+}/Ca^{2+} 体系中碳酸盐平衡的理论分析，确定提高水溶液 pH 可以增强自然条件下不会发生的碳酸化反应。理论分析表明，海水中超过 90% 的 Ca^{2+} 和 Mg^{2+} 可以通过沉淀的形式转化为 $MgCO^3$ 和白云石，1 立方米的天然海水可以固定约 1.34 立方米或 2.65 千克 CO_2（气体体积、标准条件）。它不仅可以实现 CO_2 的永久固定，还可以产生大量的碳酸盐副产物，而且即使以这种方式捕捉全球的二氧化碳排放，每年自然海水中 Ca^{2+}/Mg^{2+} 的浓度也只会在百万分之一的尺度上发生变化，生态效应可以忽略不计。Y.Zhao 等考察了不同条件下二氧化碳在 CO_2- 海水体系中的溶解平衡过程，提出以氢氧化钠为媒介强化该过程的烟道气固碳海水脱钙工艺和机理研究，随后又考察了以氧化镁、氢氧化镁、白泥为碱源的固碳脱钙过程，其中以氧化镁为碱源的固碳脱钙效果和经济性最好。最近，G.M.Jose-Luis 等提出利用富钙镁浓海水捕集利用 CO_2 过程中使用多级沉淀法，碳酸钙在第一级沉淀法中析出，而纯三水碳酸镁在第二级沉淀法中析出的思路。同时，Y.Zhao 等也提出两步沉淀法——利用海水中的钙、镁资源使 CO_2 溶于海水中的碳酸根和碳酸氢根分别封存为碳酸钙和碳酸镁盐的新工艺。

这些方法都需要外加碱源，实际上在该过程中只要加入碱源，碱源的制备就需要耗能。因此，在海水固碳工艺中碱源选择或制备方法的可行性是海水固碳工艺是否绿色化，能否真正实现经济固碳的关键问题。

11.2.2　电力与工业领域是绿色低碳经济结构转型重点

1.电力行业是绿色低碳经济转型的关键行业

我国电力工业占碳排放总量的 40% 左右，控制电力碳排放是推动我国碳排放尽早达峰的重点领域，也是对电力行业绿色低碳经济转型提出的迫切要求。2021 年 2 月 22 日，国务院印发了《关于加快建立健全绿色低碳循环发展经济体系的指导意见》。明确提出 2025 年产业结构、能源结构、运输结构有明显变化，绿色产业比重显著提升，基础设施绿色化水平不断提高，清洁生产水平持续提高，生产生活方式、绿色转型成效显著，能源资源配置更加合理，金融效率大幅提高，主要污染物总量持续减少，碳排放强度明显降低，生态环境持续改善，碳排放达峰后稳中有降，生态环境好转，美丽中国目标基本实现。

整体来看，电力行业是绿色低碳经济转型的关键行业，不仅仅是自己要达峰，而且要支撑全社会尽早达峰，电力行业有自己的角色担当。"十四五"时期是我国由全面建成小康社会向基本实现社会主义现代化迈进的关键时期，在这个时期里面中国的经济还是长期向好的基本面没有改变，而且为了实现双碳目标，能源行业要进行低碳转型，全社会要实现电气化，实现全社会的低碳转型，提高电气化水平已经成为时代发展的大趋势，是能源低碳转型的必然要求。

大部分国际大型电力企业的减排脱碳有几大举措：制定明确的减碳减排目标；推动发电清洁化；提高终端用能电气化与零碳化；创新碳管理机制。研发新兴技术，这是实现未来整体减碳特别重要的抓手。

从技术创新看，我国电力行业技术不管是特高压还是核电发电技术，都是世界上领先的。我国现在面临的挑战能够真正用现代的技术，通过技术的创新去实现碳达峰和碳减排，这会使我国在全球能源行业处于领先地位。

现在的新经济、新动能、新业态发展层出不穷，要加快电网产业升级，包括能源互联网生态体系的构建，助力上下游产业。碳达峰、碳中和的目标会带来很大的机遇，推动电网向能源互联网转型，也会对国有电网企业加快建设国家要求的世界一流企业带来更大的推动作用。

2.加快清洁能源开发利用，构建以新能源为主体的新型电力系统

"十三五"时期，我国水电、风电、光伏、在建核电装机规模等多项指标保持世界第一。2020年底，清洁能源发电装机规模增长到10.83亿千瓦，首次超过煤电装机，占总装机比重约49.2%，建立起了多元清洁的能源供应体系。能源电力领域碳减排的任务仍然较重，化石能源燃烧是我国主要的二氧化碳排放源，占全部二氧化碳排放的88%左右，电力工业排放又约占能源行业排放的41%。

要构建清洁低碳安全高效的能源体系，控制化石能源总量，着力提高利用效能，实施可再生能源替代行动，深化电力体制改革，构建以新能源为主体的新型电力系统。发展可再生能源是推动能源转型的重要措施。针对会议提到的"实施可再生能源替代行动"，将推动可再生能源大规模、高比例、市场化发展，提高可再生能源在能源、电力消费中的比重，使可再生能源在"十四五"时期成为我国一次能源消费增量的主体。

风电和光伏发电等新能源具有波动性，未来随着新能源快速发展，新型用能设备广泛应用，电力系统的供需平衡难度、安全稳定运行保障难度相应增大，所以要构建新型电力系统。新型电力系统广泛配置应用新型储能及电动汽车等灵活性调节资源，可适应大规模高比例集中式和分布式可再生能源的并网消纳。在结构特征上，以用户侧安全可靠保障为中心，以高度数字化智能化、源网荷储协同互动、电力多能互补、清洁能源资源配置能力强、调度运营扁平化等为主要特征。

构建以新能源为主体的新型电力系统，需要多方面协同发力，尤其要加快新型储能技术研发应用、提升电源侧多源协调优化运行能力、推动电力系统各环节全面数字化。"十四五"时期，将引导研究突破大容量、高安全、低成本、高效率、长寿命的储能技术，完善储能参与市场和投资收益机制；充分发挥火电机组灵活调节能力，研究完善火电机组主动深度调峰以及实施灵活性改造的补偿机制；加快智能化技术在电力系统的研发应用，基于人工智能、大数据、云计算等新兴技术，建设高度智能化的调度运行体系。

3.着力升级能源消费方式，推进重点行业领域减污降碳

实施重点行业领域减污降碳行动，工业领域要推进绿色制造，建筑领域要提升节能标准，交通领域要加快形成绿色低碳运输方式。提升能效、控制一次能源消费总量是最直接、最有效的能源碳减排方式。在当前能源结构下，每减少一次能源消费1亿吨标煤，大约可减少二氧化碳排放2亿吨。构建清洁低碳安全高效的能源体系，需要"两条腿"走路，统筹能源供

应清洁低碳和工业、建筑、交通等主要用能行业用能方式的变化。

在建筑领域，节能改造有序推进，装配化建造加快推广，光伏建筑一体化蓄势待发……住建部等多部门印发方案，到2022年，当年城镇新建建筑中绿色建筑面积占比达到70%。

在交通领域，从2015年底以来，我国淘汰老旧机动车超过1400万辆；当前北京、山西、上海、湖南等地新增及更换的新能源公交车比重已达100%；据测算，交通运输行业推广应用新能源汽车每年可减少碳排放约5000万吨。

加大农村房屋建筑节能改造力度。农村房屋门窗气密性较差，冬天容易'跑风漏气'，节能改造潜力较大。提升节能标准的同时，加强第三方评价机构的监督管理，并且给予相应的推广政策。

推进交通运输绿色低碳发展，需要全社会共同努力。比如完善充电桩、自行车道等相应的配套设施建设，引导更多公众优先选择绿色出行；再比如，调整运输结构，充分发挥各种运输方式的组合效率，实现货运物流低碳化等。

4.完善绿色低碳政策和市场体系，加快推进碳排放权交易

完善有利于绿色低碳发展的财税、价格、金融、土地、政府采购等政策。数据显示，当前我国绿色贷款余额超过11万亿元，居世界第一；绿色债券余额1万多亿元，居世界第二。金融机构按照商业化原则与可再生能源企业协商展期或续贷、优先发放补贴和进一步加大信贷支持力度等举措，支持风电、光伏发电、生物质发电等行业健康有序发展。

完善能源'双控'制度，应加强顶层设计，建立健全用能预算、能耗监测、用能权交易、节能评价考核闭环管理体系；统筹考虑不同地区与行业特点，建立节能目标分解、落实、评价机制。当前比较迫切的是根据全社会各行业碳减排难度、潜力和技术经济性差异及电能替代带来的行业间排放转移等，做出我国碳排放预算行业间的合理结构安排，并且做出合理的碳减排路径设计，特别是碳达峰时间、峰值以及达峰后的减排曲线。

碳达峰不是碳冲锋，一些人可能认为2030年碳达峰之前，可以抓紧上一些高耗能和高排放项目，这是误区，也是要坚决遏制的。尽早把钢铁、化工等行业纳入碳排放权交易市场，加快完善相关市场化机制。锚定碳达峰、碳中和目标，坚持政府和市场两手发力，围绕还原能源商品属性，建设统一开放、竞争有序的电力市场体系，创新交易品种，推动以市场化方式扩大清洁能源消纳空间。

5. 发展清洁能源提供了历史性机遇

"十三五"期间，中国电力工业绿色低碳发展取得了辉煌成就。截止2020年底，全国全口径发展装机容量22亿千瓦，"十三五"期间，年均增长7.6%，其中非化石能源装机年均增速为13.1%，占比从34.8%上升至44.8%，提升10个百分点。新能源装机占比从13.1%上升至24.3%，能源人均提升13个百分点。煤电装机容量占比从2015年的59%，下降到2020年49.1%，首次降至50%以下。"十三五"期间，非化石能源发展占比从27.2%上升至33.9%，提高6.7个百分点。非化石能源发电量总量合计1.01万亿千瓦·时，占同期全社会用电总量的56%。

展望"十四五"及未来一段时间，我国构建新发展格局，推进新型城镇化建设与电气

化进程，将带动电力需求保持刚性增长。预计2025年、2030年、2035年，我国全社会用电量将分别达到9.5万亿千瓦·时、11.3万亿千瓦·时、12.6万亿千瓦·时。随着碳达峰、碳中和目标的实施，构建以新能源为主体的新型电力系统，为风电、太阳能发电、氢能等清洁能源发展，提供了历史性的机遇。

中国已经形成了风电装备的全产业链、风电生产装机规模已居世界第一，中国风电行业的龙头企业已经具备与世界龙头企业竞争的能力。光伏行业，硅料产量已经超过全球四分之三，硅片电池组件产量更是占到世界的80%～90%，包括辅料、配电设备、制造装备等，建立了完整的产业链和供应链，同时成长了一批世界领先的龙头企业。中国新能源行业，是用全产业链为中国参与全球气候治理提供产业支持最有力的行业。

电力行业作为我国国民经济的重要支柱产业，我国电力需求量未来也必将随着国家产业的发展而持续增长。但鉴于环境问题,清洁能源发电已经成为了我国电力行业的主要发展趋势：

（1）趋势一：煤电灵活性改造。

随着新能源加速发展和用电特性的变化，系统对调峰容量的需求将不断提高。我国具有调节能力的水电站少，气电占比低，煤电是当前最经济可靠的调峰电源，煤电市场定位将由传统的提供电力、电量的主体电源，逐步转变为提供可靠容量、电量和灵活性的调节型电源，煤电利用小时数将持续降低，预计2030年将降至4000小时以下。

（2）趋势二：清洁能源成为重点。

在"十四五"规划下，针对电力行业提出深化供给侧结构性改革发展低碳电力，就要通过能源高效利用、清洁能源开发、减少污染物排放，实现电力行业的清洁、高效和可持续发展。我国在光电、水电、核电等均提出了相关规划，要求清洁能源发电要能够逐步开始承担主要发电任务。

11.2.3 碳达峰与碳中和背景下工业企业的减碳措施

我国是全球碳排放量最大的国家，自2005年以来已经连续15年居世界首位，因此国际社会对我国加大碳减排力度、承担更大国际责任的要求不断提升。我国宣布了国家自主贡献目标及一系列新举措："到2030年，中国单位国内生产总值二氧化碳排放将比2005年下降65%以上，非化石能源占一次能源消费比重将达到25%左右，森林蓄积量将比2005年增加60亿立方米，风电、太阳能发电总装机容量将达到12亿千瓦以上"。工业是能源消耗和二氧化碳排放的最主要领域，根据国家统计数据，2019年我国能源消费总量48.6亿吨标准煤，其中工业占比超过60%，因此探索工业企业的减碳路径是实现2030年碳达峰目标的关键。

1.优化产业结构和布局

1）淘汰落后的工艺和产能

落后产能是指资源能源消耗高、环境污染重、安全风险大的产能，产业层次偏低，技术装备水平不高，资源能源消耗大、利用效率低，是粗放型的生产方式。工业企业应按照国家和地方淘汰落后产能的政策要求和工作部署，采取积极有效的措施，调整产能过剩的产业结构，积极配合"散、乱、污"企业治理工作的开展，加快淘汰落后产能，提高工艺技术水平，提高工业产品的绿色化和高经济附加值，推进产业结构低碳价值链的发展，促进节能减排政策措施的实施。

2）构建绿色低碳产业链

目前，我国工业结构偏重、绿色技术创新能力不强、高端绿色产品供给不充分、区域工业绿色发展不平衡等问题依然存在，"十四五"期间应围绕碳达峰、碳中和目标节点，以发展绿色低碳的循环经济为目标，全面推动形成绿色发展方式，突出生态的"含绿量"，按照主题功能区规划产业布局、规模和结构，构建绿色产业链体系，实施工业低碳行动和绿色制造工程。工业企业应主动构建完善的绿色供应链体系，加强供应商的管理，从原辅材料、资源能源、工艺、产品、环境保护和管理体系等方面全方位对上游供应商企业提出严格要求；同时，企业作为下游客户的供应商，应积极引入产品生态设计的理念，从减少有毒有害物质使用、提高资源能源利用效率，提升固体废物回用率等方面提高自身绿色可持续发展水平，建立健全质量、能源、环境和职业健康安全四大管理体系，推进绿色产品、绿色工厂和绿色供应链的协同建设，建立绿色低碳产业体系应围绕五个着力点。

一是坚定推进能源绿色化，打造产业绿色供应体系。鉴于能源在碳排放中的核心角色，应将产业用能绿色化放于首位，应逐步减少对化石能源的使用比例，坚持化石能源"原料化"方向，探索加大绿氢、绿电（光伏、风电等）等绿色能源使用比例。

二是坚决淘汰落后产能，优化升级产业结构。要调整好三个层面结构：在产业结构层面，调整降低高耗能产业比重，提升新兴产业比重，严格执行能源"双控"政策，降低整体碳排放强度；在项目结构层面，坚决限制"两高"项目上马，淘汰落后产能；在产品结构层面，提升产品整体价值层次，强化质量、功能、品牌提升，降低价值链低端产品比重，以实现单位效益碳排水平降低。

三是重点开展科技赋能，提升产业技术装备和管理水平。大力推动重大节能技术研发投入，组织资源进行关键技术攻关，提升专业技术装备水平。

四是推进资源深度循环利用，强化产业末端治理挖潜。在产业源头控制住用能的同时在末端深度挖潜，深入推进循环经济，同时考虑以集群化方式强化不同产业之间的协同衔接，降低产业全生命周期碳排放。

五是大力发展公共服务体系，营造低碳绿色产业生态。产业的绿色低碳化建设起点是用能、原材料，末端是再生利用循环发展，中间要素是结构优化、技术赋能。整体过程充满挑战，需要汇聚技术、人才、信息、政策、资金等多方面要素，整合政府、企业、专业服务机构、行业协会、科研院所等各方资源，构建面向产业、企业的公共服务体系，设立相关平台载体，为产业绿色低碳发展打造生态、优化环境。

2. 推动能源消费结构转型

1）提高能源利用效率

目前，我国能源领域碳排放占总排放的55%以上，大部分来自于化石能源燃烧，传统能源产能结构性过剩问题仍较突出，因此如何在保持工业经济高质量发展的同时，合理调整能源结构、发展清洁能源是实现能源低碳化的关键。对于火电、水泥等化石能源使用量较大的重点碳排放企业，要积极采取有效措施提高化石能源的用能效率，采取逐步使用清洁能源替代化石能源的方式，合理地逐步梯次化调整能源利用体系。重点用能单位应严格执行地方分配的能耗限额指标，采用技术节能的手段，即通过更换低效设备、照明改造、热回收等方法和手段实现能效提升；对重点耗能设备开展能效评价；企业内部应建立节能奖惩制度，将节能目标落实到相应层级和岗位，并定期组织考核；积极开展能源审计，推动企业节能降耗工作的开展；健全能源管理体系，鼓励企业主动开展能源管理体系认证。

2）大力推广清洁能源

企业应加速重构能源消费体系，优化用能结构，采用蒸汽、天然气等清洁能源替代燃煤锅炉和燃油锅炉，积极开发利用地热能、风能、空气能等绿色能源。目前光伏是国家重点支持的清洁能源，鼓励企业开展节能技术改造和分布式光伏发电等新能源的应用，加速发展以智能电网为纽带的多能能源体系，进一步融入清洁能源、新能源和可再生能源，持续推动可再生能源和新能源的开发利用力度，构建以电力为主，天然气、太阳能等清洁能源为辅的绿色低碳能源体系，有效提升能源智能高效利用水平。

3）引进智慧能源管理平台

"智慧化能源管理平台"作为一种新形态、新模式和新工具，强调数据的实时获取和综合分析应用，通过物联网、云端运维和大数据等技术，配备能耗在线监测装置，实时获取各类能源的使用、消耗和转化，并按照车间、产品、工艺、生产线、周、月、年等多个维度进行绩效分析，并按照能源计划或制定的绩效指标进行KPI考核，预测企业能源消耗趋势，帮助企业了解内部能效水平和节能潜力，实现动态化、精细化管理企业能源消耗，从整体上提升能源管理水平，减少企业能源支出成本。引入能源管理平台还可以及时进行用能诊断，协调控制各车间能源消费量、厂区总体能源消费结构等，进而有效控制碳排放量，帮助企业管理者通过平台实现能源信息化管理。

4）加快推进合同能源管理

积极推行合同能源管理，不断提高企业能效水平，扶持和壮大节能服务产业。对于符合条件的能源管理项目，给予减免税等政策支持；鼓励高耗能单位优先采用合同能源管理模式实施节能改造，对符合条件的项目给予资金支持政策；设立一批典型的合同能源管理示范项目，并在相关高能耗企业中推广应用。

3.提高企业清洁生产水平

以清洁生产审核为抓手，全面推行规模以上工业企业开展清洁生产审核工作，积极淘汰落后的高耗能设备与工艺，根据排污许可相关要求，强化行业主要污染物排放总量控制；加快节能减排技术产业化示范和推广，建立节能减排技术服务体系；积极发展清洁生产技术，鼓励有条件的企业进行自主研发创新；制订重点产业技术改造指南和重点项目计划，实施一批节能低碳综合改造工程，逐步实现能源结构清洁低碳转型；加大对采取清洁能源改造、新能源应用、治污设施升级改造等措施的相关企业的奖励补贴力度，引导排污单位主动开展治污减排工作。

4.建立完善的碳排放核算体系

2021年2月1日，国家生态环境部印发的《碳排放权交易管理办法（试行）》启动实施，碳排放交易市场开放。纳入温室气体重点排放单位的企业应控制温室气体排放，报告碳排放数据，清缴碳排放配额，公开交易等信息并接受监管。目前重点碳排放单位核算方法、核算体系的建设工作正有效推进，其他行业碳排放核算方法、细则和标准的建设工作还未得到有效关注。健全碳排放核算体系是推进碳排放权交易的前提条件，我国碳排放核算制度建设起步较晚，目前碳排放核算方法虽已初步形成，但仍存在工作机制不完善、方法体系相对落后，能源消费及部分化石能源碳排放因子统计基础偏差大、碳排放核算结果缺乏年度连续性等现实问题。随着"3060目标"的提出，这些问题愈发突出，为了与企业节能降碳绩效核算协调性发展，应加快调整完善碳排放核算方法及相关标准体系，系统性构建各行业碳排放核算细则，提升决策制度的科学性，提高企业减碳绩效核算的准确性，保障碳排放权交易市场的顺利进行。

5.加快形成绿色低碳的现代产业体系需要处理好的四个平衡

首先，要处理好发展与减碳的平衡。我国要在尚未完成工业化和城市化进程的条件下倒逼实现碳达峰，要求我们既要坚定推进双碳目标实现，又要保持稳健发展，兼顾发展与减碳，避免顾此失彼、损失合理的增长空间。

其次，要处理好结构优化与产业链安全的平衡。作为制造业大国，我国具有全产业的体系优势，尤其在面对日益复杂的国际竞争和经贸环境背景下，这个优势尤为珍贵。要做好减碳目标下结构优化调整与产业链、供应链安全之间的平衡，避免制造业占比过快下降和产业链过早外移的风险。

再次，要处理好双循环之间的平衡。实现双碳目标必须着眼于全球，以开放的视野考量不同领域、环节、技术、资源的互补，在立足国内市场和资源的基础上，加强国际交流合作，实现资源、市场的国内国际双循环，避免"闭门造车"。

最后，要处理好东中西部地区之间的平衡。东中西部地区资源禀赋、产业结构和发展层次存在差距，减碳突破口、重点领域、阶段任务差异较大，应正视各区域技术基础、能效水平、环境承载等减碳条件的不同，制定适合本区域的特色化方案，东西协同并进，避免国内区域的"碳转移"。

11.2.4 绿色低碳循环发展经济体系的新模式

建立健全绿色低碳循环发展经济体系，全方位全过程推行绿色规划、绿色设计、绿色投资、绿色建设、绿色生产、绿色流通、绿色生活、绿色消费，使发展建立在高效利用资源、严格保护生态环境、有效控制温室气体排放的基础上，统筹推进高质量发展和高水平保护，促进经济社会发展全面绿色转型，推动我国绿色发展迈上新台阶。

1.健全绿色低碳循环发展的生产体系

1）推进工业绿色升级

加快实施钢铁、石化、化工、有色、建材、纺织、造纸、皮革等行业绿色化改造。推行产品绿色设计，建设绿色制造体系。大力发展再制造产业，加强再制造产品认证与推广应用。建设资源综合利用基地，促进工业固体废物综合利用。全面推行清洁生产，依法在"双超双有高耗能"行业实施强制性清洁生产审核。完善"散乱污"企业认定办法，分类实施关停取缔、整合搬迁、整改提升等措施。加快实施排污许可制度。加强工业生产过程中危险废物管理。

2）加快农业绿色发展

鼓励发展生态种植、生态养殖，加强绿色食品、有机农产品认证和管理。发展生态循环农业，提高畜禽粪污资源化利用水平，推进农作物秸秆综合利用，加强农膜污染治理。强化耕地质量保护与提升，推进退化耕地综合治理。发展林业循环经济，实施森林生态标志产品建设工程。大力推进农业节水，推广高效节水技术。推行水产健康养殖。实施农药、兽用抗菌药使用减量和产地环境净化行动。依法加强养殖水域滩涂统一规划。完善相关水域禁渔管理制度。推进农业与旅游、教育、文化、健康等产业深度融合，加快一二三产业融合发展。

3）提高服务业绿色发展水平

促进商贸企业绿色升级，培育一批绿色流通主体。有序发展出行、住宿等领域共享经济，规范发展闲置资源交易。加快信息服务业绿色转型，做好大中型数据中心、网络机房绿色建设和改造，建立绿色运营维护体系。推进会展业绿色发展，指导制定行业相关绿色标准，推动办展设施循环使用。推动汽修、装修装饰等行业使用低挥发性有机物含量原辅材料。倡导酒店、餐饮等行业不主动提供一次性用品。

4）壮大绿色环保产业

建设一批国家绿色产业示范基地，推动形成开放、协同、高效的创新生态系统。加快培育市场主体，鼓励设立混合所有制公司，打造一批大型绿色产业集团；引导中小企业聚焦主业增强核心竞争力，培育"专精特新"中小企业。推行合同能源管理、合同节水管理、环境污染第三方治理等模式和以环境治理效果为导向的环境托管服务。进一步放开石油、化工、电力、天然气等领域节能环保竞争性业务，鼓励公共机构推行能源托管服务。适时修订绿色产业指导目录，引导产业发展方向。

5）提升产业园区和产业集群循环化水平

科学编制新建产业园区开发建设规划，依法依规开展环境影响评价，严格准入标准，完善循环产业链条，推动形成产业循环耦合。推进既有产业园区和产业集群循环化改造，推动公共设施共建共享、能源梯级利用、资源循环利用和污染物集中安全处置等。鼓励建设电、热、冷、气等多种能源协同互济的综合能源项目。鼓励化工等产业园区配套建设危险废物集中贮存、预处理和处置设施。

6）构建绿色供应链

鼓励企业开展绿色设计、选择绿色材料、实施绿色采购、打造绿色制造工艺、推行绿色包装、开展绿色运输、做好废弃产品回收处理，实现产品全周期的绿色环保。选择100家左右积极性高、社会影响大、带动作用强的企业开展绿色供应链试点，探索建立绿色供应链制度体系。鼓励行业协会通过制定规范、咨询服务、行业自律等方式提高行业供应链绿色化水平。

2.健全绿色低碳循环发展的流通体系

1）打造绿色物流

积极调整运输结构，推进"铁水""公铁""公水"等多式联运，加快铁路专用线建设。加强物流运输组织管理，加快相关公共信息平台建设和信息共享，发展甩挂运输、共同配送。推广绿色低碳运输工具，淘汰、更新或改造老旧车船，港口和机场服务、城市物流配送、邮政快递等领域要优先使用新能源或清洁能源汽车。加大推广绿色船舶示范应用力度，推进内河船型标准化。加快港口岸电设施建设，支持机场开展飞机辅助动力装置替代设备建设和应用。支持物流企业构建数字化运营平台，鼓励发展智慧仓储、智慧运输，推动建立标准化托盘循环共用制度。

2）加强再生资源回收利用

推进垃圾分类回收与再生资源回收"两网融合"，鼓励地方建立再生资源区域交易中心。加快落实生产者责任延伸制度，引导生产企业建立逆向物流回收体系。鼓励企业采用现代信息技术实现废物回收线上与线下有机结合，培育新型商业模式，打造龙头企业，提升行业整体竞争力。完善废旧家电回收处理体系，推广典型回收模式和经验做法。加快构建废旧物资循环利用体系，加强废纸、废塑料、废旧轮胎、废金属、废玻璃等再生资源回收利用，提升资源产出率和回收利用率。

3）建立绿色贸易体系

积极优化贸易结构，大力发展高质量、高附加值的绿色产品贸易，从严控制高污染、高耗能产品出口。加强绿色标准国际合作，积极引领和参与相关国际标准制定，推动合格评定合作和互认机制，做好绿色贸易规则与进出口政策的衔接。深化绿色"一带一路"合作，拓宽节能环保、清洁能源等领域技术装备和服务合作。

3.健全绿色低碳循环发展的消费体系

1）促进绿色产品消费

加大政府绿色采购力度，扩大绿色产品采购范围，逐步将绿色采购制度扩展至国有企业。加强对企业和居民采购绿色产品的引导，鼓励地方采取补贴、积分奖励等方式促进绿色消费。推动电商平台设立绿色产品销售专区。加强绿色产品和服务认证管理，完善认证机构信用监管机制。推广绿色电力证书交易，引领全社会提升绿色电力消费。严厉打击虚标绿色产品行为，有关行政处罚等信息纳入国家企业信用信息公示系统。

2）倡导绿色低碳生活方式

厉行节约，坚决制止餐饮浪费行为。因地制宜推进生活垃圾分类和减量化、资源化，开展宣传、培训和成效评估。扎实推进塑料污染全链条治理。推进过度包装治理，推动生产经营者遵守限制商品过度包装的强制性标准。提升交通系统智能化水平，积极引导绿色出行。深入开展爱国卫生运动，整治环境脏乱差，打造宜居生活环境。开展绿色生活创建活动。

4. 加快基础设施绿色升级

1）推动能源体系绿色低碳转型

坚持节能优先，完善能源消费总量和强度双控制度。提升可再生能源利用比例，大力推动风电、光伏发电发展，因地制宜发展水能、地热能、海洋能、氢能、生物质能及光热发电。加快大容量储能技术研发推广，提升电网汇集和外送能力。增加农村清洁能源供应，推动农村发展生物质能。促进燃煤清洁高效开发转化利用，继续提升大容量、高参数、低污染煤电机组占煤电装机比例。在北方地区县城积极发展清洁热电联产集中供暖，稳步推进生物质耦合供热。严控新增煤电装机容量。提高能源输配效率。实施城乡配电网建设和智能升级计划，推进农村电网升级改造。加快天然气基础设施建设和互联互通。开展二氧化碳捕集、利用和封存试验示范。

2）推进城镇环境基础设施建设升级

推进城镇污水管网全覆盖。推动城镇生活污水收集处理设施"厂网一体化"，加快建设污泥无害化、资源化处置设施，因地制宜布局污水资源化利用设施，基本消除城市黑臭水体。加快城镇生活垃圾处理设施建设，推进生活垃圾焚烧发电，减少生活垃圾填埋处理。加强危险废物集中处置能力建设，提升信息化、智能化监管水平，严格执行经营许可管理制度。提升医疗废物应急处理能力。做好餐厨垃圾资源化利用和无害化处理。在沿海缺水城市推动大型海水淡化设施建设。

3）提升交通基础设施绿色发展水平

将生态环保理念贯穿交通基础设施规划、建设、运营和维护全过程，集约利用土地等资源，合理避让具有重要生态功能的国土空间，积极打造绿色公路、绿色铁路、绿色航道、绿色港口、绿色空港。加强新能源汽车充换电、加氢等配套基础设施建设。积极推广应用温拌沥青、智能通风、辅助动力替代和节能灯具、隔声屏障等节能环保先进技术和产品。加大工程建设中废弃资源综合利用力度，推动废旧路面、沥青、疏浚土等材料以及建筑垃圾的资源化利用。

4）改善城乡人居环境

相关空间性规划要贯彻绿色发展理念，统筹城市发展和安全，优化空间布局，合理确定开发强度，鼓励城市留白增绿。建立"美丽城市"评价体系，开展"美丽城市"建设试点。增强城市防洪排涝能力。开展绿色社区创建行动，大力发展绿色建筑，建立绿色建筑统一标识制度，结合城镇老旧小区改造推动社区基础设施绿色化和既有建筑节能改造。建立乡村建设评价体系，促进补齐乡村建设短板。加快推进农村人居环境整治，因地制宜推进农村改厕、生活垃圾处理和污水治理、村容村貌提升、乡村绿化美化等。继续做好农村清洁供暖改造、老旧危房改造，打造干净整洁有序美丽的村庄环境。

5. 构建市场导向的绿色技术创新体系

1）鼓励绿色低碳技术研发

实施绿色技术创新攻关行动，围绕节能环保、清洁生产、清洁能源等领域布局一批前瞻性、战略性、颠覆性科技攻关项目。培育建设一批绿色技术国家技术创新中心、国家科技资源共享服务平台等创新基地平台。强化企业创新主体地位，支持企业整合高校、科研院所、产业园区等力量建立市场化运行的绿色技术创新联合体，鼓励企业牵头或参与财政资金支持的绿色技术研发项目、市场导向明确的绿色技术创新项目。

2）加速科技成果转化

积极利用首台（套）重大技术装备政策支持绿色技术应用。充分发挥国家科技成果转化引导基金作用，强化创业投资等各类基金引导，支持绿色技术创新成果转化应用。支持企业、高校、科研机构等建立绿色技术创新项目孵化器、创新创业基地。及时发布绿色技术推广目录，加快先进成熟技术推广应用。深入推进绿色技术交易中心建设。

6.完善法律法规政策体系

1）强化法律法规支撑

推动完善促进绿色设计、强化清洁生产、提高资源利用效率、发展循环经济、严格污染治理、推动绿色产业发展、扩大绿色消费、实行环境信息公开、应对气候变化等方面法律法规制度。强化执法监督，加大违法行为查处和问责力度，加强行政执法机关与监察机关、司法机关的工作衔接配合。

2）健全绿色收费价格机制

完善污水处理收费政策，按照覆盖污水处理设施运营和污泥处理处置成本并合理盈利的原则，合理制定污水处理收费标准，健全标准动态调整机制。按照产生者付费原则，建立健全生活垃圾处理收费制度，各地区可根据本地实际情况，实行分类计价、计量收费等差别化管理。完善节能环保电价政策，推进农业水价综合改革，继续落实好居民阶梯电价、气价和水价制度。

3）加大财税扶持力度

继续利用财政资金和预算内投资支持环境基础设施补短板强弱项、绿色环保产业发展、能源高效利用、资源循环利用等。继续落实节能节水环保、资源综合利用以及合同能源管理、环境污染第三方治理等方面的所得税、增值税等优惠政策。做好资源税征收和水资源费改税试点工作。

4）大力发展绿色金融

发展绿色信贷和绿色直接融资，加大对金融机构绿色金融业绩评价考核力度。统一绿色债券标准，建立绿色债券评级标准。发展绿色保险，发挥保险费率调节机制作用。支持符合条件的绿色产业企业上市融资。支持金融机构和相关企业在国际市场开展绿色融资。推动国际绿色金融标准趋同，有序推进绿色金融市场双向开放。推动气候投融资工作。

5）完善绿色标准、绿色认证体系和统计监测制度

开展绿色标准体系顶层设计和系统规划，形成全面系统的绿色标准体系。加快标准化支撑机构建设。加快绿色产品认证制度建设，培育一批专业绿色认证机构。加强节能环保、清洁生产、清洁能源等领域统计监测，健全相关制度，强化统计信息共享。

6）培育绿色交易市场机制

进一步健全排污权、用能权、用水权、碳排放权等交易机制，降低交易成本，提高运转效率。加快建立初始分配、有偿使用、市场交易、纠纷解决、配套服务等制度，做好绿色权属交易与相关目标指标的对接协调。

11.3　我国实现碳达峰与碳中和的主要目标及途径

我国实现碳达峰与碳中和的目标与重大意义、我国实现碳达峰与碳中和的机遇与挑战、我国实现碳达峰与碳中和的主要途径、构建新型电力系统对电网企业发展的影响是本节介绍的主要内容。

11.3.1　我国实现碳达峰与碳中和的目标与重大意义

1.目标与意义

2020年9月22日，习近平主席在第七十五届联合国大会一般性辩论上宣布，中国将提高国家自主贡献力度，采取更加有力的政策和措施，力争于2030年前二氧化碳排放达到峰值，努力争取2060年前实现碳中和。习近平主席还提出了后疫情时代推动世界经济绿色复苏的设想，各国要树立创新、协调、绿色、开放、共享的新发展理念，抓住新一轮科技革命和产业变革的历史性机遇，推动疫情后世界经济"绿色复苏"，汇聚起可持续发展的强大合力。

这是中国首次提出实现碳达峰与碳中和的目标，引起了国际社会的极大关注。由于中国是世界最大的碳排放国，占世界能源碳排放总量比重的28.8%，对全球碳达峰与碳中和具有至关重要的作用。正如能源转型委员会（ETC）在《中国2050——一个全面实现现代化国家的零碳图景》报告所言，无论对于整个世界，还是对于中国自身而言，中国探索到21世纪中叶实现净零碳排放的战略路径意义重大。

2014年11月和2015年9月，习近平主席与时任美国总统奥巴马两次发表中美元首气候变化联合声明，宣布了中美两国在2020年后各自应对气候变化行动。根据这些声明，2015年11月，习近平主席在第二十一届联合国气候变化大会（COP21）的首脑峰会上，代表拥有14亿人口的中国阐述了对巴黎气候大会的期待以及对于全球治理的看法。中国提出2030年相对减排行动目标，即二氧化碳排放2030年左右达到峰值并争取尽早达峰；单位国内生产总值二氧化碳排放比2005年下降60%～65%，非化石能源占一次能源消费比重达到20%左右，森林蓄积量比2005年增加45亿立方米左右。印度在COP21巴黎气候协议上承诺，到2030年将碳排放量在2005年的基础上降低33%～35%，明显低于中国的相对减排承诺。习近平主席多次指出，应对气候变化是我国可持续发展的内在要求，也是负责任大国应尽的国际义务，这不是别人要我们做，而是我们自己要做。

根据联合国政府间气候变化专门委员会（IPCC）报告，若全球气温升温不超过1.5℃，那么在2050年左右，全球就要达到碳中和；若不超过2℃，则2070年全球要达到碳中和。这成为全球实现碳中和目标的时间点，所剩时间只有30 ~ 50年。为此，发达国家在碳排放已持续下降的过程中，均选择了2050年这个时间点，而中国在尚未达到碳排放高峰的情况下，做出2060年前达到碳中和的政治承诺。

到2019年，我国单位国内生产总值二氧化碳排放比2015年和2005年分别下降约18.2%和48.1%，已超过了中国对国际社会承诺的2020年下降40% ~ 45%的目标，基本扭转了温室气体排放快速增长的局面，也明显优于同期印度碳强度下降20%。此外，我国非化石能源占一次能源消费比重从2005年的7.4%提高到2019年的15.3%；可再生能源总消费量占世界比重从2005年的2.3%上升至2019年的22.9%，已经超过美国比重（20.1%）；森林面积比2005年增加了4500万公顷，森林蓄积量也增加了51亿立方米。当今人类社会应对全球气候变化已成为世界共识。正如习近平主席所言，应对气候变化的《巴黎协定》代表了全球绿色低碳转型的大方向，是保护地球家园需要采取的最低限度行动，各国必须迈出决定性步伐。为此，中国带头于2020年9月提出2030年前碳排放达峰、2060年前碳中和目标。

2020年12月12日，习近平主席在气候雄心峰会上进一步提高国家自主贡献力度的新目标："到2030年，中国单位国内生产总值二氧化碳排放将比2005年下降65%以上，非化石能源占一次能源消费比重将达到25%左右，森林蓄积量将比2005年增加60亿立方米，风电、太阳能发电总装机容量将达到12亿千瓦以上"。这是世界上最为雄心勃勃的"2030中国减排目标"，将带动全球减排提前达峰，并发动空前未有的全球性绿色能源革命，充分展现了中国在应对全球气候变化，实现世界2050年零碳排放目标，发挥全球领导作用具有十分重大意义。

碳达峰、碳中和是一场极其广泛深刻的绿色工业革命，视为第四次工业革命最显著的基本特征之一，它不同于前三次工业革命经济增长碳排放也增长的基本特征，实质上是从黑色工业革命转向绿色工业革命，从不可持续的黑色发展到可持续的绿色发展。

中国成为绿色工业革命的发动者和创新者。客观地讲，欧盟等发达国家在第四次工业革命中先行一步，中国则是后来者居上，要继续完成第一次、第二次、第三次工业革命的主要任务，即到2035年基本实现新型工业化、信息化、城镇化、农业农村现代化，建成现代化经济体系；与此同时，要率先创新绿色工业化、绿色现代化，即"广泛形成绿色生产生活方式，碳排放达峰后稳中有降，生态环境根本好转，美丽中国建设基本实现"。绿色现代化本质是不同于黑色高碳要素的传统现代化，而是创新绿色要素（特别是绿色能源、绿色技术），加速实现从高碳经济转向低碳经济，是以减少温室气体排放为主要目标，构筑低能耗、低污染为基础的经济发展体系，进而实现零碳经济目标，或者通过碳汇实现碳中和的绿色经济发展体系。

2. 全球气候变化背景下的碳达峰与碳中和的特点

第一，全球气候变化已经成为人类发展的最大挑战之一，极大促进了全球应对气候变化的政治共识和重大行动。全球气候变化对全球人类社会构成重大威胁。政府间气候变化专门委员会（IPCC）2018年10月报告认为，为了避免极端危害，世界必须将全球变暖幅度控制在1.5℃以内。只有全球都在21世纪中叶实现温室气体净零排放，才能有可能实现这一目标。根据联合国气候变化框架公约（UNFCCC）秘书处2019年9月报告，目前，全球已有60个国家承诺到2050年甚至更早实现零碳排放。

第二，欧盟带头宣布绝对减排目标。2020年9月16日，欧盟委员会主席冯德莱恩发表《盟情咨文》，公布欧盟的减排目标：2030年，欧盟的温室气体排放量将比1990年至少减少55%，到2050年，欧洲将成为世界第一个"碳中和"的大陆。欧盟从1990年之后碳排放持续减少，累计减少23.3%。

第三，中国提出碳达峰、碳中和目标之后，日本、英国、加拿大、韩国等发达国家相继提出到2050年前实现碳中和目标的政治承诺。日本承诺，将此前2050年目标从排放量减少80%改为实现碳中和。英国提出，在2045年实现净零排放，2050年实现碳中和。加拿大政府也明确提出，要在2050年实现碳中和。除美国、印度之外，世界主要经济体和碳排放大国相继做出减少碳排放的承诺。但是，中国不同于西方发达国家，还处在碳排放上升阶段；在2008—2018年期间，经济合作与发展组织（OECD）碳排放年均增速为-1.1%，中国则为2.6%，是世界增速1.1%的2.36倍。

中国将以新发展理念为引领，在推动高质量发展中促进经济社会发展全面绿色转型，为全球应对气候变化做出更大的绿色贡献。

11.3.2 我国实现碳达峰与碳中和的机遇与挑战

1.创造经济多方面的发展机遇

未来中国的经济发展趋势是有利于实现碳排放达峰，创造多方面的发展机遇。一是尽管中国总人口规模居世界首位，但是已经进入低增长阶段。中国预计从2019年的14.00亿人上升至2030年的14.63亿人，年均增速为0.4%，明显低于1991—2019年0.7%的增速，而且未来一段时期还将进入零增长阶段，年均增速小于0.2%，也将带动总人口能源消费等增速下降。二是中国经济增速明显下降，进入中高速阶段。2019—2030年，中国年均增速在5%以上，明显低于1991—2019年的9.5%增速，也直接带动能源消费增速下降。三是中国人均GDP从2019年的16 117国际元上升至2030年的25 270国际元，相对美国人均GDP水平从25.8%提高至35.8%，接近中等发达国家水平，并在应对气候变化、实现碳达峰的能力明显提高。四是中国仍然是世界上国内储蓄率、国内资本形成总额占GDP比重最高的国家，在绿色能源、绿色交通、绿色建筑、绿色基础设施、低碳经济等方面有强大的投资能力和国内市场规模。五是中国研究与开发强度不断提高，从2019年的2.33%上升至2030年的2.8%以上，预计研发总支出将从5250亿国际元上升至10895亿国际元，居世界首位；并且有效地开发各类绿色技术，其中国际发明专利（PCT）申请量将翻一番以上，建成世界最大的国内绿色技术市场。这是中国能够在2030年前碳达峰的基本条件，加之由于能源效率大幅度提高，随之有可能出现能源消费总量下降。

2. 面临前所未有的多重挑战

中国在相对较低的发展水平及条件下实现碳达峰目标，面临着前所未有的多重挑战。

第一，全球实现碳排放达峰的国家基本上是发达国家或后工业化国家。根据英国石油公司（BP）《2020世界能源统计》提供的数据，美国于2007年达到能源消费高峰，同年达到碳排放高峰，到2019年下降15.6%；欧盟于2006年达到能源消费高峰，同年达到碳排放高峰，到2019年下降22.4%。这是典型的"双达峰""双下降"模式。而中国则不同，到2019年能源消费、碳排放比2006年分别提高了69.7%和47.2%，仍处在"双上升"阶段，而且上升的时间越长、峰值就越高、付出的代价就越大。因此，中国尽早能源消费与碳排放"双达峰""双下降"成为最重要的发展目标。

第二，中国与欧美国家处在不同的发展水平阶段。2006年，欧盟碳达峰时，占世界碳排放比重为14.8%，人均GDP为38 822国际元；2007年，美国碳达峰时，占世界碳排放比重为22.8%，人均GDP为55 917国际元；而中国到2030年，人均GDP才能达到25 270国际元，大大低于欧盟美国碳达峰时的人均GDP水平，分别相当于欧盟（2006年）和美国（2007年）的65.1%和45.2%。因此，中国绿色发展创新需要在人均GDP相对低的水平下实现碳达峰。

第三，中国与欧美国家处在不同的经济增速阶段。若以世界GDP（国际元）增速（2009—2019年为3.5%）为相对标准，欧盟国家属于低速型（2009—2019年为1.6%），美国为中低速型（2009—2019年为2.3%），而中国为高速型（2009—2019年为7.7%），却已经进入中高速（小于7%）阶段。从客观上讲，中国能源消费持续增长是不可避免的。中国需要绿色能源创新，可再生能源增长明显高于经济增速。2008—2018年期间，中国可再生能源消费年均增速高达33.4%，创下了世界纪录，相当于GDP年均增速（8.0%）的4.18倍。因此，中国需要在进入中高速增长阶段，加速发展绿色能源并成为重中之重。这既是经济增长的重要来源，也是实现碳达峰的最重要的举措，更是成为对绿色能源减税、免税、碳交易的重要依据。

第四，中国与欧美具有不同的产业结构类型。2006年，欧盟碳达峰时服务业增加值占GDP比重为63.7%；2007年，美国碳达峰时服务业增加值占GDP比重为73.9%。一方面，中国服务业增加值占GDP比重从2019年的53.9%上升至2030年的62%左右，低于欧盟和美国；另一方面，即使到2035年，中国服务业增加值比重才能达到65%左右。2006年，欧盟制造业增加值占GDP比重为15.8%；2007年，美国制造业增加值占GDP比重为12.7%。而2019年，中国制造业增加值占GDP比重高达27.2%，到2030年仍在22%左右，对能源消费需求量大、比重高；另外，2017年，工业能源消费占全国总量比重的65.6%，明显高于工业增加值占GDP比重的33.1%（2017年数据），相当于全国单位GDP能耗的2倍（2017年为1.98倍）。这既反映了中国工业与制造业生产结构比重高，也反映了工业与制造业单位增加值能耗高，因此也成为全国节能减排的重中之重。

第五，中国与欧美具有不同的单位GDP能耗水平。2014年，中国GDP相当于欧盟的2.43倍，相当于美国的1.61倍。尽管未来一段时期，中国与欧美之间单位GDP能耗是趋同的，但还是要高于欧美。这主要反映了中国与欧美在能源技术和能源效率方面的差距还有极大的提升空间。

第六，中国与欧美具有不同的能源消费结构。中国以化石能源为主，2019年高达85%左右，其中煤炭消费比重占58%，石油消费比重占19%；而美国和欧盟煤炭消费比重仅为12%和11%。因此，中国加速从化石能源为主的能源消费结构转向可再生能源为主的结构。根据能源转型委员会报告，到2050年，一次能源结构将发生巨大变化，其中化石燃料需求降幅超过90%，风能、太阳能和生物质能将成为主要能源，风能、太阳能比重将达到75%。

第七，中国碳排放总量明显超过欧美。2019年，中国碳排放量占世界总量比重高达28.8%，美国的比重为14.5%，欧盟的比重为9.7%；中国相当于美国欧盟合计比重（24.2%）的1.20倍。由于中国碳排放存量太高（2019年能源碳排放量高达98亿吨碳当量），实现碳排放下降乃至零排放，总量基数大、技术难度高、所剩时间少（仅有30～40年），并没有现成的减排模式，除非创新减排新模式。

由此可知，中国实现2030年碳达峰极具挑战性，是在比发达国家人均GDP低得多、尚未基本实现现代化的情况下达到这一目标，又是在"四化同步"背景下实现这一目标。中国只有实现了碳达峰目标，才能够实现碳中和；而实现前者目标的时间越早，就越有利于实现后者目标。为此，中国政府制定了能源安全新战略，即推动能源消费革命，抑制不合理能源消费；推动能源供给革命，建立多元供应体系；推动能源技术革命，带动产业升级；推动能源体制革命，打通能源发展快车道。

3. 碳达峰的倒逼机制与绿色工业革命

1）以2030年前碳达峰为中期目标，2060年前碳中和为最终目标

从现在起到2060年的40年，中国的减排是机遇大于挑战，更有能力将最大的挑战转化为最大的机遇。根据习近平总书记提出的碳达峰、碳中和"两步走"的战略设想，带头发动前所未有的第四次绿色工业革命，成为世界应对气候变化的创新者、领先者和贡献者。

我国以2030年前碳达峰为中期目标、2060年前实现碳中和为最终目标，既是硬约束目标，又是阶段性目标。

第一阶段核心目标为碳达峰，从高碳经济转向低碳经济。到2030年，我国GDP的二氧化碳强度比2005年下降65%～70%，年均下降率4.5%～5.0%；2030年，非化石能源电力占总电量50%，非化石能源占一次能源消费比重约25%左右；单位能耗二氧化碳强度年下降率由当前1.2%上升到约2.0%；同时，从高碳能源（煤炭消费为主）转向低碳能源（煤炭消费比重明显下降）、从高碳产业（钢铁、建材、有色金属、石化等为主）转向低碳产业（战略性新兴产业）、从高碳经济（碳排放占世界比重高于GDP占世界比重）转向低碳经济（碳排放占世界比重低于GDP占世界比重）、从高碳社会转向低碳社会。

第二阶段核心目标为碳排放大幅度下降，实现碳中和目标，基本建成零碳产业、零碳经济、零碳社会、零碳国家。能源转型委员会报告预测，中国到2050年的能耗总量为22亿吨标煤，比2016年水平低近30%；发电量从目前的7万亿千瓦·时增加到2050年的15万亿千瓦·时左右，可以实现零排放；其中工业直接电气化占52%，建筑直接电气化占21%，交通直接电气化占9%，制氢和合成氨用电占18%。主要产业特别是能源碳排放降至趋于零，这标志着中国实现了绿色工业革命。

2）绿色工业革命，各行业面临着重大考验

实现碳达峰、碳中和本质上是一场前所未有的绿色工业化革命，是21世纪绿色能源革命的大势所趋，就需要一场持续的绿色改革，势必会触动并影响能源密集型产业行业部门的短期利益，这就需要以碳中和这一宏大的远景目标作为导向，各个行业都按照这个总目标设计分目标，实行绿色改革、绿色发展、绿色创新、绿色工业革命。因为只有变革，才有出路，所以这对全国每个行业和地区来说，都是一场必须面对的持久战的重大考验。

实际上，中国具有发展绿色能源的新优势。一是中国具有发展绿色能源的丰富资源，特别是绿色能源丰富的西部地区。我国青海已经建成了2个可再生能源装机容量超过10万千瓦的绿色能源基础，其中青海的海南藏族自治州可再生能源装机规模超过1500万千瓦，海西蒙古族藏族自治州可再生能源装机规模超过1000万千瓦，通过特高压直接输送到中部地区。青海清洁能源发电量占规模以上工业发电量的84.0%，处于全国乃至世界前列。同时，青海有可用于新能源开发的未利用荒漠土地约10万平方公里，可开发光伏电站达5.6亿千瓦。又如，我国水电资源极其丰富的云南，2019年南方电网及云南电网水能利用率超过99%，创下世界最高纪录。二是中国发展绿色能源未来有巨大的潜力，根据能源转型委员会报告，中国太阳能资源丰富的地区面积占国土面积的三分之二，只要投入不到1%的土地面积来提供所需的25亿千瓦太阳能发电装机，而中国的风能资源估计可达34亿千瓦陆上装机和5亿千瓦海上装机，已超过了所需的容量。三是中国可通过绿色改革，建立世界最大规模的统一竞争的全国性绿色电力市场。四是中国已经是世界最大本国居民专利申请国，国际专利（PCT）申请国，为绿色能源、绿色技术等提供了更加强大的技术支撑，并分享给全世界。

中国承诺世界实现碳中和的宏大目标已经获得国际能源界的首肯。能源转型委员会报告专门指出，中国实现零碳经济目标在技术上和经济上都是可行的。考虑到中国的高储蓄率和投资率，中国有实现该目标所需的投资能力，并且对2050年中国人均GDP的影响也将是非常有限的。同时，追求到2050年实现零碳排放将刺激投资和创新，从而进一步加速零碳发展，这不仅不会阻碍中国到2050年实现现代化强国这一目标，还将大幅改善地方空气质量，并为中国在多个行业的技术领先地位创造巨大机遇。这充分表明，中国将成为21世纪上半叶绿色能源革命、绿色工业革命、绿色现代化的创新者和引领者，并为世界绿色能源革命、绿色工业革命做出巨大贡献。

11.3.3　我国实现碳达峰与碳中和的主要途径

1.控制能源消费总量及增速的约束性目标

人类社会控制碳排放总量的前提条件是要控制能源消费总量及增长率。2019年，我国能源消费总量已经达到48.6亿吨标准煤；到2030年，一次能源消费总量需要控制在55～60亿吨标煤之间的高峰，能源消费总量增速为1.0%～2.0%之间；2030年之后，一次能源消费总量进入高峰平台及持续下降期；到2050年，可控制在55亿吨标煤之内。我国控制能源消费总量唯一的途径就是大幅度提高能源效率。

2.大幅度提高非化石能源占一次能源消费比重

能源绿色化对碳排放强度及总量下降具有最重要的作用。它既可以作为能源发展的重中之重，也可作为约束性指标。我国非化石能源占一次能源消费比重从2019年的15.3%提高到2030年25%左右，比原定20%的目标增加5个百分点，到2035年可提高至30%以上。若加上天然气消费，清洁能源比重可从2019年的23.4%提高至2030年45%以上。我国水能、风能、太阳能发电装机容量占世界比重，2019年已经分别达到30.1%、28.4%和30.9%，且2008—2018年期间，年均增速分别为6.5%（世界平均增速为2.5%）、102.6%（世界平均增速为46.7%）和39.5%（世界平均增速为19.1%）。风电、太阳能发电总装机容量从2019年4.1亿千瓦提高至2030年的12亿千瓦以上，相当于2019年的3倍，年均增速在10%以上。2019年，全国平均风电利用率达96%，光伏发电利用率达98%，主要流域水能利用率达96%，均已达到国际领先水平，形成了中国绿色能源的巨大优势。

从几个方面优先发展可再生能源。一是充分开发和利用我国极其丰富的风能、光能、水能资源。例如，尽管我国境内淡水资源占世界总量比重仅有6.7%，但是水电装机容量占世界比重已高达30.1%，其开发利用率相当于世界平均水平的4.49倍。二是随着技术进步，我国应不断降低能源价格，使能源用户直接受益。三是促使可再生能源成为我国新兴支柱性绿色能源产业。四是充分利用我国的合作伙伴关系，我国与30个国家共同建立的"一带一路"能源合作伙伴关系，"走出去"打造世界最大的绿色能源产业，使世界各国受益。五是大力发展我国核电。2019年，我国核电装机容量占世界比重仅为12.5%，明显低于美国占世界比重（30.5%），并且目前正处在加速发展期，2008—2018年期间年均增速为15.7%，远高于世界平均增速（-0.1%）。

3.大幅度消减煤炭生产量和消费量，加快行业退出

根据英国石油公司（BP）《世界能源展望》，中国煤炭消费2013年已经达峰，碳排放可望2025年达峰。2016年至2019年，全国退出煤炭落后产能9亿吨/年以上，累计淘汰煤电落后产能超过1亿千瓦，煤电装机占总发电装机比重从2012年的65.7%下降至2019年的52%，但是2019年，我国分别占世界比重的47.3%和51.7%，分别相当于美国比重（8.5%和7.2%）的5.56倍和7.18倍，长期处在世界顶峰。正如国际能源署（IEA）《2020煤炭报告》指出，中国是全球最大的煤炭生产国和进口国，煤炭消费量占全球一半以上。2019年，我国原煤产量达到38.46亿吨，占世界比重为47.3%，相当于经济合作与发展组织（简称经合组织，OECD）36个国家比重（20.3%）的2.3倍，相当于美国煤炭占世界比重（7.9%）的6.0倍。中国属于世界高煤之国、高碳之国。这成为中国实现能源绿色转型的最大挑战，直接涉及传统煤炭产业就业人员的转移。

根据国际能源署（IEA）的统计，2018年，中国煤炭的碳排放量占世界能源总碳排放量比重的79.8%，相当于煤炭占能源消费总量比重59.0%的1.35倍。仅从2011—2018年的数据看，我国只要煤炭消费上升，碳排放量就上升；反之，则下降。我国减少碳排放主要是减少煤炭消费。在全球气候变化时代，煤炭已成为"淘汰能源""淘汰产业""淘汰就业"，峰值越高则规模越大，调整就越被动，而行动越晚就会越被动，代价也就越大。为此，我国必须下决

心消减煤炭生产量和消费量，总量控制在40亿吨以下，标煤30亿吨以下，逐年提出双降目标和指标，并提高可再生能源生产消费双升目标和指标，实行对黑色能源的持续替代，即"去煤炭化"，加速向绿色能源转型。同时，应从需求侧和供给侧同时发力，以大幅降低煤炭消费需求，进而带动减少煤炭生产量。

采取几方面的实体措施。一是全国主要城市，特别是北方地区城市应大幅度削减煤炭直接消费需求，像北京那样成为"无煤城市"（无煤发电、无煤取暖、无煤消费）；二是遏制煤炭行业新的"大跃进"，国家不再批准煤炭行业的重大投资项目，采取有力措施削减煤炭生产能力；三是国有商业银行不再为煤炭行业提供固定资产投资新增贷款，避免在新一轮的去产能过程中造成超大规模的呆账或坏账；四是制定煤炭限产减产方案，对主动退出煤炭生产供应的企业实行"退役竞标"，可获得政府的必要补偿，主要支持几百万转岗转业人员再培训与再就业，并将转岗保就业工作作为重中之重；五是着手制定全行业退出方案和补偿措施，到2035年之前基本完成煤炭产业的退出，由此形成倒逼机制，加快人员退出和转移行业。此外，我国还要超前制定高碳行业，如钢铁、有色金属、建材、水泥、石油化工等低碳化、绿色化的结构性改革专项方案，进而推动国家工业从黑色发展向绿色发展、从高碳化到低碳化发展、从有碳到无碳发展的重大转型。

4.大幅度降低单位国内生产总值能耗，达到或低于世界平均水平

2019年，我国能源消耗占世界总量比重的24.3%，GDP占世界总量比重的17.3%，我国单位GDP能耗仅相当于世界平均数71%。这意味着到2030年，我国能源消耗占世界总量不变的情况下，GDP总量占世界比重将提高至24.3%，才能达到世界平均水平。这是有可能实现的。为此，我国要求沿海地区、城市地区提前达到或低于世界平均水平。

5.加快落实主要能源碳排放行业碳达峰规划和行动方案

我国工业、能源、建筑、交通等高碳行业占能源总消费量高达77%，需要超前制定行业绝对减排及人员分流专项规划，特别是煤炭、钢铁、建材（水泥）、石油化工等高碳行业已经过了顶峰，已进入下降衰退期，除非转向低碳或零碳，不仅仅只是大幅度消减过剩产能的问题。能源转型委员会认为，要实现净零碳排放，需要发电部门的完全脱碳，并大规模扩大电力使用，在尽可能多的经济部门实现电气化。电力行业2016—2017年期间可再生能源发电量年均增速为10%，占总发电量的比例从25.7%提升至27.9%，如果今后13年（2017—2030年）仍保持10%增速，预计可再生能源发电量可提高至42.5%，2025年前电力行业碳排放达峰。

我国要推动形成绿色低碳交通运输体系，一是实现铁路的全面电气化，既能大幅度提高运输量和运输效率，又能够做到零排放。我国电气化铁路营业里程从2014年的6.5万公里增加至2019年的10万公里，电气化率从58.0%提高至71.9%，高速铁路营业里程从1.6万公里提高至3.5万公里，力争2030年之前实现全面电气化与无碳化。二是普及城市轨道交通。2019年，全国已有39个城市开通轨道交通，总里程达到6600公里。我国碳达峰减排要与优化产业结构紧密结合，大力发展低能耗的先进制造业、高新技术产业、现代服务业。

6.加速全社会电能替代，推进城乡居民消费电气化

目前，我国居民生活消费占电力终端消费比例太低，2017年仅为14.0%，而工业比重太高，达69.4%。根据中国电力企业联合会数据，2020年，我国电能占终端能源消费比重达到27%左右，预计到2035年将提高至38%，全国发电能源占一次能源消费比重有望达到57%。我国将实现主要领域可再生能源电力终端消费，全面淘汰或替代煤炭、石油等终端能源，大幅度提高电动汽车等交通工具使用率和普及率。

7.继续打好污染防治攻坚战，实现减污降碳协同效应

根据中国环境科学研究院关于"大气十条"污染减排措施实施的温室气体减排协同效应评估，能源结构调整好产业结构的调整政策和措施的实施，具有较好的温室气体协同减排效益。特别是减少能源消耗、燃煤替代、淘汰小型燃煤锅炉、淘汰落后和化解过剩产能等的协同减排效果最佳，可以实现减污和降碳的协同，也是投入相对小、效益倍增的"中国双减排方案"。

8.提升林业碳汇能力和碳市场交易能力

我国应对全球气候变化，发展林业经济起到关键作用。根据世界银行提供的数据，全球森林面积从2000年的4055.6万平方公里减少至2016年的3995.8万平方公里，减少了59.8万平方公里，而中国森林面积同期从177.0万平方公里增加至209.9万平方公里，增加了32.9万平方公里，如果扣掉中国的数据，全球森林面积实际减少了92.7万平方公里。同期，经济合作与发展组织成员国国家森林面积从1133.6万平方公里增加至1140.2万平方公里，增加了6.6万平方公里。这表明，我国所增加的森林面积相当于经济合作与发展组织成员国36个国家的5倍；在2000—2016年期间，森林新增碳汇能力相当于发达国家的5倍；森林植被总碳储量累计达到91.8亿吨，其中80%以上来自天然林。今后，我国森林覆盖率将从2018年的23%提高至2030年的25%，森林蓄积量从2018年的176亿立方米提高至2030年210亿立方米，累计新增吸收二氧化碳量约20亿吨碳当量，是世界最大的碳汇和固碳之国。这可以通过必要的核算认证，直接进入全国碳市场挂牌交易，所获得的资金专用于国土绿化等生态投资。

9.加快构建世界最大的绿色金融体系

我国首倡将绿色金融纳入二十国集团（G20）峰会议题，成为全球绿色金融的引领者。截至2020年第三季度末，全国银行业金融机构绿色信贷余额为11.55万亿元；6月末，全国绿色债券存量规模达1.2万亿元，居世界第二位。我国金融行业仍有巨大的发展空间，应加快构建世界规模最大、国内统一、与国际接轨、清晰可执行的绿色金融标准体系，利用能效信贷、绿色债券等支持节能减排绿色项目，实现绿色复苏与绿色发展。

10.大幅度提高气候投资，使之成为积极扩大国内投资的重要领域之一

根据有关专家估计，2016—2030年，中国实现国家自主贡献的总资金需求规模将达56万亿元左右，年均约3.7万亿元，相当于2016年全社会固定资产投资总额的6.3%，相

当于GDP比重的5%左右。中国具有极高的国内资本形成率和世界最大的固定资产投资规模，用于气候投资、生态投资、环境投资等。预计2019—2030年期间，我国气候投资（缓解和适应气候变化的投资）从5万亿元上升至10万亿元，翻一番，占GDP比重从5.0%提高至2030年的5.8%；这在资金来源上是十分充足的，在经济上也是可行的，可成为扩大国内投资需求的新方向，并且技术创新成为绿色低碳无碳技术的新领域；同时，减排效益是明显的，碳损失占总国民收入比重从2018年的2.6%下降至1%以下。为此，我国需要在"十四五""十五五"规划中列出重大专项投资，对非可再生能源、建筑和交通部门节能、智能电网和储能、可持续基础设施、防灾减灾等领域持续投入，发挥综合投资效应和协同减排的效应。

11. 以绿色创新为第一动力，加速各类绿色能源技术创新

第四次工业革命的重大标志就是绿色能源与信息化、网络化、数字化、智能化融合式发展。它将不仅使经济发展与碳排放脱钩，而且更加有效地提高绿色能源的效率，使绿色能源成为新兴战略性产业，成为推动经济增长的新动能。由于绿色能源技术革命，其成本大幅度下降，并大大低于化石能源总成本（包括碳成本等），是加速绿色能源发展的主要动力。根据能源转型委员会报告，用于电网储能的电池成本也有大幅下降，到2030年，其成本可能进一步下降50%～60%，到2040年的价格降幅将达到75%，到2050年还有可能进一步下降。

12. 未来我国的绿色改革与绿色创新

习近平总书记提出了未来用40年时间实现碳达峰、碳中和"两步走"战略设想，制定了明确的绿色发展战略目标。这是承继40年前的改革与创新，我国未来40年实现"两步走"的战略设想，以及制定的绿色发展战略目标将成为改革创新的升级版，即通过绿色改革与绿色创新，旨在加速发展绿色生产力，尤其是绿色能源、绿色产业、绿色技术创新、绿色消费、绿色交通、绿色服务等，充分发挥市场在配置绿色资源能源等要素的决定性作用，并且通过绿色产品和服务、绿色市场交易（尤其是碳交易市场）、绿色价格（包括碳税）、绿色技术等"无形之手"，与政府绿色规划、绿色政策、绿色规则、绿色标准的"有形之手"相互结合、相互作用、相互促进，积极发挥中央与地方两个积极性，大力支持有条件的地方提前实现碳排放达峰，进而加快全国实现碳排放达峰。最重要的是，中国具有新型举国体制优势，集中全国人力、物力、财力、创新力，不断地创造绿色投资优势、绿色创新优势、绿色消费优势、绿色产业优势、绿色能源优势、绿色就业优势等。我们相信，通过四个十年、八个五年规划，如期实现中国绿色改革、绿色创新的"两步走"战略。

总之，中国将以新发展理念为引领，在推动高质量发展中促进经济社会发展全面绿色转型，脚踏实地落实承诺的目标，为全球应对气候变化做出更大贡献。中国绿色发展的成功就是世界绿色发展的成功，中国将为在21世纪中叶世界实现净零碳排放做出重大贡献。正如能源转型委员会《中国2050：一个全面实现现代化国家的零碳图景》报告所认为的，中国是推动全球能源转型的重中之重，中国的零碳能源转型是全世界在21世纪中叶实现净零碳排放和实现巴黎协定目标的关键。

11.3.4 构建新型电力系统对电网企业发展的影响

1.新型电力系统的基本定位与特征

1)低碳是新型电力系统的核心目标

新型电力系统应是适应大规模、高比例新能源发展的全面低碳化电力系统。据测算，"十四五"期间全国年均新增新能源并网装机有望达到1亿千瓦以上，到2030年新能源装机占比有望达到50%，将成为电力系统的主体电源。电力系统作为能源转型的中心环节，将承担着更加迫切和繁重的清洁低碳转型任务，仅依靠传统的电源侧和电网侧调节手段，已经难以满足新能源持续大规模并网消纳的需求。新型电力系统亟需激发负荷侧和新型储能技术等潜力，形成"源网荷储"协同消纳新能源的格局，适应大规模高比例新能源的开发利用需求。

2)安全是新型电力系统的底线要求

新型电力系统应是充分保障能源安全和社会发展的高度安全性电力系统。具有间歇性、波动性的大规模新能源发电接入电网规模在快速扩大，新型电力电子设备应用比例大幅提升，极大地改变了传统电力系统的运行规律和特性，在特殊情况下容易出现电力安全供应问题。例如去冬今春，我国湖南、江西等地区出现极端严寒天气，导致短期内用电负荷快速增长，在各类电源与大电网均无法提供有效支撑的情况下，出现了较大范围的电力供应不足问题。此外，随着电力系统物理和信息层面互联程度的提升，人为外力破坏或通过信息攻击手段引发电网大面积停电事故等非传统电力安全风险也在增加。新型电力系统必须在理论分析、控制方法、调节手段等方面创新发展，应对日益加大的各类安全风险和挑战。

3)高效是新型电力系统的重要特征

新型电力系统应是符合未来灵活开放式电力市场体系的高效率电力系统。目前我国单位GDP能耗是主要发达国家的2倍以上，电力设备利用率为主要发达国家的80%左右，源、网、荷脱节问题较为严重。未来电力系统应充分市场化转型，形成以中长期市场为主体、现货市场为补充，涵盖电能量、辅助服务、发电权、输电权和容量补偿等多交易品种的市场体系，充分调动系统灵活性，促进"源网荷储"互动，实现提升系统运行效率、全局优化配置资源的目标。

2.构建新型电力系统的实施路径

第一个阶段是对现有电力系统进行改造升级。目前我国的灵活电源占比不到3.5%，由于技术尚不太成熟和经济性等问题，全面采用化学储能作为调峰电源的时机还未到来，需要依靠经过灵活性改造的煤电和天然气发电等灵活电源为主，辅助储能满足削峰填谷的需求。据研究，到2030年我国的灵活电源占比能达到14%左右，电力系统就可以支撑非化石能源的一次消费比重占比25%的目标。

第二个阶段是一方面随着多种类型的大规模储能和氢能等技术的迅速发展，全寿命周期成本规模化后大幅下降，储能和氢能发电作为灵活电源逐步替代天然气发电。另一方面电力系统中一定比例的灵活调峰火电和天然气，并辅助碳捕获、利用与封存（CCUS）技术，满足碳中和条件。

3.电网企业在构建新型电力系统中的作用

1）建设坚强智能电网

加大清洁电力外送消纳力度，提升输电通道清洁能源比例。加强省间电网联络，支撑跨区直流安全与高效运行。推动电网规划理念由确定性向概率性转变。电网规划需要考虑新能源带来的随机性，从传统的确定性规划向概率性规划转型，有效平衡安全与成本的关系，分析优化电网规划方案。大力推进电网节能降损。加大老旧高损配变改造力度，降低电网损耗；推进同期线损管理，强化节能调度，优化无功配置，加强谐波治理；通过需求侧管理激发用户响应潜能。

2）支持分布式电源和微电网发展

分布式电源是传统发电形式的重要补充。在"双碳"目标激励下，分布式电源将迎来快速增长阶段，但受到风光资源、建设条件等因素限制，分布式电源能量密度低，还需要与集中式电源共同发展。推进分布式电源就地、就近接入。微电网作为相对独立的系统，能够通过"源网荷储"智能互动平抑分布式电源出力波动，有利于分布式电源的友好接入和就地消纳。因地制宜确定微电网应用场景，需要进一步推动微电网更加灵活和多元化发展，更好发挥对分布式电源的支撑作用。

3）构建新型电力系统运行控制体系

全方位提升新型电力系统负荷调度能力。构建源荷双向互动支撑平台，助力系统具备更强的调节能力。全面提升新型电力系统故障机理认知能力与故障识别处理能力。探索高比例新能源、高比例电力电子装备接入后的电网故障机理，构建快速高可靠性保护，保障"双高"电力系统运行安全。构建新型电力系统综合故障防御体系。以传统电力系统三道防线为基础，通过提升第一道防线、加强第二道防线和拓展第三道防线，以适应大规模新能源集中接入和大规模外送的电力系统新形态，形成基于广域信息、多时间尺度信息协同的新型电力系统综合故障防御体系。

4.相关措施

1）推动电力系统由"源随荷动"向"源荷互动"转变

充分挖掘需求侧响应资源。工业大用户、空调、电采暖、电动汽车等负荷需求侧响应潜力巨大，精准挖掘需求侧资源。加快全社会节能提效和单位GDP能耗持续降低。重点要加快调整产业结构，逐步淘汰落后高耗能产业，推动制造业向中高端转移，使低能耗经济成为经济的主导。

2）多措并举疏导新能源消纳成本

新能源发电成本进入平价时代，但系统消纳成本不断增加（主要由电源、电网等供给侧主体承担），亟须各相关环节合理分担，以此支撑可持续发展。灵活性改造、调峰运行等成本主要依靠辅助服务市场回收。按照"谁受益、谁负担"的原则，积极推动新能源、核电、未参与深度调峰的电厂分担深度调峰等辅助服务费用，合理疏导电厂调峰成本。建立健全电力价格联动机制，推动辅助服务费用以合理方式向用户侧传导。

3）利用政策契机，合理分摊抽蓄运营成本

充分利用国家出台的《关于进一步完善抽水蓄能价格形成机制的意见》做出的将容量电价纳入输配电回收、电量电价引入竞争机制的政策安排，对抽水蓄能价格问题提出了全面的解决方案，在如何确定合理的价格核定参数，如何对抽水蓄能成本合理性客观科学审核等方面深入研究，促进抽水蓄能健康发展，有效缓解公司经营压力。

4）发挥碳市场作用激发减排动力

充分发挥碳市场作用，合理控制火电机组碳排放配额，通过滚动核定供电基准值，有效激励火电企业推动技术革新，努力降低碳排放总量和强度。推动电力市场和碳市场的交易产品、参与主体、市场机制深度融合发展，在供给和需求两端推动能源资源、配额交易等成本要素联动协同配置，形成低碳绿色"产品"在各环节的市场竞争优势，进一步激发全社会减排动力。

参考文献

[1] 潘霄. 能源电力规划工程原理与应用 [M]. 北京：清华大学出版社，2017.

[2] 梁彤祥，王莉. 清洁能源材料与技术 [M]. 哈尔滨：哈尔滨工业大学出版社，2012.

[3] 田宜水，姚向君. 生物质能资源清洁转化利用技术 [M]. 2版. 北京：化学工业出版社，2014.

[4] 赖先进. 清洁能源技术政策与管理研究 [M]. 北京：中国科学技术出版社，2014.

[5] 岳利萍，康蓉，李伟. 中国特色绿色发展的政治经济学 [M]. 北京：中国经济出版社，2019.

[6] 王能应，范恒山，陶良虎. 低碳理论 [M]. 北京：人民出版社，2016.

[7] 李生，张祥成. 清洁能源网源协调规划技术 [M]. 北京：中国水利水电出版社，2019.

[8] 吴杏平，武亚光，杨维. 电力客服信息系统工程原理与应用 [M]. 北京：清华大学出版社，2018.

[9] 全球能源互联网发展组织. 清洁能源发电技术发展与展望 [M]. 北京：中国电力出版社，2020.

[10] 周云亨. 多维视野下的中国清洁能源革命 [M]. 杭州：浙江大学出版社，2021.

[11] 潘霄，葛维春，全成浩，等. 网络信息安全工程技术与应用分析 [M]. 北京：清华大学出版社，2016.

[12] 唐丽霞，王会燃，刘锐锋. 电力物联网信息模型及通信协议的设计与实现 [J]. 西安工程大学学报，2010（6）.

[13] 左然，施明恒，王希麟，等. 可再生能源概论 [M]. 北京：机械工业出版社，2017.

[14] 杨圣春，李庆，黄建华，等. 新能源与可再生能源利用技术 [M]. 北京：中国电力出版社，2016.

[15] 国网能源研究院. 世界能源清洁发展与互联互通评估报告（2017）[M]. 北京：科学社会文献出版社，2018.

[16] 潘霄，王义贺，林剑峰，等. 现代电力系统转型与可再生能源发展研究 [M]. 长沙：中南大学出版社，2018.

[17] 胡鞍钢. 中国实现2030年前碳达峰目标与途径 [N]. 北京：北京工业大学学报，2021.

[18] 郭苏建，方恺，周云亨. 新时代中国清洁能源与可持续发展 [M]. 杭州：浙江大学出版社，2019.